KB181788

사물인터넷을 위한 인공지능

더 스마트한 IoT 시스템을 개발하기 위한
고급 머신러닝/딥러닝 기법

[예제파일 다운로드]

https://wikibook.co.kr/ai-iot/

https://github.com/wikibook/ai-iot

사물인터넷을 위한 인공지능

더 스마트한 IoT 시스템을 개발하기 위한
고급 머신러닝/딥러닝 기법

지은이 아미타 카푸어

옮긴이 박진수

펴낸이 박찬규 엮은이 전이주 디자인 북누리 표지디자인 Arowa & Arowana

펴낸곳 위키북스 전화 031-955-3658, 3659 팩스 031-955-3660
주소 경기도 파주시 문발로 115 세종출판벤처타운 311호

가격 28,000 페이지 364 책규격 188 x 240mm

초판 발행 2020년 06월 02일
ISBN 979-11-5839-206-2 (93500)

등록번호 제406-2006-000036호 등록일자 2006년 05월 19일
홈페이지 wikibook.co.kr 전자우편 wikibook@wikibook.co.kr

Copyright © Packt Publishing 2019.
First published in the English language under the title
'Hands-On Artificial Intelligence for IoT - (9781788836067)'
Korean translation copyright © 2020 by WIKIBOOKS

이 책의 한국어판 저작권은 저작권자와 독점 계약한 위키북스에 있습니다.
신저작권법에 의해 한국 내에서 보호를 받는 저작물이므로 무단 전재와 복제를 금합니다.
이 책의 내용에 대한 추가 지원과 문의는 위키북스 출판사 홈페이지 wikibook.co.kr이나
이메일 wikibook@wikibook.co.kr을 이용해 주세요.

이 도서의 국립중앙도서관 출판시도서목록 CIP는
서지정보유통지원시스템 홈페이지(http://seoji.nl.go.kr)와
국가자료공동목록시스템(http://www.nl.go.kr/kolisnet)에서 이용하실 수 있습니다.
CIP제어번호 CIP2020020737

사물인터넷을 위한 인공지능

더 스마트한
IoT 시스템을
개발하기 위한
고급
머신러닝/딥러닝
기법

아미타 카푸어 지음
/
박진수 옮김

위키북스

삶이라고 불리는 데이터셋에서 언덕을 오를 수 있게 해준

내 친구이자 멘토인 Narotam Singh에게.

내 저작권료의 일부는 인도에 기반을 둔 비영리 단체인

smilefoundation.org에 전달되어 교육, 의료, 생계, 복지 및 외딴 마을과

빈민가 여성이 권리를 찾게 하는 일에 쓰일 것이다.

– 아미타 카푸어

아미타 카푸어(Amita Kapoor)는 델리 대학교 SRCASW의 전자공학 부교수로 지난 20년간 신경망 및 인공지능을 적극적으로 가르쳤다. 1996년에 전자공학 석사 학위를 받았고 2011년에 박사 학위를 받았다. 박사 과정을 거치는 동안 독일의 카를스루에 소재의 카를스루에 공과 대학에서 연구의 일환으로 DAAD 펠로우십을 수상했다. 포토닉스 2008이라는 국제 콘퍼런스에서 최우수 발표상을 수상했다. ACM, AAAI, IEEE 및 INNS의 정회원이다. 두 권의 책을 공동으로 저술했다. 국제 저널 및 콘퍼런스에서 40권이 넘는 출판물을 펴냈다. 현재는 머신러닝, 인공지능, 심층강화학습 및 로봇공학을 연구 중이다.

"옥스퍼드 대학교 교수인 Ajit Jaokar에게 감사한다. 그의 사물인터넷 교과과정은 이 책에 깃든 영감의 배경이 되었다. 사려 깊은 제안을 해 준 H2O.ai의 수석 머신러닝 과학자 Erin LeDell에게도 감사한다. 또한 Armando Fandango, Narotam Singh, Ruben Olivas, Hector Velarde에게 감사의 인사를 전한다. 동료들과 학생들의 지지에 감사한다. 마지막으로 특별히 Tushar Gupta, Karan Thakkar, Adya Anand를 비롯해 Packt 팀 전체에 동기 부여를 해줬다는 점에서 감사드리고 싶다."

헥터 듀란 로페즈 벨라르데(Hector Duran Lopez Velarde)는 UPAEP에서 화학공학 학사 학위를 받았다. 그리고 2000년에는 멕시코의 몬테레이 공과 대학교 ITESM에서 자동화 및 인공지능 분야의 석사 학위를 취득했다. 하니웰 및 제너럴일렉트릭 같은 회사의 제어 및 자동화 엔지니어로 일했다. 또한 선임 기술자로서 여러 연구 프로젝트에 참여했다. 소프트웨어 개발, 프로세스 시뮬레이션, 인공지능 및 산업 자동화 분야의 경험을 바탕으로 자동차, 섬유, 제약 산업에서 완벽한 사물인터넷 솔루션을 개발했다. 현재 사물인터넷 연구 센터에서 일하고 있다.

> *"아내 야즈, 내 아이들 바나와 헥터에게 그들이 보내준 지원과 사랑에 감사의 마음을 전합니다."*

루벤 올리바 라모스(Ruben Oliva Ramos)는 레온 연구소의 테크놀로지코에서 컴퓨터 공학을 전공했으며 살레 바지오 대학에서 네트워킹 전문 분야의 컴퓨터 및 전자시스템 공학 석사 학위를 취득했다. 아두이노 및 라즈베리파이에 연결된 장치를 제어하고 감시하기 위한 웹 애플리케이션 개발 경력이 5년 이상으로, 사물인터넷 애플리케이션을 구축하기 위해 웹 프레임워크 및 클라우드 서비스를 사용하고 있다. 『Raspberry Pi 3 Home Automation Projects, Internet of Things Programming with JavaScript, Advanced Analytics with R and Tableau, SciPy Recipes』를 팩트 출판사에서 펴냈다.

> *"나의 구세주인 예수 그리스도께 용기를 주신 것에 감사드리고 싶습니다. 나의 귀중한 아내 메테, 우리의 사랑스러운 두 아들, 루벤과 다리오, 사랑하는 아버지 루벤, 사랑하는 어머니 로살리아, 내 동생 후안 토마스, 그리고 내 누이 로살리아에게도 감사를 전합니다. 정직하고 전문적인 팀에 소속돼 저자이자 평론가로서 협력할 수 있는 기회를 준 팩트 출판사에 크게 감사드립니다."*

01

사물인터넷과 인공지능의 원리와 기초

02

사물인터넷을 위한 데이터 액세스와 분산 처리

04 사물인터넷을 위한 딥러닝

11 스마트시티용 사물인터넷을 위한 인공지능

12 종합해 보기

이 책의 목적은 독자가 인공지능이 접목된 사물인터넷(IoT) 애플리케이션을 구축할 수 있게 하는 것이다. 사물인터넷 장치의 인기가 급상승함에 따라 데이터과학 및 데이터 분석을 사용해 생성된, 테라바이트 크기에 이르는 데이터를 활용하는 애플리케이션이 많아졌다. 그러나 이러한 애플리케이션들은 사물인터넷 데이터의 패턴을 지속해서 발견해야 하는 문제에 직면하게 된다. 이 책에서는 독자가 인공지능 기술을 구현해 사물인터넷 솔루션을 더 똑똑하게 만들 수 있게 하기 위한 인공지능 이론과 인공지능 구현 기술을 다양한 측면에서 다룰 것이다.

독자는 인공지능 및 사물인터넷 장치의 기초부터, 그리고 다양한 데이터 소스 및 데이터 스트림에서 사물인터넷 데이터를 읽어 내는 방법부터 배우게 될 것이다. 그런 다음에, 예제를 사용해 텐서플로와 사이킷런, 케라스에서 인공지능을 구현하는 다양한 방법을 소개한다. 여기서 다루는 주제에는 머신러닝, 딥러닝, 유전 알고리즘, 강화학습, 생성적 적대 신경망이 포함된다. 또한 분산 기술과 클라우드를 사용해 인공지능을 구현하는 방법을 독자에게 보여줄 것이다. 독자가 인공지능 기술에 익숙해지게 한 후에 우리는 시계열, 이미지, 오디오, 비디오, 텍스트, 음성과 같이 사물인터넷 장치에서 생성되고 소비되는 다양한 데이터 유형을 다루는 여러 가지 기술을 소개한다.

다양한 사물인터넷 데이터에 접목할 수 있는 각양각색의 인공지능 기술을 설명하고, 마지막으로 개인용 사물인터넷, 가정용 사물인터넷, 산업용 사물인터넷, 도시용 사물인터넷이라는 네 가지 주요 사물인터넷 솔루션 범주에 속한 사례들을 공유하며 연구해 볼 것이다.

이 책을 읽어야 할 사람

이 책의 대상 독자층은 사물인터넷 애플리케이션과 파이썬을 개발하는 데 필요한 기본 지식이 있고 인공지능 기술을 적용해 사물인터넷 애플리케이션을 더 똑똑하게 만들고 싶은 사람이다. 다음과 같은 독자들이 이러한 잠재 고객에 해당한다.

- 이미 사물인터넷 시스템을 구축하는 방법을 알고 있는 실무자이지만, 지능형으로 만들기 위해 사물인터넷 솔루션에 인공지능을 구현해 넣으려는 독자.
- 사물인터넷 플랫폼으로 분석 기술을 구축해 본 데이터과학 실무자이지만, 사물인터넷 분석학 분야에서 사물인터넷 인공지능 기술 분야로 전환해 사물인터넷 솔루션이 더욱 지능적이게 하려는 독자.
- 지능형 사물인터넷 장치용 인공지능 기반 솔루션을 개발하려는 소프트웨어 엔지니어.
- 제품에 똑똑함과 지능성을 제공하려는 임베디드 시스템 엔지니어.

이 책에서 다루는 내용

1장 '사물인터넷과 인공지능의 원리 및 기초'에서는 사물인터넷 · 인공지능 · 데이터과학의 기본 개념을 소개한다. 이 1장에서는 우리가 사용할 도구 및 데이터셋을 소개한다.

2장 '사물인터넷을 위한 데이터 액세스 및 분산 처리'에서는 파일, 데이터베이스, 분산 데이터 저장소 및 스트리밍 데이터처럼 그 출처가 다양한 데이터에 액세스하는 방법을 다양하게 다룬다.

3장 '사물인터넷을 위한 머신러닝'에서는 사물인터넷에 대한 지도학습 · 비지도학습 · 강화학습과 같은 머신러닝의 다양한 측면을 다룬다. 모델의 성능을 높이는 팁과 트릭으로 장을 마무리한다.

4장 '사물인터넷을 위한 딥러닝'에서는 사물인터넷을 위한 다층 퍼셉트론, 합성곱 신경망, 재귀 신경망 및 오토인코더와 같은 다양한 딥러닝 방법을 살펴본다. 또한 딥러닝을 위한 다양한 프레임워크를 소개한다.

5장 '사물인터넷을 위한 유전 알고리즘'에서는 유전 알고리즘에 초점을 맞춰 최적화하는 데 사용되는 다양한 최적화 기법과 진화 기법을 설명한다.

6장 '사물인터넷을 위한 강화학습'에서는 정책 경사도 및 Q 신경망과 같은 강화학습 개념을 소개한다. 텐서플로를 사용해 심층 Q 신경망을 구현하는 방법과 강화학습을 적용할 수 있는 멋진 현실 문제를 다룬다.

7장 '사물인터넷을 위한 생성 모델'에서는 적대적 학습이라는 개념과 생성적 학습이라는 개념을 도입한다. 텐서플로를 사용해 GAN · DCGAN · CycleGAN을 구현하는 방법과 실제 애플리케이션을 살펴본다.

8장 '사물인터넷을 위한 분산 인공지능'에서는 사물인터넷 애플리케이션을 위해 분산 모드에서 머신러닝을 활용하는 방법을 다룬다.

9장 '개인과 가정, 그리고 사물인터넷'에서는 흥미로운 개인용 사물인터넷 애플리케이션과 가정용 사물인터넷 애플리케이션을 설명한다.

10장 '산업용 사물인터넷을 위한 인공지능'에서는 이 책에서 배운 개념을 산업용 사물인터넷 데이터를 사용하는 두 가지 사례를 연구하는 일에 적용하는 방법을 설명한다.

11장 '도시용 사물인터넷을 위한 인공지능'에서는 이 책에서 배운 개념을 스마트시티에서 생성되는 사물인터넷 데이터에 적용하는 방법을 설명한다.

12장 '종합해 보기'에서는 텍스트 · 이미지 · 비디오 · 오디오 데이터를 모델에 보내기 전에 전처리하는 방법을 다룬다. 시계열 데이터도 소개한다.

이 책을 최대한 활용하려면

이 책을 최대한 활용하고자 한다면 깃허브 저장소에서 예제 코드를 내려받은 다음에 제공되는 주피터 노트북으로 연습하면 된다.

예제 코드 파일 내려받기

이 책의 예제 코드 파일은 아래 사이트에서 내려받을 수 있다.

원서 출판사 깃허브

https://github.com/PacktPublishing/Hands-On-Artificial-Intelligence-for-IoT

위키북스 깃허브

https://github.com/wikibook/ai-iot

위키북스 홈페이지

https://wikibook.co.kr/ai-iot/

파일을 내려받고 나면 다음에 나오는 것들의 최신판을 사용해 압축된 폴더를 풀거나 추출해야 한다는 점에 유념하자.

- 윈도우용 WinRAR/7-Zip
- 맥용 Zipeg/iZip/UnRarX
- 리눅스용 7-Zip/PeaZip

컬러 이미지 내려받기

또한 이 책에서 사용된 화면과 도형의 컬러 이미지가 있는 PDF 파일을 제공한다. 컬러 이미지는 아래 사이트에서 내려받을 수 있다.

원서 출판사 사이트

http://www.packtpub.com/sites/default/files/downloads/9781788836067_ColorImages.pdf

위키북스 홈페이지

https://wikibook.co.kr/ai-iot/

사용된 규칙

이 책 전체에 사용된 많은 글자 표기 규칙이 있다.

본문 내 코드: 본문 내 코드 단어들, 데이터베이스 테이블 이름, 폴더 이름, 파일 이름, 파일 확장명, 경로 이름, 더미 URL, 사용자 입력 및 트위터 핸들을 나타낸다. 다음은 그 예이다. "이것은 A와 B라는 이름으로 두 개의 플레이스홀더(즉, '플레이스홀더' 또는 '개체 틀')를 선언하고, tf.placeholder 메서드는 플레이스홀더가 float32 데이터 형식임을 지정한다." 코드 부분은 다음과 같은 글꼴로 표시한다.

```
# 두 행렬에 대한 플레이스홀더 선언
A = tf.placeholder(tf.float32, None, name='A')
B = tf.placeholder(tf.float32, None, name='B')
```

강조: 새 용어나 중요 단어 또는 화면에 표시되는 단어를 나타낸다. 예를 들어 메뉴나 대화 상자의 단어가 이와 같이 본문에 나타난다. 다음은 그 예이다.

"스택의 하단에는 **인지 계층**이라고도 하는 장치 계층이 있다."

경고 또는 주요 참고사항은 이런 모양으로 나온다.

팁과 트릭은 이런 모양으로 나온다.

01

사물인터넷과 인공지능의 원리와 기초

이 책을 선택해 주어 고맙다. 아마도 최근 기술 발전 동향을 지속해서 살펴보고자 이 책을 구입했을 것이다. 이 책에서는 현재 산업계의 세 가지 거대 사업 경향, 즉 **사물인터넷**(internet of things, IoT)과 빅데이터와 **인공지능**(artificial intelligence, AI)을 다룬다. 인터넷에 연결된 장치의 수가 기하급수적으로 증가하면서 데이터도 기하급수적으로 생성되어 그 양이 크게 늘고 있으므로 데이터를 활용하려면 인공지능 및 **딥러닝**(deep learning, DL)에 바탕을 둔 분석학 및 예측 기술을 사용해야 한다. 이 책은 특히 사물인터넷에서 생성된 빅데이터를 인공지능 영역에서 사용할 수 있는 다양한 분석학과 예측 방법을 대상으로 할 뿐만 아니라 모델이라고 하는 세 번째 구성요소도 대상으로 삼는다.

이번 장에서는 이 세 가지 추세를 간단히 소개하면서 각 추세가 어떤 식으로 서로 영향을 끼치는지에 관해 설명한다. 사물인터넷 장치가 생성한 데이터를 클라우드에 올리기도 하므로 다양한 사물인터넷 클라우드 플랫폼 및 제공되는 데이터 서비스에 대해서도 소개할 것이다.

이번 장에서는 다음 내용을 다룬다.

- 사물인터넷에서 **사물**(thing)이 무엇인지, 어떤 장치가 사물을 구성하는지, 사물인터넷 플랫폼은 무엇이 다른지, 사물인터넷 수직시장이 무엇인지 알아본다.
- 빅데이터가 무엇인지를 파악하고 사물인터넷으로 생성되는 데이터량이 빅데이터 범위에 있음을 이해한다.
- 사물인터넷에 의해 생성된 방대한 분량의 데이터를 이해하는 데 인공지능이 왜, 그리고 어떻게 유용한지를 알아본다.
- 그림을 사용해 사물인터넷과 빅데이터, 인공지능이 어떻게 서로 엮여 더 나은 세상을 만들어 갈 수 있는지 알아본다.
- 분석을 수행하는 데 필요한 몇 가지 도구를 학습한다.

IoT 101이란?

사물인터넷이라는 용어는 1999년에 케빈 애시턴(Kevin Ashton)이 만들었다. 당시에는 컴퓨터에 공급되는 데이터 중에 대부분을 인간이 만들어냈지만, 그는 인간이 개입하지 않고 컴퓨터가 직접 데이터를 수집하는 게 가장 좋은 방식이라고 제안했다. 그래서 그는 네트워크에 연결되면 데이터를 수집해 컴퓨터에 직접 공급하는 RFID라든가 센서 같은 것들을 제안했다.

http://www.itrco.jp/libraries/RFIDjournal-That%20Internet%20of%20Things%20Thing.pdf를 읽어보면 애시턴이 말하는 사물인터넷이 무엇인지를 알 수 있을 것이다.

오늘날 **만물인터넷(internet of everything)** 또는 때때로 안개 망(fog network)이라고도 불리는 사물인터넷은 센서와 액추에이터뿐만 아니라 인터넷에 연결된 스마트폰 같은 사물의 범위까지 광범위하게 일컫는 데 쓰는 용어다. 이러한 것들은 웨어러블 기기(또는 심지어 휴대전화)를 가진 사람이나 RFID 태그를 단 동물, 심지어 냉장고 · 세탁기 · 커피머신처럼 일상적으로 쓰는 장치일 수 있다. 이러한 사물은 물질적인 것, 즉 물리적 세계에 존재하면서 감지하고 작동하고 연결될 수 있는 것을 의미하는 동시에 정보 세계의 것(일종의 가상적인 것), 즉 정보(데이터) 형태로 저장되고 처리하고 접근할 수 있어서 실재하지 않지만 존재하는 사물을 의미하기도 한다. 이러한 것들은 반드시 인터넷과 직접 통신할 수 있어야 하며 선택적으로 감지하고 작동돼야 하며 잠재적으로는 데이터를 포착하고 저장하고 처리할 수 있어야 한다.

유엔 산하 기구인 국제통신기구(International Telecommunication Unit, ITU)는 사물인터넷을 다음과 같이 정의한다.

> *"진화하는 상호운용가능 정보/통신 기술을 기반으로 (물리 공간 및 가상 공간 상의) 사물들을 서로 연결해 고급 서비스를 하는 정보사회를 위한 세계적 기반 시설."*

자세한 내용은 https://www.itu.int/en/ITU-T/gsi/iot/Pages/default.aspx를 참조하자.

ITU가 제안한 내용의 범위를 일종의 창문처럼 여긴다면 그 창문의 넓이가 무척 넓어서 우리는 이미 이런 창을 통해 언제 어디서나 소통을 할 수 있게 된 셈인데, 사물인터넷은 여기에 더해 **만물 통신(ANYTHING communication)**이라는 새로운 소통 차원을 추가한 셈이다.

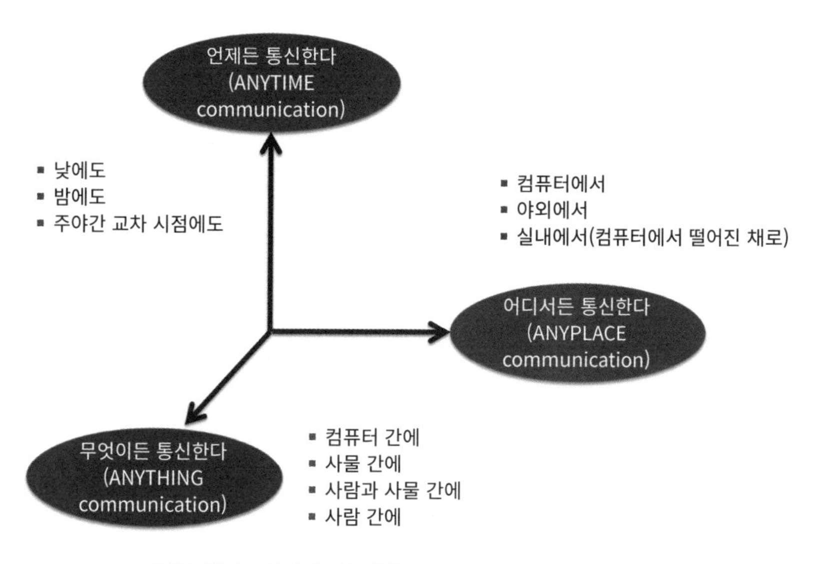

사물인터넷에 도입된 새로운 차원(b-ITU-T Y.2060 보고서에서 채택)

기술적 측면에서 보면 사물인터넷이 사람들이나 우리가 살고 있는 사회에 광범위한 영향을 미칠 것으로 예상되는데, 다음 시나리오를 통해 이처럼 광범위한 영향력을 살펴보자.

- 여러분도 나처럼 고층 건물에 살면서 식물을 아주 좋아한다고 하자. 그래서 식물을 화분에 심고 온갖 정성을 기울여 보살핌으로써 작은 실내 정원을 꾸몄다고 하자. 그런데 여러분의 상사가 일주일 동안 출장을 다녀오라고 지시했고, 그래서 일주일 동안이나 물을 주지 않으면 식물이 죽게 될 것을 염려하게 됐다. 이런 경우에 여러분은 다행히 사물인터넷 솔루션을 도입해 토양 수분 센서를 식물에 달고 인터넷에 연결한 후에 액추에이터를 추가함으로써 상수도 및 인공 태양 광선을 원격으로 켜거나 끌 수 있다. 이제 여러분이 전 세계 어디로 가든지 식물이 죽을 일은 없을 뿐만 아니라, 어디서든 각 식물이 뿌리내리고 있는 흙의 습도를 확인할 수 있으므로, 필요할 때 식물에게 물을 줄 수 있다.
- 사무실에서 지치도록 일한 날에는 집에 있는 누군가가 커피를 내려주고 침대를 준비해 주고 따뜻한 목욕물을 받아 두기를 원하겠지만, 아쉽게도 여러분이 홀로 외롭게 산다고 하자. 이제는 그러지 않아도 된다. 사물인터넷이 도와줄 수 있으니 말이다. 사물인터넷 기능을 지닌 가정용 인공 비서가 커피머신을 조절해 커피 맛을 좋게 하고 적절한 온도에 맞춰 온수기를 작동해 물을 받아 둘 수 있고 인공지능 에어컨에 명령을 내려 실내 온도를 낮추라고 지시할 수 있다.

이 외에도 생각해 볼 만한 일은 무궁무진하다. 앞에서 설명한 두 가지 시나리오는 소비자 지향 애플리케이션에 초점을 맞추는 소비자용 사물인터넷에 해당한다. 또한 제조업체와 산업계가 제품 제조 과정을 최적화하고 원격 감시 기능을 구현해 생산성과 효율성을 높일 수 있게 하는 **산업용 사물인터넷(Industry IoT, IIoT)**도 널리 도입되고 있다. 이 책에서 이 두 가지 사물인터넷 애플리케이션을 실습해 볼 수 있다.

사물인터넷 참조 모델

인터넷을 위한 OSI 참조 모델과 마찬가지로 사물인터넷 참조 모델(IoT reference model)에서 사물인터넷의 아키텍처는 네 개의 수평 계층과 두 개의 수직 계층, 즉 6개 계층으로 정의된다. 두 개의 수직 계층은 각기 **관리**(management)와 **보안**(security)이며 사물인터넷 계층을 나타낸 다음 그림에서 볼 수 있듯이 네 개의 수평 계층에 걸쳐 있다.

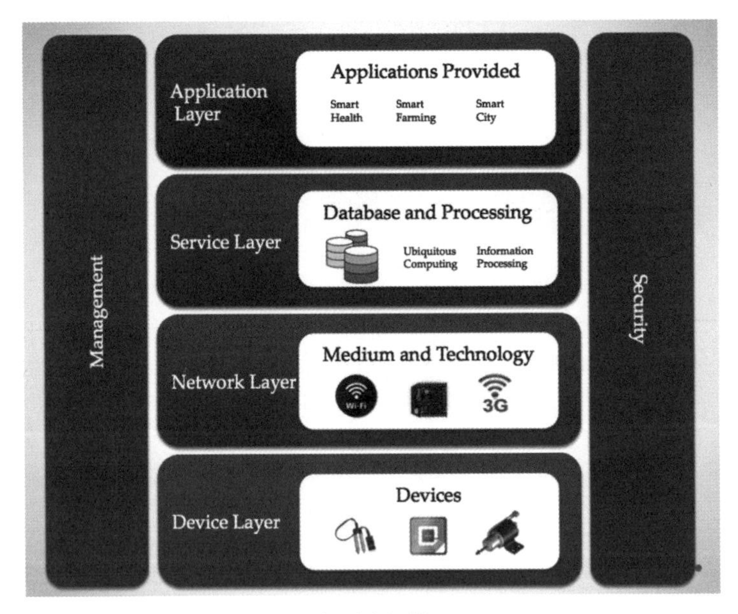

사물인터넷 계층

- **장치 계층**(device layer): 적층 구조의 맨 아래에는 **인지 계층**(perception layer)이라고도 부르는 장치 계층이 있다. 이 계층에는 물리적 세계를 감지하거나(즉, 물리적 세계를 인식함으로써) 제어하고 데이터를 획득하는 데 필요한 물리적인 사물이 포함된다. 센서 · RFID · 액추에이터 같은 기존 하드웨어가 인지 계층을 구성한다.
- **통신 계층**(network layer): 이 계층은 유무선 통신망을 통한 통신 지원 및 데이터 전송을 제공한다. 이 계층은 장치 계층에 놓인 장치에서 나온 정보를 정보 처리 시스템으로 안전하게 전송한다. 전송에 쓰이는 **매체와 기술**(medium and technology)도 모두 이 통신 계층의 일부다. 이러한 계층의 예로는 3G · UMTS · ZigBee · Bluetooth · Wi-Fi 등이 있다.
- **서비스 계층**(service layer): 이 계층은 서비스 관리를 담당한다. 통신 계층에서 정보를 수신해 데이터베이스에 저장하고 해당 정보를 처리하며 결과에 따라 자동으로 어떤 결정을 내린다.

- **응용 계층**(application layer): 이 계층은 서비스 계층에서 처리되는 정보에 따라 애플리케이션을 관리한다. 사물인터넷으로 구현할 수 있는 애플리케이션(즉, 응용)의 범위는 아주 넓어서 스마트시티(smart cities, 지능형 도시), 스마트팜(smart farming, 지능형 농장), 스마트홈(smart homes, 지능형 가정)을 비롯해 아주 다양한 것들이 있다.

사물인터넷 플랫폼

통신 계층의 정보는 종종 사물인터넷 플랫폼의 도움으로 관리된다. 오늘날에는 많은 기업들이 사물인터넷 플랫폼 서비스를 제공하는데, 이러한 사물인터넷 플랫폼 서비스는 데이터뿐 아니라 다른 하드웨어와 완벽하게 통합될 수 있게 해준다. 사물인터넷 플랫폼은 하드웨어와 애플리케이션 계층 간의 조정자 역할을 하기 때문에 사물인터넷 미들웨어라고도 하며, 사물인터넷 참조 스택을 이루는 서비스 계층의 일부에 해당한다. 사물인터넷 플랫폼으로 세계 어느 곳이든 사물과 연결하고 소통할 수 있다. 이 책에서는 구글 클라우드 플랫폼, 애저 IoT, 아마존 AWS IoT, 프레딕스(Predix), H2O 등의 인기 있는 사물인터넷 플랫폼을 간략히 설명한다.

다음 기준에 따라 가장 적합한 사물인터넷 플랫폼을 선택할 수 있다.

- **확장성**(scalability): 기존 사물인터넷 망에 새로운 장치를 추가하거나 삭제할 수 있어야 한다.
- **편리성**(ease of use): 시스템이 완벽하게 작동하고 최소한으로 개입해도 웬만한 기능을 다 제공해야 한다.
- **제삼자 통합**(third party integration): 장치나 프로토콜의 종류가 달라도 서로 연결해서 쓸 수 있어야 한다.
- **배포 옵션**(deployment options): 다양한 하드웨어 장치 및 소프트웨어 플랫폼에서 실행할 수 있어야 한다.
- **데이터 보안**(data security): 데이터 보안과 장치 보안을 보장해야 한다.

사물인터넷 수직시장

수직시장(vertical market)이란 공급업체(즉, 벤더)가 산업분야별, 거래유형별, 전문분야별로 특수한 요구사항이 있는 고객 집단들에 맞춰 특정한 상품 및 서비스를 공급하는 시장을 말한다. 사물인터넷은 이러한 수직시장이 형성될 수 있게 하며, 큰 사물인터넷 수직시장 중 일부를 예로 들면 다음과 같다.

- **스마트빌딩**(smart building, 지능형 건축): 사물인터넷 기술이 적용된 건물은 자원 소비를 줄여줄 뿐만 아니라 건물 내에 거주하거나 근무하는 사람들이 더 만족할 수 있게 한다. 자원이 소비되는 현황을 감시하고 입주자들의 수요를 사전에 알아차릴 수 있는 스마트센서가 건물에 들어 있다. 이러한 스마트디바이스(smart device, 지능형 장치) 및 스마트센서(smart sensor, 지능형 감지기)를 통해 건물 · 에너지 · 보안 · 조경 · 공조(HVAC) · 조명 등을 원격으로

감시하는 데이터가 수집된다. 사건 현황에 맞춰 자동으로 수행할 행동을 예측하는 일에 데이터를 사용할 수 있으므로 최적 효율을 달성할 수 있어 시간과 자원을 절약하고 비용을 줄일 수 있다.

- **스마트어그리컬처**(smart agriculture, **지능형 농업**): 사물인터넷으로 지역적 농업이나 상업적 농업을 더 환경친화적으로 만들면서 비용을 줄이고 생산성을 높일 수 있다. 농장에 여기저기 배치된 센서로 물을 대는 과정을 자동화할 수 있다. 스마트어그리컬처가 관행이 되면 농업 생산성을 다방면에서 높일 수 있어 식량 자원도 대폭 늘 것으로 예상한다.
- **스마트시티**(smart city, **지능형 도시**): 스마트시티는 스마트파킹 시스템(smart parking system, 지능형 주차 체계)이나 스마트매스트랜싯 시스템(smart mass transit system, 지능형 대중교통 체계) 등을 갖춘 도시가 될 수 있다. 스마트시티는 정부와 시민 모두에게 교통, 공공 안전, 에너지 관리 등을 처리할 수 있는 역량을 갖추고 있다. 고급 사물인터넷 기술을 사용해 시민들에게 양질의 도시 인프라를 공급하며 삶의 질을 최적화할 수 있다.
- **커넥티드헬스케어**(connected healthcare, **상시접속형 보건관리**): 사물인터넷을 사용하면 필수 업무나 환자 관리를 위한 진찰과 진단을 원격지에서 실시간으로 수행할 수 있다. 각 환자에 의료 센서를 부착해 심장 박동, 체온, 포도당 수준 등과 같은 신체 관련 수치를 측정한다. 가속도계 및 자이로스코프와 같은 웨어러블센서(wearable sensor, 착용형 감지기)를 사용하면 사람의 일상 활동을 모니터링할 수 있다.

이 중 몇 가지를 이 책에서 사례로 연구할 것이다. 이 책에서는 사물인터넷에서 구현되는 정보 처리 및 응용에 중점을 두므로 사물인터넷 참조 스택 구조와 관련 장치, 아키텍처 및 프로토콜에 관해 자세하게 다루지는 않을 것이다.

이런 점에 관심이 있다면 다음 참조 문헌에서 사물인터넷 아키텍처와 그 밖의 프로토콜을 더 자세히 알아보자.

- Da Xu, Li, Wu He, and Shancang Li. 「Internet of things in industries: A survey」. IEEE Transactions on industrial informatics 10.4(2014): 2233–2243.
- Khan, Rafiullah, et al. 「Future internet: The internet of things architecture, Possible Applications and Key Challenges」. **Frontiers of Information Technology(FIT)**, 2012 10th International Conference on. IEEE, 2012.
- `https://www.postscapes.com/internet-of-things-protocols/`에서는 사물인터넷과 관련된 프로토콜의 개요를 제공한다.

빅데이터와 사물인터넷

사물인터넷은 자동차 엔진과 같이 이전에는 인터넷에 연결되지 않았던 것을 연결해 많은 양의 연속적인 데이터 스트림을 생성한다. 다음 화면은 향후 수십억 단위로 연결된 장치 수에 대한 IHS 조사 데이터를 보여준다. IHS의 추정에 따르면 2025년까지 사물인터넷 장치 수가 754억 4000만 개에 이를 것이라고 한다.

사물인터넷 장치가 2025년까지 얼마나 늘어날지를 예측한 결과

IHS가 제공하는 백서인 『IoT platforms: enabling the Internet of Things』는 https://cdn.ihs.com/www/pdf/enabling-IOT.pdf에서 확인할 수 있다.

센서 비용, 효율적인 전력 소비 기술, 다양한 범위의 연결성(적외선 · NFC · 블루투스 · 와이파이 등) 및 사물인터넷 배포 및 개발을 지원하는 클라우드 플랫폼을 사용할 수 있게 되면서 이러한 가정용 사물인터넷과 개인용 사물인터넷 및 산업용 사물인터넷이 널리 퍼지게 됐다. 이로 인해 기업들은 새로운 서비스를 제공하고 새로운 사업 방식을 개발할 수 있게 됐다. 몇 가지 사례를 들면 다음과 같다.

- **에어비앤비**: 사물인터넷으로 사람들을 연결해 여분의 방이나 집을 서로 임대할 수 있게 해주고 수수료를 받는다.
- **우버**: 택시 기사와 승객을 연결한다. 승객이 있는 자리에서 가장 가까운 곳에 있는 기사와 연결해준다.

이 과정에서 생성되는 데이터량이 방대하고 복잡해서 빅데이터 처리 기술이 필요하다. 빅데이터 접근법과 사물인터넷이 서로 거의 동시에 만들어져 함께 작동한다.

사물은 온도, 오염 수준, 위치 정보, 근접성 등의 다양한 상태를 나타내는 엄청난 분량의 데이터 스트림을 지속해서 만들어 낸다. 이렇게 생성된 데이터는 시계열(time series) 형식이며 자기상관(autocorrelation, 자체 상관 관계)을 이룬다. 본래 데이터가 동적이라서 데이터를 다루는 작업이 어려워진다. 또한 생성된 데이터를 에지(edge, 센서나 게이트웨이처럼 처리 시스템의 외곽을 이루는 것들)나 클라우드에서 분석할 수 있다. 클라우드로 데이터를 보내기 전에 일부 형태의 사물인터넷 데이터 변환이 수행된다. 예를 들면 다음과 같은 것들이 있다.

- 시간적 분석이나 또는 공간적 분석
- 에지에서 하는 데이터 요약
- 데이터 집계
- 여러 사물인터넷 스트림의 데이터 상관관계
- 데이터 세척[1]
- 결측값 채우기
- 데이터 정규화
- 클라우드에서 허용되는 다양한 형식으로 변환

에지에서 **복합 이벤트 처리**(complex event processing, CEP)를 수행함으로써 여러 발생원에서 나온 데이터를 결합해 이벤트나 패턴을 추론한다.

스트림 분석 기술들을 사용해 데이터를 분석하되(예를 들면 분석 도구를 데이터 스트림에 적용하되) 오프라인 모드에서 외부에서 사용되는 통찰력 및 규칙을 개발해 분석한다. 모델은 오프라인으로 먼저 작성된 후 생성된 데이터 스트림에 적용된다. 데이터는 서로 다른 방식으로 처리될 수 있다.

- **아토믹**(atomic, **원자화**): 한 번에 하나의 데이터만 사용하는 방식.
- **마이크로배칭**(micro batching, **최소 집단 단위 처리**): 데이터를 1개 배치(batch, 집단) 단위로 묶어 처리하는 방식.
- **윈도잉**(windowing, **창 처리**): 배치별로 시간 프레임(timeframe)을 구별해 데이터를 처리하는 방식.

스트림 분석을 CEP와 결합해 시간 프레임을 통해 이벤트를 결합하고 패턴을 상관시켜 특수한 패턴(예: 예외 또는 실패)을 감지할 수 있다.

---

1 (옮긴이) 데이터 정제(cleansing)와 세척(cleaning)의 개념은 조금 다르다. 전자는 전반적인 정리정돈이라는 개념이고, 후자는 주로 이상점 제거나 비정상 상태 제거에 초점이 맞춰져 있다. 그렇지만 이 책에서는 이 두 가지 개념을 모두 포함해서 말하는 것으로 보인다.

인공지능 주입: 사물인터넷에서의 데이터과학

데이터 과학자와 머신러닝 기술자들 사이에서 매우 인기 있는 구절은 앤드류 응 교수가 NIPS 2017에서 말한 바 있는 "AI is the new electricity(인공지능은 새로운 전기다)"라는 구절로서, 우리는 이 구절의 의미를 "If AI is the new electricity, data is the new coal, and IoT the new coal-mine(인공지능이 새로운 전기라면 데이터는 새로운 석탄이고 사물인터넷은 새로운 탄광이다)"라는 말로 확대할 수 있을 것이다.

사물인터넷은 데이터를 엄청나게 많이 생성한다. 현재 생성된 데이터 중에서 90%는 포착되지도 않으며, 포착된 10% 중에 대부분은 시간에 따라 그 가치가 달라지므로 수 밀리초 내에 그 가치를 잃는다. 이런 데이터를 수동으로 끊임없이 살펴보는 일은 번거롭기도 하고 비용도 많이 든다. 그러므로 데이터를 지능적으로 분석해 무언가를 통찰할 수 있어야 하는데, 인공지능 도구와 인공지능 모델을 사용하면 이 작업을 인간의 개입을 최소화하면서 정확하게 수행할 수 있다. 이 책에서는 사물인터넷으로 생성되는 데이터에 적용할 수 있는 다양한 인공지능 모델과 기술을 이해하는 데 주로 초점을 맞춘다. 우리는 머신러닝 알고리즘과 딥러닝 알고리즘을 사용할 것이다. 다음 화면은 **인공지능(artificial intelligence, AI)**과 **머신러닝(machine learning, ML)** 및 **딥러닝(deep learning, DL)** 간의 관계를 설명한다.

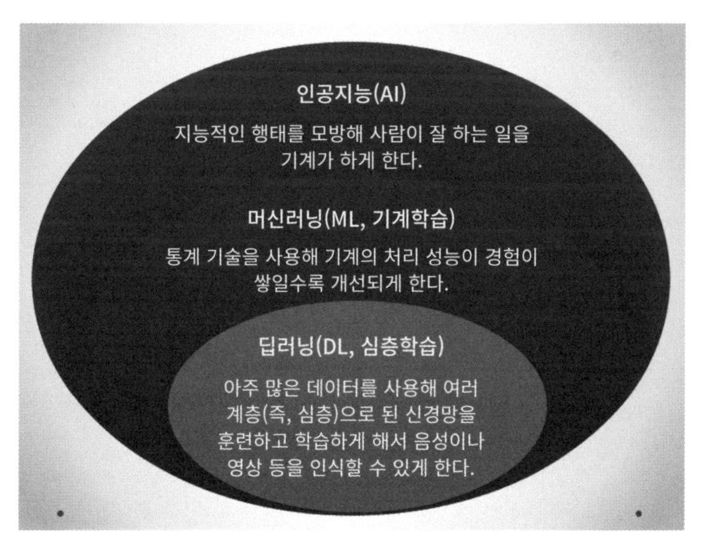

인공지능, 머신러닝, 딥러닝

사물인터넷의 목표는 (빅데이터 및 인공지능의 도움을 받아) 여러 가지 동작을 관찰함으로써 데이터에 대한 통찰력을 얻고 기본 프로세스를 최적화하는 것이다. 여기에는 여러 가지 문제가 있다.

- 실시간으로 생성된 이벤트들을 저장하는 문제
- 저장된 이벤트에 대한 분석적 쿼리를 실행하는 문제
- 인공지능/머신러닝/딥러닝 기법을 데이터에 적용해 분석함으로써 데이터를 통찰해 예측하는 문제

데이터 마이닝을 위한 산업 간 표준 과정

사물인터넷과 관련된 문제인 경우에 가장 많이 사용되는 **데이터 관리(data management, DM)** 방법은 채프먼(Chapman) 등이 제안한 **데이터 마이닝을 위한 산업 간 표준 과정(cross-industry standard process for data mining, CRISP-DM)**이다. 이 모델은 데이터 관리를 성공적으로 완료하기 위해 수행해야 하는 작업을 설명한 것이다. 공급업체에 좌우되지 않는 이 방법론은 다음과 같은 6개 단계로 나뉜다.

1. 업무 이해(business understanding)
2. 데이터 이해(data understanding)
3. 데이터 준비(data preparation)
4. 모형화(modeling)
5. 평가(evaluation)
6. 배포(deployment)

다음 도표는 각 단계를 보여준다.

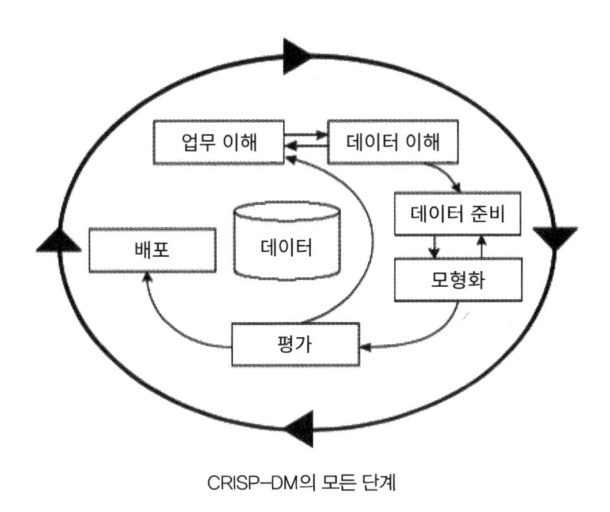

CRISP-DM의 모든 단계

보다시피 데이터과학과 인공지능이 2~5단계에서 중요한 역할을 하는 연속 과정 모형이다.

CRISP-DM 및 모든 단계에 대한 세부 정보는 다음에서 읽을 수 있다.

Marbán, Óscar, Gonzalo Mariscal, and Javier Segovia. 「A data mining & knowledge discovery process model. Data Mining and Knowledge Discovery in Real Life Applications.」 InTech, 2009.

인공지능 플랫폼과 사물인터넷 플랫폼

오늘날에는 인공지능 및 사물인터넷 기능을 갖춘 클라우드 플랫폼을 다양하게 사용할 수 있다. 이러한 플랫폼은 센서와 장치를 통합하고 클라우드에서 분석을 수행할 수 있는 기능을 제공한다. 세계 시장에는 30개 이상의 클라우드 플랫폼이 존재하며 각 플랫폼은 다양한 사물인터넷 분야 및 서비스를 목표로 한다. 다음 화면은 인공지능/사물인터넷 플랫폼이 지원하는 다양한 서비스를 보여준다.

인공지능/사물인터넷 플랫폼을 지원하는 서비스

인기 있는 클라우드 플랫폼을 간략히 알아보자. **12장 '종합해 보기'**에서는 모든 것을 종합해 가장 인기 있는 것을 사용하는 방법을 배우게 될 것이다. 다음은 인기 있는 클라우드 플랫폼 목록이다.

- **IBM 왓슨 사물인터넷 플랫폼**: IBM이 주관하는 이 플랫폼은 장치 관리 기능을 제공한다. MQTT 프로토콜을 사용해 사물인터넷 장치 및 애플리케이션과 연결한다. 실시간으로 확장 가능한 연결성을 제공한다. 데이터를 일정 기간 동안 저장하고, 데이터에 실시간으로 액세스할 수 있다. IBM 왓슨은 분석 및 시각화를 위한 Bluemix PaaS(Platform-as-a-Service)를 제공한다. 이를 활용해 데이터 및 연결된 장치와 상호작용하는 애플리케이션을 빌드하고 관리하는 코드를 작성할 수 있다. 왓슨은 C# · 자바 · Node.js · 파이썬을 지원한다.
- **마이크로소프트 IoT-애저 IoT 스위트**: 애저(Azure) PaaS를 기반으로 사전 구성 솔루션 모음을 제공한다. 사물인터넷 장치와 클라우드 간에 안정적이고 안전한 양방향 통신을 할 수 있게 한다. 사전 구성 솔루션에는 데이터 시각화, 원격 모니터링, 라이브 사물인터넷 원격 측정에 대한 규칙 및 경보 구성을 포함한다. 또한 애저 스트림 애널리틱스(Azure Stream Analytics)를 사용해 실시간으로 데이터를 처리한다. 애저 스트림 애널리틱스를 사용하면 비주얼스튜디오를 사용할 수 있다. 사물인터넷 장치에 따라 파이썬 · Node.js · C · 아두이노를 지원한다.
- **구글 클라우드 IoT**: 구글 클라우드 IoT는 사물인터넷 기기를 안전하게 연결하고 관리하기 위한 완벽하게 관리되는 서비스를 제공한다. MQTT/HTTP 프로토콜을 모두 지원한다. 또한 사물인터넷 장치와 클라우드 간에 양방향 통신을 제공한다. Go · PHP · 루비 · 자바스크립트 · 닷넷 · 자바 · Objective-C · 파이썬을 지원한다. BigQuery는 사용자가 데이터 분석 및 시각화를 수행할 수 있게 한다.

- **아마존 AWS IoT**: 아마존 AWS IoT를 사용하면 사물인터넷 장치가 MQTT와 HTTP, 웹소켓을 통해 통신할 수 있다. 또한 사물인터넷 장치와 클라우드 간에 안전한 양방향 통신을 제공한다. 그리고 다른 AWS 서비스와 데이터를 통합하고 데이터를 변환하는 데 사용할 수 있는 규칙 엔진이 있다. 자바 · 파이썬 · Node.js에서 사용자 코드가 실행되게 하는 규칙을 정의할 수 있다. AWS Lambda는 자기 맞춤형 훈련 모델을 사용할 수 있게 해 준다.

이 책에서 사용하는 도구들

사물인터넷을 기반으로 삼아 서비스를 구현하려면 상향식 접근 방식을 따라야 한다. 각 사물인터넷 분야에서 분석할 내용과 데이터를 찾아 코드로 구현해야 한다.

파이썬은 거의 모든 인공지능 및 사물인터넷 플랫폼에서 사용할 수 있으므로 이 책에 나오는 코드를 작성할 때도 파이썬을 사용한다. 데이터에 대해 인공지능/머신러닝 분석을 수행할 때는 파이썬을 사용하며 이와 함께 NumPy · pandas · SciPy · 케라스 · 텐서플로와 같은 일부 보조 라이브러리를 사용한다. 시각화(즉, 가시화)에는 Matplotlib과 Seaborn을 사용할 것이다.

텐서플로

텐서플로(TensorFlow)는 구글 브레인(Google Brain) 팀에서 개발한 오픈소스 소프트웨어 라이브러리로서, 심층신경망을 구현하는 데 필요한 함수와 API가 들어 있다. 파이썬 · C++ · 자바 · R · Go에서 작동한다. 이 도구는 여러 플랫폼 · CPU · GPU · 모바일에서 작동하며 분산 환경에서도 작동한다. 텐서플로를 사용하면 모델을 배포해 프로덕션 환경(즉, 운영 환경)에서 쉽게 사용할 수 있다. 텐서플로의 최적화기(optimizer)는 자동으로 경사도(gradient)를 계산하고 이를 적용해 가중치(weights)와 편향치(bias, 바이어스)를 갱신함으로써 심층신경망을 쉽게 훈련할 수 있게 한다.

텐서플로로 작성한 프로그램 하나에는 두 가지 구성요소가 들어 있게 된다.

- **계산 그래프**는 노드(nodes, 마디점)와 에지(edges, 변)가 모여 구성하는 망이다. 여기서 모든 데이터와 변수와 플레이스홀더(placeholders, 즉 '개체 틀')와 수행할 계산이 정의된다. 텐서플로는 세 가지 유형의 데이터 개체인 상수 · 변수 · 플레이스홀더를 지원한다.
- **실행 그래프**는 실제로 `Session` 객체를 사용해 망(network)을[2] 계산한다. 실제 계산과 한 계층에서 다른 계층으로의 정보 전송은 `Session` 객체에서 발생한다.

---

2 (옮긴이) 이 책에서는 network가 다양한 개념을 나타내는 말로 사용돼서 그래프의 연결망 및 신경망과 관련해서는 망으로 번역했다. 통신망을 의미할 때는 네트워크로 번역했다.

텐서플로에서 행렬 곱셈을 수행하는 코드를 살펴보자. 전체 코드를 깃허브 저장소(https://github.com/PacktPublishing/Hands-On-Artificial-Intelligence-for-IoT)의 matrix_multiplication.ipynb에서 볼 수 있다.

```
import tensorflow as tf
import numpy as np
```

이 코드는 텐서플로 모듈을 가져온다. 다음으로 계산 그래프를 정의한다. mat1과 mat2는 각기 행렬로서, 다음과 같이 곱해야 한다.

```
# 크기가 [3,5]인 행렬
mat1 = np.random.rand(3,5)
# 크기가 [5,2]인 행렬
mat2 = np.random.rand(5,2)
```

두 개의 플레이스홀더 A와 B를 선언해 런타임(실행 시간)에 값을 전달할 수 있다. 계산 그래프에서 모든 데이터 및 계산 객체를 선언한다.

```
# 두 행렬에 대한 플레이스홀더 선언
A = tf.placeholder(tf.float32, None, name='A')
B = tf.placeholder(tf.float32, None, name='B')
```

이 코드는 A와 B라는 이름으로 두 개의 플레이스홀더를 선언한다. tf.placeholder 메서드에 대한 인수는 플레이스홀더가 float32 데이터 형식임을 지정한다. 모양을 None으로 지정했으므로 임의 모양으로 된 텐서와 연산에 대해 이름을 선택해서 제공할 수 있다. 다음으로, 행렬곱 메서드인 tf.matmul을 사용해 수행할 연산을 정의한다.

```
C = tf.matmul(A, B)
```

실행 그래프는 Session 객체로 선언되며, 각 플레이스홀더인 A와 B에 대해 두 개의 행렬 mat1과 mat2를 제공한다.

```
with tf.Session() as sess:
    result = sess.run(C, feed_dict={A: mat1, B:mat2})
    print(result)
```

케라스

케라스(Keras)는 텐서플로를 백엔드(backend, 후단부, 뒷단)로 삼아 그 위에서 실행되는 고급 API이다. 케라스로 빠르고 쉽게 프로토타입을 만들어 볼 수 있다. 케라스는 합성곱 신경망(CNN)과 재귀 신경망(RNN, 순환 신경망)을 모두 지원하며 이 두 가지 신경망을 조합한 신경망도 지원한다. 케라스는 CPU와 GPU 모두에서 실행할 수 있다. 다음 코드는 케라스를 사용해 행렬곱을 수행한다.

```
# 라이브러리를 가져온다.
import keras.backend as K
import numpy as np

# 데이터를 선언한다.
A = np.random.rand(20, 500)
B = np.random.rand(500, 3000)

# 변수를 생성한다.
x = K.variable(value=A)
y = K.variable(value=B)
z = K.dot(x, y)
print(K.eval(z))
```

데이터셋

이어지는 여러 단원에 걸쳐서 여러분은 다양한 딥러닝 모델과 머신러닝 방법을 배우게 될 것이다. 이것들은 모두 데이터를 기반으로 동작하므로 많은 데이터셋을 사용해서 이러한 모델들의 작동 방식을 보여줄 수도 있겠지만, 이 책에서는 무선 센서 및 기타 사물인터넷 장치를 통해 자유롭게 사용하는 데 필요한 데이터셋만 사용할 것이다. 다음은 이 책과 소스코드에 사용된 데이터셋 중 일부를 나열한 것이다.

복합화력발전소 데이터셋

이 데이터셋에는 6년(2006~2011) 동안 복합화력발전소(combined cycle power plant, CCPP)에서 수집한 9,568개의 데이터 점(data points)이 들어 있다. 복합화력발전소에서는 가스 터빈과 증기 터빈이라는 두 개의 터빈을 사용해 전력을 생산한다. 복합화력발전소에는 가스 터빈과 열 회수 시스템, 증기 터빈이라는 세 가지 주요 구성요소가 있다. 데이터셋은 UCI ML(http://archive.ics.uci.edu/ml/datasets/combined+cycle+power+plant)에 있으며, 나믹 케말 대학교(Namik Kemal University)의 피나

르 투펙치(Pinar Tufekci)와 보가지치 대학교(Bogazici University)의 헤이셈 카야(Heysem Kaya)가 수집한 것이다. 이 데이터는 평균 환경 변수들을 결정하는 네 가지 특징으로 구성된다. 초 단위로 기록하는 발전소 주변의 다양한 센서에서 환경 변수를 가져와 평균을 취한다. 순시 전기에너지 출력을 예측하기 위해서다. 이 데이터는 xls 파일형식과 ods 파일형식으로 제공된다.

데이터셋의 특징은 다음과 같다.

- **주위온도**(ambient temperature, AT)의 범위는 1.81~37.11°C다.
- **외기압력**(ambient pressure, AP)의 범위는 992.89~1033.30밀리바다.
- **상대습도**(relative humidity, RH)의 범위는 25.56~100.16%다.
- **배출진공**(vacuum, V)은 25.36~81.56cmHg이다.
- 순시 전기에너지 출력(PE)은 420.26~495.76MW다.

데이터 및 문제에 대한 자세한 내용을 다음에서 읽을 수 있다.

- Pinar Tüfekci, 「Prediction of full load electrical power output of a baseload operated combined cycle power plant using machine learning methods」, International Journal of Electrical Power & Energy Systems, Volume 60, September 2014, Pages 126–140, ISSN0142–0615.
- Heysem Kaya, Pinar Tüfekci, Sadik Fikret Gürgen: 「Local and GlobalLearning Methods for Predicting Power of a Combined Gas & Steam Turbine」, Proceedings of the International Conference on Emerging Trends in Computer and Electronics Engineering ICETCEE 2012, pp. 13–18 (Mar. 2012, Dubai).

포도주 품질 데이터셋

전 세계의 포도주 양조장은 소비자의 건강을 지켜 줄 수 있도록 포도주 인증 및 품질 평가를 받아야 한다. 포도주 인증은 물리 화학적 분석 및 감각 검사를 통해 수행된다. 기술이 발전하면서 물리 화학적 분석은 인비트로 장비(in–vitro equipment, 생체외 장비)를 사용해 언제든 할 수 있게 됐다.

이 책의 분류 예제에서는 이 데이터셋을 사용한다. 데이터셋은 UCI–ML 저장소(`https://archive.ics.uci.edu/ml/datasets/Wine+Quality`)에서 내려받을 수 있다. 포도주 품질 데이터셋에는 여러 적포도주 표본과 백포도주 표본에 대한 물리 화학적 테스트 결과가 포함돼 있다. 각 표본은 0~10의 척도로 품질에 대한 전문 포도주 시음 전문가에 의해 평가됐다.

데이터셋에는 총 4,898개의 사례(instances)가 포함된다. 다음과 같은 총 12개의 특성(attributes)이 있다.

- 고정 산성(fixed acidity)
- 휘발성 산성(volatile acidity)
- 구연산(citric acid)
- 잔류 설탕(residual sugar)
- 염화물(chlorides)
- 자유 이산화황(free sulfur dioxide)
- 총 이산화황(total sulfur dioxide)
- 농도(density)
- 페하(pH)
- 황산염(sulfates)
- 알코올(alcohol)
- 품질(quality)

데이터셋은 CSV 형식으로 사용할 수 있다.

Cortez, Paulo, et al. 「Modeling wine preferences by data mining from physicochemical properties.」 Decision Support Systems 47.4 (2009): 547–553 (`https://repositorium.sdum.uminho.pt/bitstream/1822/10029/1/wine5.pdf`)에서 데이터셋에 대한 세부 정보를 읽을 수 있다.

공기 질 데이터

대기 오염은 인체 건강에 심각한 환경상의 위험을 초래한다. 공기 질(air quality) 개선과 호흡기 감염, 심혈관 질환, 폐암과 같은 다양한 건강 문제를 개선하는 일 사이에는 상관관계가 있다는 것이 밝혀졌다. 각국의 기상청이 전 세계의 광범위한 센서망을 통해 실시간 공기 질 데이터를 제공한다. 이 데이터는 해당 조직의 웹 API를 통해 액세스할 수 있다.

이 책에서는 역사적인 공기 질 데이터를 사용해 신경망을 훈련해 사망률을 예측한다. 영국의 과거 데이터는 캐글(https://www.kaggle.com/c/predict-impact-of-air-quality-on-death-rates)에서 무료로 이용할 수 있으며 공기 질 데이터는 **오존(O3)**과 **이산화질소(NO2)**, 지름이 10마이크로미터 이하(PM10)와 2.5마이크로미터 이하(PM25)인 미립자 물질, 그리고 온도로 구성된다. 영국 지역의 사망자 수(10만 명당 사망자 수)는 영국 통계청에서 제공한 데이터로 얻는다.

요약

이번 장에서는 사물인터넷 · 빅데이터 · 인공지능에 관해서 배웠다. 사물인터넷에서 사용되는 일반적인 용어를 소개하고 데이터 관리 및 데이터 분석을 위한 사물인터넷 아키텍처를 배웠다. 사물인터넷 장치에 의해 생성된 막대한 데이터를 처리하려면 특별한 방법이 필요하다.

많은 사물인터넷 장치에 의해 생성된 데이터를 분석하고 예측할 때에 데이터과학 및 인공지능이 어떻게 도움이 되는지도 배웠다. 다양한 사물인터넷 플랫폼을 간략하게 설명했으며 일부 인기 있는 사물인터넷도 있었다. 텐서플로와 케라스라는 특별한 딥러닝 라이브러리에 대해서도 배웠다. 마지막 부분에서는 이 책 전체에서 사용할 데이터셋 중 일부를 소개했다.

다음 장에서는 다양한 데이터셋을 활용하는 방법을 설명한다.

02

사물인터넷을 위한 데이터 액세스와 분산 처리

데이터는 그림, 연설, 글, 기상 정보, 차의 속도, 최신 EMI, 주가 변동 등을 포함해 어디에나 있다. **사물인터넷(IoT)** 시스템의 통합으로 인해 생성되는 데이터량이 여러 배로 늘어났다. 예를 들면 실온, 토양 알칼리도 등의 센서 판독 값이 있다. 이런 데이터는 저장되어 다양한 형식으로 제공된다. 이번 장에서는 몇 가지 일반적인 형식으로 데이터를 읽고 저장하고 처리하는 방법을 학습한다. 구체적으로 다음을 수행한다.

- TXT 형식으로 된 데이터에 액세스하기
- csv · pandas · numpy 모듈을 통해 csv 형식으로 된 데이터를 읽고 쓰기
- JSON과 pandas를 사용해 JSON 데이터에 액세스하기
- PyTables · pandas · h5py를 사용해 HDF5 형식으로 작업하는 방법을 배우기
- SQLite와 MySQL을 사용해 SQL 데이터베이스를 처리하기
- MongoDB를 이용해 NoSQL을 처리하기
- 하둡의 분산 파일 시스템으로 작업하기

TXT 형식

데이터 저장을 위한 가장 단순하고 일반적인 형식 중 하나는 TXT 형식이다. 많은 사물인터넷 센서는 시각 소인(time stamp)이 서로 다른 센서 판독 값을 간단한 `.txt` 파일형식으로 기록한다. 파이썬은 TXT 파일을 만들고 읽고 쓰기 위한 내장 함수를 제공한다.

모듈을 사용하지 않고도 파이썬 자체만으로 TXT 파일에 액세스할 수 있다. 이런 경우에 데이터는 문자열 형식이므로 다른 형식으로 변환해야 사용할 수 있다. NumPy나 pandas를 사용할 수도 있다.

파이썬에서 TXT 파일을 사용하기

파이썬에는 TXT 파일을 읽고 쓰는 함수들이 내장돼 있다. open(), read(), write(), close()라는 네 가지 함수가 모여 완전한 기능을 이룬다. 이름에서 알 수 있듯이 이 네 가지 함수는 파일을 열고 파일에서 읽고 파일에 쓰고 파일을 닫는 데 사용된다. 문자열 데이터(텍스트 형식으로 된 데이터)를 처리하는 경우라면 이 함수들을 선택하는 게 최선이다. 이번 절에서는 셰익스피어의 연극을 TXT 형식으로 사용한다. 파일은 MIT 사이트의 https://ocw.mit.edu/ans7870/6/6.006/s08/lecturenotes/files/t8.shakespeare.txt 에서 내려받을 수 있다.

데이터에 액세스하기 위해 다음 변수를 정의한다.

```
data_folder = '../../data/Shakespeare'
data_file = 'alllines.txt'
```

첫 번째 단계는 파일을 여는 것이다.

```
f = open(data_file)
```

다음으로 전체 파일을 읽는다. read 함수를 사용하면 전체 파일을 하나의 단일 문자열로 읽을 수 있다.

```
contents = f.read()
```

이것은 전체 파일(4,583,798자로 구성됨)을 contents 변수로 읽어 들인다. contents 변수의 내용을 살펴보자. 다음 명령은 처음 1,000자를 프린트한다.

```
print(contents[:1000])
```

앞의 코드를 실행하면 다음과 같은 내용을 출력한다.

```
"ACT I"
"SCENE I. London. The palace."
"Enter KING HENRY, LORD JOHN OF LANCASTER, the EARL of WESTMORELAND, SIR
WALTER BLUNT, and others"
```

```
"So shaken as we are, so wan with care,"
"Find we a time for frighted peace to pant,"
"And breathe short-winded accents of new broils"
"To be commenced in strands afar remote."
"No more the thirsty entrance of this soil"
"will daub her lips with her own children's blood,"
"Nor more will trenching war channel her fields,"
"Nor bruise her flowerets with the armed hoofs"
"Of hostile paces: those opposed eyes,"
"Which, like the meteors of a troubled heaven,"
"All of one nature, of one substance bred,"
"Did lately meet in the intestine shock"
"And furious close of civil butchery"
"will now, in mutual well-beseeming ranks,"
"March all one way and be no more opposed"
"Against acquaintance, kindred and allies:"
"The edge of war, like an ill-sheathed knife,"
"No more will cut his master. Therefore, friends,"
"As far as to the sepulchre of Christ,"
"Whose
```

TXT 파일이 숫자 데이터로 이뤄져 있다면 NumPy를 사용하는 게 좋다. 그렇지 않고 이런저런 데이터가 섞여 있다면 pandas가 더 좋다.

CSV 형식

CSV(comma-separated value, 쉼표로 구분해 둔 값) 파일은 사물인터넷 시스템에서 생성된 테이블 형식의 데이터를 저장하는 데 가장 많이 사용되는 형식이다. 확장자가 `.csv`인 파일에서 레코드 값은 일반 텍스트 행에 저장되며 각 행에는 구분기호로 구분된 필드 값이 들어 있다. 기본적으로 쓰이는 구분기호는 쉼표지만, 다른 문자를 구분기호로 사용할 수 있다. 이번 절에서는 CSV 형식으로 된 파일에 들어 있는 데이터를 파이썬의 `csv`, `numpy`, `pandas` 모듈과 함께 사용하는 방법을 학습한다. 여기서는 `household_power_consumption` 데이터 파일을 사용할 것이다. 이 파일은 `https://github.com/ahanse/machlearning/blob/master/household_power_consumption.csv`의 깃허브 링크에서 내려받을 수 있다. 데이터 파일에 접근하려면 다음 변수를 정의한다.

```
data_folder = '../../data/household_power_consumption'
data_file = 'household_power_consumption.csv'
```

일반적으로 CSV 파일에서 데이터를 빠르게 읽으려면 파이썬의 csv 모듈을 사용해야 한다. 그러나 데이터를 날짜와 숫자 데이터 필드의 혼합으로 해석해야 하는 경우에는 pandas 패키지를 사용하는 것이 좋다. 데이터가 숫자일 경우에는 numpy가 가장 적합한 패키지다.

csv 모듈을 사용해 CSV 파일을 다루기

파이썬에서 csv 모듈은 CSV 파일을 읽고 쓰는 데 필요한 클래스와 메서드를 제공한다. csv.reader 메서드는 행을 반복적으로 읽을 수 있는 판독기 객체를 만든다. 파일에서 행을 읽을 때마다 reader 객체는 필드 목록을 반환한다. 예를 들어, 다음 코드는 데이터 파일을 읽고 행을 프린트하는 방법을 보여준다.

```
import csv
import os

with open(os.path.join(data_folder, data_file), newline='') as csvfile:
    csvreader = csv.reader(csvfile)
    for row in csvreader:
        print(row)
```

행(rows)은 필드 값들로 구성된 리스트 형식으로 출력된다.

```
['date', 'time', 'global_active_power', 'global_reactive_power', 'voltage', 'global_intensity',
'sub_metering_1', 'sub_metering_2', 'sub_metering_3'] ['0007-01-01', '00:00:00', '2.58', '0.136',
'241.97', '10.6', '0', '0', '0'] ['0007-01-01', '00:01:00', '2.552', '0.1', '241.75', '10.4', '0',
'0', '0'] ['0007-01-01', '00:02:00', '2.55', '0.1', '241.64', '10.4', '0', '0', '0']
```

csv.writer 메서드는 행을 파일에 쓰는 데 사용할 수 있는 객체를 반환한다. 예를 들어, 다음 코드는 파일의 처음 10개 행을 임시 파일에 쓴 다음 그 파일을 프린트한다.

```
# 파일을 읽고 앞쪽에 있는 10개 행을 쓴다.
with open(os.path.join(data_folder, data_file), newline='') as csvfile, \
      open(os.path.join(data_folder, 'temp.csv'), 'w', newline='') as tempfile:
        csvreader = csv.reader(csvfile)
        csvwriter = csv.writer(tempfile)
        for row, i in zip(csvreader, range(10)):
            csvwriter.writerow(row)
```

```
# 새로 작성된 파일을 읽어 출력한다.
with open(os.path.join(data_folder, 'temp.csv'), newline='') as tempfile:
    csvreader = csv.reader(tempfile)
    for row in csvreader:
        print(row)
```

delimeter 필드와 quoting 필드에 들어 있는 문자들은 reader 객체 및 writer 객체를 생성하는 동안 설정할 수 있는 중요한 속성이다.

기본적으로 delimiter 필드는 스페이스이며, 그 밖의 구분기호들은 reader 함수나 writer 함수에서 delimiter 인수를 사용해서 지정한다. 예를 들어, 다음 코드에서는 ¦를 delimiter(구분기호)로 사용해 파일을 저장한다.

```
# 파일을 읽어 '¦' 구분기호를 사용해 첫 번째 열 줄을 쓴다.
with open(os.path.join(data_folder, data_file), newline='') as csvfile, \
      open(os.path.join(data_folder, 'temp.csv'), 'w', newline='') as tempfile:
    csvreader = csv.reader(csvfile)
    csvwriter = csv.writer(tempfile, delimiter='¦')
        for row, i in zip(csvreader, range(10)):
            csvwriter.writerow(row)

# 새로 작성된 파일을 읽어 출력한다.
with open(os.path.join(data_folder, 'temp.csv'), newline='') as tempfile:
    csvreader = csv.reader(tempfile, delimiter='¦')
    for row in csvreader:
        print(row)
```

파일을 읽을 때 delimiter 문자를 지정하지 않으면 행은 하나의 필드로 읽혀 다음과 같이 프린트된다.

```
['0007-01-01¦00:00:00¦2.58¦0.136¦241.97¦10.6¦0¦0¦0']
```

quotechar로는 필드를 둘러싸는 문자를 지정한다. quoting 인수는 quotechar로 묶을 수 있는 필드의 종류를 지정한다. quoting 인수는 다음 값 중 하나를 가질 수 있다.

- csv.QUOTE_ALL: 모든 필드가 인용된다.
- csv.QUOTE_MINIMAL: 특수 문자가 포함된 필드만 인용부호로 묶인다.

- csv.QUOTE_NONNUMERIC: 모든 비수치 필드가 인용부호로 묶인다.
- csv.QUOTE_NONE: 어떤 필드도 인용부호로 묶이지 않는다.

예를 들어 임시 파일을 먼저 프린트해 보자.

```
0007-01-01¦00:00:00¦2.58¦0.136¦241.97¦10.6¦0¦0¦0
0007-01-01¦오전 12:01:00¦2.552¦0.1¦241.75¦10.4¦0¦0¦0
0007-01-01¦오전 12:02:00¦2.55¦0.1¦241.64¦10.4¦0¦0¦0
0007-01-01¦오전 12:03:00¦2.55¦0.1¦241.71¦10.4¦0¦0¦0
0007-01-01¦오전 12:04:00¦2.554¦0.1¦241.98¦10.4¦0¦0¦0
0007-01-01¦오전 12:05:00¦2.55¦0.1¦241.83¦10.4¦0¦0¦0
0007-01-01¦오전 12:06:00¦2.534¦0.096¦241.07¦10.4¦0¦0¦0
0007-01-01¦오전 12:07:00¦2.484¦0¦241.29¦10.2¦0¦0¦0
0007-01-01¦오전 12:08:00¦2.468¦0¦241.23¦10.2¦0¦0¦0
```

이제 모든 필드를 인용부호로 둘러싼 다음에 저장해 보자.

```
# 파일을 읽어 '¦'를 구분기호로 쓰고, 모든 필드에 인용부호를 달되, 인용부호로는 별표(*)를 사용해 첫 번째 10개 행을 쓴다.
with open(os.path.join(data_folder, data_file), newline='') as csvfile, \
      open('temp.csv', 'w', newline='') as tempfile:
    csvreader = csv.reader(csvfile)
    csvwriter = csv.writer(tempfile, delimiter='¦', quotechar='*', quoting=csv.QUOTE_ALL)
    for row, i in zip(csvreader, range(10)):
        csvwriter.writerow(row)
```

파일은 지정된 인용부호 문자로 저장된다.

```
*0007-01-01*¦*00:00:00*¦*2.58*¦*0.136*¦*241.97*¦*10.6*¦*0*¦*0*¦*0*
*0007-01-01*¦*00:01:00*¦*2.552*¦*0.1*¦*241.75*¦*10.4*¦*0*¦*0*¦*0*
*0007-01-01*¦*00:02:00*¦*2.55*¦*0.1*¦*241.64*¦*10.4*¦*0*¦*0*¦*0*
*0007-01-01*¦*00:03:00*¦*2.55*¦*0.1*¦*241.71*¦*10.4*¦*0*¦*0*¦*0*
*0007-01-01*¦*00:04:00*¦*2.554*¦*0.1*¦*241.98*¦*10.4*¦*0*¦*0*¦*0*
*0007-01-01*¦*00:05:00*¦*2.55*¦*0.1*¦*241.83*¦*10.4*¦*0*¦*0*¦*0*
*0007-01-01*¦*00:06:00*¦*2.534*¦*0.096*¦*241.07*¦*10.4*¦*0*¦*0*¦*0*
*0007-01-01*¦*00:07:00*¦*2.484*¦*0*¦*241.29*¦*10.2*¦*0*¦*0*¦*0*
*0007-01-01*¦*00:08:00*¦*2.468*¦*0*¦*241.23*¦*10.2*¦*0*¦*0*¦*0*
```

동일한 인수를 사용해 파일을 읽는 것을 잊지 말기 바란다. 그렇지 않으면 별표(*)라는 인용부호 문자가 필드 값의 일부로 취급되어 다음과 같이 프린트된다.

```
['*0007-01-01*', '*00:00:00*', '*2.58*', '*0.136*', '*241.97*', '*10.6*', '*0*', '*0*', '*0*']
```

reader 객체에 올바른 인수를 사용하면 다음과 같이 프린트한다.

```
['0007-01-01', '00:00:00', '2.58', '0.136', '241.97', '10.6', '0', '0', '0']
```

이제 인기 있는 또 다른 파이썬 라이브러리인 pandas로 CSV 파일을 읽는 방법을 살펴보자.

pandas 모듈로 CSV 파일을 다루기

pandas에서 read_csv() 함수는 CSV 파일을 읽은 후 데이터프레임(DataFrame)을 반환한다.

```
df = pd.read_csv('temp.csv') print(df)
```

데이터프레임은 다음과 같이 출력된다.

```
         date      time  global_active_power  global_reactive_power  voltage  \
0  0007-01-01  00:00:00                2.580                  0.136   241.97
1  0007-01-01  00:01:00                2.552                  0.100   241.75
2  0007-01-01  00:02:00                2.550                  0.100   241.64
3  0007-01-01  00:03:00                2.550                  0.100   241.71
4  0007-01-01  00:04:00                2.554                  0.100   241.98
5  0007-01-01  00:05:00                2.550                  0.100   241.83
6  0007-01-01  00:06:00                2.534                  0.096   241.07
7  0007-01-01  00:07:00                2.484                  0.000   241.29
8  0007-01-01  00:08:00                2.468                  0.000   241.23

   global_intensity  sub_metering_1  sub_metering_2  sub_metering_3
0              10.6               0               0               0
1              10.4               0               0               0
2              10.4               0               0               0
3              10.4               0               0               0
4              10.4               0               0               0
5              10.4               0               0               0
6              10.4               0               0               0
```

```
7                 10.2              0              0          0
8                 10.2              0              0          0
```

앞의 결과에서 pandas는 date 열과 time 열을 해당 데이터 형식으로 자동 해석했다. pandas의 데이터프레임은 to_csv() 함수를 사용해 CSV 파일에 저장될 수 있다.

```
df.to_csv('temp1.cvs')
```

pandas는 CSV 파일을 읽고 쓸 때 사용할 인수를 다양하게 제공한다. 이들 중 일부를 사용하는 방법은 다음과 같다.

- header: 헤더(머리글 행)로 사용할 행 번호를 정의하거나 파일에 헤더가 없는 경우에 없음을 정의한다.
- sep: 행의 필드를 구분하는 문자를 정의한다. 기본적으로, sep는 쉼표(,)로 설정된다.
- names: 파일의 각 열에 대한 열 이름을 정의한다.
- usecols: CSV 파일에서 추출해야 하는 열을 정의한다. 이 인수에 언급되지 않은 열은 읽지 않는다.
- dtype: 데이터프레임의 열에 대한 데이터 형식을 정의한다.

https://pandas.pydata.org/pandas-docs/stable/generated/pandas.read_csv.html과 https://pandas.pydata.org/pandas-docs/stable/generated/pandas.DataFrame.to_csv.html에 많은 다른 옵션이 문서화돼 있다.

이제 NumPy 라이브러리를 사용해 CSV 파일에서 데이터를 읽는 방법을 살펴보자.

NumPy 모듈을 사용해 CSV 파일을 다루기

NumPy 라이브러리는 CSV 파일에서 값을 읽는 함수로 np.loadtxt()와 np.genfromtxt()를 제공한다.

np.loadtxt의 예는 다음과 같다.

```
arr = np.loadtxt('temp.csv', skiprows=1, usecols=(2,3), delimiter=',')
arr
```

앞의 코드는 앞에서 만든 파일에서 열 3과 4를 읽고 다음과 같이 9×2 배열에 저장한다.

```
array([[2.58, 0.136],
       [2.552, 0.1  ],
       [2.55, 0.1   ],
       [2.55, 0.1   ],
       [2.554, 0.1  ],
       [2.55, 0.1   ],
       [2.534, 0.096],
       [2.484, 0.   ],
       [2.468, 0.   ]])
```

np.loadtxt() 함수는 데이터가 결측된 CSV 파일을 처리할 수 없다. 데이터가 결측된 경우에 np.genfromtxt()를 사용할 수 있다. 이 두 함수는 이 책에서 다룬 것 외에 더 많은 인수를 제공한다. 자세한 내용은 NumPy 설명서에서 확인할 수 있다. 앞의 코드는 다음과 같이 np.genfromtxt()를 사용해 작성할 수 있다.

```
arr = np.genfromtxt('temp.csv', skip_header=1, usecols=(2,3), delimiter=',')
```

인공지능 데이터를 사물인터넷 데이터에 적용한 결과로 생성된 NumPy 배열을 np.savetxt()를 사용해 저장할 수 있다. 예를 들어, 이전에 적재(load)한 배열은 다음과 같이 저장할 수 있다.

```
np.savetxt('temp.csv', arr, delimiter=',')
```

np.savetxt() 함수는 그 밖에도 저장된 필드 및 헤더의 형식 등의 다양하고 유용한 인수도 허용한다. 이 함수에 관해 더 자세히 알고 싶다면 NumPy 문서를 보자.

CSV는 사물인터넷 플랫폼 및 장치에서 가장 많이 사용되는 데이터 형식이다. 이번 절에서는 파이썬에서 세 가지 패키지를 사용해 CSV 데이터를 읽는 방법을 배웠다. 다음 절에서는 또 다른 인기 있는 파일 형식인 XLSX를 알아보자.

XLSX 형식

마이크로소프트 오피스 패키지에 들어 있는 엑셀은 데이터를 저장하고 시각화하는 보편적인 형식 중 하나다. 2010년부터 오피스는 .xlsx 형식을 지원했다. 우리는 OpenPyXl 및 pandas가 제공하는 함수들을 사용해 XLSX 파일을 읽을 수 있다.

OpenPyXl로 XLSX 형식 파일 다루기

OpenPyXl은 엑셀 파일을 읽고 쓰는 파이썬 라이브러리다. 오픈소스 프로젝트로 만든 것이다. 다음 명령을 사용해 새 엑셀 통합 문서(workbook)를 만든다.

```
wb = Workbook()
```

다음 명령을 사용해 현재 활성화된 시트에 액세스할 수 있다.

```
ws = wb.active()
```

시트 이름을 변경하려면 title 명령을 사용하자.

```
ws.title = "Demo Name"
```

append 메서드를 사용하면 단일 행을 시트에 추가할 수 있다.

```
ws.append()
```

새 시트는 create_sheet() 메서드를 사용해 만들 수 있다. 활성 시트의 개별 셀은 열 및 행 값을 사용해 만들 수 있다.

```
# A열 10행 셀에
# 해당하는 값으로 5를 지정한다.
ws.['A10'] = 5

# 아니면 이런 식으로 지정해도 된다.
ws.cell(column=1, row=10, value=5)
```

save 메서드를 사용하면 통합 문서를 저장할 수 있다. 기존 통합 문서를 적재하려면 load_workbook 메서드를 사용한다. 엑셀 통합 문서의 다른 시트 이름은 get_sheet_names()를 사용해 액세스할 수 있다.

다음 코드는 세 개의 시트가 있는 엑셀 통합 문서를 만들고 저장한다. 저장된 시트를 나중에 적재하게 되면 셀에 액세스할 수 있다. 깃허브의 OpenPyXl_example.ipynb에서 볼 수 있는 코드는 다음과 같다.

```
# 데이터를 생성해 xlsx 파일에 써넣기
from openpyxl import workbook
from openpyxl.compat import range
from openpyxl.utils import get_column_letter

wb = Workbook()
dest_filename = 'empty_book.xlsx'

ws1 = wb.active
ws1.title = "range names"
for row in range(1, 40):
    ws1.append(range(0,100,5))

ws2 = wb.create_sheet(title="Pi")
ws2['F5'] = 2 * 3.14
ws2.cell(column=1, row=5, value= 3.14)

ws3 = wb.create_sheet(title="Data")
    for row in range(1, 20):
        for col in range(1, 15):
            _ = ws3.cell(column=col, row=row, value="{0}".format(get_column_letter(col)))
print(ws3['A10'].value)

wb.save(filename = dest_filename)

# xlsx 파일에서 읽기
from openpyxl import load_workbook

wb = load_workbook(filename = 'empty_book.xlsx')
sheet_ranges = wb['range names']
print(wb.get_sheet_names())
print(sheet_ranges['D18'].value)
```

OpenPyXL에 관한 문서를 보며 더 배우고 싶다면 https://openpyxl.readthedocs.io/en/stable/에서 해당 문서를 찾을 수 있다.

XLSX 형식으로 된 파일에서 pandas를 사용하기

pandas를 사용해 기존 .xlsx 파일을 적재(load)할 수 있다. read_excel 메서드는 엑셀 파일을 데이터프레임으로 읽는 데 사용된다. 이 메서드는 적재할 시트를 지정하는 데 사용되는 인수인 sheet_name을 사용한다. 시트 이름은 문자열 또는 0부터 시작하는 숫자로 지정할 수 있다. to_excel 메서드를 사용해 엑셀 파일에 쓸 수 있다.

다음 코드는 엑셀 파일을 읽어 수정한 다음에 저장하는 일을 한다. 이 코드를 깃허브의 Pitas_xlsx_example.ipynb에서 볼 수 있다.

```
import pandas as pd
df = pd.read_excel("empty_book.xlsx", sheet_name=0)
df.describe()
result = df * 2
result.describe()
result.to_excel("empty_book_modified.xlsx")
```

JSON 형식 다루기

JSON(JavaScript Object Notation, 자바스크립트 객체 표기법)은 사물인터넷 시스템에서 많이 사용되는 데이터 형식의 하나다. 이번 절에서는 파이썬의 json, NumPy, pandas 패키지를 사용해 JSON 데이터를 읽는 방법을 학습한다.

이번 절에서는 도시 코드와 상세 위치 정보, 주 코드가 포함된 미국 우편 번호가 포함된 zips.json 파일을 사용한다. 이 파일에는 JSON 객체가 다음과 같은 형식으로 기록돼 있다.

```
{ "_id" : "01001", "city" : "AGAWAM", "loc" : [ -72.622739, 42.070206 ], "pop" : 15338, "state" :
"MA" }
```

json 모듈로 JSON 파일을 다루기

JSON 데이터를 적재하고 디코딩하려면 json.load() 또는 json.loads() 함수를 사용한다. 예를 들어, 다음 코드는 zips.json 파일에서 처음 10개 행을 읽고 보기 좋게 출력한다.

```
import os import json
from pprint import pprint

with open(os.path.join(data_folder, data_file)) as json_file:
    for line, i in zip(json_file, range(10)):
        json_data = json.loads(line)
        pprint(json_data)
```

JSON 객체들은 다음과 같이 출력된다.

```
{'_id': '01001',
 'city': 'AGAWAM',
 'loc': [-72.622739, 42.070206],
 'pop': 15338,
 'state': 'MA'}
```

json.loads() 함수는 문자열(string) 객체를 입력으로 사용하고, json.load() 함수는 파일 객체를 입력으로 사용한다. 두 함수 모두 JSON 객체를 디코딩해 json_data 파일에 파이썬 딕셔너리 객체로 적재한다.

json.dumps() 함수는 객체를 가져와 JSON 문자열을 생성하고, json.dump() 함수는 객체를 가져와서 JSON 문자열을 파일에 쓴다. 따라서 이 두 함수는 json.loads() 및 json.load() 함수에 각각 대응해 짝을 이룬다.

pandas 모듈로 JSON 파일을 다루기

JSON 문자열이나 JSON 파일은 데이터프레임(DataFrame) 객체나 시리즈(Series) 객체를 반환하는 pandas.read_json() 함수를 사용해 읽을 수 있다. 예를 들어, 다음 코드는 zips.json 파일을 읽는다.

```
df = pd.read_json(os.path.join(data_folder, data_file), lines=True)
print(df)
```

각 행에는 JSON 형식의 개별 객체가 포함돼 있으므로 lines=True로 설정한다. 이 인수를 True로 설정하지 않으면 pandas가 ValueError를 발생시킨다. 데이터프레임은 다음과 같이 프린트된다.

```
         _id          city                        loc      pop    state
0        1001        AGAWAM    [-72.622739, 42.070206]    15338       MA
1        1002       CUSHMAN     [-72.51565, 42.377017]    36963       MA
...       ...           ...                        ...      ...      ...
29351   99929      WRANGELL   [-132.352918, 56.433524]     2573       AK
29352   99950     KETCHIKAN    [-133.18479, 55.942471]      422       AK
[29353 rows x 5 columns]
```

pandas의 데이터프레임 객체나 시리즈 객체를 JSON 파일 또는 문자열에 저장하려면 `Dataframe.to_json()` 함수를 사용한다.

이 두 함수에 대한 자세한 내용은 https://pandas.pydata.org/pandas-docs/stable/generated/pandas.read_json.html와 https://pandas.pydata.org/pandas-docs/stable/generated/pandas.DataFrame.to_json.html에서 확인할 수 있다.

CSV와 JSON이 여전히 사물인터넷 데이터 형식 중에 가장 많이 사용되기는 하지만, 데이터의 크기가 커서 데이터를 쪼개야 할 때가 종종 있다. 데이터 저장 및 액세스에 널리 사용되는 두 가지 데이터 분할 방식으로는 HDF5 및 HDFS가 있다. 먼저 HDF5 형식을 알아보자.

HDF5 형식

위계적 데이터 형식(hierarchical data format, HDF)은 학계 및 산업 조직의 컨소시엄인 HDF 그룹(https://support.hdfgroup.org/HDF5/)이 공동으로 지정한 명세다. HDF5 파일에서 데이터는 그룹과 데이터셋으로 구성된다. 그룹이란 **그룹들(groups)**의 컬렉션 또는 **데이터셋들(datasets)**의 컬렉션을 말한다. 데이터셋은 다차원 동질 배열(multidimensional homogeneous array)이다.

파이썬에서 PyTables와 h5py는 HDF5 파일을 처리하기 위한 두 가지 주요 라이브러리다. 이 두 라이브러리를 설치하려면 먼저 HDF5를 설치해야 한다. HDF5의 병렬 버전으로 쓸 수 있게 MPI 버전도 설치해야 한다. HDF5와 MPI를 설치하는 일에 관한 내용은 이 책의 범위를 벗어난다. 병렬 HDF5에 대한 설치 지침을 https://support.hdfgroup.org/ftp/HDF5/current/src/unpacked/release_docs/INSTALL_parallel에서 찾을 수 있다.

PyTables로 HDF5 형식 파일을 다루기

먼저 temp.csv 파일에 있는 숫자 데이터를 가지고 다음 단계를 사용해 HDF5 파일을 만든다.

1. 숫자 데이터를 가져온다.

```
import numpy as np
arr = np.loadtxt('temp.csv', skiprows=1, usecols=(2,3), delimiter=',')
```

2. HDF5 파일을 연다.

```
import tables
h5filename = 'pytable_demo.hdf5'
with tables.open_file(h5filename, mode='w') as h5file:
```

3. root 노드를 가져온다.

```
    root = h5file.root
```

4. create_group()을 사용해 그룹을 만들거나 create_array()를 사용해 데이터셋을 만든다. 모든 데이터가 저장될 때까지 이 작업을 반복한다.

```
    h5file.create_array(root,'global_power', arr)
```

5. 파일을 닫는다.

```
    h5file.close()
```

파일을 읽고 데이터셋을 프린트해 제대로 작성됐는지 확인하자.

```
with tables.open_file(h5filename, mode='r') as h5file:
    root = h5file.root
    for node in h5file.root:
        ds = node.read()
        print(type(ds), ds.shape)
        print(ds)
```

이렇게 NumPy 배열을 다시 얻었다.

pandas로 HDF5 형식 파일을 다루기

pandas로도 HDF5 파일을 읽고 쓸 수 있다. pandas로 HDF5 파일을 읽으려면 우선 HDF5 파일이 pandas를 사용해 생성한 파일이어야 한다. 예를 들어 pandas를 사용해 전역 출력 값이 포함된 HDF5 형식으로 된 파일을 만들어 보자.

```
import pandas as pd
import numpy as np
arr = np.loadtxt('temp.csv', skiprows=1, usecols=(2,3), delimiter=',')

import pandas as pd
store=pd.HDFStore('hdfstore_demo.hdf5')
print(store)
store['global_power']=pd.DataFrame(arr)
store.close()
```

이제 앞에서 만든 HDF5 파일을 읽고 배열을 다시 프린트해 보자.

```
import  pandas  as  pd
store=pd.HDFStore('hdfstore_demo.hdf5')
print(store)
print(store['global_power'])
store.close()
```

데이터프레임의 값을 세 가지 방법으로 읽을 수 있다.

- `store['global_power']`
- `store.get('global_power')`
- `store.global_power`

pandas는 또한 HDF5 파일을 읽고 쓰는 데 필요한 높은 수준의 `read_hdf()` 함수 및 `to_hdf()` 라는 데이터프레임 메서드를 제공한다.

pandas로 HDF5를 다루는 방법을 다룬 문서를 더 보고 싶다면 http://pandas. pydata.org/pandas-docs/stable/io.html#io-hdf5를 방문해 보자.

h5py로 HDF5 형식 파일을 다루기

h5py 모듈은 파이썬에서 HDF5 파일을 처리하는 가장 보편적인 방법이다. 신규 또는 기존 HDF5 파일을 h5py.File() 함수로 열 수 있다. 파일이 열린 후에는 파일 객체를 딕셔너리 객체인 것처럼 첨자화해 그룹에 간단하게 액세스할 수 있다. 예를 들어, 다음 코드는 h5py로 HDF5 파일을 열고 /global_power 그룹에 저장된 배열을 프린트한다.

```
import h5py
hdf5file = h5py.File('pytable_demo.hdf5')
ds=hdf5file['/global_power']
print(ds)
for i in range(len(ds)):
    print(arr[i])
hdf5file.close()
```

arr 변수는 HDF5 데이터셋 형식을 프린트한다.

```
<HDF5 dataset "global_power": shape (9, 2), type "<f8">
[2.58 0.136]
[2.552 0.1]
[2.55 0.1]
[2.55 0.1]
[2.554 0.1]
[2.55 0.1]
[2.534 0.096]
[2.484 0.]
[2.468 0.]
```

새로운 hdf5file의 경우에 데이터셋 및 그룹을 hdf5file.create_dataset() 함수를 사용해 만들 수 있는데, 이 함수는 데이터셋 객체와 폴더 객체를 반환한다. hdf5file 파일 객체는 /로 나타내는 폴더 객체이기도 하다. 데이터셋 객체들은 배열 스타일 슬라이싱(slicing, 즉 '일부 잘라내기')과 다이싱(dicing)을 지원해 값을 설정하거나 읽는다. 예를 들어 다음 코드는 HDF5 파일을 만들고 하나의 데이터셋을 저장한다.

```
import numpy as np
arr = np.loadtxt('temp.csv', skiprows=1, usecols=(2,3), delimiter=',')

import h5py
```

```
hdf5file = h5py.File('h5py_demo.hdf5')
dataset1 = hdf5file.create_dataset('global_power', data=arr)
hdf5file.close()
```

h5py는 파일과 폴더, 데이터셋에 대한 메타데이터를 저장하고 검색하기 위해 딕셔너리 형식 인터페이스와 함께 attrs 프락시 객체를 제공한다. 예를 들어 다음 코드는 데이터셋과 파일 특성을 설정한 다음 출력한다.

```
dataset1.attrs['owner']='City Corp.'
print(dataset1.attrs['owner'])

hdf5file.attrs['security_level']='public'
print(hdf5file.attrs['security_level'])
```

h5py 라이브러리에 관해 더 자세히 알고 싶다면 http://docs.h5py.org/en/latest/index.html에 있는 설명서를 참조하라.

지금까지 다양한 데이터 형식을 학습했다. 대용량 데이터는 일반적으로 상용 데이터베이스에 저장하므로 SQL 및 NoSQL 데이터베이스에 액세스하는 방법을 모두 알아볼 것이다.

SQL 데이터

대부분의 데이터베이스는 관계형 모델을 사용해 구성된다. 관계형 데이터베이스는 하나 이상의 관련 정보 테이블로 구성되며 서로 다른 테이블의 정보 간 관계는 키를 사용해 설명된다. 일반적으로 이러한 데이터베이스는 **DBMS(data base manamnent system, 데이터베이스 관리 시스템)**, 최종 사용자, 다양한 애플리케이션 및 데이터베이스 자체와 상호작용해 데이터를 수집하고 분석하는 소프트웨어를 사용해 관리된다. 상용 DBMS는 **SQL(structured query language, 구조적 질의 언어)**을 사용해 데이터베이스에 액세스하고 데이터베이스를 조작한다. 또한 파이썬을 사용해 관계형 데이터베이스에 액세스할 수 있다. 이번 절에서는 파이썬을 사용해 다룰 수 있고, 매우 유명한 데이터베이스 엔진인 SQLite와 MySQL을 살펴본다.

SQLite 데이터베이스 엔진

SQLite 홈페이지(https://sqlite.org/index.html)에 따르면, SQLite는 독립적이고 신뢰성이 높으며 내재된 기능을 모두 갖춘 공용 SQL 데이터베이스 엔진이다.

SQLite는 임베디드 애플리케이션에서 사용하기에 최적화됐다. 사용하기 쉽고 매우 빠르다. SQLite를 파이썬과 통합하려면 sqlite3 파이썬 모듈을 사용해야 한다. sqlite3 모듈이 파이썬 3에 처음부터 들어있으므로 따로 설치하지 않아도 된다.

이번에는 유럽 축구 데이터베이스(https://github.com/hugomathien/football-data-collection)의 데이터를 실증적으로 사용할 것이다. SQL 서버를 미리 설치해 실행했다고 가정한다.

1. sqlite3를 가져온 후 첫 번째 단계는 connect 메서드를 사용해 데이터베이스로의 연결을 만드는 것이다.

```
import sqlite3
import pandas as pd
connection = sqlite3.connect('database.sqlite')
print("Database opened successfully")
```

2. 유럽 축구 데이터베이스는 8개 테이블로 구성된다. read_sql을 사용해 데이터베이스 테이블이나 SQL 쿼리를 데이터프레임으로 읽어올 수 있다. 그러면 데이터베이스의 모든 테이블 목록이 프린트된다.

```
tables = pd.read_sql("SELECT * FROM sqlite_master WHERE
                type='table';", connection)
print(tables)
```

```
    type                 name             tbl_name  rootpage  \
0  table      sqlite_sequence      sqlite_sequence         4
1  table  Player_Attributes  Player_Attributes        11
2  table               Player               Player        14
3  table                Match                Match        18
4  table               League               League        24
5  table              Country              Country        26
6  table                 Team                 Team        29
7  table      Team_Attributes      Team_Attributes         2

                                                 sql
0             CREATE TABLE sqlite_sequence(name,seq)
1  CREATE TABLE "Player_Attributes" (\n\t`id`\tIN...
2  CREATE TABLE `Player` (\n\t`id`\tINTEGER PRIMA...
3  CREATE TABLE `Match` (\n\t`id`\tINTEGER PRIMAR...
4  CREATE TABLE `League` (\n\t`id`\tINTEGER PRIMA...
5  CREATE TABLE `Country` (\n\t`id`\tINTEGER PRIM...
6  CREATE TABLE "Team" (\n\t`id`\tINTEGER PRIMARY...
7  CREATE TABLE `Team_Attributes` (\n\t`id`\tINTE...
```

3. Country 테이블에서 데이터를 읽어 보자.

```
countries = pd.read_sql("SELECT * FROM Country;", connection)
countries.head()
```

	id	name
0	1	Belgium
1	1729	England
2	4769	France
3	7809	Germany
4	10257	Italy

4. 우리는 테이블상에서 SQL 쿼리를 사용할 수 있다. 다음 예제에서는 키가 180센티미터 이상이고 몸무게가 170파운드(약 77킬로그램)보다 크거나 같은 선수를 선택한다.

```
selected_players = pd.read_sql_query("SELECT * FROM Player
            WHERE height >= 180 AND weight >= 170 ", connection)
print(selected_players)
```

```
      id  player_api_id          player_name  player_fifa_api_id  \
0      1         505942   Aaron Appindangoye              218353
1      4          30572        Aaron Galindo              140161
2      9         528212         Aaron Lennox              206592
3     11          23889        Aaron Mokoena               47189
4     17         161644  Aaron Taylor-Sinclair            213569
5     20          46447            Abasse Ba              156626
6     24          42664    Abdelkader Ghezzal              178063
7     29         306735   Abdelouahed Chakhsi              210504
8     31          31684     Abdeslam Ouaddou               33022
9     32          32637  Abdessalam Benjelloun            177295
10    34          41093         Abdou Traore              187048
```

5. 마지막으로 close 메서드를 사용해 연결을 닫아야 한다는 점을 잊지 말기 바란다.

```
connection.close()
```

데이터베이스를 변경한 경우라면 commit() 메서드를 사용해야 한다.

MySQL 데이터베이스 엔진

대형 데이터베이스용 SQL 엔진으로는 일반적으로 SQLite보다는 MySQL을 더 선호한다. MySQL은 대규모 데이터베이스에 필요한 확장성을 제공할 뿐 아니라, 데이터 보안이 가장 중요한 곳에서 유용하다. MySQL을 사용하기 전에 파이썬의 MySQL 커넥터를 설치해야 한다. MySQLdb, PyMySQL, MySQL과 같은 많은 파이썬용 MySQL 커넥터가 있다. 여기서는 mysql-connector-python을 사용할 것이다.

세 가지 커넥터의 경우에 모두 connect 메서드를 사용해 연결한 후 cursor 요소를 정의하고 execute 메서드로 다른 SQL 쿼리를 실행한다. MySQL을 설치하기 위해 다음을 사용한다.

```
pip install mysql-connector-python
```

1. 이제 파이썬 MySQL 커넥터가 설치됐으므로 SQL 서버와 연결할 수 있다. 호스트, 사용자, 암호 구성을 SQL 서버 구성으로 바꾼다.

```
import mysql.connector
connection = mysql.connector.connect(host="127.0.0.1", # 호스트 컴퓨터
                    user="root", # root 자리에 사용자 이름을 입력한다.
                    password="**********" ) # 별표 자리에 자신만의 비밀번호를 입력한다.
```

2. 서버의 기존 데이터베이스를 확인하고 나열하자. 이 작업에는 cursor 메서드를 사용한다.

```
mycursor = connection.cursor()
mycursor.execute("SHOW DATABASES")
for x in mycursor:
    print(x)
```

```
('information_schema',)
('mysql',)
('performance_schema',)
('sys',)
```

3. 우리는 기존 데이터베이스들 중 하나에 액세스할 수 있다. 데이터베이스들 중 하나에 들어 있는 테이블을 뽑아 보자.

```
connection = mysql.connector.connect(host="127.0.0.1", # 호스트 컴퓨터
                    user="root", # 사용자 이름을 입력한다.
                    password="**********", #비밀번호를 입력한다.
                    database = 'mysql')
mycursor = connection.cursor()
mycursor.execute("SHOW TABLES")
for x in mycursor:
    print(x)
```

NoSQL data

NoSQL(Not Only Structured Query Language) 데이터베이스는 관계형 데이터베이스가 아니다. 대신, 데이터를 키-값 형식이나 JSON 형식, 문서 형식, 칼럼 형식, 그래프 형식으로 저장할 수 있다. 이런 형식들은 빅데이터 및 실시간 애플리케이션에서 자주 사용된다. 여기서 우리는 MongoDB를 사용해 NoSQL 데이터에 접근하는 방법을 배우게 될 텐데, 우리는 MongoDB 서버가 올바르게 구성돼 있다고 가정한다.

1. MongoClient 객체를 사용해 Mongo 데몬과 연결해야 한다. 다음 코드는 기본 호스트와 로컬 호스트, 포트(27017)에 대한 연결을 설정한다. 그렇게 함으로써 데이터베이스에 액세스할 수 있다.

```
from pymongo import MongoClient
client = MongoClient()
db = client.test
```

2. 이 예제에서는 사이킷런에서 사용할 수 있는 cancer 데이터셋을 Mongo 데이터베이스에 적재(load)하려고 시도한다. 그래서 먼저 유방암 데이터셋을 얻고 pandas의 데이터프레임으로 변환한다.

```
from sklearn.datasets import load_breast_cancer
import pandas as pd

cancer = load_breast_cancer()
data = pd.DataFrame(cancer.data, columns=[cancer.feature_names])

data.head()
```

3. 다음으로 이것을 JSON 형식으로 변환하고 json.loads() 함수를 사용해 디코딩한 다음, 디코딩된 데이터를 열린 데이터베이스에 삽입한다.

```
import json
data_in_json = data.to_json(orient='split')
rows = json.loads(data_in_json)
db.cancer_data.insert(rows)
```

4. 그러면 데이터가 들어 있는 cancer_data 컬렉션이 생성된다. cursor 객체를 사용해 방금 작성한 문서를 쿼리할 수 있다.

```
cursor = db['cancer_data'].find({})
df = pd.DataFrame(list(cursor))
print(df)
```

```
                                   _id  \
0  5ba272f0d82f8a68a1fa33ab

                                                columns  \
0  [[mean radius], [mean texture], [mean perimete...

                                                   data  \
0  [[17.99, 10.38, 122.8, 1001.0, 0.1184, 0.2776,...

                                                  index
0  [0, 1, 2, 3, 4, 5, 6, 7, 8, 9, 10, 11, 12, 13,...
```

사물인터넷용 분산 데이터를 처리해야 할 때는 **하둡 분산 파일 시스템**(Hadoop distributed file system, HDFS)이 사물인터넷 시스템을 위한 분산 데이터 스토리지 및 액세스를 제공하는 또 다른 보편적인 방법으로 쓰인다. 다음 절에서는 HDFS에서 데이터를 액세스하고 저장하는 방법을 알아본다.

HDFS

HDFS는 사물인터넷 솔루션용 데이터 파일을 저장하고 검색하는 데 널리 사용되는 저장 및 액세스 방법이다. HDFS 형식은 안정적이고 확장 가능한 방식으로 대량 데이터를 저장할 수 있다. HDFS는 원래 **구글 파일 시스템**(Google file system, `https://ai.google/research/pubs/pub51`)을 기반으로 설계된 것이다. HDFS는 개별 파일을 고정 크기 블록으로 분할해 클러스터 전체의 시스템에 저장한다. 안정성을 보장하기 위해 HDFS는 파일 블록을 복제해 클러스터 전체에 분산시킨다. 이때 기본으로 복제 인수는 3이다. HDFS에는 두 가지 주요 아키텍처 구성요소가 있다.

- 첫 번째 구성요소인 NodeName에는 파일 이름과 권한, 각 파일의 각 블록 위치와 같은 전체 파일 시스템의 메타데이터를 저장한다.
- 두 번째 구성요소인 DataNode(한 개 이상)에는 파일 블록을 저장한다. Protobufs를 사용해 **원격 프로시저 호출**(Remote Procedure Calls, RPC)을 수행한다.

RPC는 망의 세부 사항을 몰라도 망의 다른 컴퓨터에 있는 프로그램에서 서비스를 요청하는 데 사용할 수 있는 프로토콜이다. 프로시저 호출은 함수 호출 또는 서브 루틴 호출이라고도 한다.

파이썬에서 HDFS에 프로그래밍 방식으로 액세스할 때에 쓸 수 있는 선택지는 `snakebite`, `pyarrow`, `hdfs3`, `pywebhdfs`, `hdfscli` 등으로 다양하다. 이번 절에서는 기본적으로 네이티브 RPC 클라이언트 인터페이스를 제공하고 파이썬 3에서 작동하는 라이브러리에 중점을 둘 것이다.

snakebite는 파이썬 프로그램에서 HDFS에 액세스할 수 있는 순수한 파이썬 모듈이자 CLI다. 현재 파이썬 2에서만 작동한다. 파이썬 3는 지원되지 않는다. 또한 아직 쓰기 연산들을 지원하지 않으므로 이 책에서는 다루지 않았다. 이에 관해 더 알고 싶다면 Spotify의 깃허브를 참고하라: https://github.com/spotify/snakebite.

hdfs3로 HDFS를 다루기

hdfs3는 C/C++ 언어용 libhdfs3 라이브러리를 가볍게 둘러싸는 파이썬 래퍼다. 이 래퍼를 활용하면 기본으로 HDFS를 파이썬에서 사용할 수 있다. 사용해 보려면 먼저 HDFS의 NameNode와 연결해야 한다. 이 작업은 `HDFileSystem` 클래스를 사용해 수행된다.

```
from hdfs3 import HDFileSystem
hdfs = HDFileSystem(host = 'localhost', port=8020)
```

그러면 NameNode와의 연결이 자동으로 설정된다. 이제 다음을 사용해 디렉터리 목록에 액세스할 수 있다.

```
print(hdfs.ls('/tmp'))
```

그러면 `tmp` 폴더에 있는 모든 파일과 디렉터리가 나열된다. `mkdir` 같은 함수를 사용해 디렉터리를 만들 수 있고, `cp`를 사용해 한 위치에서 다른 위치로 파일을 복사할 수 있다. 파일에 기록하려면 먼저 `open` 메서드를 사용해 파일을 열고 `write`를 사용한다.

```
with hdfs.open('/tmp/file1.txt','wb') as f:
    f.write(b'You are Awesome!')
```

파일로부터 데이터를 읽어 낼 수 있다.

```
with hdfs.open('/tmp/file1.txt') as f:
    print(f.read())
```

hdfs3에 관한 자세한 내용을 `https://media.readthedocs. org/pdf/hdfs3/latest/hdfs3.pdf`에서 볼 수 있다.

PyArrow의 파일 시스템 인터페이스를 HDFS용으로 사용하기

PyArrow에는 HDFS용 C++ 기반 인터페이스가 있다. 기본적으로 PyArrow는 자바 하둡 클라이언트용으로는 JNI 기반 인터페이스인 libhdfs를 사용한다. 또는 HDFS용 C++ 라이브러리인 libhdfs3를 사용할 수도 있다. 여기서는 hdfs.connect를 사용해 NameNode에 연결한다.

```
import pyarrow as pa
hdfs = pa.hdfs.connect(host='hostname', port=8020, driver='libhdfs')
```

드라이버를 libhdfs3로 변경하면 Pivotal Labs의 HDFS용 C++ 라이브러리가 사용된다. NameNode와의 연결이 이루어지면 파일 시스템에 hdfs3에 대해 쓰던 메서드들을 사용해 접근하면 된다.

HDFS는 데이터량이 아주 많을 때 선호된다. HDFS에서는 청크 단위로 데이터를 읽고 쓸 수 있는데, 이는 스트리밍 데이터에 액세스해 처리하는 데 유용하다. http://wesmckinney.com/blog/python-hdfs-interfaces/에서 네 가지 네이티브 RPC 클라이언트 인터페이스를 비교해 보자.

요약

이번 장에서는 다양한 데이터 형식과 데이터셋을 다뤘다. 가장 간단한 TXT 데이터로 시작해 Shakespeare 연극 데이터에 액세스했다. csv, numpy, pandas 모듈을 사용해 CSV 파일에서 데이터를 읽는 방법을 배웠다. 그런 후에 JSON 형식을 알아봤다. 파이썬의 JSON 및 pandas 모듈을 사용해 JSON 데이터에 액세스했다. 데이터 형식에 관해 다룬 후 데이터베이스에 액세스하는 방법과 SQL 및 NoSQL 데이터베이스를 다뤘다. 다음으로 파이썬에서 하둡 파일 시스템을 사용하는 법을 배웠다.

데이터 액세스는 그 중에서도 첫 번째 단계다. 다음 장에서는 데이터를 설계하고 모형화하며 정보에 근거해 예측하는 데 도움이 되는 머신러닝 도구를 알아본다.

03

사물인터넷을 위한 머신러닝

머신러닝(machine learning, ML)이라는 용어는 데이터의 의미 있는 패턴을 자동으로 감지하고 경험을 향상시킬 수 있는 컴퓨터 프로그램을 의미한다. 새로운 분야가 아님에도 현재 과장 광고가 되고 있다. 이번 장에서는 사물인터넷 분야의 표준 머신러닝 알고리즘과 그 애플리케이션을 소개한다.

이번 장을 읽고 나면 다음을 이해하게 될 것이다.

- 머신러닝의 정의, 그리고 머신러닝이 IoT 파이프라인 속에서 담당하는 역할
- 사물인터넷 파이프라인에서 머신러닝의 역할 및 지도학습 패러다임과 비지도학습 패러다임
- 텐서플로와 케라스를 사용해 선형회귀를 수행하는 방법
- 인기 있는 머신러닝 분류기들을 텐서플로와 케라스를 사용해 구현하기
- 결정트리, 랜덤포레스트, 부스팅 수행 기술과 이를 위한 코드 작성 방법
- 시스템 성능과 모델 제한을 개선하기 위한 팁과 트릭

머신러닝 및 사물인터넷

인공지능의 하위 개념인 머신러닝의 목표는 명시적으로 프로그래밍하지 않고도 경험을 통해 자동으로 학습하고 향상시킬 수 있는 능력을 갖춘 컴퓨터 프로그램을 개발하는 데 있다. 대용량 데이터 시대인 지금 데이터가 엄청나게 빠른 속도로 생성되므로 인위적으로 모든 데이터를 검토하고 수작업으로 이해하기는 불가능하다. 정보 기술 및 통신 분야의 선도 기업인 시스코(Cisco)의 추정에 따르면 사물인터넷으

로 인해 2018년까지 400제타바이트 분량의 데이터가 생성될 것으로 예상된다. 이런 면을 고려할 때 이 막대한 데이터를 자동으로 이해할 수 있는 방법을 찾아야 하며, 그래서 머신러닝을 도입해야 한다.

2018년 2월 1일에 발표한 시스코 보고서 전문을 https://www.cisco.com/c/en/us/solutions/collateral/service-provider/global-cloud-index-gci/white-paper-c11-738085.html에서 볼 수 있다. 이 보고서에서는 사물인터넷 · 로봇공학 · 인공지능 · 통신의 융합에 비춰 데이터 트래픽의 추세와 클라우드 서비스 추세를 예측한다.

연구 및 자문 회사인 가트너는 매년 신흥 기술의 성숙도를 5단계 그래프 모양으로 시각적이면서도 개념적으로 나타내 발표한다.

2018년에 발표한 「Gartner Hype Cycle of Emerging Technologies」의 이미지를 https://www.gartner.com/smarterwithgartner/5-trends-emerge-in-gartner-hype-cycle-for-emerging-technologies-2018/에서 확인할 수 있다.

사물인터넷 플랫폼과 머신러닝은 모두 부푼 기대의 정점에 있다. 이 말이 무슨 뜻일까? 부푼 기대의 정점이란 기술 수명 주기 중에 기술에 대한 열정이 넘치는 시기를 말한다. 많은 공급업체와 벤처기업이 첨단 기술에 투자하고 있다. 점점 늘어나는 사업 조직은 새로운 기술이 사업 전략에 어떻게 부합할 수 있는지를 탐구하고 있다. 요약하자면, 기술 개발에 뛰어 들어야 할 때라는 말이다. 투자자들이 벤처 투자 행사에서 하는 다음과 같은 농담이 있다. "머신러닝을 정점에 포함시키기만 하면 투자받을 수 있는 자금 규모의 끝 자리에 0을 한 자리 더 보탤 수 있다."

자, 그럼 안전띠를 단단히 졸라 매고 머신러닝 기술을 자세히 살펴보자.

학습 패러다임

머신러닝 알고리즘은 다음과 같이 사용하는 방법에 따라 분류할 수 있다.

- 확률론 대 비확률론
- 모형화 대 최적화
- 지도학습 대 비지도학습

이 책에서는 머신러닝 알고리즘을 지도학습 방식과 비지도학습 방식으로 분류한다. 이 둘의 차이점은 모델이 학습하는 방법과 학습할 모델에 제공되는 데이터의 유형에 따라 다르다.

- **지도학습**(supervised learning): 가령 수열을 하나 주고 그다음 숫자를 예측하도록 요청했다고 하자.

  (1, 4, 9, 16, 25, ...)

  맞다. 그다음 숫자는 36이 될 것이고, 다음 숫자는 49가 될 것이다. 이게 지도학습이며, **사례에 의한 학습**(learning by example)으로도 불린다. 이 경우에 수열이 양의 정수의 제곱을 나타내는 것이라고 말해주지 않아도 우리는 제공된 다섯 가지 사례를 통해 다음에 나올 수를 추측할 수 있다.

  비슷한 방식으로 지도학습에서 기계는 사례(examples)를 통해 학습한다. X가 입력이고 이에 대한 예상 출력 값인 Y를 쌍으로 묶은 집합인 (X, Y)가 학습 데이터로 제공된다(이 때 X는 단일한 값이 될 수도 있고 다양한 특징을 반영한 여러 값이 될 수도 있다). 사례 데이터를 바탕으로 훈련을 받은 모델은 새로운 데이터가 제시될 때 정확한 결론에 도달할 수 있어야 한다.

  지도학습은 주어진 입력 집합을 근거로 삼아 실수 출력 값을 예측하거나(이게 회귀 분석에 해당) 개별 레이블을 예측하는 데(이게 분류에 해당) 사용된다. 앞으로 나올 여러 절에서 회귀 분석 및 분류 알고리즘을 살펴볼 것이다.

- **비지도학습**(unsupervised learning): 반지름과 색상이 서로 다른 원형 벽돌이 여덟 개 있다고 가정하고 순서대로 배열하거나 같은 것끼리 모아보라는 요청을 받았다고 해 보자. 이런 경우에 여러분은 어떻게 할 것인가?

  어떤 사람은 반지름이 크거나 작은 순서로 정렬할 것이고 어떤 사람은 색상별로 묶을 수도 있다. 방법은 여러 가지이며, 각자가 벽돌을 모으는 동안에 사용하는 데이터의 내부 표현(internal representaion)[3]에 따라 방법이 달라질 것이다. 이것이 비지도학습이며, 대부분의 인간 학습은 이 범주에 속한다.

  비지도학습에서는 모델에게 단지 데이터(즉, X로 나타낸 것)만 쥐어 줄 뿐, 데이터에 관한 정보를 하나도 알려주지 않는다. 모델은 데이터만 가지고도 기본 패턴과 데이터의 관계를 학습한다. 비지도학습은 일반적으로 군집화 및 차원성 축소에 사용된다.

이 책에 나오는 대부분의 알고리즘에서는 텐서플로를 사용하지만, 이번 장에서는 사이킷 라이브러리가 머신러닝 알고리즘에 맞게 효과적으로 구축됐기 때문에 유연성과 기능을 더 많이 제공하는 경우라면 언제든 사이킷이 제공하는 함수와 메서드를 사용할 것이다. 사물인터넷에 의해 생성된 데이터에 인공지능/머신러닝 기법을 사용하되, 바퀴를 재발명하지 않는 방식으로 독자에게 제공하는 것이 그 목적이다.

---

3 (옮긴이) 여기서 말하는 '내부 표현'이란 분류의 기준이 되는 표현 방식을 말한다. 본문에 나오는 '색상'이나 '반지름'이 이러한 내부 표현에 해당한다. 같은 벽돌이라도 '색상'이라는 내부 표현 방식을 중시할 때 모아 놓는 순서와 '반지름'이라는 내부 표현 방식을 중시할 때 모아 놓는 순서가 달라진다. 벽돌을 데이터라고 본다면 어떤 표현을 쓰느냐에 따라서 데이터를 처리하는 방식과 처리되어 나오는 결과 자체가 달라지므로 머신러닝의 성패를 좌우하는 아주 중요한 개념이다. 머신러닝이나 딥러닝에서는 주어진 데이터를 더 간단한 방식으로 표현할 수 있는 방식, 즉 더 나은 표현 방식을 찾는 게 궁극적인 목표이다. 머신러닝에서는 이 표현을 통계 모형을 사용해 찾고 딥러닝에서는 신경망 모형을 사용해 찾는 게 다를 뿐이다. 이 표현을 찾는 행위를 나타내기 위한 말로는 '함수 근사'도 있다. 함수 근사에 대해서는 본문의 다음 내용에 나온다. 더 자세히 알고 싶다면 '표현 체계'나 '머신러닝 표현' 또는 '딥러닝 표현' 같은 어구로 검색해 보자.

선형회귀 분석을 이용한 예측

내 친구인 아론은 돈이 조금이라도 모이면 바로 써 버리는 데다가 월별 신용카드 청구 금액이 얼마가 될지도 예상하지 못하는 '돈치'다. 내 친구를 도우려면 어떻게 해야 할까? 음, 그렇다. 충분한 데이터가 있는 경우에 월별 신용카드 청구서를 예측하는 일에는 선형회귀 분석이 도움이 된다. 디지털화된 거래 방식 덕분에 지난 5년 동안 이뤄진 내 친구의 모든 금융 거래를 온라인으로 볼 수 있다. 그래서 우리는 식료품비, 문구 구입비, 여행비 등을 아우르는 월별 지출 내용과 그의 월간 수입 내용을 뽑아봤다. 그런 다음에 선형회귀 분석을 해서 월별 신용카드 청구 금액을 예측할 수 있었을 뿐만 아니라, 어떤 일에 가장 많은 돈을 썼는지를 파악할 수 있었다.

이것은 단편적인 사례에 불과하다. 여러 가지 비슷한 일들에 선형회귀를 사용할 수 있다. 이번 절에서는 데이터를 가지고 선형회귀를 수행하는 방법을 학습할 것이다.

선형회귀(linear regression)는 지도학습 방식으로 하는 작업이다. 예측을 위한 가장 기본적이고 간단하며 광범위하게 사용되는 머신러닝 기법 중에 하나다. 주어진 입력-출력 쌍인 (x, y)를 가지고 $y=F(x, W)$가 되게 하는 함수 $F(x, W)$를 찾는 게 회귀의 목표다. (x, y) 쌍에서 x는 독립변수고 y는 종속변수며 둘 다 연속 변수다. 그것은 종속변수 y와 독립변수 x 사이의 관계를 찾는 데 도움이 된다.

입력인 x가 단일 입력변수일 수도 있고 여러 입력변수일 수도 있다. $F(x, W)$가 단일 입력변수 x를 사상하면 **단순 선형회귀**(simple linear regression)라고 부르다. 다중 입력변수의 경우에는 그것을 **다중 선형회귀**(multiple linear regression, 즉 '**중선형회귀**')라고 한다.

함수 $F(x, W)$는 다음 식을 사용해 근사된다.

$$y_i \approx F(x_i, W) = W_0 + \sum_{j=1}^{d} x_{ij} W_j$$

이 식에서 d는 x의 차원(독립변수의 개수)이고 W는 x를 이루고 있는 각 성분과 관련된 가중치(weight)다. 함수 $F(x, W)$를 찾으려면 가중치를 결정해야 한다. 제곱오차를 줄이는 가중치를 찾는 게 자연스러운 선택일 것이므로 이때의 목적함수는 다음과 같을 것이다.

$$\mathcal{L} = \sum_{i=1}^{N} \left(y_i - F(x_i, W)\right)^2$$

앞의 함수에서 N은 제시된 입출력 쌍의 총 개수다. 가중치를 찾기 위해 가중치와 관련해 목적함수를 구별하고 이를 0과 동일시한다. 행렬 표기법에서 열 벡터 $W=(W_0, W_1, W_2, \ldots, W_d)^T$에 대한 해는 다음 같이 쓸 수 있다.

$$\nabla_W \mathcal{L} = 0$$

이 식을 미분해 단순화하면 다음과 같은 결과를 얻는다.

$$W = (X^T X)^{-1} X^T Y$$

X는 크기가 [N, d]인 입력 벡터고 Y는 크기가 [N, 1]인 출력 벡터다. X의 모든 행과 열이 선형적으로 독립적인 경우, $(X^T X)^{-1}$이 존재하면, 가중치를 찾을 수 있다. 이를 보장하기 위해 입력–출력 표본(N)의 수가 입력 특징(d)의 수보다 훨씬 커야 한다.

기억해야 할 중요한 점은 종속변수 Y가 독립변수 X에 대해 선형적이지 않다는 것이다. 대신 모델 파라미터 W, 즉 가중치가 선형이다. 따라서 선형회귀를 사용해 지수 형식이나 사인 형식과 같은 관계(Y와 X 사이의 관계)를 모형화할 수 있다. 이런 경우에 가중치 W를 찾는 문제를 일반화하면 y=F(g(x), W)가 된다. 여기서 g(x)는 X의 비선형 함수다.

회귀를 이용한 전력 생산 예측

이제 선형회귀의 기본 원리를 이해했으므로 복합화력발전소의 전력 출력을 예측하는 데 사용해 보자. 이 데이터셋은 **1장 '사물인터넷과 인공지능의 원리와 기초'**에서 설명했다. 여기서 우리는 텐서플로와 텐서플로의 자동 경사도법을 사용해 해를 찾을 것이다. 데이터셋을 UCI ML 아카이브(`http://archive.ics.uci.edu/ml/datasets/combined+cycle+power+plant`)에서 내려받을 수 있다. 전체 코드를 깃허브(`https://github.com/PacktPublishing/Hands-On-Artificial-Intelligence-IoT`)에서 `ElectricalPowerOutputPredictionUsingRegression.ipynb`라는 파일 이름으로 찾을 수 있다.

다음 여러 단계를 거치며 코드가 어떻게 실행될지 생각해 보자.

1. tensorflow · numpy · pandas · matplotlib 및 그 밖에 사이킷런의 유용한 함수를 가져온다.

```
# 모듈들을 가져온다.
import tensorflow as tf
import numpy as np
```

```
import pandas as pd
import matplotlib.pyplot as plt
from sklearn.preprocessing import MinMaxScaler
from sklearn.metrics import mean_squared_error, r2_score
from sklearn.model_selection import train_test_split
%matplotlib inline # 데이터 파일이 적재되어 분석된다.
```

2. 데이터 파일이 적재되고 분석된다.

```
filename = 'Folds5x2_pp.xlsx' # UCI ML 저장소에서 데이터 파일을 내려받는다.
df = pd.read_excel(filename, sheet_name='Sheet1')
df.describe()
```

3. 데이터가 정규화되지 않았으므로 사용하기 전에 sklearn의 `MinMaxScaler`를 사용해 정규화해야 한다.

```
X, Y = df[['AT', 'V','AP','RH']], df['PE']
scaler = MinMaxScaler()
X_new = scaler.fit_transform(X)
target_scaler = MinMaxScaler()
Y_new = target_scaler.fit_transform(Y.values.reshape(-1,1))
X_train, X_test, Y_train, y_test = \
            train_test_split(X_new, Y_new, test_size=0.4, random_state=333)
```

4. 이번에는 `LinearRegressor` 클래스를 정의할 차례이다. 이 클래스에서 실제적인 작업이 모두 이뤄진다. 클래스의 초기화 부분에서는 계산 그래프를 정의하고 모든 변수(가중치 및 편향치)를 초기화한다. 클래스는 함수 y=F(X, W)를 모형화하는 function 메서드를 가진다. `fit` 메서드는 자동으로 경사도를 찾아내 가중치(weights)와 편향치(biases)를 갱신하고, predict 메서드는 주어진 입력 X에 대한 출력 y를 얻는 데 사용되며, `get_weights` 메서드는 학습된 가중치 및 편향치를 반환한다.

```
class LinearRegressor:
    def init(self, d, lr=0.001 ):
        # 입력-출력 훈련 데이터에 대한 플레이스홀더들
        self.X = tf.placeholder(tf.float32, shape=[None, d], name='input')
        self.Y = tf.placeholder(tf.float32, name='output')
        # 가중치와 편향치를 나타내는 변수들
        self.b = tf.Variable(0.0, dtype=tf.float32)
        self.W = tf.Variable(tf.random_normal([d,1]), dtype=tf.float32)

        # 선형회귀모형
        self.F = self.function(self.X)
```

```
        # 손실함수
        self.loss = tf.reduce_mean(tf.square(self.Y - self.F, name='LSE'))

        # 학습속도가 0.05인 경사하강으로 설정해
        # 손실을 최소화한다.
        optimizer = tf.train.GradientDescentOptimizer(lr)
        self.optimize = optimizer.minimize(self.loss)

        # 변수를 초기화한다.
        init_op = tf.global_variables_initializer()
        self.sess = tf.Session()
        self.sess.run(init_op)

    def function(self, X):
        return tf.matmul(X, self.W) + self.b

    def fit(self, X, Y, epochs=500):
        total = []
        for i in range(epochs):
            _, l = self.sess.run([self.optimize, self.loss], feed_dict={self.X: X, self.Y: Y})
            total.append(l)
            if i%100==0:
                print('Epoch {0}/{1}: Loss {2}'.format(i, epochs, l))
        return total

    def predict(self, X):
        return self.sess.run(self.function(X), feed_dict={self.X:X})

    def get_weights(self):
        return self.sess.run([self.W, self.b])
```

5. 우리는 앞에 나온 클래스를 사용해 선형회귀모형을 만들어 이를 훈련한다.

```
N, d = X_train.shape
model = LinearRegressor(d)
loss = model.fit(X_train, Y_train, 20000) # 에포크 수는 20000
```

훈련된 선형회귀 분석기의 성능을 따져 보자. 여러 **에포크**에 걸쳐 에포크별 평균제곱오차를 나타낸 그림을 통해서 망이 평균제곱오차의 최솟값에 도달하려고 했다는 점을 알 수 있다.

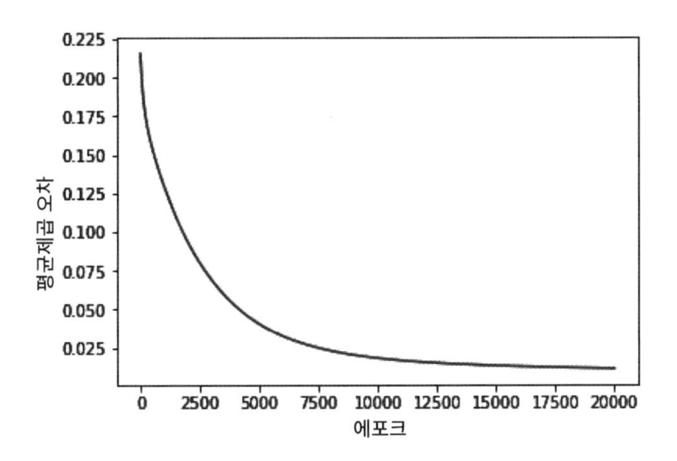

이 테스트 데이터셋에서 R^2 값은 0.768이고 평균제곱오차는 0.011이다.

로지스틱회귀를 이용한 분류

우리는 이전 단원에서 예측하는 방법을 배웠다. 머신러닝으로 흔히 하는 작업으로는 예측 작업 외에도 분류 작업이 있다. 고양이와 개를 구분한다거나, 스팸 메일을 스팸이 아닌 것들과 구분한다거나, 어떤 방이나 장면에서 서로 다른 물체들을 구분해 내는 일들이 모두 분류 작업에 해당한다.

로지스틱회귀는 오래된 분류 기법이다. 입력 값이 주어지면 특정 사건이 발생할 확률을 찾아내는 게 분류이다. 사건(event)이란 범주형 종속변수라고 표현할 수 있으며, 특정 종속변수가 1이 될 확률을 로짓 함수(logit function)로 지정한다.

$$Y_{pred} = P(y = 1 \mid X = x) = \frac{1}{1 + \exp(-(b + W^T X))}$$

분류를 위해 로지스틱회귀를 어떻게 사용할 수 있는지를 자세히 설명하기 전에, 로짓 함수(S자 모양 곡선으로 나타나므로 **시그모이드** 함수라고도 부름)를 살펴보자. 다음 도표는 입력 X, 시그모이드 함수(파란색), 도함수(오렌지색)와 관련해서 로짓 함수가 달라질 뿐만 아니라 이 함수의 미분 값이 달라짐을 보여준다.

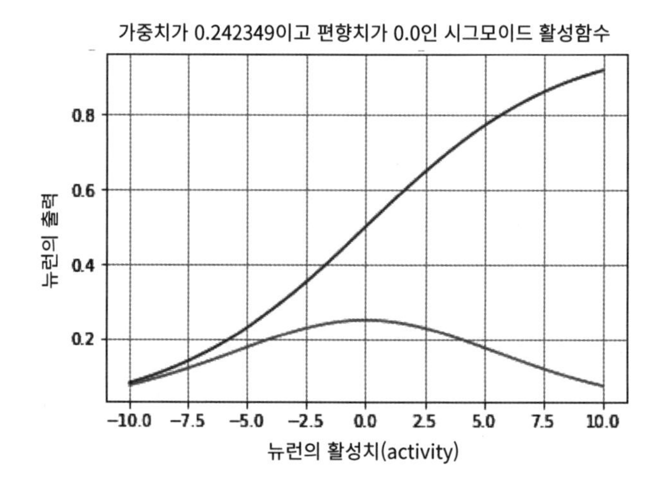

이 그림에서 주의해야 할 몇 가지 중요한 사항은 다음과 같다.

- 시그모이드의 값(따라서 Y_{pred})은 (0, 1) 사이가 된다.
- 시그모이드의 미분 값은 $W^TX+b=0.0$일 때 가장 높고 미분 값의 최댓값은 0.25다(동일한 위치에서의 시그모이드 값은 0.5임).
- 시그모이드상에서 변화하는 기울기는 가중치에 따라 달라지며, 미분된 정점을 가질 위치는 편향치에 따라 달라진다.

이 책의 깃허브 저장소에 있는 `Sigmoid_function.ipynb` 프로그램을 사용해 가중치와 편향치가 변할 때 시그모이드 함수가 어떻게 변하는지를 알 수 있다.

교차 엔트로피 손실함수

로지스틱회귀(logistic regression)는 가중치 W와 편향치 b를 찾아서 입력된 특징 공간의 각 입력 벡터 X_i가 해당 계급 y_i로 정확하게 분류되도록 한다. 다시 말하면 y_i와 Y_{pred_i}는 주어진 x_i에 대해 비슷한 분포를 가져야 한다는 말이다. 우리는 우선 이항 분류 문제를 고려한다. 이런 경우에 데이터 점 y_i의 값이 1이나 0이 된다. 로지스틱회귀는 지도학습 알고리즘이므로 훈련 데이터 쌍 (X_i, Y_i)를 입력으로 주고 Y_{pred_i}를 $P(y=1|X=X_i)$의 확률로 둔다. 그러면 p개의 학습 데이터 점에 대한 총 평균 손실(공식에서는 loss로 표기함)을 다음과 같이 정의할 수 있다.

$$loss = \frac{1}{p}\sum_{i=1}^{p} Y_i \log(Y_{pred_i}) + (1-Y_i)\log(1-Y_{pred_i})$$

따라서 모든 데이터 쌍에 대해서 $Y_i=1$인 경우에 첫 번째 항이 손실 항에 기여하게 되며, Y_{pred_i}가 0에서 1로 변화함에 따라 기여도(contribution)는 무한대에서 0으로 바뀐다.

마찬가지로 $Y_i=0$인 경우에 두 번째 항이 손실 항에 기여하게 되며, Y_{pred_i}가 1에서 0으로 변화함에 따라 기여도는 무한대에서 0으로 바뀐다.

다중 계급 분류(multiclass classification, 다중 분류)의 경우 손실 항은 다음과 같이 일반화된다.

$$loss = \sum_{i=1}^{p}\sum_{j=1}^{K} Y_{ij}\log(Y_{pred_{ij}})$$

여기서 K는 계급(classes)의 수다. 주목할 점은 이항 분류의 경우 출력 Y_i와 Y_{pred}가 단일 값이었지만 다중 계급 문제의 경우에는 Y_i와 Y_{pred}가 각각 K차원의 벡터이며 범주별로 1개의 성분이 있다는 점이다.

로지스틱회귀를 이용한 포도주 분류

이제 지금까지 배운 내용을 바탕으로 포도주 품질을 분류해 보자. '포도주 품질을 분류한다고? 말도 안 돼!'라고 생각하는 사람도 분명 있을 것이다. 포도주 전문점과 비교할 때 로지스틱회귀 분석기가 어떻게 사용되는지 살펴보자. 예제에서는 포도주 품질 데이터셋(https://archive.ics.uci.edu/ml/datasets/wine+quality)을 사용할 것이다. 이 데이터셋에 대한 자세한 내용이 **1장 '사물인터넷과 인공지능의 원리와 기초'**에 나와 있다. 전체 코드는 깃허브 저장소의 Wine_quality_using_logistic_regressor.ipynb라는 파일에 있다. 코드를 단계별로 이해해 보자.

1. 첫 번째 단계는 모든 모듈을 적재하는 것이다.

```
# 모듈들을 가져온다.
import tensorflow as tf
import numpy as np
import pandas as pd
import matplotlib.pyplot as plt
from sklearn.preprocessing import MinMaxScaler
from sklearn.metrics import mean_squared_error, r2_score
from sklearn.model_selection import train_test_split
%matplotlib inline
```

2. 데이터를 읽는다. 현재 코드에서는 적포도주만을 분석하므로 winequality-red.csv 파일에서 데이터를 읽는다. 이 파일에는 쉼표가 아닌 세미콜론으로 분리된 데이터 값이 들어 있으므로 구분기호를 지정해야 한다.

```
filename = 'winequality-red.csv' # UCI ML 저장소에서 파일을 내려받는다.
df = pd.read_csv(filename, sep=';')
```

3. 데이터 파일에 있는 입력 특징들과 목표 품질(즉, 표적 품질)을 분리한다. 이 파일에서 표적(target, 목표)인 포도주 품질은 0~10의 척도로 주어진다. 여기서는 편의상 계급(즉, 등급)을 세 가지로 나눈다. 따라서 초기 품질이 5보다 작으면 3등급으로 친다(나쁜 품질이라는 의미). 5와 8 사이는 괜찮은(2등급) 것으로 간주한다. 8 이상은 좋은 것으로 간주한다(1등급). 또한 입력 특징을 정규화하고 데이터를 훈련용 데이터셋과 테스트용 데이터셋으로 분할한다.

```
X, Y = df[columns[0:-1]], df[columns[-1]]
scaler = MinMaxScaler()
X_new = scaler.fit_transform(X)
Y.loc[(Y<3)]=3
Y.loc[(Y<6.5) & (Y>=3 )] = 2
Y.loc[(Y>=6.5)] = 1
Y_new = pd.get_dummies(Y) # 원핫 인코딩
X_train, X_test, Y_train, y_test = \
                          train_test_split(X_new, Y_new, test_size=0.4, random_state=333)
```

4. 코드의 주요 부분은 LogisticRegressor 클래스다. 처음 보면 LinearRegressor 클래스와 유사하다고 생각할 것이다. 이 클래스는 파이썬 파일인 LogisticRegressor.py에 정의돼 있다. 비슷한 것은 사실이지만, 중요한 차이점이 몇 가지 있다. Y 출력은 Y_{pred}로 대체되는데, 이것은 단일 값이 아닌 3차원으로 된 범주 값이며, 각 차원은 세 범주의 확률을 지정한다. 여기서 가중치는 d×n의 차원을 가지며, d는 입력 특징의 개수이고 n은 출력 범주의 개수다. 편향치 역시 3차원이다. 또 다른 중요한 변화는 손실함수의 변화다.

```
class LogisticRegressor:
    def __init__ (self, d, n, lr=0.001):
        # 입력-출력 훈련 데이터에 대한 자리 표시자들
        self.X = tf.placeholder(tf.float32, shape=[None, d], name='input')
        self.Y = tf.placeholder(tf.float32, name='output')
        # 가중치와 편향치에 대한 변수
        self.b = tf.Variable(tf.zeros(n), dtype=tf.float32)
        self.W = tf.Variable(tf.random_normal([d, n]), dtype=tf.float32)
        # 로지스틱회귀모형
        h = tf.matmul(self.X, self.W) + self.b
        self.Ypred = tf.nn.sigmoid(h)
        # 손실함수
        self.loss = cost = tf.reduce_mean(-tf.reduce_sum(self.Y*tf.log(self.Ypred),\
                                          reduction_indices=1), name = 'cross-entropy-loss')
```

```
        # 학습속도가 0.05인 경사하강으로 설정해
        # 손실을 최소화한다.
        optimizer = tf.train.GradientDescentOptimizer(lr)
        self.optimize = optimizer.minimize(self.loss)
        # 변수를 초기화한다.
        init_op = tf.global_variables_initializer()
        self.sess = tf.Session()
        self.sess.run(init_op)

    def fit(self, X, Y, epochs=500):
        total = []
        for i in range(epochs):
            _, l = self.sess.run([self.optimize, self.loss], feed_dict={self.X: X, self.Y: Y})
            total.append(l)
            if i%1000==0:
                print('Epoch {0}/{1}: Loss {2}'.format(i, epochs, l))
        return total

    def predict(self, X):
        return self.sess.run(self.Ypred, feed_dict={self.X:X})

    def get_weights(self):
        return self.sess.run([self.W, self.b])
```

5. 이제 모델을 훈련하고 출력을 예측한다. 학습된 모델은 테스트 데이터셋에서 ~85%의 정확도를 제공한다. 꽤 인상적이다!

머신러닝을 사용해 어떤 성분이 포도주를 양질로 만드는지 파악할 수 있다. IntelligentX라는 회사는 최근 고객 의견을 기반으로 맥주를 양조하기 시작했다. 이 회사는 가장 맛있는 맥주를 만들기 위해 인공지능을 사용한다. '포브스(Forbes)'가 발표한 기사 내용은 https://www.forbes.com/sites/emmasandler/2016/07/07/you-can-now-drink-beer-brewed-by- artificial-intelligence/#21fd11cc74c3에서 읽을 수 있다.

서포트 벡터 머신을 사용한 분류

SVM(support vector machines)은 아마도 분류에 가장 많이 사용되는 머신러닝 기법일 것이다. SVM의 기본 아이디어는 두 계급 간의 여유도(margin)가 최대가 되게 하는 최적 초평면을 찾아 두 계급을 분류하자는 것이다. 데이터가 선형으로 분리 가능한 경우라면 초평면을 간단히 찾을 수 있지만,

선형으로 분리할 수 없는 경우라면 변형된 고차원 형상 공간에 있는 데이터를 선형으로 분리하기 위해 커널 트릭이 사용된다.

SVM은 비모수적 지도학습 알고리즘으로 간주된다. SVM의 주된 아이디어는 제시되는 훈련 표본에서 가장 멀리 떨어져 있는 분리 초평면인 **최대 여유도 분리기**(maximal margin separator)를 찾는 것이다.

다음 도표를 생각해 보자. 빨간색 점은 출력이 1이어야 하는 계급 1을 나타내고 파란색 점은 출력이 −1이어야 하는 계급 2를 나타낸다. 빨간색 점과 파란색 점을 구분할 수 있는 선이 여러 개 있을 수 있다. 이 도표는 세 가지 선인 A, B, C를 각기 보여준다. 세 가지 선 중 어느 선이 최선의 선택이라고 생각하는가? 직관적으로 가장 좋은 선택은 두 계급을 이루고 있는 사례들에서 가장 멀리 떨어져 있는 B 선일 것이며, 이 선을 선택하면 분류 시의 오차를 최대로 줄일 수 있다.

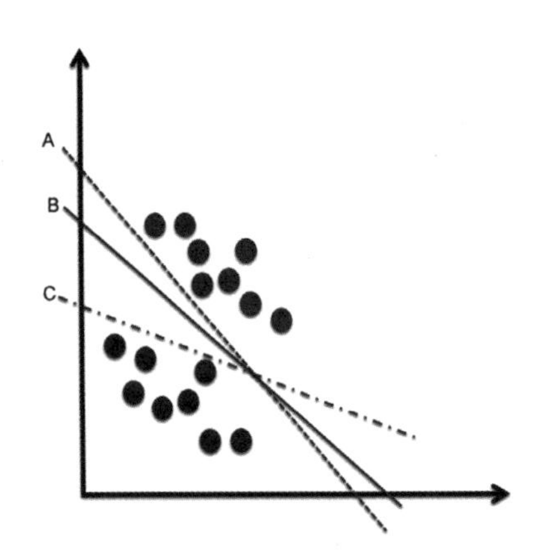

다음 절에서는 최대 분리기 초평면을 찾는 데 필요한 기초 수학을 학습한다. 여기에 나오는 수학은 대부분 기본적인 것이지만 수학을 좋아하지 않는다면 SVM을 사용해 포도주를 분류하는 구현 절로 다시 넘어가도 된다! 건배!

최대 여유도 초평면

선형 대수학에서는 평면의 방정식을 다음과 같이 나타내기도 한다.

$$W_0 + W^T X = 0$$

SVM에서 이 평면은 양성 계급들인 $(y=1)$을 음성 계급들인 $(y=-1)$과 구분해야 하고, 이 초평면의 가장 가까운 양성 및 음성 훈련 벡터(X_{pos} 및 X_{neg})로부터의 거리(여유도)가 최대가 돼야 한다는 추가 제약 조건이 있다. 따라서 이 평면을 최대 여유도 분리기라고 한다.

벡터 X_{pos} 및 X_{neg}를 **서포트 벡터(support vector, 지지도 벡터)**라고 하며 SVM 모델을 정의하는 데 중요한 역할을 한다.

수학적으로 이는 다음이 참이라는 뜻이다.

$$W_0 + W^T X_{pos} = 1$$

따라서 다음 식도 참이다.

$$W_0 + W^T X_{neg} = -1$$

이 두 방정식에서 다음을 얻는다.

$$W^T (X_{pos} + X_{neg}) = 2$$

가중치 벡터 길이로 양변을 나누면 다음과 같이 된다.

$$\frac{W^T (X_{pos} + X_{neg})}{\| W \|} = \frac{2}{\| W \|}$$

따라서 양성 벡터와 음성 벡터 사이의 여유도(margin)가[4] 최대가 되게 하는 분리기를 찾아야 한다. $\frac{2}{\| W \|}$는 최대이며, 동시에 다음과 같이 모든 점이 정확하게 분류된다.

$$y_i (W^T X_i + b) > 1$$

이 책에서 다루지 않는 약간의 수학을 사용하면 앞의 조건은 다음에 대한 최적의 해를 구하는 것으로 나타낼 수 있다.

4 (옮긴이) 여기서 여유도라는 용어는 잘 쓰이지 않는 용어이다. 그러나 지지도 벡터에서는 그 개념이 한계나 주변이라기보다는 초평면으로부터 양성/음성 벡터에 이르는 여백의 크기나 여유로운 정도를 의미하므로 이 책에서는 '여유도'로 번역하였다. 이 여유도는 통신공학 등에서 이미 쓰이는 용어이므로 차용하였다.

$$\underset{b}{\text{argmax}}\sum_{j}\alpha_j - \frac{1}{2}\sum_{j,k}\alpha_j\alpha_k y_j y_k (X_j X_k)$$

제약조건은 다음과 같다.

$$\alpha_j \geq 0$$
$$\sum_j \alpha_j y_j = 0$$

알파 값으로부터 다음 방정식을 사용해 계수의 벡터인 α에서 가중치 W를 얻을 수 있다.

$$W = \sum_j \alpha_j X_j$$

이것은 표준 이차계획법 최적화 문제(standard quadratic programming optimization problem)다. 대부분의 머신러닝 라이브러리에는 이를 해결하는 내장 함수가 있으므로 따로 메서드를 만들지 않아도 된다.

SVM과 그 배경이 되는 수학에 관해 더 알고 싶다면 2013년에 『Springer Science + Business Media』에 수록된 블라디미르 바프닉(Vladimir Vapnik)의 「The Nature of Statistical Learning Theory」를 읽어보기 바란다. 훌륭한 참고서가 될 것이다.

커널 트릭

이전에 나온 방법은 입력 특징 공간이 선형으로 분리될 때 잘 작동한다. 이 방법이 작동하지 않을 때는 어떻게 해야 할까? 하나의 간단한 방법은 데이터(X)를 선형으로 분리할 수 있는 고차원 공간으로 변환하고 고차원 공간에서 최대 여유도 초평면을 찾는 것이다. 어떻게 하는지 살펴보자. α에 관한 초평면은 다음과 같다.

$$W_0 + \sum_i \alpha_i X^T X^{(i)}$$

φ를 변환이라고 하면, X를 $\varphi(X)$로 대체할 수 있으므로 내적 $X^T X^{(i)}$에 대한 함수 $K(X^T, X^{(i)})=\varphi(X)^T \varphi(X^{(i)})$를 **핵(kernel, 커널)**이라고 부를 수 있다. 이제 변환 φ를 적용해 데이터를 전처리하고 이전처럼 변환된 공간에서 선형 분리기를 찾는다.

가장 일반적으로 사용되는 핵함수(kernel function)는 **방사형 기저 함수(radial basis function)** 라고도 하는 **가우스 핵(Gaussian kernel)** 이며, 다음과 같이 정의된다.

$$K(X^i, X^j) = \exp(-\gamma \| X^i - X^j \|^2)$$

SVM을 사용해 포도주를 분류하기

여기서는 사이킷 라이브러리에서 제공하는 `svm.SVC` 함수를 사용해 작업할 생각이다. 이 책을 작성하는 시점에서 텐서플로 라이브러리는 SVM의 선형 구현만 제공하며 그것이 이항 분류에서만 작동하기 때문이다. 이전에 텐서플로에서 배운 수학을 사용해 SVM을 만들 수 있고 깃허브 저장소의 `SVM_TensorFlow.ipynb`에 텐서플로로 구현한 것이 있다. 다음 코드는 `Wine_quality_using_SVM.ipynb`에서 찾을 수 있다.

사이킷의 서포트 벡터 분류기(즉, 지지도 벡터 분류기)의 이름은 SVC다. 또한 일대일 방식을 사용해 다중 계급 지지도(multiclass support)를 처리할 수 있다. 메서드의 선택적 파라미터 중 일부는 다음과 같다.

- `C`: 페널티 항을 지정하는 파라미터다(기본값은 `1.0`).
- `kernel`: 사용할 핵을 지정한다(기본값은 `rbf`다). 가능한 선택은 `linear`, `poly`, `rbf`, `sigmoid`, `precomputed` 및 `callable`이다.
- `gamma`: `rbf` · `poly` · `simoid` 와 기본값(기본값은 auto)에 대한 핵 계수를 지정한다.
- `random_state`: 데이터를 재편성할 때 사용할 의사 난수 생성 프로그램의 시드(seed, 씨앗값)를 설정한다.

SVM 모델을 만들기 위한 단계는 다음과 같다.

1. 코드에 필요한 모든 모듈을 적재해 보자. 여기서는 텐서플로를 가져오는 대신에 사이킷 라이브러리의 특정 모듈을 가져왔다.

```
# 모듈들을 가져온다.
import numpy as np import pandas as pd
import matplotlib.pyplot as plt
from sklearn.preprocessing import MinMaxScaler, LabelEncoder
from sklearn.model_selection import train_test_split
from sklearn.metrics import confusion_matrix, accuracy_score
from sklearn.svm import SVC # SVM 분류기
from scikit import seaborn as sns
%matplotlib inline
```

2. 데이터 파일을 읽고 전처리해 테스트용 데이터셋과 훈련용 데이터셋으로 분리한다. 이번에는 단순화를 위해 good과 bad라는 두 계급으로 나눠 설명한다.

```
filename = 'winequality-red.csv' # UCI ML 저장소에서 파일을 내려받는다.
df = pd.read_csv(filename, sep=';')

# 포도주 품질을 2개 등급(levels)으로 범주화한다.
bins = (0,5.5,10)
categories = pd.cut(df['quality'], bins, labels = ['bad','good'])
df['quality'] = categories

# 데이터를 전처리하고 X와 y로 분리한다.
X = df.drop(['quality'], axis = 1)
scaler = MinMaxScaler()
X_new = scaler.fit_transform(X)
y = df['quality']
labelencoder_y = LabelEncoder()
y = labelencoder_y.fit_transform(y)
X_train, X_test, y_train, y_test = train_test_split(X, y, \
                                        test_size = 0.2, random_state = 323)
```

3. 이제 SVC 분류기를 사용하면서 이 분류기를 fit 메서드와 함께 훈련용 데이터셋을 사용해 훈련한다.

```
classifier = SVC(kernel = 'rbf', random_state = 45)
classifier.fit(X_train, y_train)
```

4. 이제 테스트용 데이터셋의 출력을 예측해 보자.

```
y_pred = classifier.predict(X_test)
```

5. 이 모델은 67.5%의 정확도를 나타냈으며 혼동행렬은 다음과 같다.

```
print("Accuracy is {}".format(accuracy_score(y_test, y_pred)))
## 값을 ~67.5%로 부여한다.
cm = confusion_matrix(y_test, y_pred)
sns.heatmap(cm, annot=True, fmt='2.0f')
```

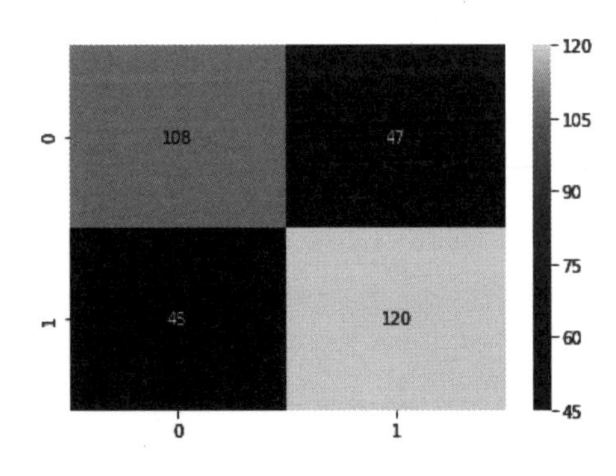

앞의 코드는 이항 분류를 사용한다. 이때 두 개 이상의 계급에서도 작동하게 코드를 변경할 수 있다. 예를 들어 두 번째 단계에서 코드를 다음과 같이 바꿀 수 있다.

```
bins = (0,3.5,5.5,10)
categories = pd.cut(df['quality'], bins, labels = ['bad','ok','good'])
df['quality'] = categories
```

6. 그러면 이전의 로지스틱 분류기와 마찬가지로 세 가지 범주를 가지게 되며 정확도는 65.9%다. 그리고 혼동행렬은 다음과 같다.

세 가지 계급인 경우라면 훈련 데이터 분포는 다음과 같다.

- good 855
- ok 734
- bad 10

bad 계급(혼동행렬의 0에 해당)의 표본 개수가 10개에 불과하므로 모델은 나쁜 포도주 품질에 어떤 파라미터가 기여하는지를 알 수 없다. 그러므로 이번 장에서 탐구하는 분류기의 모든 계급 간에 데이터가 균등하게 분산돼야 한다.

나이브베이즈

나이브베이즈(naïve Bayes)는 가장 간단하고 빠른 머신러닝 알고리즘의 하나다. 이것은 또한 지도학습 알고리즘 부류에 속한다. 나이브베이즈는 베이즈 확률론을 기초로 한 것이다. 나이브베이즈 분류기에서는 입력 벡터의 모든 특징이 **독립적이며 같은 분포를 따른다(independent and identically distributed, 즉 iid, 독립 동일 분포)**는 가정을 중요한 근거로 삼는다. 목표는 훈련 데이터셋의 각 계급 C_k에 대한 조건부 확률 모델을 훈련하는 것이다.

$$p(C_k \mid x_1, x_2, \cdots, x_n) = p(C_k \mid X)$$

iid 가정을 바탕으로 삼아 베이즈 정리(Bayes theorem)를 사용하면 이것을 확률 분포 $p(C_k, X)$로 나타낼 수 있다.

$$p(C_k \mid X) \sim p(C_k, X) \sim p(C_k) \prod_{i=1}^{n} p(x_i \mid C_k)$$

우리는 **최대 사후 확률(maximum a posteriori, MAP)**이라는 항을 최대화하는 계급을 선택한다.

$$\underset{k \in \{1,\cdots,K\}}{\operatorname{argmax}} \, p(C_k) \prod_{i=1}^{n} p(x_i \mid C_k)$$

$p(x_i|C_k)$의 분포에 따라 다른 나이브베이즈 알고리즘이 있을 수 있다. 실수 데이터의 경우에는 가우스 분포를 선택하고, 이진 데이터의 경우에는 베르누이 분포를 선택하고, 데이터에 특정 사건(예: 문서 분류)의 빈도가 포함된 경우에는 다항 분포를 선택하는 게 일반적이다.

이제 나이브베이즈를 사용해 포도주를 분류할 수 있는지 보자. 이 일을 효율적이면서도 간단히 처리하기 위해 사이킷에 내장된 나이브베이즈 분포를 사용할 것이다. 데이터에 있는 특징값은 연속 값이므로 가우스 분포가 있다고 가정하고 사이킷런의 GaussianNB를 사용한다.

포도주 품질에 대한 가우스 나이브베이즈

사이킷런의 나이브베이즈 모듈은 세 개의 나이브베이즈 분포를 지원한다. 입력 특징 데이터의 형식에 따라 둘 중 하나를 선택할 수 있다. 사이킷런에서 제공되는 세 가지 나이브베이즈는 다음과 같다.

- GaussianNB
- MultinomialNB
- BernoulliNB

이미 봤듯이, 포도주 데이터는 연속 데이터 형식이다. 그러므로 $p(x_i|C_k)$에 대한 가우스 분포를 사용하는 게 바람직하다. 이는 곧 GaussianNB 모듈을 사용하겠다는 의미이며, 그에 따라 우리는 노트북의 가져오기 셀에 sklearn.naive_bayes import GaussianNB를 추가할 것이다. 사이킷런에 대한 링크인 http://scikit-learn.org/stable/modules/generated/sklearn.naive_bayes에서 GaussianNB 모듈에 대한 더 자세한 정보를 읽을 수 있다.

처음 두 단계는 SVM의 경우와 같게 남겨 둔다. 다만 이번에는 SVM 분류기를 선언하는 대신 GaussianNB 분류기를 선언하고 fit 메서드를 사용해 훈련 사례를 학습하게 할 것이다. 학습된 모델의 결과는 predict 메서드를 사용해 얻는다. 따라서 다음 단계를 따르자.

1. 필요한 모듈을 가져온다. 이제 사이킷 라이브러리에서 GaussianNB를 가져온다.

```
# 모듈들을 가져온다.
import numpy as np
import pandas as pd
import matplotlib.pyplot as plt
from sklearn.preprocessing import MinMaxScaler, LabelEncoder
from sklearn.model_selection import train_test_split
from sklearn.metrics import confusion_matrix, accuracy_score
from sklearn.naive_bayes import GaussianNB # 사이킷에서 가져온 SVM 분류기
import seaborn as sns
%matplotlib inline
```

2. 데이터 파일을 읽고 전처리한다.

```
filename = 'winequality-red.csv' # UCI ML 저장소에서 파일을 내려받는다.
df = pd.read_csv(filename, sep=';')

# 두 가지 수준에 맞춰 포도주 품질을 범주화한다.
bins =(0,5.5,10)
categories = pd.cut(df['quality'], bins, labels = ['bad','good'])
df['quality'] = categories

# 데이터를 전처리하고 X와 y로 분리한다.
X = df.drop(['quality'], axis = 1)
scaler = MinMaxScaler()
X_new = scaler.fit_transform(X)
y = df['quality']
labelencoder_y = LabelEncoder()
y = labelencoder_y.fit_transform(y)
X_train, X_test, y_train, y_test = train_test_split(X, y, \
                                        test_size = 0.2, random_state = 323)
```

3. 이제 가우스 나이브베이즈를 선언하고 훈련 데이터셋에서 훈련한 후 훈련된 모델을 사용해 테스트 데이터셋의 포도주 품질을 예측한다.

```
classifier = GaussianNB()
classifier.fit(X_train, y_train)
# 테스트 집합을 예측한다.
y_pred = classifier.predict(X_test)
```

이게 전부다. 이렇게 예제 모델이 준비됐고 작동된다. 이 모델의 정확도는 이항 분류의 경우 71.25%다. 다음 화면에서 혼동행렬의 열지도(heat map)를 볼 수 있다.

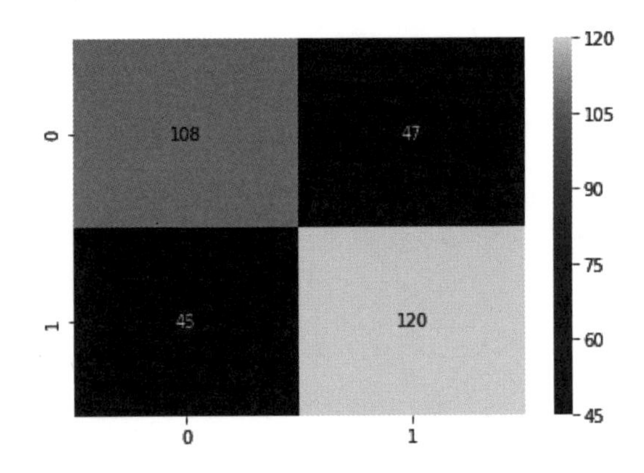

나이브베이즈가 가장 좋다고 결론을 내리기 전에 다음과 같은 몇 가지 함정을 알아 두기 바란다.

- 나이브베이즈는 빈도 기반 확률을 기반으로 예측을 수행한다. 따라서 훈련에 사용하는 데이터에 크게 의존한다.
- 또 다른 문제는 입력 특징 공간에 대해 iid 가정을 했다는 것이다. 이 가정이 항상 참인 것은 아니다.

결정트리

이번 절에서는 인기 많고 간단한, 또 다른 머신러닝 알고리즘인 결정트리를 배우게 될 것이다. 결정트리에서는 의사결정을 트리(tree, 나무) 구조로 만든다. 루트(root, 뿌리)에서 시작해 특징을 선택한 다음, 브랜치(branch, 가지)로 나누고 예측된 계급, 즉 값을 나타내는 리프(leaf, 잎)에 도달할 때까지 이 일을 계속한다. 결정트리의 알고리즘에는 두 가지 주요 단계가 포함된다.

- 어떤 기능을 선택하고 어떤 조건을 사용할지 결정하기
- 언제 중단할지 알기

예를 살펴보면서 이해해 보자. 40명의 학생 표본을 고려해 보자. 성별(남학생 또는 여학생: 이산적), 반(XI 또는 XII: 이산적), 신장(5~6피트: 연속적)이라는 세 가지 변수가 있다. 18명의 학생들은 여가 시간에 도서관에 가기를 좋아하고 나머지는 게임하기를 선호한다. 여기서 여가 시간에 누가 도서관에 가고 누가 놀이터에 갈 것인지를 결정하는 결정트리를 만들 수 있다. 결정트리를 작성하려면 세 가지 입력변

수 중 매우 중요한 입력변수를 기반으로 도서관/놀이터에 가는 학생들을 분리해야 한다. 다음 도표에서는 각 입력변수를 기초로 삼아 분할한 경우를 보여준다.

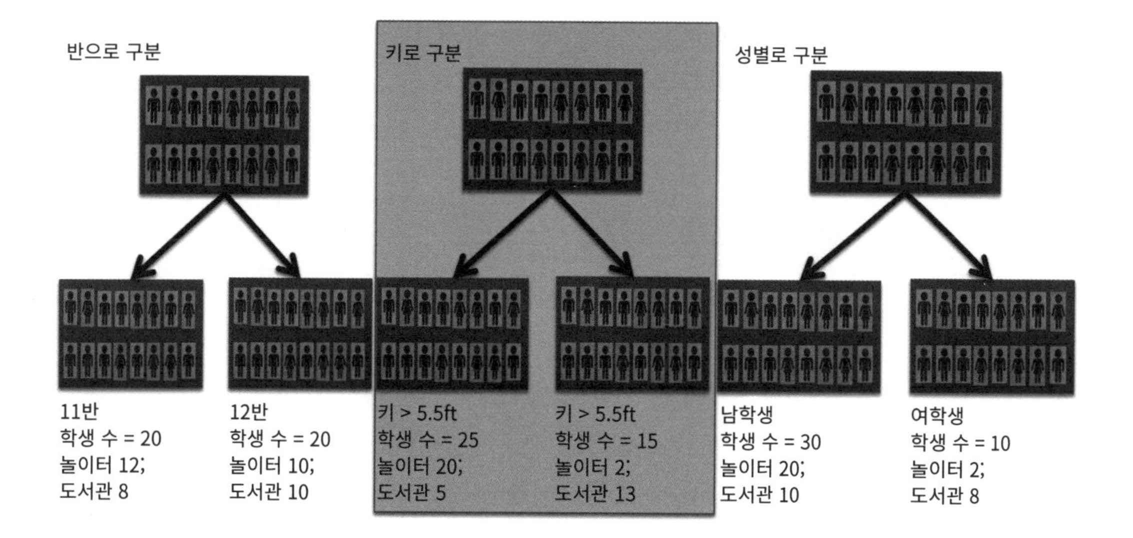

우리는 모든 특징을 고려하고 최대 정보를 제공하는 특징을 선택한다. 이 사례에서는 키라는 특징에 맞춰 분할할 때 가장 균일한 그룹을 생성함을 알 수 있는데, 키가 5.5피트를 초과(Height>5.5ft)하는 학생들 중 80%는 쉬는 시간에 놀고 20%는 쉬는 시간에 도서관으로 향하는 반면, 키가 5.5피트 미만(Height<5.5ft)인 학생들 중 13%는 쉬는 시간에 놀고 86%는 쉬는 시간에 도서관으로 향한다. 따라서 키 특징을 기준으로 첫 번째 분할부(split, 분반)를 만들 것이다. 이런 식으로 나누기를 계속하고 마침내 학생이 여가 시간에 운동장에서 놀지, 도서관에 갈지를 알려주는 결정(리프 노드)에 도달하게 된다. 다음 도표는 결정트리 구조를 보여준다. 검은색 원이 **루트 노드(root node)**이고, 파란색 원이 **결정 노드(decision nodes)**, 녹색 원이 **리프 노드(leaf nodes)**다.

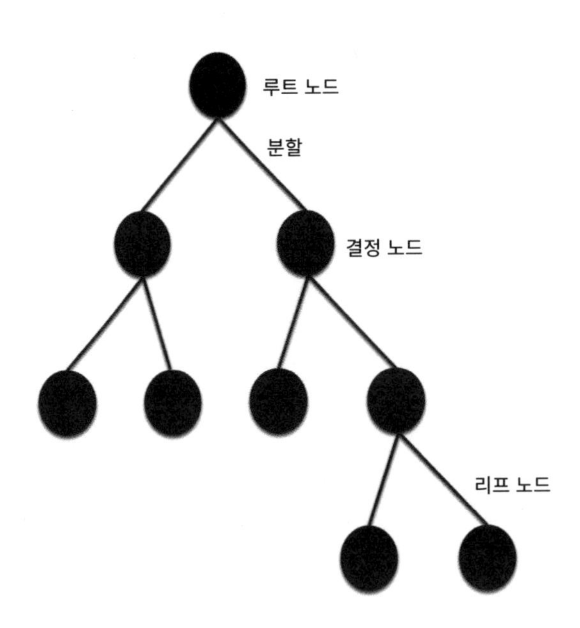

결정트리는 그리디 알고리즘(greedy algorithms, 즉 '탐욕 알고리즘') 군에 속한다. 가장 균질한 분할부가 되게 하려면 비용함수를 정의해 특정 군(group)에서 동일 계급 입력 값을 최대화하려고 시도하자. 회귀 분석 시에는 일반적으로 평균제곱오차 비용함수를 사용한다.

$$loss_{regression} = \sum (y - y_{pred})^2$$

여기서 y와 y_{pred}는 입력 값 (i)에 대해 주어진 예측된 출력 값을 나타낸다. 이 손실을 최소화하는 분할부를 찾고 있다.

분류를 위해 손실함수로 지니 불순도(gini impurity)나 교차 엔트로피를 사용한다.

$$loss_{gini} = \sum c_k \times (1 - c_k)$$
$$loss_{cross-entropy} = -\sum c_k \log(c_k)$$

이 식에서 c_k는 특정 군(group)에 있는 동일 계급 입력 값들의 비율을 정의한다.

결정트리에 관해 더 많이 배우고 싶다면 다음 자료를 참고한다.

- L. Breiman, J. Friedman, R. Olshen, and C. Stone: 「Classification and Regression Trees」, Wadsworth, Belmont, CA, 1984
- J.R. Quinlan: 「C4. 5: programs for ML」, Morgan Kaufmann, 1993
- T. Hastie, R. Tibshirani and J. Friedman: 「Elements of Statistical Learning」, Springer, 2009

사이킷의 결정트리

사이킷 라이브러리는 DecisionTreeRegressor와 DecisionTreeClassifier를 제공해 회귀와 분류를 구현할 수 있게 한다. 둘 다 sklearn.tree에서 가져올 수 있다. DecisionTreeRegressor는 다음과 같이 정의된다.

```
class sklearn.tree.DecisionTreeRegressor (criterion='mse', splitter='best', max_depth=None,
min_samples_split=2, min_samples_leaf=1, min_weight_fraction_leaf=0.0, max_features=None,
random_state=None, max_leaf_nodes=None, min_impurity_decrease=0.0, min_impurity_split=None,
presort=False)
```

두드러지는 인수들로는 다음과 같은 것들이 있다.

- criterion: 분할부를 결정하는 데 사용할 손실함수를 정의한다. 기본값은 평균제곱오차(mse)다. 사이킷런 라이브러리는 프리드만 평균제곱오차(friedman_mse) 및 평균절대오차(mae)를 손실함수로 나타낼 수 있게 한다.
- splitter: 탐욕 전략을 사용함으로써 최상의 분할부(기본값)가 되게 할지, 아니면 최상의 무작위 분할을 선택하기 위해 splitter(분할기)를 무작위로 사용할지를 이것으로 결정한다.
- max_depth: 트리의 최대 깊이를 정의한다.
- min_samples_split: 내부 노드를 분할하는 데 필요한 최소 표본 수를 정의한다. 정수 또는 실수일 수 있다(이 경우에는 분할에 필요한 최소 표본 비율).

DecisionTreeClassifier는 다음과 같이 정의된다.

```
class sklearn.tree.DecisionTreeClassifier(criterion='gini', splitter='best', max_depth=None,
min_samples_split=2, min_samples_leaf=1, min_weight_fraction_leaf=0.0, max_features=None,
random_state=None, max_leaf_nodes=None, min_impurity_decrease=0.0, min_impurity_split=None,
class_weight=None, presort=False)
```

두드러지는 인수는 다음과 같다.

- criterion: 분할부를 결정하는 데 사용할 손실함수를 알려준다. 분류기의 기본값은 gini다. 라이브러리는 엔트로피를 손실함수로 사용하는 것을 지원한다.
- splitter: 이것을 사용해 분할부를 어떻게 선택할지를 결정하거나(best가 기본값임) splitter를 무작위로 사용해 최상의 임의 분할부를 선택할 수 있다.
- max_depth: 트리의 최대 깊이를 정의한다. 입력 특징 공간이 크면 최대 깊이를 제한하고 과적합을 처리하기 위해 이 값을 사용한다.
- min_samples_split: 내부 노드를 분할하는 데 필요한 최소 표본 수를 정의한다. 이는 정수 또는 실수다(이 경우에는 분할에 필요한 최소 표본의 백분율을 나타낸다).

앞에서 언급한 인수는 자주 사용되는 것들만 나열한 것이다. 두 경우의 나머지 파라미터에 관한 세부 사항은 사이킷런 웹 사이트인 http://scikit-learn.org/stable/modules/generated/sklearn.tree.DecisionTreeRegressor.html 및 http://scikit-learn.org/stable/modules/generated/sklearn.tree.DecisionTreeClassifier.html에서 읽을 수 있다.

사용 중인 결정트리

결정트리 회귀변수를 사용해 먼저 출력되는 전력을 예측해 보자. 데이터셋과 이에 대한 설명은 **1장 '사물인터넷과 인공지능의 원리 및 기초'**에서 이미 소개했다. 이 코드는 깃허브 저장소의 ElectricalPowerOutputPredictionUsingDecisionTrees.ipynb라는 파일에 있다.

```
# 모듈들을 가져온다.
import tensorflow as tf
import numpy as np
import pandas as pd
import matplotlib.pyplot as plt
from sklearn.preprocessing import MinMaxScaler
from sklearn.metrics import mean_squared_error, r2_score
from sklearn.model_selection import train_test_split
from sklearn.tree import DecisionTreeRegressor
%matplotlib inline

# 데이터 읽기
filename = 'Folds5x2_pp.xlsx' # 파일을 UCI ML 저장소에서 내려받을 수 있다.
```

```
df = pd.read_excel(filename, sheet_name='Sheet1')
df.describe()

# 데이터를 전처리한 다음에 테스트용과 훈련용으로 분할한다.
X, Y = df[['AT', 'V','AP','RH']], df['PE']
scaler = MinMaxScaler()
X_new = scaler.fit_transform(X)
target_scaler = MinMaxScaler()
Y_new = target_scaler.fit_transform(Y.values.reshape(-1,1))
X_train, X_test, Y_train, y_test = train_test_split(X_new, Y_new, test_size=0.4, random_state=333)

# 결정트리 회귀 분석기를 정의한다.
model = DecisionTreeRegressor(max_depth=3)
model.fit(X_train, Y_train)

# 테스트용 데이터를 바탕으로 예측한다.
Y_pred = model.predict(np.float32(X_test))
print("R2 Score is {} and MSE {}".format(r2_score(y_test, Y_pred),\
                                        mean_squared_error(y_test, Y_pred)))
```

테스트 데이터에서 R^2 값으로 0.90을 얻었고 평균제곱오차(mse)로는 0.0047을 얻었다. 이를 통해 선형회귀기(linear regressor)를 사용해 얻은 예측 결과에 비해 크게 향상된 점(R 제곱: `0.77`; 평균제곱오차: `0.012`)을 알 수 있다.

분류 작업을 할 때 나오는 결정트리의 성능을 살펴보자. 앞에서와 같이 결정트리를 포도주 품질 분류에 사용한다. 이 코드는 깃허브 저장소의 `Wine_quality_using_DecisionTrees.ipynb` 파일에 있다.

```
# 모듈들을 가져온다.
import numpy as np
import pandas as pd
import matplotlib.pyplot as plt
from sklearn.preprocessing import MinMaxScaler, LabelEncoder
from sklearn.metrics import mean_squared_error, r2_score
from sklearn.model_selection import train_test_split
from sklearn.tree import DecisionTreeClassifier
%matplotlib inline
```

```
# 데이터를 읽는다.
# 파일은 https://archive.ics.uci.edu/ml/datasets/wine+quality에서 내려받는다.
filename = 'winequality-red.csv'
df = pd.read_csv(filename, sep=';')


# 세 가지 계급으로 데이터를 범주화한다.
bins =(0,3.5,5.5,10)
categories = pd.cut(df['quality'], bins, labels = ['bad','ok','good'])
df['quality'] = categories

# 데이터를 전처리하고 X와 y로 분할한다.
X = df.drop(['quality'], axis = 1)
scaler = MinMaxScaler()
X_new = scaler.fit_transform(X)
y = df['quality']

from sklearn.preprocessing import LabelEncoder

labelencoder_y = LabelEncoder()
y = labelencoder_y.fit_transform(y)
X_train, X_test, y_train, y_test = train_test_split(X, y, test_size = 0.2, random_state = 323)

# 결정트리 분류기 정의
classifier = DecisionTreeClassifier(max_depth=3)
classifier.fit(X_train, y_train)

# 테스트 데이터를 통해 예측한다.
Y_pred = classifier.predict(np.float32(X_test))
print("Accuracy is {}".format(accuracy_score(y_test, y_pred)))
```

결정트리는 약 70%의 분류 정확도를 생성한다. 작은 데이터 크기의 경우 결정트리와 나이브베이즈를 거의 동일한 성공률로 사용할 수 있음을 알 수 있다. 결정트리는 최대 깊이를 제한하거나 최소 수의 훈련 입력을 설정해 처리할 수 있는 과적합(overfitting, 과대적합)으로 인해 어려움을 겪는다. 나이브베이즈와 마찬가지로 결정트리 또한 불안정하다. 데이터가 조금만 바뀌어도 트리가 아주 달라질 수 있는데, 배깅(bagging) 및 부스팅(boosting) 기술을 사용해 이 문제를 해결할 수 있다. 마지막으로 한 마디 더 말하자면, 이것은 탐욕 알고리즘 중 하나이기 때문에 전역 최적해(global optimum)를 돌려준다는 점을 보장할 수는 없다.

앙상블 학습

일상 생활에서 결정을 내려야 할 때 우리는 보통 한 사람에게서가 아니라 여러 사람들로부터 지도를 받는다. 이러한 면을 머신러닝에 적용할 수 있다. 하나의 단일 모델에 의존하는 대신 모델 군의 앙상블(ensemble, 모듬)을 사용해 예측 또는 분류 결정을 내릴 수 있다. 이러한 형태의 학습을 **앙상블 학습**이라고 한다.

일반적으로 앙상블 학습은 많은 머신러닝 프로젝트 단계들 중에 마지막 단계로 사용된다. 모델이 가능한 한 서로 독립적일 때 가장 효과적이다. 다음 도표는 앙상블 학습을 그림으로 나타낸 것이다.

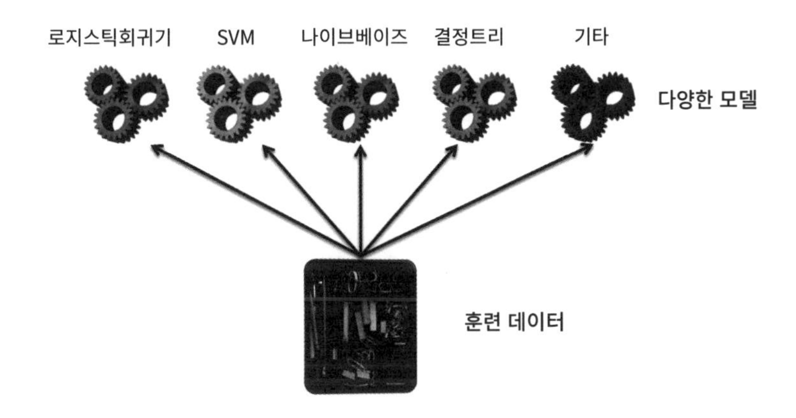

앙상블에 쓰이는 여러 모델을 훈련하는 일을 순차적으로 해도 되고 병렬적으로 해도 된다. 앙상블 학습을 구현하는 방법은 다양하다. 보팅(voting, 투표하기), 배깅(bagging, 짐 지우기), 페이스팅(pasting, 붙여넣기), 그리고 랜덤포레스트(random forest, 임의의 숲)가 그것이다. 이 기술들이 무엇이고 각 기술을 어떻게 구현할 수 있는지 살펴보자.

보팅 분류기

보팅 분류기(voting classifier, 투표 분류기)는 다수결을 따른다. 모든 분류기의 예측을 모으고 최대 득표 수를 받은 계급을 선택한다. 예를 들어 다음 화면에서 보팅 분류기는 입력 사례가 계급 1에 속하는 것으로 예측한다.

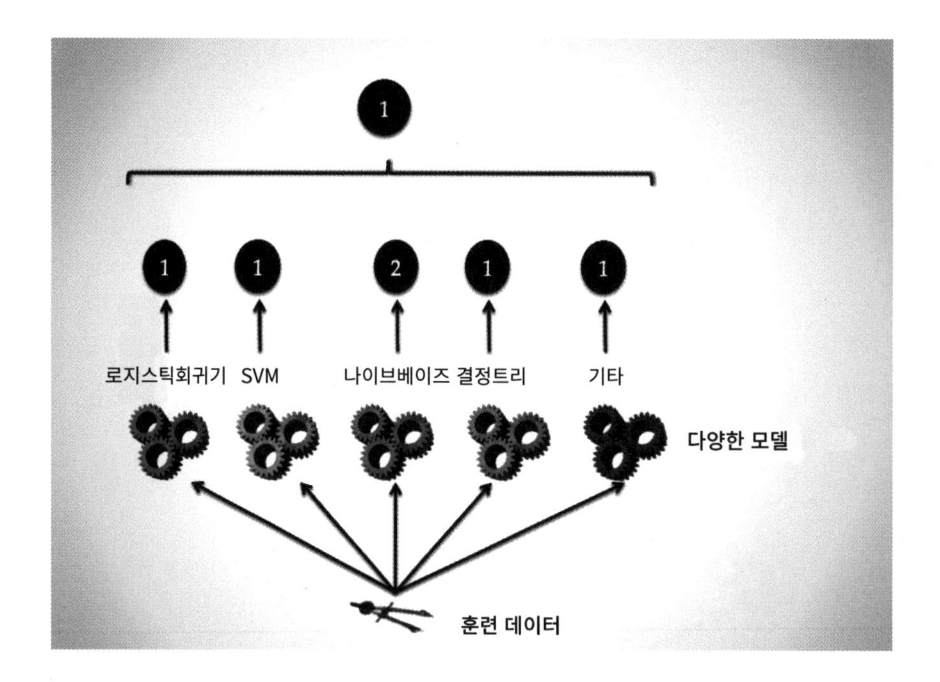

사이킷에는 이를 구현하는 VotingClassifier 클래스가 있다. 포도주 품질 분류에 관한 앙상블 학습을 사용해 74%의 정확도 점수를 얻었다. 이 정확도는 단독으로 사용되는 모델보다 높은 것이다. 전체 코드는 Wine_quality_using_Ensemble_learning.ipynb 파일에 있다. 다음은 보팅을 사용해 앙상블 학습을 수행하는 주요 코드다.

```
# 다양한 분류기들을 가져온다.
from sklearn.svm import SVC
from sklearn.naive_bayes import GaussianNB
from sklearn.tree import DecisionTreeClassifier
from sklearn.ensemble import VotingClassifier

# 각 분류기를 선언한다.
clf1 = SVC(random_state=22)
clf2 = DecisionTreeClassifier(random_state=23)
clf3 = GaussianNB()
X = np.array(X_train)

y = np.array(y_train)

# 앙상블 학습을 채택한다.
```

```
eclf = VotingClassifier(estimators=[('lr', clf1), ('rf', clf2), ('gnb', clf3)], voting='hard')
eclf = eclf.fit(X, y)

# 테스트용 데이터를 사용해 예측을 한다.
y_pred = eclf.predict(X_test)
```

배깅 및 페이스팅

투표(voting)를 할 때 동일한 데이터셋에 대해 서로 다른 알고리즘을 사용했다. 또한 같은 학습 알고리즘으로 서로 다른 모델을 사용해 앙상블 학습을 할 수도 있지만, 이때 서로 다른 훈련 데이터 부분집합(subset, 서브셋)을 훈련한다. 훈련용 부분집합은 무작위로 표본추출(sampling, 표집)된다. 표본추출은 대체하는 경우(배깅)와 대체하지 않는 경우(페이스팅)로 수행할 수 있다.

- **배깅**: 여기에서 반복을 위한 조합을 사용해 원본 데이터셋에서 훈련을 위한 추가 데이터가 생성된다. 이것은 다른 모델의 분산을 줄이는 데 도움이 된다.
- **페이스팅**: 페이스팅은 대체할 필요가 없으므로 훈련 데이터의 각 부분집합은 최대 한 번만 사용할 수 있다. 원본 데이터셋이 큰 경우에 더 적합하다.

사이킷 라이브러리에는 배깅 및 페이스팅을 수행하는 메서드가 있다. sklearn.ensemble에서 BaggingClassifier를 가져와서 사용할 수 있다. 다음 코드는 500개의 결정트리 분류기를 평가한다. 각 분류기에는 1,000개의 학습 표본이 있다(페이스팅의 경우에 bootstrap = False로 유지).

```
from sklearn.ensemble import BaggingClassifier
bag_classifier = BaggingClassifier(
          DecisionTreeClassifier(), n_estimators=500, max_samples=1000,\
          bootstrap=True, n_jobs=-1)
bag_classifier.fit(X_train, y_train)
y_pred = bag_classifier.predict(X_test)
```

포도주 품질 분류에 대한 정확도는 77%다. BaggingClassifier의 마지막 인수인 n_jobs는 사용할 CPU 코어 수(병렬로 실행할 작업 수)를 정의한다. 그 값이 -1로 설정되면 사용 가능한 모든 CPU 코어를 사용한다.

결정트리로만 구성된 앙상블을 랜덤포레스트라고 한다. 그러므로 앞에서 구현한 것이 랜덤포레스트인 것이다. RandomForestClassifier 클래스를 사용해 사이킷에서 랜덤포레스트를 직접 구현할 수 있다. 이 클래스를 사용하면 트리를 빌드하는 동안 임의성(즉, 확률성)을 추가로 도입한다는 이점을 얻는다. 이 클래스는 분할 작업을 하는 동안에 임의의 특징 부분집합으로 분할할 최상의 특징을 검색한다.

모델 개선을 위한 팁과 트릭

이번 장에서는 많은 머신러닝 알고리즘을 배웠는데, 알고리즘마다 장단점이 있다. 이번 절에서는 일반적인 문제와 그 해결 방법을 살펴보자.

고르지 않은 데이터 척도를 해결하기 위한 특징 척도화

대개 수집되는 데이터는 척도(scale, 눈금)가 동일하지 않다. 예를 들어, 어떤 특징이 10~100의 범위에서 변한다고 할 때 다른 특징은 2~5 범위 내에만 분포할 수 있다. 이러한 불규칙한 데이터 척도가 학습에 악영향을 미칠 수 있다. 이를 해결하기 위해 특징을 척도화(scaling, 척도구성, 눈금잡기)한다. 즉, 정규화 방법을 사용한다. 어떤 정규화 방법을 선택하느냐가 특정 알고리즘의 성능에 크게 영향을 미치는 것으로 나타났다. 일반적인 두 가지 정규화 방법(일부 책에서는 표준화 방법이라고도 함)은 다음과 같다.

- **Z 점수 정규화(Z-score normalization)**: z 점수 정규화에서 각 개별 특징은 표준 정규 분포가 되게, 즉 평균이 0이고 분산이 1인 특성을 갖게 척도화된다. μ가 평균이고 분산이 σ인 경우에 다음과 같이 각 특징에 대해 선형 변환을 수행해 Z 점수 정규화를 계산할 수 있다.

$$x_{new} = \frac{x_{old} - \mu}{\sigma}$$

- **최소최대 정규화(min-max normalization)**: 최소최대 정규화는 입력 특징을 0과 1 사이의 범위에 있도록 재조정한다. 결과적으로 데이터의 표준 편차가 줄어들고 이상점들의 영향이 억제된다. 최소최대 정규화를 달성하기 위해 특징의 최댓값과 최솟값(각기 x_{max} 및 x_{min})을 찾고 다음 선형 변환을 수행한다.

$$x_{new} = \frac{x_{old} - x_{min}}{x_{max} - x_{min}}$$

사이킷 라이브러리의 `StandardScaler` 또는 `MinMaxscaler` 메서드를 사용해 데이터를 정규화할 수 있다. 이번 장의 예제에서는 모두 `MinMaxScaler`를 사용했다. 이것을 `StandardScalar`로 변경하고 성능이 변경되는지 관찰할 수 있다. 다음 장에서는 이러한 정규화를 텐서플로에서 수행하는 방법을 배운다.

과적합

때로는 모델이 훈련 데이터셋에 대해 과적합(overfit, 과대적합)되기도 한다. 그렇게 되면 모델이 일반화 능력을 상실하게 되므로 검증 데이터셋에 나쁜 영향을 미친다. 이는 보이지 않는 데이터 값에 대한 성능에 영향을 미치는 결과로 이어진다. 과적합을 처리하는 표준 방법은 정칙화와 교차검증이다.

정칙화

정칙화(regularization)는 손실함수에 항을 추가해 모델이 특징 개수를 늘릴 때 비용이 증가하도록 한다. 따라서 모델을 더 단순하게 유지해야 한다. $L(X, Y)$는 이전에 나온 손실함수인데, 여기서는 이것을 다음과 같이 바꾼다.

$$\mathcal{L}_{new} = \mathcal{L}_{old}(X, Y) + \lambda N(W)$$

여기서 N은 L_1 노름이거나 L_2 노름, 또는 이 둘의 조합일 수 있으며 λ는 정칙화 계수(regularization coefficient)다. 정칙화는 중요한 데이터 분포 속성을 잃지 않으면서도 모델의 분산을 줄이는 데 도움이 된다.

- **라쏘 정칙화(Lasso regularization)**: 이 경우, N은 L_1 노름이다. 그것은 가중치의 계수를 패널티 항 N으로 사용한다.

$$N(W) = \sum_{j=1}^{p} |W_j|$$

- **리지 정칙화(Ridge regularization)**: 이 경우, N은 다음과 같이 주어진 L_2 노름이다.

$$N(W) = \sum_{j=1}^{p} W_j^2$$

교차 검증

교차 검증(cross-validation)을 사용하면 과적합 문제를 줄일 수 있다. k겹 교차 검증에서 데이터는 **겹(folds)**이라고 부르는 k개의 부분집합으로 나뉜다. 그런 다음에 모델을 k번에 걸쳐 훈련하고 평가한다. 모델을 여러 번 검증하기 위해 여러 겹 중 하나를 선택해 모델을 훈련하고, 다음 훈련 시 나머지 중에 한 개를 선택한다. 데이터가 적고 훈련에 시간이 적게 걸릴 때 이러한 교차 검증을 수행할 수 있다. 사이킷은 k겹을 구현할 수 있게 cross_val_score 메서드를 제공한다. 분류기를 교차 검증을 수행할 모델로 만들면 다음 코드를 사용해 10번의 교차 검증을 수행할 수 있다.

```
from sklearn.model_selection import cross_val_score
accuracies = cross_val_score(estimator = classifier, X = X_train, y = y_train, cv = 10)
print("Accuracy Mean {} Accuracy Variance \
        {}".format(accuracies.mean(), accuracies.std()))
```

결과는 평균값과 분산값이다. 좋은 모델은 평균값이 크고 분산값이 작아야 한다.

'공짜 점심은 없다' 정리

이렇게 모델이 많기 때문에 늘 어떤 모델을 사용할지를 결정하지 못 하고 주저하는 사람이 있게 마련이다. 월퍼트(Wolpert)는 그의 유명한 논문인 「The Lack of A Priori Distinctions Between Learning」에서 이 문제를 탐구하고 입력 데이터에 대해 미리 가정하지 않으면 다른 모델에 비해 어느 한 가지 모델을 선호할 이유가 없다는 점을 보여줬다. 이것을 **'공짜 점심은 없다' 정리(No Free Lunch theorem)**라고 한다.

즉, 어떤 예측 모델도 더 잘 작동하리라는 점을 미리 보장받을 수는 없다는 뜻이다. 가장 좋은 모델이 무엇인지를 알려면 모델을 모두 평가해 보는 방법밖에 없다. 그러나 실질적으로는 모든 모델을 평가해 볼 수 없으므로 실용적인 측면에서 데이터에 대한 합리적인 가정을 세우고 몇 가지 관련된 모델만 평가하게 된다.

하이퍼파라미터 조율 및 격자 탐색

모델에 따라 하이퍼파라미터(hyper-parameters)도 달라진다. 예를 들어, 선형회귀계수에서는 학습속도가 하이퍼파라미터였는데, 정칙화를 이용한다면 정칙화 파라미터인 λ가 하이퍼파라미터로 쓰인다. 하이퍼파라미터의 값으로는 무엇이 적당할까? 일부 하이퍼파라미터 값에 대해서는 경험을 근거로 그 값을 정하지만, 대체로는 추측해서 정하거나 격자 탐색을 사용해 최상의 하이퍼파라미터를 순차적으로 찾아낸다. 다음은 사이킷 라이브러리를 사용해 SVM 방법에 대해 하이퍼파라미터 검색을 수행하는 코드다. 다음 장에서 텐서플로를 사용해 하이퍼파라미터 조율을 수행하는 방법을 살펴본다.

```
# 최적 모델과 최적 파라미터를 찾기 위한 격자 탐색
from sklearn.model_selection import GridSearchCV
# parameters = {'kernel':('linear', 'rbf'), 'C':[1, 10]}
classifier = SVC()
parameters = [{'C': [1, 10], 'kernel': ['linear']},
              {'C': [1, 10], 'kernel': ['rbf'], 'gamma': [0.1, 0.2, 0.3, 0.4, 0.5, 0.6, 0.7, 0.8,
0.9]}]
grid_search = GridSearchCV(estimator = classifier,
                           param_grid = parameters,
                           scoring = 'accuracy',
                           cv = 10,)
grid_search.fit(X_train, y_train)
best_accuracy = grid_search.best_score_
best_parameters = grid_search.best_params_
# 최고 정확도는 이렇다.
best_accuracy
```

GridSearchCV는 SVM 분류기에 대해 최상의 결과를 산출하는 하이퍼파라미터를 제공한다.

요약

이번 장에서는 다양한 표준 머신러닝 알고리즘을 제공해 직관적으로 이해할 수 있게 돕고, 이와 같은 정보를 바탕으로 모델을 선택할 수 있게 하는 것을 목표로 삼았다. 분류와 회귀에 사용되는 대중적인 머신러닝 알고리즘을 다뤘다. 또한 지도학습과 비지도학습이 어떻게 다른지를 배웠다. 선형회귀, 로지스틱회귀, SVM, 나이브베이즈, 결정트리를 각기 소개하고 이것들의 기본 원리도 소개했다. 회귀 방법을 사용해 화력 발전소의 전력 생산을 예측하고 포도주를 좋은 것과 나쁜 것으로 분류하는 분류 방법도 살펴봤다. 마지막으로, 다양한 머신러닝 알고리즘의 일반적인 문제점과 이를 해결하기 위한 몇 가지 팁과 트릭을 다뤘다.

다음 장에서는 서로 다른 딥러닝 모델을 배운 다음에 이를 사용해 데이터를 분석하고 예측하는 방법을 학습한다.

04

사물인터넷을 위한 딥러닝

3장에서 우리는 다양한 **머신러닝**(machine learning, ML) 알고리즘을 학습했다. 이번 장에서는 딥러닝 모델이라고도 부르는 다층 모델 기반 신경망에 초점을 맞출 것이다. 딥러닝 모델은 지난 몇 년 동안 인공지능 기반 벤처 기업 분야에서 투자자들의 절대적 관심을 끄는 용어가 됐다. 물체 검출 작업에서부터, 인간 수준의 정확도를 달성하고 바둑 분야에서 9단의 세계적인 고수를 물리치는 일에 이르기까지, 이 모든 일을 **딥러닝**(deep learning, DL)으로 할 수 있다. 이번 장과 이어지는 여러 장에서는 서로 다른 딥러닝 모델과 사물인터넷 생성 데이터에서 딥러닝을 사용하는 방법을 알아본다. 이번 장에서는 딥러닝으로 향하는 여정을 살펴보고 MLP(multilayered perceptron, **다층 퍼셉트론**), CNN(convolutional neural network, **합성곱 신경망**), RNN(recurrent neural network, **재귀 신경망, 순환 신경망**), AE(autoencoders, **자기 부호기**) 등 네 가지 인기 모델을 알아본다. 특별히 다음 내용을 배울 것이다.

- 딥러닝의 역사와 현재의 성공 요인
- 인공 뉴런에 관한 내용과 비선형 문제를 풀 수 있게 인공 뉴런들을 어떻게 연결할 수 있는가에 관한 내용
- 역전파 알고리즘과 이를 이용해 다층 퍼셉트론 모델을 훈련하는 일
- 텐서플로에서 사용할 수 있는 다양한 최적화기 및 활성함수
- CNN이 작동하는 방식과 핵과 채우기, 보폭의 배경을 이루는 개념
- CNN 모델을 이용한 분류 및 인식
- RNN 및 수정 RNN, 장단기 메모리 및 게이트 처리 재귀 장치
- 오토인코더의 아키텍처와 기능

딥러닝 101

인간의 정신은 항상 철학자와 과학자, 엔지니어 모두에게 흥미로운 주제였다. 인간 뇌의 지능을 모방하고 복제하고자 하는 욕구는 수년에 걸쳐 기록되어 왔다. 그리스 신화 속에서 키프로스 지방에 살던 피그말리온이 만든 갈라티아, 유태인 민속학에 나오는 골렘, 힌두 신화의 마야 시타가 그 예다. **인공지능(artificial intelligence, AI)**을 갖춘 로봇은 아주 오래전부터 (과학) 소설 작가들에게 인기를 얻고 있다.

오늘날 누구나 알다시피 인공지능이라는 개념은 컴퓨터라는 개념과 동시에 나타났다. 1942년에 맥컬록(McCulloch)과 피츠(Pitts)는 한 세미나에서 발표한 논문인 「A Logical Calculus Of The Ideas Immanent In Nervous Activity」에서 최초의 신경망 모델을 제안했는데, 이 모델은 AND, OR, NOT과 같은 논리적 연산을 수행할 수 있는 문턱값(threshold, 분계점, 임계치) 장치를 제안했다. 앨런 튜링은 1950년에 발표한 선구적 작품인 「Computing Machinery and Intelligence」에서 **튜링 테스트(Turing test)**를 제안했는데, 튜링 테스트란 기계가 지능을 갖추고 있는지를 시험하는 테스트였다. 로젠블라트는 1957년에 「The Perceptron—a perceiving and recognizing automaton」이라는 논문에서 경험으로부터 학습할 수 있는 망(networks)에 대한 기초를 다졌다. 이러한 아이디어는 시대를 훨씬 앞서 있어서 그 개념이 이론적으로는 가능해 보였지만 당시 계산 자원으로는 논리를 연산하고 학습할 수 있는 이러한 모델을 통해 얻을 수 있는 성능이 매우 제한적이었다.

이 논문들이 오래된 것이고 별로 중요하지 않아 보여도 읽어볼 가치가 있으며 초기 사상가들이 가졌던 비전에 대한 큰 통찰력을 제공한다. 관심있는 독자를 위해 이 논문들을 읽어볼 수 있는 주소를 남긴다.

- 「A Logical Calculus Of The Ideas Immanent In Nervous Activity」, McCulloch and Pitts: `https://link.springer.com/article/10.1007%2FBF02478259`
- 「Computing Machinery and Intelligence」, Alan Turing: `http://phil415.pbworks.com/f/TuringComputing.pdf`
- 「The Perceptron—a perceiving and recognizing automaton」, Rosenblatt: `https://blogs.umass.edu/brain-wars/files/2016/03/rosenblatt-1957.pdf`

카네기멜론 대학의 왕(Wang)과 라쥬(Raj)가 발표한 또 다른 흥미로운 논문인 「On the Origin of Deep Learning」은 72쪽으로 이뤄져 있는데, 맥컬록-피츠(McCulloch-Pitts)가 제안한 모델부터 최신의 주의 기제 기반 모델(attention model)에 이르기까지, 딥러닝의 기원부터 시작해서 딥러닝의 역사를 자세히 다룬다(`https://arxiv.org/pdf/1702.07800.pdf`).

두 번에 걸친 인공지능 겨울과 몇 차례의 성공 덕분에(예를 들면 2012년에 열린 연례 이미지넷 경진대회에서 알렉스 크리제브스키(Alex Krizhvesky), 일리야 수츠케버(Ilya Sutskever), 제프리 힌튼(Geoffrey Hinton)이 AlexNet이라는 주제와 관련된 오류율을 16%까지 줄임으로써 돌파구를 염) 현재의 딥러닝은 기존 인공지능 기술의 대부분을 능가하게 되었다. 구글 트렌드의 다음 화면에 따르면 약 2014년경에 **딥러닝**이 인기를 얻기 시작한 것으로 보이며 이후로도 계속 성장해 왔다.

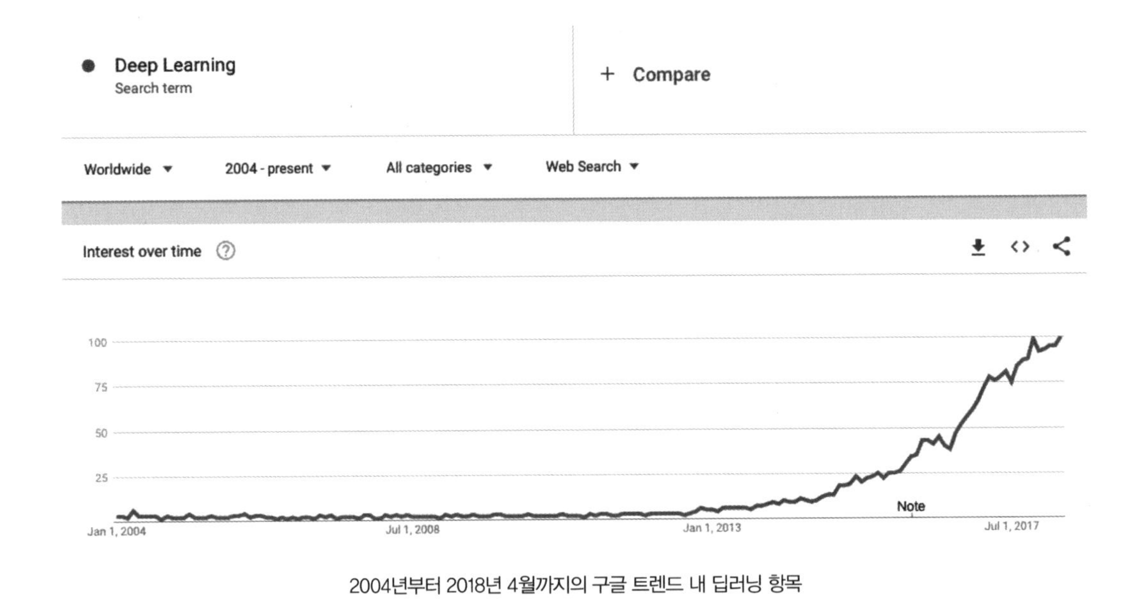

2004년부터 2018년 4월까지의 구글 트렌드 내 딥러닝 항목

이 성장 추세의 원인을 살펴보고 이 추세가 과장된 것인지, 아니면 우리가 모르는 뭔가가 더 있는 것인지 분석해 보자.

딥러닝: 왜 지금에서야?

딥러닝 분야의 핵심 개념 대부분은 이미 80년대와 90년대에 자리를 잡았기 때문에, 이미지 분류나 이미지 제작을 필두로 해서 자율 주행 자동차와 음성 생성에 이르는 다양한 문제들을 해결하는 일과 관련된, 딥러닝 애플리케이션들이 갑자기 늘어나는 현상에 의아해 할 수 있다. 주된 이유는 다음과 같이 두 가지다.

- **대규모 고품질 데이터셋 덕분에 생긴 가용성:** 인터넷으로 인해 이미지, 비디오, 텍스트, 오디오 등의 측면에서 엄청난 양의 데이터셋이 생성됐다. 데이터셋 중 대부분에는 레이블이 지정되어 있지 않았지만 많은 연구원의 노력으로

(예: 페이페이리(Fei Fei Li)가 ImageNet 데이터셋을 생성함) 마침내 레이블이 붙어 있는 대규모 데이터셋을 이용할 수 있게 됐다. 딥러닝을 상상력을 비추는 용광로에 비유한다면 데이터는 용광로를 달구는 연료에 비유해 볼 수 있다. 데이터의 양이 많고 다양할수록 모델의 성능이 향상된다.

- **GPU를 사용하는 병렬 처리로 인해 생긴 가용성:** 딥러닝 모델에는 주로 행렬 곱셈과 행렬 덧셈이라는 중요한 역할을 하는 두 개의 수학적 행렬 연산이 있다. **그래픽 처리 장치(graphical processing units, GPU)**를 사용해 신경망을 이루는 각 계층의 모든 뉴런에서 이러한 프로세스를 병렬로 처리할 수 있으므로 합리적인 시간에 딥러닝 모델을 학습할 수 있게 됐다.

일단 딥러닝에 대한 관심이 커진 후에 사람들은 경사하강법(딥러닝 모델에서 가중치 및 편향을 갱신하는 데 필요한 계산에 쓰이는 필수 알고리즘)을 계산하기에 더 나은 최적화기(예: Adam 및 RMSprop) 등을 더 개선했을 뿐만 아니라, 드롭아웃 및 배치 정규화와 같은 새로운 정규화 기술로 과적합뿐만 아니라 훈련 시간을 줄일 수 있었으며, 마지막으로 최소한 텐서플로 · 테아노 · 토치 · 엠엑스넷 · 케라스와 같은 딥러닝 라이브러리를 사용할 수 있게 됨으로써 복잡한 아키텍처를 쉽게 정의하고 훈련할 수 있게 됐다.

Deeplearning.ai의 설립자인 앤드류 응(Andrew Ng)은 컴퓨터 장비의 발전으로 인해 '예측 가능한 미래에는 딥러닝 성능이 향상되고 획기적인 기술이 계속 나올 것'이므로 과장된 투자나 많은 투자에도 불구하고 인공지능 겨울이 다시 오지 않을 것이라고 2016년에 엠텍 디지털(EmTech Digital)에서 예견했는데, 결국 구글의 **텐서 처리 장치(tensor processing unit, TPU)**, 인텔의 모비디우스(Movidius), 엔비디아의 최신 GPU와 같은 연산 처리 하드웨어가 발전하는 결과를 보게 됐다. 게다가 클라우드 컴퓨팅 GPU도 시간당 0.40센트의 낮은 가격으로 모든 사람에게 제공된다.

『MIT Technology Review』에 게시된 「AI Winter Is Coming」이라는 논고 전체를 https://www.technologyreview.com/s/603062/ai-winter-isnt-coming/에서 읽을 수 있다. 여기서 앤드류 응은 인공지능의 미래에 관한 다른 질문들에 답한다.

딥러닝의 경우에 GPU 처리 능력이 필수적인데 이 능력을 클라우드 컴퓨팅 서비스 형태로 제공하는 회사가 많다. 그러나 현업에서 이제 막 시작해 보려는 경우라면 다음 중에 하나를 선택하는 편이 좋겠다.

- **구글 컬라보레이토리(Google Colaboratory):** 브라우저 기반의 GPU 지원 주피터 노트북과 같은 인터페이스를 제공한다. GPU 컴퓨팅 파워에 12시간 연속 무료로 액세스할 수 있다.
- **캐글(Kaggle):** 캐글 역시 GPU 컴퓨팅 성능을 갖춘 주피터 노트북 스타일 인터페이스를 대략 여섯 시간 동안 무료로 제공한다.

인공 뉴런

모든 딥러닝 모델의 기본 구성요소는 인공 뉴런(artificial neuron, 인공 신경세포)이다. 인공 뉴런은 생물학적 뉴런의 작용에 영감을 받아 고안된 것이다. 그것은 일부 입력이 **시냅스 연결(synaptic connections)**이라고도 하는 가중치들이 부여된 망(networks)으로 연결되는 식으로 구성되며 모든 입력 가중치의 총합은 **활성함수(activation function)**라고도 부르는 처리 함수를 거쳐 비선형 출력을 생성한다.

다음 화면은 **생물학적 뉴런(biological neuron)** 한 개와 **인공 뉴런**(artificial neuron) 한 개를 보여준다.

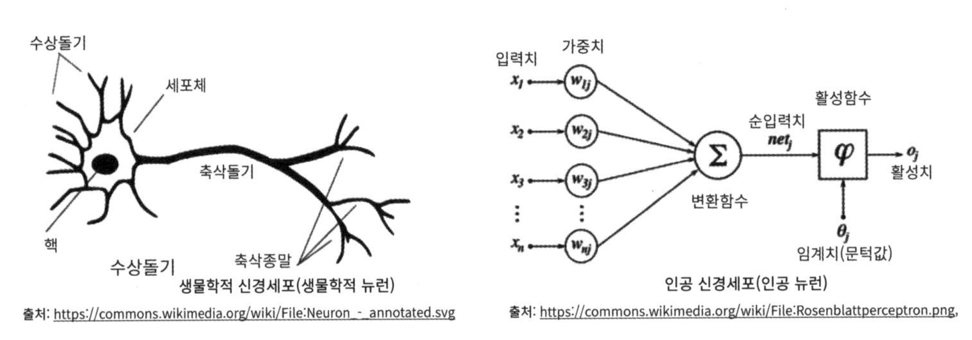

생물학적 뉴런과 인공 뉴런

X_i가 시냅스 연결 w_{ij}를 거쳐 연결된 인공 뉴런 (j)로 연결된 i번째 입력이라면 일반적으로 **신경활동(activity of the neuron)**이라고 하는 뉴런에 대한 순입력치는 모든 뉴런의 가중치를 모두 합한 것으로 정의할 수 있으며 다음과 같이 주어진다.

$$h_j = \sum_{i=1}^{N} X_i W_{ij} - \theta_j$$

이 식에서 N은 j번째 뉴런에 대한 총 입력 수고, θ_j는 j번째 뉴런의 임계치다. 뉴런의 출력은 다음과 같이 주어진다.

$$y_j = g(h_j)$$

여기서 g는 활성함수다. 다음은 서로 다른 딥러닝 모델에서 사용되는 다양한 활성함수들을 수학적 그래프 형식으로 나열한 것이다.

- **시그모이드(sigmoid):** $g(h_j) = \frac{1}{1+e^{-h_j}}$

시그모이드형 활성함수와 그 도함수(, 즉 미분계수)

시그모이드 함수
시그모이드 도함수
뉴런의 출력치
뉴런의 활성치

- **쌍곡탄젠트(hyperbolic tangent):** $g(h_j)= tanh(h_j)$

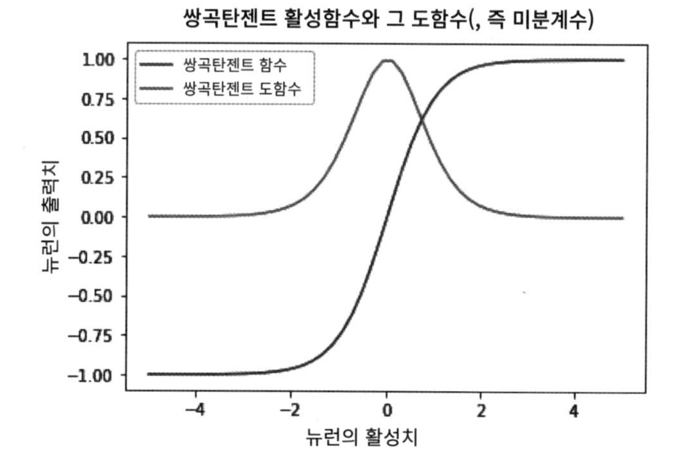

- **렐루(ReLU):** $g(h_j) = max(0, h_j)$

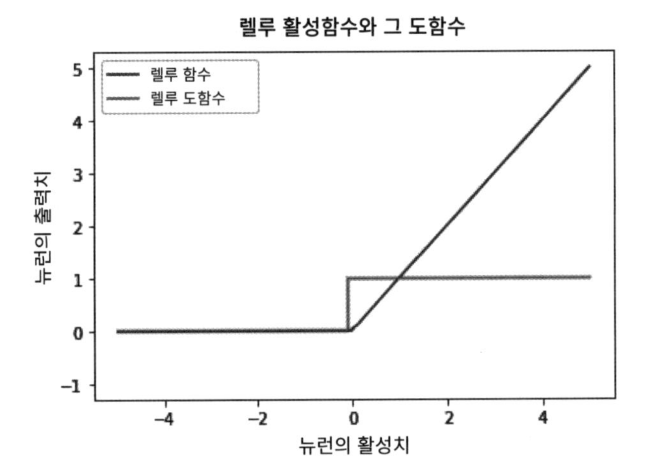

- **소프트맥스(softmax):** $g(h_j) = \frac{e^{h_j}}{\sum_{i=1}^{N} e^{h_j}}$

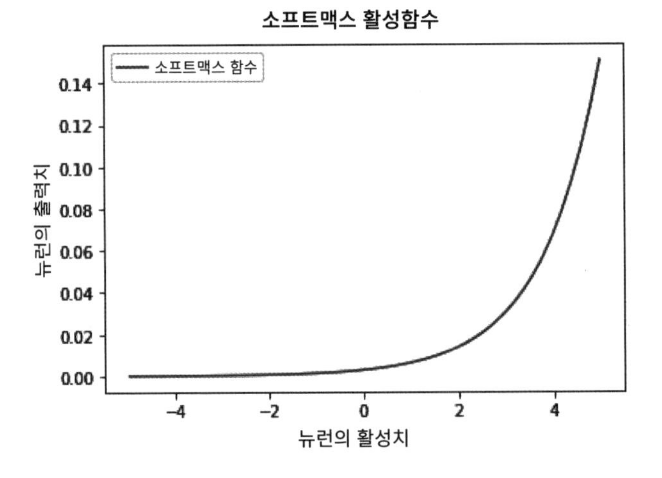

- **리키렐루(leaky ReLU):** $g(h_j) = \begin{cases} h_j & for\ \ h_j \geq 0 \\ 0 & for\ \ h_j < 0 \end{cases}$

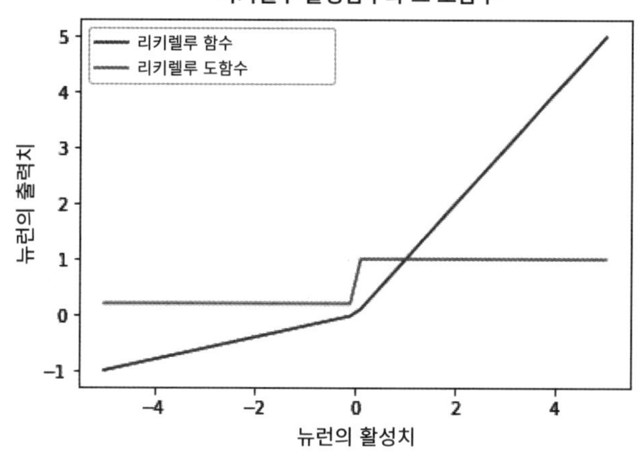

- **엘루(ELU):** $g(h_j) = \begin{cases} h_j & for\ \ h_j \geq 0 \\ a(e^{h_j} - 1) & for\ \ h_j < 0 \end{cases}$

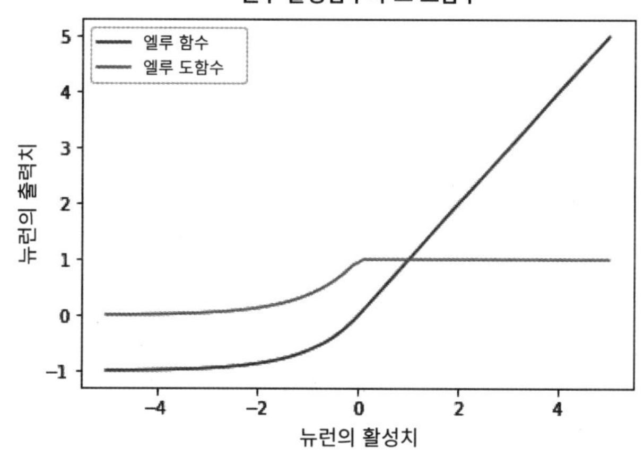

- **쓰레숄드(threshold):** $g(h_j) = \begin{cases} 1 & for\ \ h_j \geq 0 \\ 0 & for\ \ h_j < 0 \end{cases}$

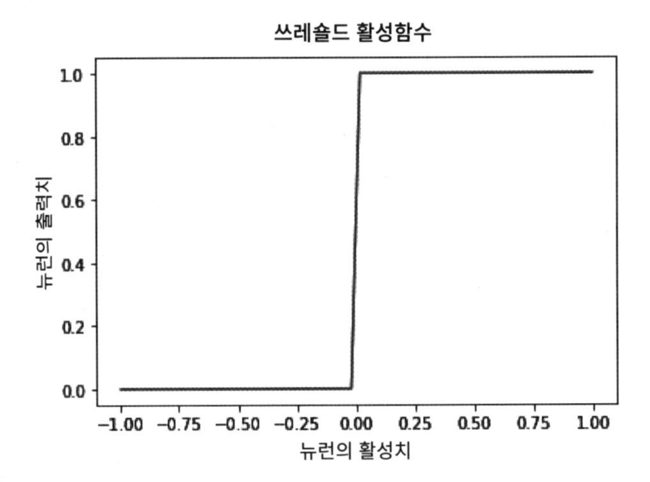

텐서플로에서 단일 뉴런 모형화하기

이 단일 뉴런만 사용해서도 학습을 하게 할 수 있을까? 답은 '그렇다'이다. 학습 과정에는 미리 정의된 손실함수(L)가 감소하도록 가중치를 적용하는 과정이 포함된다. 가중치와 관련해 손실함수의 경사도와 반대 방향으로 가중치를 갱신하면 갱신할 때마다 손실함수가 감소한다. 이 알고리즘을 **경사하강(gradient descent)** 알고리즘이라고 하며 모든 딥러닝 모델의 핵심이다. 수학적으로 L이 손실함수고 η가 학습속도면 가중치 w_{ij}는 다음과 같이 갱신되고 표현된다.

$$w_{ij}^{new} = w_{ij}^{old} - \eta \frac{\partial L}{\partial w_{ij}}$$

하나의 인공 뉴런을 모형화해야 한다면 다음 파라미터를 먼저 결정해야 한다.

- **학습속도 파라미터:** 학습속도(learning rate, 학습률) 파라미터는 경사를 따라 얼마나 빨리 내려가는지를 결정한다. 일반적으로 0과 1 사이에 있다. 학습속도가 너무 높으면 망이 적절한 해 주변을 따라 요동하거나 해에서 완전히 벗어날 수 있다. 반면, 학습속도가 너무 낮으면 결국 해에 수렴하는 데 오랜 시간이 걸릴 것이다.

- **활성함수:** 활성함수(activation functions)는 뉴런의 출력이 활동에 따라 어떻게 변하는지를 결정한다. 가중치 갱신 방정식은 손실함수의 미분을 포함하고, 이는 차례로 활성함수의 미분에 의존할 것이기 때문에 뉴런에 대한 활성함수로서 연속 미분가능 함수(continuous differentiable function)를 선호한다. 처음에는 활성함수로 시그모이드와 쌍곡탄젠트가 사용했던 적도 있지만 수렴이 느려지고 경사도(gradient, 그래이디언트)가 소실되는 문제가 발생했다(경사

도가 0이 되어 학습도 이뤄지지 않았고 해도 얻지 못했다). 최근에는 **정류선형장치**(rectified linear units, ReLU)와 Leaky ReLU, ELU와 같은 변종이 빠른 수렴을 제공함과 동시에 소실되는 경사도 문제를 극복하는 데 도움이 되어 선호된다. ReLU에서는 때때로 **죽은 뉴런**(dead neurons)이라는 문제에 부딪힌다. 즉, 어떤 뉴런은 그 활성치가 언제나 0보다 작아서 전혀 촉발(fire)되지 않기 때문에 결코 학습하지 못한다. Leaky ReLU와 ELU는 활성치가 음성일 때도 0이 아닌 뉴런 출력을 보장함으로써 죽은 뉴런이라는 문제를 극복할 수 있다. 일반적으로 사용되는 활성함수 목록과 수학적 그래프 표현은 앞 절에서 설명했다(여러분은 텐서플로에 정의된 활성함수를 사용하는 코드인 `activation_functions.ipynb`를 가지고 놀아볼 수 있을 것이다).

- **손실함수**: 손실함수(loss functions)는 망이 최소화하려고 노력하는 파라미터이므로 적절한 손실함수를 선택하는 것이 학습에 중요한다. 딥러닝에 깊이 빠져들수록 영리하게 정의된 손실함수를 많이 발견하게 될 것이다. 손실함수를 적절하게 정의함으로써 딥러닝 모델이 새로운 이미지를 만들고 꿈을 시각화하며 그림에 이름을 부여하는 방법을 알 수 있다. 사람들은 관행적으로 대상 작업 유형이 회귀인지 아니면 분류인지에 맞춰서 **평균제곱오차**(mean square error, MSE)나 **범주형 교차 엔트로피**(categorical-cross entropy)라는 손실함수를 사용한다. 이 책에도 이러한 손실함수가 나온다.

인공 뉴런을 모형화하는 데 필요한 기본 요소를 알았으므로 코딩부터 시작해 보자. 우리의 작업 유형이 회귀일 것이라고 가정하고 우리는 MSE 손실함수를 사용할 것이다. y_j가 입력 벡터 X에 대한 단일 뉴런의 출력이고 $\hat{y}_j$가 출력 뉴런 j에 대해 기대하는 출력이라고 하면 평균제곱오차(MSE, 오차의 제곱을 평균한 것 $\hat{y}_j - y_j$)를 수학적으로는 다음과 같이 표현할 수 있다.

$$\mathcal{L}_{MSE} = \frac{1}{2M}\sum_{j=1}^{M}(\hat{y}_j - y_j)^2$$

여기서 M은 훈련 표본(입력-출력 쌍)의 총 개수다.

텐서플로를 사용하지 않고(앞에서 언급한 딥러닝 라이브러리를 사용하지 않은 채로 구체화하기 위해) 이 인공 뉴런을 구현하려면 경사도를 직접 계산해야 하는데, 그 경우 먼저 손실함수의 경사도를 계산할 함수나 코드를 작성해야 하고, 그런 후에 모든 가중치(weights)와 편향치(biases)를 갱신하는 코드를 작성해야 한다. MSE 손실함수가 있는 단일 뉴런의 미분 계산을 하기가 간단할지는 몰라도 망의 복잡성이 증가함에 따라 특정 손실함수에 대한 경사도를 계산하고 이를 코드에 구현한 다음에 마지막으로 가중치 및 편향치를 갱신하기는 아주 어렵기 때문에 성가신 행동이 될 수 있다.

텐서플로는 미분을 자동화함으로써 이 모든 과정을 더 쉽게 만들어준다. 텐서플로는 모든 연산을 텐서플로 그래프 형태로 지정한다. 이렇게 하면 연쇄법칙(chain rule)을 사용할 수 있으므로 경사도들을 할당하는 그래프가 복잡해져도 된다.

따라서 텐서플로에서 실행 그래프를 구축하고 손실함수를 정의하기만 하면 텐서플로가 자동으로 경사도를 계산할 뿐만 아니라 다양한 경사도를 지원하면서 알고리즘(최적화기) 계산을 지원하므로 편리하게 사용할 수 있다.

http://www.columbia.edu/~ahd2125/post/2015/12/5/에서 자동 미분 개념을 자세히 알아볼 수 있다.[5]

이제 이 모든 기본 정보를 사용해 다음 단계에 따라 텐서플로에서 단일 뉴런을 만들 것이다.

1. 첫 단계는 모든 파이썬 코드의 나머지 부분에 필요한 모듈들을 가져오는(import) 일이다. 여기서는 텐서플로를 가져와서 단일 인공 뉴런을 만들 것이다. NumPy와 pandas는 수학 계산을 지원하고 데이터 파일을 읽는 데 사용된다. 이와 더불어 사이킷런에서 유용한 함수(데이터 정규화, 데이터 분할, 검증, 데이터 재편성에 쓸 것)를 가져온다. 이전 장에서 이미 이 함수를 사용한 적이 있어 정규화와 재편성(shuffling, 다시 섞기)이 인공지능 파이프라인에서 중요한 단계라는 것을 알고 있다.

```
import tensorflow as tf
import numpy as np
import pandas as pd
import matplotlib.pyplot as plt
from sklearn.utils import shuffle
from sklearn.preprocessing import MinMaxScaler
from sklearn.model_selection import train_test_split
% matplotlib inline
```

앞에서 설명했듯이 모델이 학습했는지를 알려고 한다거나, 모델이 과적합(overfit, 과대적합)되었거나 과소적합(underfit)되었는지를 알려고 한다면 검증 과정이 필요하다.

2. 텐서플로에서는 먼저 모델 그래프를 구축한 다음, 해당 그래프를 실행한다. 텐서플로에 이제 막 입문한 사람이라면 이것이 복잡해 보일 수 있지만, 일단 요령을 터득하면 매우 편리하게 생산적으로 코드를 최적화할 수 있다. 먼저 단일 뉴런 그래프를 정의하자. self.X와 self.y를 플레이스홀더로 정의해 다음 코드와 같이 그래프에 데이터를 전달한다.

```
class ArtificialNeuron:
    def __init__ (self, N=2, act_func=tf.nn.sigmoid, learning_rate= 0.001):
        self.N = N # 뉴런으로 입력되는 입력 값의 개수
        self.act_fn = act_func

        # 뉴런 한 개에 대한 그래프를 구축한다.
        self.X = tf.placeholder(tf.float32, name='X', shape=[None, N])
        self.y = tf.placeholder(tf.float32, name='Y')
```

5 (옮긴이) 현재 이 계정은 사라진 상태이므로 이를 대신해 텐서플로 공식 홈페이지에서 자동 미분에 관한 정보를 얻을 수 있다. 주소는 https://www.tensorflow.org/tutorials/customization/autodiff?hl=ko이다.

3. 가중치와 편향치는 변수로 정의돼 있으므로 자동 미분 기능을 사용해 자동으로 이것들을 갱신할 수 있다. 텐서플로는 텐서보드를 지원하는 그래픽 인터페이스를 제공하므로, 여러분은 그래프 구조뿐만 아니라 다양한 파라미터와 훈련 과정에서 변경되는 방식을 볼 수 있다. 그러므로 여러분은 디버깅을 하면서 모델의 작동 방식을 이해하는 게 바람직하다. 그러려면 다음에 나오는 코드처럼 코드를 몇 줄 더 추가해 가중치와 편향치에 대한 히스토그램 요약을 만들어야 한다.

```
self.W = tf.Variable(tf.random_normal([N,1], stddev=2, seed = 0), \
                                        name = "weights")
self.bias = tf.Variable(0.0, dtype=tf.float32, name="bias")
tf.summary.histogram("Weights", self.W)
tf.summary.histogram("Bias", self.bias)
```

4. 다음으로 입력치(self.X)와 가중치(self.W) 간의 행렬 곱셈을 한 다음에 편향치(self.bias)를 더하는 수학적 연산을 수행하여 뉴런의 활성치(activity)를 계산한 다음에, 이 활성치를 가지고 `self.y_hat`으로 표기한 뉴런의 출력치를 알아낸다.

```
activity = tf.matmul(self.X, self.W) + self.bias
self.y_hat = self.act_fn(activity)
```

5. 다음 코드와 같이 모델에서 최소화할 손실함수를 정의한 다음에 텐서플로 최적화기를 사용해 손실함수를 최소화하고 경사하강 최적화기를 사용해 가중치와 편향치를 갱신한다.

```
error = self.y - self.y_hat

self.loss = tf.reduce_mean(tf.square(error))
self.opt = tf.train.GradientDescentOptimizer(learning_rate=learning_rate).mini
mize(self.loss)
```

6. 텐서플로 세션을 정의하고 모든 변수를 초기화해 `init` 함수를 완성한다. 또한 텐서보드가 다음과 같이 지정된 위치에 모든 요약을 작성하도록 코드를 추가한다.

```
tf.summary.scalar("loss", self.loss)
init = tf.global_variables_initializer()

self.sess = tf.Session()
self.sess.run(init)

self.merge = tf.summary.merge_all()

self.writer = tf.summary.FileWriter("logs/", graph=tf.get_default_graph())
```

7. 다음 코드처럼 이전에 작성한 그래프가 실행되는 train 함수를 정의한다.

```
def train(self, X, Y, X_val, Y_val, epochs=100):
    epoch = 0
    X, Y = shuffle(X, Y)
    loss = []
    loss_val = []
    while epoch < epochs:
        # 전체 훈련 집합으로 구성된 배치 단위별로
        # 최적화기(확률적 경사하강법)를 실행한다.
        merge, _, l = self.sess.run([self.merge, self.opt, self.loss], \
                                    feed_dict={self.X: X, self.y: Y})
        l_val = self.sess.run(self.loss, feed_dict={self.X: X_val, self.y: Y_val})

        loss.append(l)
        loss_val.append(l_val)
        self.writer.add_summary(merge, epoch)

        if epoch % 10 == 0:
            print("Epoch {}/{} training loss: {} \
                                  Validation loss {}".format(epoch, epochs, l, l_val ))

        epoch += 1
    return loss, loss_val
```

8. 예측을 하기 위해 다음 코드와 같이 predict 메서드도 포함한다.

```
def predict(self, X):
    return self.sess.run(self.y_hat, feed_dict={self.X: X})
```

9. 다음으로 이전 장에서와 마찬가지로 데이터를 읽은 후에 사이킷런 함수를 사용해 데이터를 정규화하고 이를 다음과 같이 훈련 집합과 검증 집합으로 나눈다.

```
filename = 'Folds5x2_pp.xlsx'
df = pd.read_excel(filename, sheet_name='Sheet1')
X, Y = df[['AT', 'V','AP','RH']], df['PE']
scaler = MinMaxScaler()
X_new = scaler.fit_transform(X)
target_scaler = MinMaxScaler()
```

```
Y_new = target_scaler.fit_transform(Y.values.reshape(-1,1))
X_train, X_val, Y_train, y_val = \
    train_test_split(X_new, Y_new, test_size=0.4, random_state=333)
```

10. 생성된 인공 뉴런을 사용해 에너지 산출 예측을 수행한다. 훈련 손실과 검증 손실은 다음과 같이 인공 뉴런이 학습할 때 그려진다.

```
_, d = X_train.shape
model = ArtificialNeuron(N=d)

loss, loss_val = model.train(X_train, Y_train, X_val, y_val, 30000)

plt.plot(loss, label="Taining Loss")  # 훈련 손실
plt.plot(loss_val, label="Validation Loss")  # 검증 손실
plt.legend()
plt.xlabel("Epochs")  # 에포크
plt.ylabel("Mean Square Error")  # 평균 제곱 오차
```

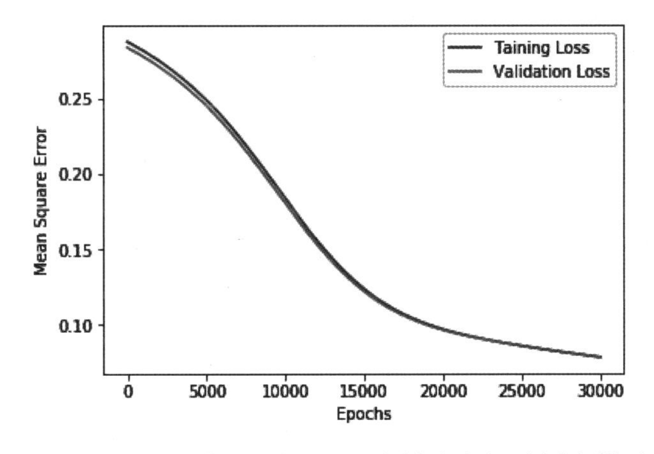

단일 인공 뉴런이 에너지 출력을 예측하는 것을 배우는 동안의 훈련 및 검증 데이터에 대한 평균제곱오차

데이터 읽기, 데이터 정규화, 훈련 등을 포함한 전체 코드는 single_neuron_tf.ipynb라는 주피터 노트북에 들어 있다.

회귀 및 분류를 위한 다층 퍼셉트론

바로 앞 절에서 단일 인공 뉴런에 관해 배우면서 그것을 에너지 출력을 예측하는 데 사용했다. **3장 '사물인터넷을 위한 머신러닝'**의 선형회귀 결과와 비교하면, 단일 뉴런이 훌륭하게 예측을 하기는 했지만 선형회귀만큼 좋지는 않다는 점을 알 수 있다. 검증 데이터셋에서 단일 뉴런 아키텍처의 평균제곱오차(MSE) 값은 0.078이었지만 선형회귀는 0.01이었다. 더 많은 에포크나 다른 학습속도, 더 많은 단일 뉴런을 사용한다면 더 개선할 수 있을까? 불행히도 그렇게 할 수 없는데, 그 이유는 단일 뉴런이 선형 분리 가능 문제들만 풀 수 있기 때문이다. 예를 들면 계급들이나 결정들을 분리하는 직선이 있는 경우에만 해를 낼 수 있다.

단일 뉴런 층으로 이뤄진 망을 **단순 퍼셉트론(simple perceptron)**이라고 부른다. 퍼셉트론 모델은 1958년 로젠블라트가 고안한 것이다(http://citeseerx.ist.psu.edu/viewdoc/download?doi=10.1.1.335.3398&rep=rep1&type=pdf). 이 논문은 과학계에서 많은 파문을 일으켰으며 관련해서 많은 연구가 시작됐다. 처음에는 이미지 인식 작업에 쓰기 위해 퍼셉트론을 하드웨어로 구현했다. 퍼셉트론이 초기에는 매우 유망해 보였지만, 마빈 민스키(Marvin Minsky)와 시모어 페퍼트(Seymour Papert)는 그들의 저서인 『Perceptrons』에서 단순 퍼셉트론은 선형 분리 가능 문제만 해결할 수 있다는 점을 증명했다(https://books.google.co.in/books?hl=en&lr=&id=PLQ5DwAAQBAJ&oi=fnd&pg=PR5&dq=Perceptrons:+An+Introduction+to+Computational+Geometry&ots=zyEDwMrl__&sig=DfDDbbj3es52hBJU9znCercxj3M#v=onepage&q=Perceptrons%3A%20An%20Introduction%20to%20Computational%20Geometry&f=false).

그렇다면 어떻게 해야 할까? 단일 뉴런을 여러 계층으로 쌓아서 사용해 볼 수 있을 것이다. 즉, 다층 퍼셉트론(multi-layer perceptron, MLP)을 대안으로 쓸 수 있다는 말이다. 실생활에서와 마찬가지로, 복잡한 문제를 작은 문제로 분해하듯이 다층 퍼셉트론의 첫 번째 계층에 있는 각 뉴런이 문제를 작게 선형으로 분리할 수 있다. 정보가 은닉 계층을 통해 입력 계층에서 출력 계층으로 한 방향으로 흐르기 때문에 이 망을 **전방전달 망(feedforward network)**이라고 한다.[6] 다음 도표에서는 첫 번째 계층의 두 뉴런과 **출력 계층**의 단일 뉴런을 사용해 **XOR** 문제를 해결하는 방법을 보여준다. 망은 선형 분리 불능 문제를 세 개의 선형 분리 가능 문제로 나눈다.

6 (옮긴이) 전방전달 망을 '전방전달 신경망', '앞먹임 망', '피드포워드 신경망' 등으로 다양하게 부른다.

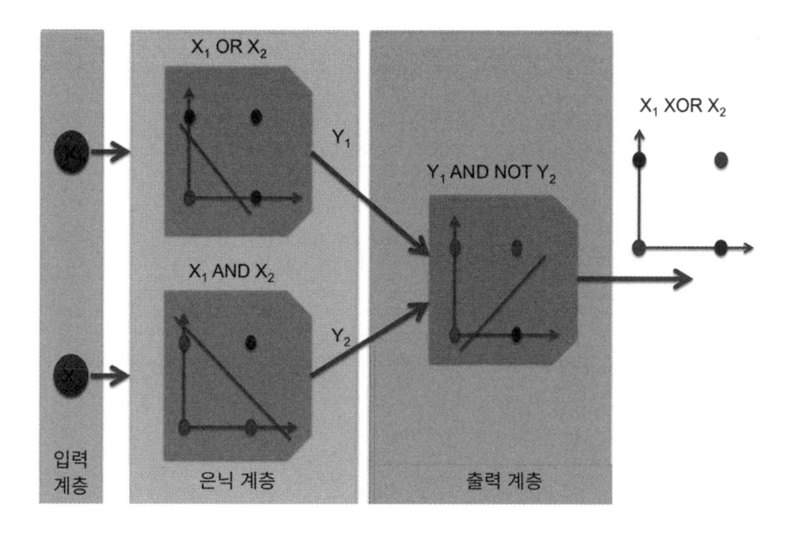

앞의 도표는 뉴런이 여러 개 있는 은닉 계층 하나와, 뉴런이 한 개 있는 출력 계층 하나로 이뤄진 다층 퍼셉트론을 사용해 XOR를 해결한 것으로 설명할 수 있다. 빨간색 점은 0을 나타내고 파란색 점은 1을 나타낸다. 은닉 뉴런이 문제를 두 개의 선형 분리 가능 문제(AND와 OR)로 분리하면 출력 뉴런이 또 다른 선형 분리 가능 AND-NOT 논리를 구현하고 이를 결합해 XOR을 해결할 수 있다는 것을 알 수 있는데, 이는 선형 분리 가능한 게 아니다.

은닉 뉴런은 문제를 출력 계층이 사용할 수 있는 형식으로 변환한다. 맥컬록과 피츠는 로젠블라트보다 앞서 다중 계층으로 이뤄진 뉴런에 대한 아이디어를 제시했지만, 로젠블라트는 단순 퍼셉트론에 대한 학습 알고리즘을 제공하던 당시까지 다층 퍼셉트론을 훈련할 방법을 몰랐다. 가장 큰 난제는 출력 뉴런의 경우에 희망하는 출력이 무엇인지를 알기 때문에 오차를 계산할 수 있으므로 경사하강을 사용해 손실함수와 가중치를 갱신할 수 있지만, 은닉 뉴런의 경우에는 희망하는 출력치를 알 수 있는 방법이 없다는 점이었다. 이로 인해 학습 알고리즘이 하나도 존재하지 않는 상황이어서 다층 퍼셉트론이 많이 연구되지 않았다. 그러다가 1982년에 힌튼이 역전파 알고리즘을 제안하면서 상황이 바뀌었다(https://www.researchgate.net/profile/Yann_Lecun/publication/2360531_A_Theoretical_Framework_for_Back-Propagation/links/0deec519dfa297eac1000000/A-Theoretical-Framework-for-Back-Propagation.pdf). 오차(error)를 계산하고 은닉 뉴런들에 대한 가중치를 계산해 갱신하는 일에 이 역전파 알고리즘을 사용할 수 있다. 역전파 알고리즘은 연쇄법칙을 사용해 깔끔하고 직접적이며 차별화된 수학적 기법을 사용했으며, 출력 계층의 오차를 신경망으로 되돌려 은닉 뉴런으로 전달하는 식으로 문제를 해결했다. 오늘날, 역전파 알고리즘은 거의 모든 딥러닝 모델의 핵심이다.

역전파 알고리즘

먼저 역전파 알고리즘(backpropagation algorithm) 기술부터 이해해 보자. 이전 절의 내용을 기억한다면 출력 뉴런의 손실함수는 다음과 같다.

$$\mathcal{L}_{MSE}=\frac{1}{2M}\sum_{j=1}^{M}\left(\hat{y}_j-y_j\right)^2$$

보다시피 손실함수 공식은 변함없이 그대로다. 그래서 은닉 뉴런 k를 출력 뉴런 j에 연결하는 가중치는 다음과 같이 주어진다.

$$w_{kj}^{new}-w_{kj}^{old}=\Delta w_{kj}=-\eta\frac{\partial L}{\partial w_{kj}}$$

미분의 연쇄법칙을 적용하면 이 식을 다음과 같이 바꿀 수 있다.

$$\Delta w_{kj}=\eta\frac{1}{2M}\frac{(\partial\hat{y}_j-y_j)^2}{\partial y_j}\frac{\partial y_i}{\partial h_j}\frac{\partial h_j}{\partial w_{kj}}=\eta\frac{1}{M}(\hat{y}_j-y_j)g'(h_j)O_k$$

이 방정식에서 O_k는 은닉 뉴런 k의 출력이다. 이제 입력 뉴런 i와 은닉 계층 n의 은닉 뉴런을 연결하는 가중치 갱신을 다음과 같이 작성할 수 있다.

$$w_{ik}^{new}-w_{ik}^{old}=\Delta w_i k=-\eta\frac{\partial L}{\partial w_i k}$$

연쇄법칙을 다시 적용하면 다음과 같이 바꿀 수 있다.

$$\Delta w_{kj}=\eta\frac{1}{2M}\sum_i\left(\frac{(\partial\hat{y}_j-y_j)^2}{\partial y_j}\frac{\partial y_j}{\partial h_j}\frac{\partial h_j}{\partial O_k}\right)\frac{\partial O_k}{\partial w_{ik}}=\eta\frac{1}{M}\sum_i\{(\hat{y}_j-y_j)g'(h_j)w_k j\}g'(h_k)O_i$$

여기서, O_i는 $n-1$번째 은닉 계층에 있는 뉴런 i의 출력이다. 여기서는 텐서플로를 사용하기 때문에 이 경사도를 계산하는 데 신경 쓰지 않아도 되지만, 그래도 식을 알아 두는 편이 더 좋다. 이 표현식을 통해 활성함수를 미분할 수 있어야 하는 중요한 이유를 알 수 있다. 가중치 갱신은 뉴런에 대한 입력에 의존할 뿐만 아니라 활성함수의 도함수(즉, 미분계수)에도 크게 의존한다. 따라서 ReLU와 ELU 같은 매끄러운 미분 함수를 쓰면 더 빠르게 수렴한다. 도함수가 너무 커지면 경사도 폭증 문제가 생기며 도함수가 거의 0이 되면 경사도 소실(vanishing gradients) 문제가 생긴다. 두 경우 모두 망이 최적으로 학습되지 않는다.

보편적 근사 정리: 1989년에 호니크(Hornik) 등과 조지 시벤코(George Cybenko)는 각자 보편적 근사 정리를 증명했다. 이 정리에서는 가장 단순한 형태로 활성함수에 대해 가볍게 가정하면서 은닉 계층이 하나이고 전방전달(feed forward) 다층 퍼셉트론이 충분히 크다면 원하는 정확도로 보렐 가측 함수(Borel measurable function)를 근사시킬 수 있다고 말한다.

간단히 말해서, 이것은 신경망이 보편적인 근사 장치이므로 다음과 같이 어느 함수든 근사할 수 있음을 의미한다.

- 단일 은닉 계층 전방전달 망을 사용해 그렇게 할 수 있다.
- 망이 충분히 크다면(필요한 경우에 더 많은 은닉 뉴런을 추가하면) 그렇게 할 수 있다.
- 시벤코는 은닉 계층에서 시그모이드 활성함수를 쓰고 출력 계층에서 선형 활성함수를 쓴 경우를 증명했다. 나중에 호니크 등은 그것이 실제로 다층 퍼셉트론들의 자산이 될 수 있으며 다른 활성함수에 대해서도 입증될 수 있음을 보여줬다.

이 정리는 다층 퍼셉트론으로 모든 문제를 해결할 수 있다는 점을 보장하지만, 망이 얼마나 커야 하는지에 대해서는 아무런 대책을 제시하지 못한다. 또한 학습과 수렴을 보장하지 않는다.

다음 주소에서 해당 논문을 볼 수 있다.

- 호니크 등: https://www.sciencedirect.com/science/article/pii/0893608089900208
- 시벤코: https://pdfs.semanticscholar.org/05ce/b32839c26c8d2cb38d5529cf7720a68c3fab.pdf

이제 다음과 같이 역전파 알고리즘과 관련된 단계를 설명할 수 있다.

1. 입력치를 망에 적용한다.
2. 입력치를 전달해 망의 출력치를 계산한다.
3. 출력치를 가지고 손실을 계산한 다음, 앞의 표현식을 사용해 출력 계층 뉴런에 대한 가중치 갱신을 계산한다.
4. 출력 계층의 가중치 오차를 사용해 은닉 계층의 가중치 갱신값을 계산한다.
5. 모든 가중치를 갱신한다.
6. 그 밖의 훈련 사례에 대해서도 이 과정을 반복한다.

텐서플로로 구현한 다층 퍼셉트론으로 에너지 출력을 예측하기

이제 다층 퍼셉트론이 에너지 출력 예측에 얼마나 좋은지 살펴보자. 이것은 회귀 문제가 될 것이다. 단일 은닉 계층 다층 퍼셉트론을 사용하고 복합화력발전소에서 산출된 순시 전기 에너지를 예측한다. 데이터셋에 대한 설명은 **1장 '사물인터넷과 인공지능의 원리와 기초'**에서 제공된다.

회귀 문제이므로 손실함수는 이전과 똑같이 유지된다. MLP 클래스를 구현하는 전체 코드는 다음과 같다.

```
class MLP:
    def __init__ (self, n_input=2, n_hidden=4, n_output=1, \
                        act_func=[tf.nn.elu, tf.sigmoid], learning_rate= 0.001):
        self.n_input = n_input # 뉴런으로 입력되는 입력값의 개수
        self.act_fn = act_func
        seed = 123

        self.X = tf.placeholder(tf.float32, name='X', shape=[None, n_input])
        self.y = tf.placeholder(tf.float32, name='Y')

        # 뉴런 한 개에 대한 그래프를 빌드한다.
        # 은닉 계층
        self.W1 = tf.Variable(tf.random_normal([n_input, n_hidden],\
                                    stddev=2, seed = seed), name = "weights")
        self.b1 = tf.Variable(tf.random_normal([1, n_hidden], seed = seed), name="bias")
        tf.summary.histogram("Weights_Layer_1", self.W1)
        tf.summary.histogram("Bias_Layer_1", self.b1)

        # 출력 계층
        self.W2 = tf.Variable(tf.random_normal([n_hidden, n_output],\
                                    stddev=2, seed = 0), name = "weights")
        self.b2 = tf.Variable(tf.random_normal([1, n_output], seed = seed), name="bias")
        tf.summary.histogram("Weights_Layer_2", self.W2)

        tf.summary.histogram("Bias_Layer_2", self.b2)

        activity = tf.matmul(self.X, self.W1) + self.b1
        h1 = self.act_fn[0](activity)

        activity = tf.matmul(h1, self.W2) + self.b2
        self.y_hat = self.act_fn[1](activity)
```

```
        error = self.y - self.y_hat

        self.loss = tf.reduce_mean(tf.square(error)) + 0.6*tf.nn.l2_loss(self.W1)
        self.opt = tf.train.GradientDescentOptimizer(learning_rate\
                                                  =learning_rate).minimize(self.loss)

        tf.summary.scalar("loss", self.loss)
        init = tf.global_variables_initializer()

        self.sess = tf.Session()
        self.sess.run(init)

        self.merge = tf.summary.merge_all()
        self.writer = tf.summary.FileWriter("logs/", graph=tf.get_default_graph())

    def train(self, X, Y, X_val, Y_val, epochs=100):
        epoch = 0
        X, Y = shuffle(X, Y)
        loss = []
        loss_val = []
        while epoch < epochs:
            # 훈련 집합에 대한 최적화기를 실행한다.
            merge, _, l = self.sess.run([self.merge, self.opt, self.loss],\
                                            feed_dict={self.X: X, self.y: Y})
            l_val = self.sess.run(self.loss, feed_dict={self.X: X_val, self.y: Y_val})

            loss.append(l) loss_val.append(l_val)
            self.writer.add_summary(merge, epoch)

            if epoch % 10 == 0:
                    print("Epoch {}/{} training loss: {} Validation loss {}".format(epoch, epochs, l,
l_val ))

            epoch += 1
        return loss, loss_val

    def predict(self, X):
        return self.sess.run(self.y_hat, feed_dict={self.X: X})
```

이것을 사용하기 전에 이 코드와, 앞에서 단일 인공 뉴런에 대해 만든 코드 간의 차이점을 살펴보자. 여기서 은닉 계층의 가중치 크기는 '입력 유닛의 개수×은닉 유닛의 개수'와 같다. 은닉 계층의 편향치 개수는 은닉 유닛의 개수와 같다. 출력 계층 가중치들의 차원은 '은닉 유닛의 개수×출력 유닛의 개수'와 같다. 출력 계층의 편향치의 개수는 출력 계층의 유닛 개수와 같다.

편향치(bias)를 정의할 때 행(row) 차원이 아닌 열(column) 차원만 사용했다. 이것은 NumPy와 같은, 텐서플로가 수행할 작업에 따라 행렬을 브로드캐스팅하기 때문이다. 또한 편향치의 행 크기를 수정하지 않아도 망에 제공되는 입력 훈련 표본(배치 크기)의 유연성을 유지할 수 있다.

다음 화면은 활성치(activity)를 계산하는 동안에 이뤄지는 행렬 곱셈 및 행렬 덧셈의 크기를 보여준다.

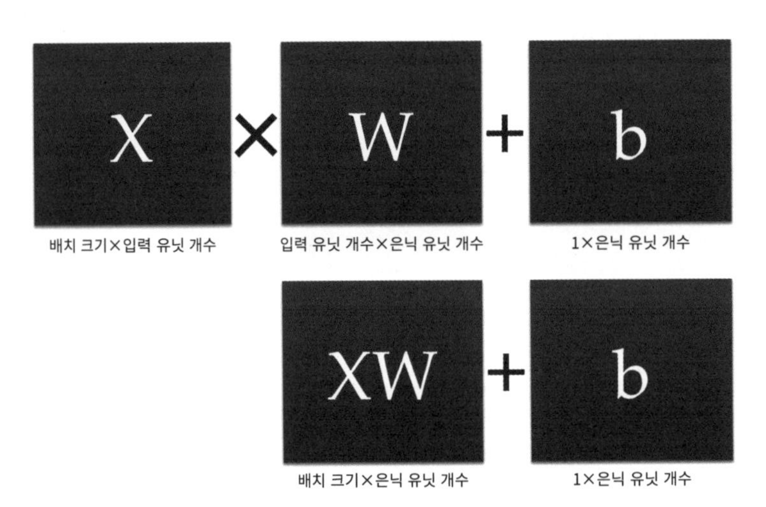

활성치를 계산하는 동안에 이뤄지는 행렬 곱셈과 행렬 덧셈의 크기

두 번째 차이점은 손실의 정의에 있다. **3장 '사물인터넷을 위한 머신러닝'**에서 논의한 것처럼 과적합을 줄이기 위해 L2 정칙화 항을 다음과 같이 추가했다.

```
self.loss = tf.reduce_mean(tf.square(error)) + 0.6*tf.nn.l2_loss(self.W1)
```

csv 파일에서 데이터를 읽은 후 이전과 같이 훈련 및 검증으로 구분한 후 입력 계층에 4개의 뉴런, 은닉 계층에 15개의 뉴런, 출력 계층에 1개의 뉴런을 사용해 MLP 클래스 개체를 정의한다.

```
_, d = X_train.shape
_, n = Y_train.shape
model = MLP(n_input=d, n_hidden=15, n_output=n)
```

다음 코드로 우리는 훈련용 데이터셋을 가지고 6,000 에포크에 걸쳐 모델을 훈련한다.

```
loss, loss_val = model.train(X_train, Y_train, X_val, y_val, 6000)
```

이 훈련된 망의 MSE는 0.016이고 R^2는 0.67이다. 둘 다 단일 뉴런에서 얻은 것보다 낫고, **3장 '사물인터넷을 위한 머신러닝'**에서 연구한 머신러닝 방법과 비교할 수 있다. 전체 코드를 `MLP_regresssion.ipynb` 파일에서 볼 수 있다.

하이퍼파라미터를 조율하면, 다시 말해서 은닉 뉴런 개수, 활성함수, 학습속도, 최적화 알고리즘, 정규화 계수 등을 조율하면 더 나은 결과를 얻을 수 있다.

텐서플로로 다층 퍼셉트론을 구현해 포도주 품질을 분류하기

다층 퍼셉트론을 사용해 분류 작업을 수행할 수도 있다. 이전 절의 MLP 클래스를 약간 수정해 재사용해 분류 작업을 수행할 수 있다.

다음과 같은 두 가지 사항을 변경해야 한다.

- 분류를 하는 경우에 표적(target, 목푯값)은 원핫 인코딩 방식으로 처리된다.
- 손실함수는 이제 범주적 교차 엔트로피 손실이 된다.

```
tf.reduce_mean(tf.nn.softmax_cross_entropy_with_logits(logits=s elf.y_hat, labels=self.y))
```

이제 깃허브의 `MLP_classification` 파일에 있는 완전한 코드를 보자. 우리는 적포도주의 품질을 분류할 텐데, 편의를 위해 두 가지 포도주 클래스만 사용한다.

1. 필요한 모듈을 가져온다. 텐서플로, NumPy, Matplotlib, 사이킷런의 특정 함수를 호출한다.

```
import tensorflow as tf
import numpy as np
import pandas as pd
import matplotlib.pyplot as plt
from sklearn.utils import shuffle
from sklearn.preprocessing import MinMaxScaler
from sklearn.model_selection import train_test_split
% matplotlib inline
```

2. MLP 클래스를 정의했는데, 앞에서 봤던 MLP 클래스와 매우 비슷하다. 유일한 차이점은 손실함수의 정의다.

```
class MLP:
    def __init__ (self, n_input=2, n_hidden=4, n_output=1, \
                    act_func=[tf.nn.relu, tf.nn.sigmoid], learning_rate= 0.001):
        self.n_input = n_input # 뉴런으로 입력되는 입력치의 개수
        self.act_fn = act_func
        seed = 456

        self.X = tf.placeholder(tf.float32, name='X', shape=[None, n_input])
        self.y = tf.placeholder(tf.float32, name='Y')

        # 뉴런 한 개에 대한 그래프를 구축한다.
        # 은닉 계층
        self.W1 = tf.Variable(tf.random_normal([n_input, n_hidden],\
                                stddev=2, seed = seed), name = "weights")
        self.b1 = tf.Variable(tf.random_normal([1, n_hidden],\
                                seed = seed), name="bias")
        tf.summary.histogram("Weights_Layer_1", self.W1)
        tf.summary.histogram("Bias_Layer_1", self.b1)

        # 출력 계층
        self.W2 = tf.Variable(tf.random_normal([n_hidden, n_output],\
                                stddev=2, seed = seed), name = "weights")
        self.b2 = tf.Variable(tf.random_normal([1, n_output],\
                                seed = seed), name="bias")
        tf.summary.histogram("Weights_Layer_2", self.W2)
        tf.summary.histogram("Bias_Layer_2", self.b2)


        activity1 = tf.matmul(self.X, self.W1) + self.b1
        h1 = self.act_fn[0](activity1)

        activity2 = tf.matmul(h1, self.W2) + self.b2
        self.y_hat = self.act_fn[1](activity2)

        self.loss  = tf.reduce_mean(tf.nn.softmax_cross_entropy_with_logits(\
                                        logits=self.y_hat, labels=self.y))
        self.opt = tf.train.AdamOptimizer(learning_rate=\
                                        learning_rate).minimize(self.loss)
```

```
        tf.summary.scalar("loss", self.loss)
        init = tf.global_variables_initializer()

        self.sess = tf.Session()
        self.sess.run(init)

        self.merge = tf.summary.merge_all()
        self.writer = tf.summary.FileWriter("logs/", graph=tf.get_default_graph())

    def train(self, X, Y, X_val, Y_val, epochs=100):
        epoch = 0
        X, Y = shuffle(X, Y)
        loss = []
        loss_val = []
        while < epochs:
            # 훈련용 집합을 대상으로 최적화기(optimizer)를 실행하여 최적화한다.
            merge, _, l = self.sess.run([self.merge, self.opt, self.loss],\
                                         feed_dict={self.X: X, self.y: Y})
            l_val = self.sess.run(self.loss, feed_dict={self.X: X_val, self.y: Y_val})

            loss.append(l)
            loss_val.append(l_val)
            self.writer.add_summary(merge, epoch)

            if epoch % 10 == 0:
                print("Epoch {}/{} training loss: {} Validation loss {}".\
                                         format(epoch, epochs, l, l_val))
            epoch += 1
        return loss, loss_val

    def predict(self, X):
        return self.sess.run(self.y_hat, feed_dict={self.X: X})
```

3. 다음으로 데이터를 읽어 정규화한 다음에 전처리를 해서 포도주 품질을 두 개의 레이블로 원핫 인코딩한다. 또한 다음과 같이 데이터를 훈련 집합과 검증 집합으로 나눈다.

```
filename = 'winequality-red.csv'
# https://archive.ics.uci.edu/ml/datasets/wine+quality에서 파일을 내려받는다.
```

```
df = pd.read_csv(filename, sep=';')
columns = df.columns.values

# 포도주를 전처리하고 두 개의 범주로 나눈다.
X, Y = df[columns[0:-1]], df[columns[-1]]
scaler = MinMaxScaler()
X_new = scaler.fit_transform(X)
# Y.loc[(Y<3.5)]=3
Y.loc[(Y<5.5) ] = 2
Y.loc[(Y>=5.5)] = 1
Y_new = pd.get_dummies(Y) # 원핫 인코딩
X_train, X_val, Y_train, y_val = \
            train_test_split(X_new, Y_new, test_size=0.2, random_state=333)
```

4. 다음 코드처럼 MLP 객체를 정의하고 그것을 훈련한다.

```
_, d = X_train.shape
_, n = Y_train.shape
model = MLP(n_input=d, n_hidden=5, n_output=n)
loss, loss_val = model.train(X_train, Y_train, X_val, y_val, 10000)
```

5. 다음과 같은 훈련 결과를 볼 수 있으며, 망이 학습할 때 교차 엔트로피 손실이 감소한다.

```
plt.plot(loss, label="Taining Loss")   # 훈련 손실
plt.plot(loss_val, label="Validation Loss")  # 검증 손실

plt.legend()
plt.xlabel("Epochs")  # 에포크
plt.ylabel("Cross Entropy Loss")  # 교차 엔트로피 손실
```

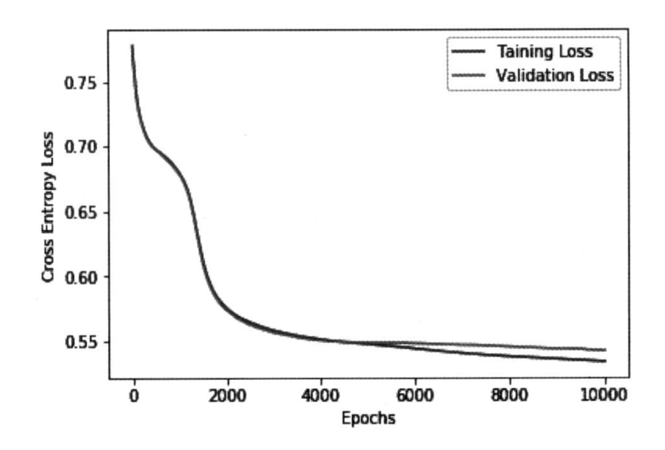

6. 훈련된 망은 검증 데이터셋에서 테스트했을 때 77.8%의 정확도를 제공한다. 검증 집합의 confusion_matrix는 다음과 같다.

```
from sklearn.metrics import confusion_matrix, accuracy_score
import seaborn as sns
cm = confusion_matrix(np.argmax(np.array(y_val),1), np.argmax(Y_pred,1)) sns.heatmap(cm,
annot=True, fmt='2.0f')
```

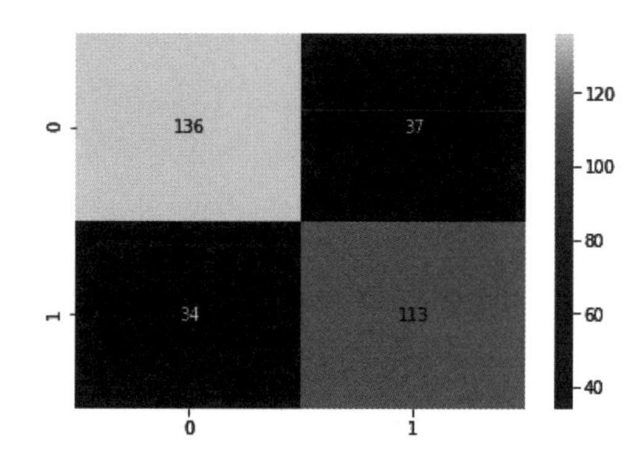

이 결과는 다시 머신러닝 알고리즘을 사용해 얻은 결과와 비교할 수 있다. 하이퍼파라미터를 이리저리 조절하면 더 개선해 볼 수 있을 것이다.

합성곱 신경망

다층 퍼셉트론이 재미난 것이기는 하지만, 앞에서 다층 퍼셉트론 코드를 다루면서 관찰한 것처럼 입력 공간의 복잡성이 증가함에 따라 학습 시간도 늘어난다. 게다가 다층 퍼셉트론의 성능은 머신러닝 알고리즘들로 향하는 여정의 두 번째 관문일 뿐이다. 다층 퍼셉트론으로 무엇을 하든 **3장 '사물인터넷을 위한 머신러닝'**에서 배운 머신러닝 알고리즘을 사용하면 그보다 더 잘할 수 있다. 이러한 이유 때문에 1980년대에 역전파 알고리즘을 사용할 수 있었음에도 불구하고 1987년부터 1993년까지 두 번째 인공지능 겨울을 겪었다.

2010년대에 심층신경망으로 발전하면서 이런 상황이 완전히 바뀌어서, 머신러닝 알고리즘 중에 두 번째 악기에 비유해 볼 수 있는 다층 퍼셉트론이 더 이상 연주되지 않게 되었다. 오늘날 딥러닝은 교통 신호를 인식하는 일이나(http://people.idsia.ch/~juergen/cvpr2012.pdf) 얼굴 인식 같은 다양한 컴퓨터 이용 비전 처리 작업(https://www.cv-foundation.org/openaccess/content_cvpr_2014/papers/Taigman_

DeepFace_Closing_the_2014_CVPR_paper.pdf), 손글씨 숫자 처리(https://cs.nyu.edu/~wanli/dropc/dropc.pdf) 등에서 인간과 비슷하거나 그 수준을 넘어서는 성능을 보여준다. 그리고 이러한 업적이 계속 쌓이고 있다.

CNN이 이 성공 사례 중 중요한 부분을 차지했다. 이번 절에서는 CNN 그 자체와, CNN의 바탕을 이루는 수학적 이론, 그리고 인기 있는 CNN 아키텍처를 살펴볼 것이다.

CNN의 서로 다른 계층들

합성곱 신경망(convolutional neural networks, CNN)은 합성곱 계층(즉, 컨볼루션 계층), 풀링 계층(즉, 병합 계층), 완전 연결 계층(즉, 전 연결 계층)이라는 세 가지 주요 뉴런 계층 유형으로 구성된다. 완전 연결 계층은 다층 퍼셉트론 형식으로 된 계층일 뿐이며 항상 CNN의 마지막 몇 개 계층을 이루어 분류나 회귀에 필요한 최종 작업을 수행한다. 합성곱 계층과 최대 풀링 계층(즉, 최대 병합 계층)이 어떻게 작동하는지 살펴보자.

합성곱 계층

합성곱 계층(convolutional layers)은 CNN의 핵심 빌딩 블록이다. 이 계층은 입력(일반적으로 3D 이미지)에 대해 합성곱(정밀성을 높이기 위한 교차상관) 연산과 비슷한 수학 연산을 수행한다. 그것은 핵(필터)에 의해 정의된다. 이 필터로 전체 이미지를 보완하고 이미지에서 특정 특징을 추출한다는 게 기본 아이디어다.

더 자세히 알아보기 전에, 간단하게 2차원 행렬에 대한 합성곱 연산을 먼저 살펴보자. 다음 도표는 5×5 크기로 된 **2D 이미지** 행렬의 [2, 2] 위치에 배치된 하나의 픽셀이 3×3 필터로 합성곱된 경우의 연산을 보여준다.

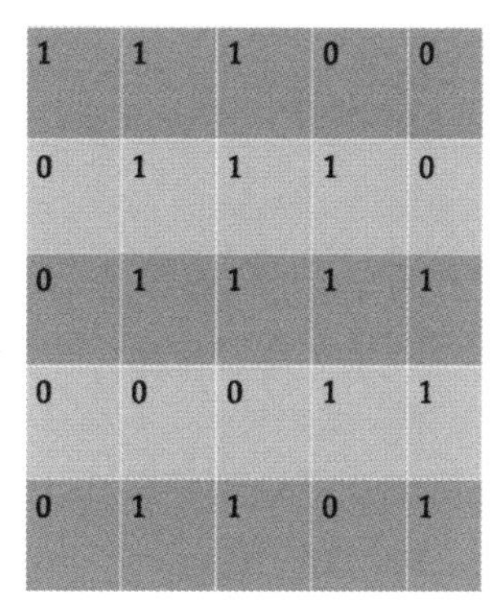

2차원 이미지

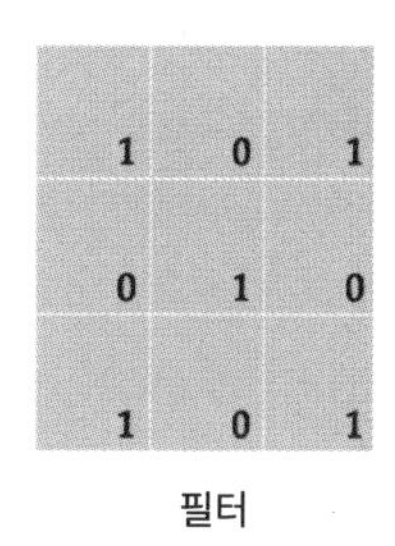

필터

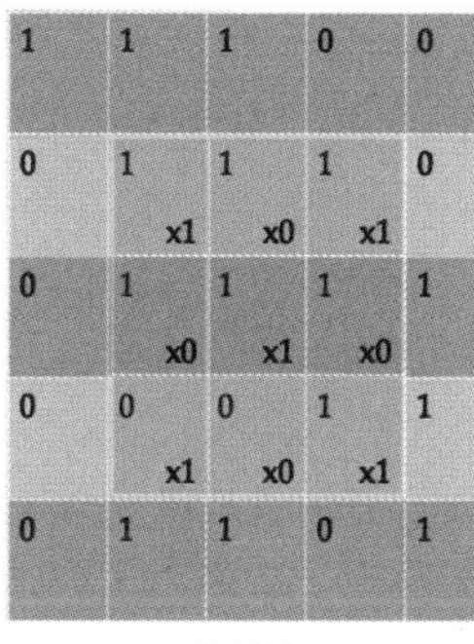

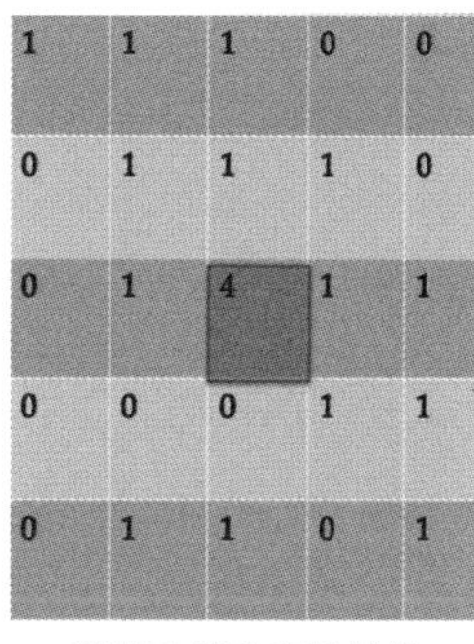

합성곱

합성곱 처리 후의 픽셀

합성곱 필터를 2차원 이미지의 [2,2] 픽셀에 적용한다

단일 픽셀에서의 합성곱 연산

합성곱 연산을 할 때는 필터를 그림에 보이는 픽셀들 중에서도 한 가운데 있는 픽셀을 기준으로 삼아 놓은 다음에, 해당 픽셀 및 이 픽셀에 인접해 있는 픽셀들과 필터의 각 원소를 원소별로 각기 곱하는 연산을 하게 된다. 그러고 나서 마지막으로 곱셈 결과를 합산한다. 합성곱 연산은 1개 픽셀상에서 수행되므로 필터는 일반적으로 5×5, 3×3, 7×7과 같이 홀수 크기가 된다. 인접 영역의 범위는 필터의 크기만큼으로 제한된다.

합성곱 계층을 설계할 때 중요한 파라미터는 다음과 같다.

- 필터의 크기(k×k).
- **채널**이라고도 부르는, 계층 안에 있는 필터의 개수. 입력되는 컬러 이미지는 세 가지 RGB 채널로 표현된다. 채널 수는 일반적으로 상위 계층들일수록 늘어난다. 이에 따라 상위 계층들일수록 정보가 더 깊어진다.[7]

7 (옮긴이) 여기서 정보가 깊어진다는 말은 특징을 더 잘 포착해낸다는 뜻이다. 그리고 여기서 말하는 상위 계층들이란 밑에서부터 계층을 쌓아나간다고 생각하는 방식에 따른 표현이므로, 처리 순서를 기준으로 더 나중에 나오는 계층들이라고 생각하면 된다

- 필터가 이미지 위에서 이리저리 이동할 때의 보폭(stride)에 해당하는 픽셀 개수. 통상적으로 보폭은 1개 픽셀로 지정되므로 필터는 상부 좌측부터 시작해서 하부 우측으로 한 픽셀씩 이동해 가며 이미지 내 모든 픽셀을 거치게 된다.
- 합성곱을 하는 동안 사용할 채우기(padding). 전통적으로 두 가지 선택지가 있는데, 하나는 유효함(valid)이고, 다른 하나는 동일함(same)이다. valid 채우기를 하는 경우에 아무것도 채우지 않게 되므로 합성곱 처리한 이미지의 크기는 원본보다 작아진다. same 채우기를 하는 경우 픽셀 경계 주변을 0으로 채우므로 합성곱된 이미지의 크기는 원본 이미지의 크기와 같아진다. 다음 화면은 완전한 **합성곱 이미지**를 보여준다. 크기가 3×3인 녹색 사각형은 채우기가 valid일 때의 결과이며 same 채우기를 했을 때는 오른쪽의 완전한 5×5 행렬이 결과가 된다.

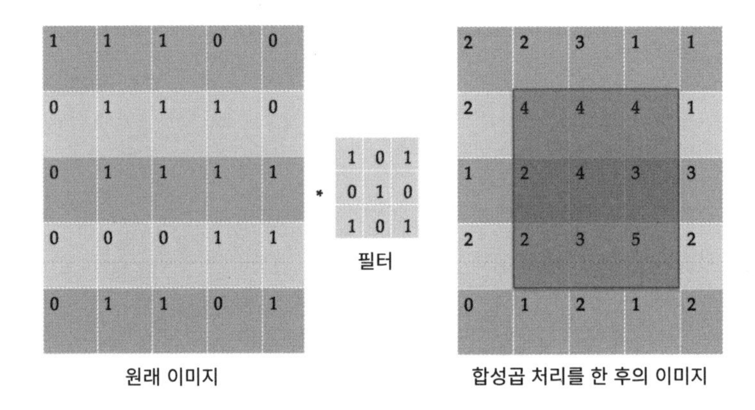

합성곱 필터를 2차원 이미지에 적용하기

5×5 이미지에 적용된 합성곱 연산

오른쪽에 있는 녹색 사각형은 valid 채우기의 결과다. same 채우기의 경우, 오른쪽처럼 완전한 5×5 행렬이 표시된다.

풀링 계층

합성곱 계층 다음에는 일반적으로 풀링 계층(pooling layer, 병합 계층)이 따라 나온다.[8] 풀링 계층의 목적은 표현의 크기를 점진적으로 줄여 망의 파라미터와 계산의 수를 줄이는 데 있다. 따라서 전방전달 방식으로 망을 통해 정보가 전파될 때 정보를 하향 표본추출(down samples, 하향 표집)하게 된다.

여기에도 필터가 있는데, 전통적으로 사람들은 크기가 2×2인 필터를 선호하며, 두 방향으로 2픽셀 보폭에 맞춰 움직인다. 풀링 과정은 2×2 필터 아래의 네 개 원소를 네 개의 최댓값(**최대 풀링**, 즉 최대 병

8 (옮긴이) 컨볼루션이 수학의 합성곱 연산을 말하듯이, 풀링(pooling)이란 수학의 병합 연산을 나타내는 말이다. 대표적인 병합 연산으로는 최대병합과 평균병합이 있다. 다만, 아직 병합이라는 용어를 낯설어 하는 사람이 많아서 이 책에서는 풀링으로 표기했다.

합) 또는 네 개의 평균값(**평균 풀링**, 즉 평균 병합)으로 바꾼다. 다음 도표에서 **이미지의 2D 단일 채널 조각**에서 이뤄지는 풀링 작업 결과를 볼 수 있다.

2	4	3	1
5	3	6	8
4	3	1	2
9	2	4	1

이미지의 2차원 단일 깊이 슬라이스

5	8
9	4

최대 풀링

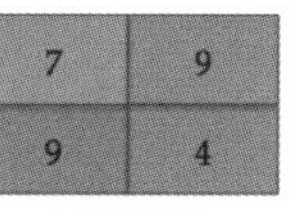

평균 풀링

이미지의 2차원 단일 깊이 슬라이스에 대한 최대 풀링 및 평균 풀링 작업

합성곱 계층과 풀링 계층이 함께 쌓여 깊은 CNN을 형성한다. 마찬가지로 이미지가 CNN을 통해 전파되면 각 합성곱 계층은 특정 특징들을 추출한다. 이렇게 쌓인 계층들 중에 더 낮은 쪽[9]에 있는 계층들은 모양 · 곡선 · 선 등과 같은 전반적인 특징을 추출하지만, 더 높은 쪽[10]에 있는 계층들은 눈 · 입술 등과 같은 더 추상적인 특징을 추출한다. 이미지는 망을 통해 전파될 때 크기는 줄어들지만 깊이는 증가한다. 마지막 합성곱 계층의 출력은 다음 그림에 나오는 내용처럼 병합되어 완전연결 계층으로 전달된다.

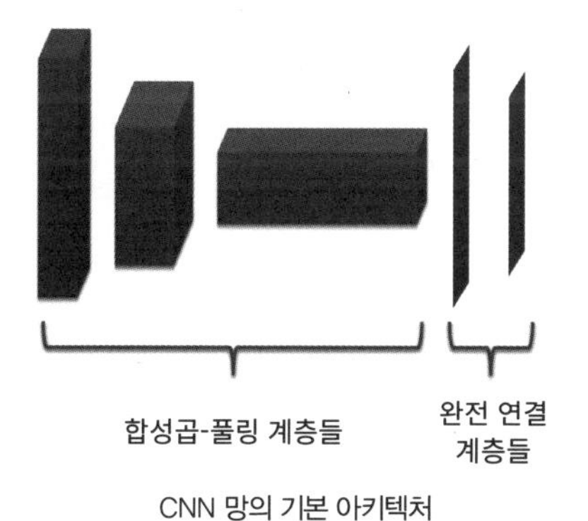

CNN 망의 기본 아키텍처

9 (옮긴이) 아래쪽에 나오는 그림에서 더 왼쪽
10 (옮긴이) 아래쪽에 나오는 그림에서 더 오른쪽

필터 행렬의 값들을 가중치라고도 부르며, 이 값은 전체 이미지에 의해 공유된다. 이런 식으로 공유하게 되면 훈련 파라미터의 개수가 줄어든다. 가중치는 역전파 알고리즘을 사용해 망에서 학습된다. 우리가 텐서플로의 자동 미분 기능을 사용할 예정이므로, 우리는 합성곱 계층의 가중치 갱신에 대한 정확한 표현식을 계산하지 않고 있다.

몇 가지 인기 CNN 모델

인기 있는 CNN 모델을 나열하면 다음과 같다.

- **LeNet:** LeNet은 손으로 쓰는 자릿수를 인식하는 데 성공한 최초의 CNN이다. 1990년에 얀 르쿤(Yann LeCun)이 개발했다. 얀 르쿤의 홈페이지(http://yann.lecun.com/exdb/lenet/)에서 LeNet 아키텍처 및 관련 발행물을 자세히 살펴볼 수 있다.
- **VGGNet:** 캐런 시몬얀(Karen Simonyan)과 앤드류 지서맨(Andrew Zisserman)이 개발해 ILSVRC 2014에서 준우승한 모델이다. 첫 번째 버전에는 16개의 합성곱+완전연결 계층이 포함돼 있으며 **VGG16**이라고 불렀고 나중에 VGG19에 19개의 계층이 추가됐다. 성능 및 출판물에 대한 자세한 내용은 옥스퍼드 대학교 사이트(http://www.robots.ox.ac.uk/~vgg/research/very_deep/)에서 확인할 수 있다.
- **ResNet:** 카이밍 히(Kaiming He) 등이 개발한 ResNet은 ILSVRC 2015의 우승작이다. **잔차 학습(residual learning)** 및 **배치 정규화(batch normalization)**라는 새로운 기능을 사용했다. 100개 이상의 계층이 있는 매우 깊은 망이다. 더 많은 계층을 추가하면 성능이 향상되지만, 계층을 추가하면 경사도 소실 문제가 발생하는 것으로 알려져 있다. ResNet은 신호가 하나 이상의 계층을 건너뛰는 항등 단축 연결(identity shortcut connection)을 사용해 이 문제를 해결했다. 자세한 내용은 논문 원본에서 읽을 수 있다(https://arxiv.org/abs/1512.03385).
- **GoogleNet:** ILSVRC 2014에서 우승한 아키텍처다. 22개 계층이 있으며, 인셉션 계층(inception layers, 발단 계층)이라는 개념을 도입했다. 기본 아이디어는 이미지의 더 큰 영역까지 포괄하면서도 이미지의 작은 정보에 대해서도 정밀한 해상도를 유지하자는 것이다. 결과적으로 크기 필터를 하나만 쓰는 대신에 각 계층별로 1×1(세부 묘사의 경우)부터 5×5까지에 해당하는 다양한 크기로 된 필터가 있다. 모든 필터의 결과가 연결돼 다음 계층으로 전달되면 프로세스가 다음 시작 계층에서 반복된다.

손글씨 숫자 인식을 위한 LeNet

이 책의 뒷부분에서 이미지 및 영상 처리 작업을 해결하기 위해 이러한 유명한 CNN 및 그 변형을 사용할 것이다. 그럼 먼저 얀 르쿤이 제안한 LeNet 아키텍처를 사용해 손글씨 숫자를 알아보자. 이 아키텍처는 미국 우편국이 편지에서 손으로 쓴 우편번호를 인식해 내는 데 사용했다(http://yann.lecun.com/exdb/publis/pdf/jackel-95.pdf).

LeNet은 두 개의 합성곱 최대 풀링 계층과 세 개의 완전연결 계층이 있는 다섯 개의 계층으로 구성된다. 망은 또한 학습 중에 드롭아웃 기능을 사용해 일부 가중치가 해제된다. 이렇게 하면 다른 상호 연결이 그들을 보완하도록 강요하므로 과적합을 극복하는 데 도움이 된다.

1. 다음과 같이 필요한 모듈을 가져온다.

```
# 모듈들을 가져온다.
import numpy as np
import pandas as pd
import matplotlib.pyplot as plt
%matplotlib inline
```

2. 다음으로 my_LeNet이라는 클래스 객체를 생성한다. LeNet은 필요한 CNN 아키텍처와 모듈을 통해 예측을 훈련하고 예측한다. __init__ 메서드에서는 입력 이미지와 출력 레이블을 유지하는 데 필요한 모든 플레이스홀더를 정의한다. 이 문제가 분류에 해당하므로 우리는 다음 코드와 같이 교차 엔트로피 손실을 사용한다.

```
# 아키텍처를 여기서 정의한다.
import tensorflow as tf
from tensorflow.contrib.layers import flatten
class my_LeNet:
    def __init__ (self, d, n, mu = 0, sigma = 0.1, lr = 0.001):
        self.mu = mu
        self.sigma = sigma
        self.n = n
        # 28×28 차원으로 된 입력 이미지에 대한 플레이스홀더
        self.x = tf.placeholder(tf.float32,(None, d, d, 1))
        self.y = tf.placeholder(tf.int32,(None, n))
        self.keep_prob = tf.placeholder(tf.float32) # 유닛 보존 확률

        self.logits = self.model(self.x)
        # 손실함수를 정의한다.
        cross_entropy = tf.nn.softmax_cross_entropy_with_logits(labels=self.y,\
                        logits=self.logits)
        self.loss = tf.reduce_mean(cross_entropy)
        optimizer = tf.train.AdamOptimizer(learning_rate = lr)
        self.train = optimizer.minimize(self.loss)
        correct_prediction =  tf.equal(tf.argmax(self.logits, 1), tf.argmax(self.y, 1))
        self.accuracy = tf.reduce_mean(tf.cast(correct_prediction, tf.float32))
        init = tf.global_variables_initializer()
```

```
        self.sess = tf.Session()
        self.sess.run(init)
        self.saver = tf.train.Saver()
```

3. `model` 메서드는 합성곱 망 아키텍처 그래프가 실제로 구축되는 곳이다. 텐서플로의 `tf.nn.conv2d` 함수를 사용해 합성곱 계층을 만든다. 함수는 가중치로 정의된 필터 행렬을 인수로 취해 입력과 필터 행렬 간의 합성곱을 계산한다. 또한 편향치들을 사용해 자유도를 크게 높인다. 두 개의 합성곱 계층이 끝나면[11] 출력을 평탄하게 하고[12] 완전연결 계층으로 전달한다.

```
    def model(self, x):
        # 아키텍처를 구축한다.
        keep_prob = 0.7
        # 계층 1: 합성곱, 필터 5×5, num_filters = 6, Input_depth = 1
        conv1_W = tf.Variable(tf.truncated_normal(shape=(5, 5, 1, 6),
                                         mean = self.mu, stddev = self.sigma))
        conv1_b = tf.Variable(tf.zeros(6))
        conv1 = tf.nn.conv2d(x, conv1_W, strides=[1, 1, 1, 1],
                                         padding='VALID') + conv1_b
        conv1 = tf.nn.relu(conv1)

        # 최대 풀링 1.
        self.conv1 = tf.nn.max_pool(conv1, ksize=[1, 2, 2, 1],\
                                         strides=[1, 2, 2, 1], padding='VALID')

        # 계층 2: 합성곱, 필터 5×5, num_filters = 16, Input_depth = 6
        conv2_W = tf.Variable(tf.truncated_normal(shape=(5, 5, 6, 16),
                                         mean = self.mu, stddev = self.sigma))
        conv2_b = tf.Variable(tf.zeros(16))
        conv2 = tf.nn.conv2d(self.conv1, conv2_W, strides=[1, 1, 1, 1],\
                                         padding='VALID') + conv2_b
        conv2 = tf.nn.relu(conv2)

        # 최대 풀링 2.
        self.conv2 = tf.nn.max_pool(conv2, ksize=[1, 2, 2, 1], \
                                         strides=[1, 2, 2, 1], padding='VALID')
```

11 (옮긴이) 여기서 '합성곱 계층이 끝난다'는 말은 신경망을 이루는 여러 계층 중에 합성곱 계층들이 있는 부분의 끝에 이르러 더 이상 합성곱 계층이 나오지 않고, 그 밖의 계층이 나온다는 뜻이다. 코드에서 '#평탄화'라는 주석이 나오기 전까지의 계층을 말한다.

12 (옮긴이) 여기서 '출력을 평탄하게 한다'는 말은 신경망 계층의 출력의 모양(shape)이 2차원 이상인 경우에(즉, 1차원 벡터가 아닌 2차원 배열이나 그 이상의 텐서인 경우에) 1차원 벡터가 되게 한다는 뜻이다. 보통 평탄화(flattening)라고 부른다. 곡선을 부드럽게 한다 또는 데이터를 부드럽게 이어지게 한다는 의미를 지닌 평활화(smothing)라는 말과 혼동하지 말자.

```
    # 평탄화.
    fc0 = flatten(self.conv2)
    print("x shape:", fc0.get_shape())

    # 계층 3: 완전연결, Input = fc0.get_shape[-1], Output = 120.

    fc1_W = tf.Variable(tf.truncated_normal(shape=(256, 120), \
                            mean = self.mu, stddev = self.sigma))
    fc1_b = tf.Variable(tf.zeros(120))
    fc1 = tf.matmul(fc0, fc1_W) + fc1_b
    fc1 = tf.nn.relu(fc1)

    # 드롭아웃
    x = tf.nn.dropout(fc1, keep_prob)

    # 계층 4: 완전연결, Input = 120, Output = 84.
    fc2_W = tf.Variable(tf.truncated_normal(shape=(120, 84), \
                            mean = self.mu, stddev = self.sigma))
    fc2_b = tf.Variable(tf.zeros(84))
    fc2 = tf.matmul(x, fc2_W) + fc2_b
    fc2 = tf.nn.relu(fc2)

    # 드롭아웃
    x = tf.nn.dropout(fc2, keep_prob)

    # 계층 6: 완전연결, Input = 120, Output = n_classes.
    fc3_W = tf.Variable(tf.truncated_normal(shape=(84, self.n), \
                            mean = self.mu, stddev = self.sigma))
    fc3_b = tf.Variable(tf.zeros(self.n))
    logits = tf.matmul(x, fc3_W) + fc3_b
    #logits = tf.nn.softmax(logits)
    return logits
```

4. fit 메서드는 배치 처리를 수행하고 예측 메서드는 다음 코드와 같이 주어진 입력에 대한 출력을 제공한다.

```
def fit(self, X, Y, X_val, Y_val, epochs=10, batch_size=100):
    X_train, y_train = X, Y
    num_examples = len(X_train)
    l = []
```

```
val_l = []
max_val = 0
for i in range(epochs):
    total = 0
    for offset in range(0, num_examples, batch_size): # 배치별로 학습한다.
        end = offset + batch_size
        batch_x, batch_y = X_train[offset:end], y_train[offset:end]
        _, loss = self.sess.run([self.train, self.loss], \
                              feed_dict={self.x: batch_x, self.y:batch_y})

        total += loss
        l.append(total/num_examples)

        accuracy_val = self.sess.run(self.accuracy, \
                              feed_dict={self.x: X_val, self.y: Y_val})
        accuracy = self.sess.run(self.accuracy, \
                              feed_dict={self.x: X, self.y: Y})
        loss_val = self.sess.run(self.loss,
                              feed_dict={self.x:X_val, self.y:Y_val})
        val_l.append(loss_val)
        print("EPOCH {}/{} loss is {:.3f} training_accuracy {:.3f} and \
                validation accuracy is {:.3f}".\
                format(i+1, epochs, total/num_examples, accuracy, accuracy_val))

        # 검증 정확도가 최적인 모델을 저장한다.
        if accuracy_val > max_val:
            save_path = self.saver.save(self.sess, "/tmp/lenet1.ckpt")
            print("Model saved in path: %s" % save_path)
            max_val = accuracy_val

# 최적 모델을 다시 가져온다.
self.saver.restore(self.sess, "/tmp/lenet1.ckpt")
print("Restored model with highest validation accuracy")
accuracy_val = self.sess.run(self.accuracy, \
                              feed_dict={self.x: X_val, self.y: Y_val})
accuracy = self.sess.run(self.accuracy, feed_dict={self.x: X, self.y: Y})
return l, val_l, accuracy, accuracy_val
```

```
    def predict(self, X):
        return self.sess.run(self.logits, feed_dict={self.x:X})
```

5. 예제에서 손글씨 숫자 데이터셋을 사용하고 있는데, 이 데이터는 캐글(https://www.kaggle.com/c/digit-recognizer/data)에서 내려받을 수 있다. 데이터셋은 .csv 형식으로 제공된다. .csv 파일을 적재하고 데이터를 전처리한다. 이 코드 다음에 나오는 그림은 훈련된 예를 보여준다.

```
    def load_data():
        # 데이터를 읽어 훈련용, 검증용, 테스트용 데이터셋을 만든다.
        data = pd.read_csv('train.csv')
        # 이렇게 하면 np.random을 사용하는 경우와는 달리
        # 데이터 중 80%가 항상 훈련되며 다시 검증된다는 점이 보장된다.
        train = data.sample(frac=0.8, random_state=255)
        val = data.drop(train.index)
        test = pd.read_csv('test.csv')
        return train, val, test

    def create_data(df):
        labels = df.loc[:]['label']
        y_one_hot = pd.get_dummies(labels).astype(np.uint8)
        y = y_one_hot.values # 레이블들을 원핫 인코딩으로 처리한다.
        x = df.iloc[:,1:].values
        x = x.astype(np.float)
        # 데이터를 정규화한다.
        x = np.multiply(x, 1.0 / 255.0)
        x = x.reshape(-1, 28, 28, 1) # 각 이미지를 96×96×1 크기로 반환한다.

        return x, y

train, val, test = load_data()
X_train, y_train = create_data(train)
X_val, y_val = create_data(val)
X_test = (test.iloc[:,:].values).astype(np.float)
X_test = np.multiply(X_test, 1.0 / 255.0)
X_test = X_test.reshape(-1, 28, 28, 1) # 각 이미지를 96×96×1 크기로 반환한다.

# 훈련용 데이터의 부분집합(subset)을 그린다.
x_train_subset = X_train[:12]
```

```
# 훈련용 데이터의 부분집합을 시각화한다.
fig = plt.figure(figsize=(20,2))
for i in range(0, len(x_train_subset)):
    ax = fig.add_subplot(1, 12, i+1)
    ax.imshow(x_train_subset[i].reshape(28,28), cmap='gray')
# 출력되는 그림의 제목은 '원래 훈련 이미지들의 부분집합'
fig.suptitle('Subset of Original Training Images', fontsize=20)
plt.show()
```

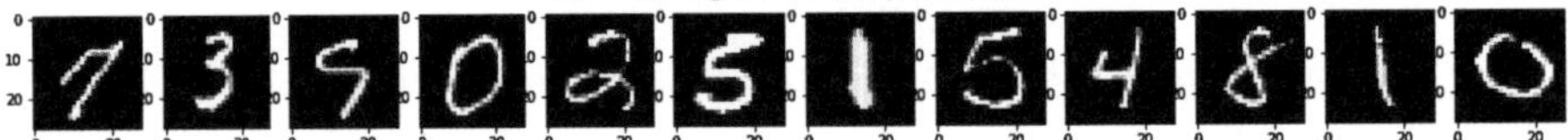

여기서 우리는 모델을 훈련할 것이다.

```
n_train = len(X_train)
# 검증 사례의 개수
n_validation = len(X_val)

# 테스트 사례의 개수
n_test = len(X_test)

# 손글씨 숫자의 모양은 무엇인가?
image_shape = X_train.shape[1:-1]

# 데이터셋에 고유한 클래스들이나 레이블들이 얼마나 많은가?
n_classes = y_train.shape[-1]
print("Number of training examples =", n_train)
print("Number of Validation examples =", n_validation)
print("Number of testing examples =", n_test)
print("Image data shape =", image_shape)
print("Number of classes =", n_classes)

# 결과
## >>> Number of training examples = 33600
## >>> Number of Validation examples = 8400
## >>> Number of testing examples = 28000
## >>> Image data shape = (28, 28)
## >>> Number of classes = 10
```

```
# 데이터 값들을 정의한다.
d = image_shape[0]
n = n_classes
from sklearn.utils import shuffle
X_train, y_train = shuffle(X_train, y_train)
```

6. LeNet 객체를 생성하고 훈련용 데이터에서 그것을 훈련한다. 훈련용 데이터셋에서는 99.658%를 달성했고 검증용 데이터셋에서는 98.607%를 달성했다.

```
# 모델을 만든다.
my_model = my_LeNet(d, n)

### 모델을 여기서 훈련한다.
loss, val_loss, train_acc, val_acc = my_model.fit(X_train, y_train, \
                                                  X_val, y_val, epochs=50)
```

인상적이다! 테스트 데이터셋의 출력을 살펴본 다음에 캐글에 제출해 볼 만하다.

재귀 신경망

지금까지 연구한 모델은 현재 입력한 내용에만 반응한다. 입력 내용을 모델에 제시하면 모델이 입력에 상응하는 결과물을 학습한 대로 내준다. 그러나 이런 방식은 우리 인간에게 익숙한 방식이 아니다. 문장을 읽을 때 사람은 각 단어를 개별적으로 해석하지 않고 이전 단어를 고려해 의미론적으로 의미를 결정한다.

재귀 신경망(recurrent neural networks, RNN)은 이 문제를 해결해 준다. RNN은 피드백 루프를 사용해 정보를 보존한다. 피드백 루프는 정보가 이전 단계에서 현재로 전달되도록 한다. 다음 도표는 RNN의 기본 아키텍처와 피드백을 통해 망의 한 단계에서 다음 단계로 정보를 전달하는 방법을 (**펼쳐서**) 보여 준다.

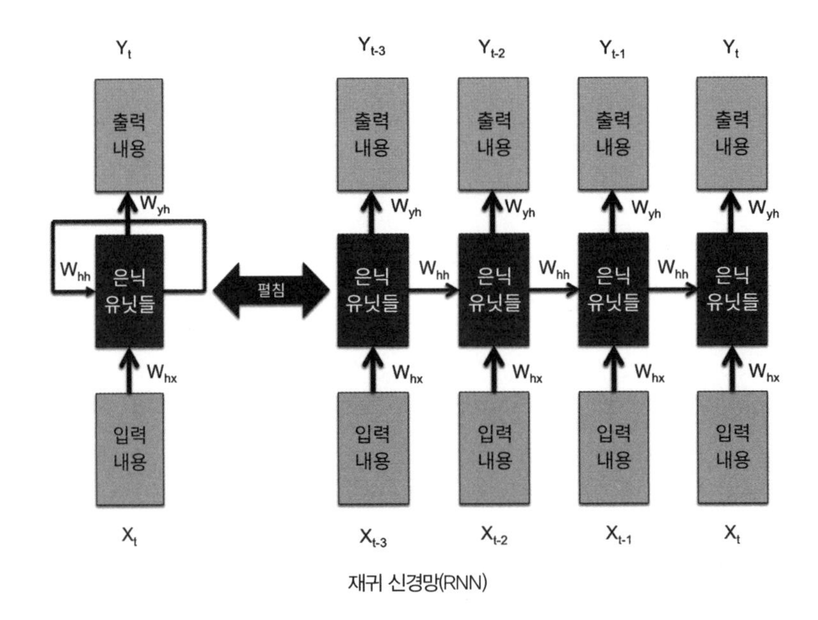

재귀 신경망(RNN)

이 도표에서 X는 입력을 나타낸다. 이것은 가중치 W_{hx}에 의해 은닉 계층의 뉴런에 연결돼 있다. 은닉 계층 h의 출력은 가중치 W_{hh}를 통해 은닉 계층으로 다시 공급되며, 가중치 W_{yh}를 통해 출력 O에 기여한다. 그 수학적 관계를 다음과 같이 쓸 수 있다.

$$h_t = g(W_{hx}X_t + W_{hh}h_{t-1} + b_h)$$
$$O_t = g(W_{yh}h_t)$$

여기서 g는 활성함수고, b_h와 b_y는 각기 은닉 뉴런의 편향치와 출력 뉴런의 편향치다. 이 관계에서 모든 X, h, O는 벡터고 W_{hx}, W_{hh}, W_{yh}는 행렬이다. 입력 X와 출력 O의 크기는 작업 중인 데이터셋에 따라 다르며 은닉 계층 h의 유닛 개수는 사용자가 결정한다. 많은 논문에서 연구자들이 은닉 유닛을 128개 사용했다는 점을 알게 될 것이다. 앞의 아키텍처는 단일 은닉 계층만 보여주지만, 여러분이 원하는 만큼 많은 은닉 계층을 가질 수 있다. RNN은 자연어 처리 분야에 적용돼 왔으며 주가와 같은 시계열 데이터를 분석하는 데도 사용됐다.

RNN은 **시간 경과에 따른 역전파(backpropagation through time, BPTT)**라는 알고리즘을 통해 학습한다. 이는 데이터의 시계열 특성을 고려한 역전파 알고리즘의 변형이다. 여기서 손실은 시간 t=1에서 t=T(펼칠 시간대 수)에 이르는 모든 손실함수의 합으로 정의된다. 예를 들면 다음과 같다.

$$\mathcal{L}=\sum_{t=1}^{T}\mathcal{L}^{(t)}$$

여기서 $L^{(t)}$가 시간 t에서의 손실인 경우, 앞에서와 같이 미분의 연쇄법칙을 적용하고 가중치 W_{hx}, W_{hh}, W_{yh}에 대한 가중치 갱신을 유도한다.

여기서는 이것을 코드로 작성할 생각이 없으므로 가중치 갱신에 대한 표현식을 유도하지 않을 것이다. 텐서플로는 RNN 및 BPTT에 대한 구현을 제공한다. 그러나 수학적 세부 사항에 관심이 있는 독자라면 다음 문헌을 참고하기 바란다.

- 「On the difficulty of training Recurrent Neural Networks」, Razvan Pascanu, Tomas Mikolov, and Yoshua Bengio(https://arxiv. org/pdf/1211.5063.pdf)
- 「Learning Long-Term Dependencies with Gradient Descent is Difficult」, Yoshua Bengio, Patrice Simard, and Paolo Frasconi(www.iro.umontreal.ca/~lisa/pointeurs/ieeetrnn94.pdf)
- 또한 RNN을 멋지게 설명하면서 RNN을 응용한 멋진 애플리케이션들을 만들어 제공하는 Colah의 블로그 (http://colah.github.io/posts/2015-08-Understanding-LSTMs/)와 안드레이 카파시(Andrej Karpathy)의 블로그 (http://karpathy.github.io/2015/05/21/rnn-effectiveness/)도 꼭 방문해 보기 바란다.

RNN에 시간대(timestep)별로 1개 입력을 제시한 다음에 이에 해당하는 출력을 예측한다. BPTT는 모든 입력 시간대를 펼침으로써 작동한다. 각 시간대에서 오차들이 계산되어 누적되며 나중에 망은 가중치를 갱신하기 위해 되감겨진다(roll back). BPTT의 단점 중에 하나는 시간대 수가 늘면 계산량도 늘어난다는 점이다. 이로 인해 전반적으로 모델의 계산 비용이 늘어난다. 또한, 여러 경사도 곱셈으로 인해 망에서 경사도가 소실하는 문제가 발생하기 쉽다.

이 문제를 해결하기 위해 BPTT를 개량한 절단 BPTT(truncated-BPTT)가 자주 사용된다. 절단 BPTT에서 데이터는 한 번에 한 시간대에서 처리되고 BPTT 가중치 갱신은 고정된 시간대 개수에 맞춰 주기적으로 수행된다.

다음과 같이 절단 BPTT 알고리즘의 단계를 열거할 수 있다.

1. 입력 및 출력 쌍의 K_1 시간대의 시퀀스를 망에 표시한다.
2. 망을 펼쳐서 K_2 시간대에 걸쳐 오차를 계산하고 누적한다.
3. 망을 되감아 올려(rolll up) 가중치를 갱신한다.

알고리즘의 성능은 두 개의 하이퍼파라미터 K_1과 K_2에 의존한다. 갱신 간 전방전달 시간대 수는 K_1으로 표시되는데, 이는 훈련이 얼마나 빨라지고 느려지는지와 가중치 갱신 빈도에 영향을 끼친다. 반면에 K_2는 BPTT에 적용되는 시간대의 수를 나타내며 입력 데이터의 시간 구조를 포착할 수 있을 정도로 커야 한다.

LSTM

호흐하이타(Hochreiter)와 슈미트후버(Schmidhuber)는 1997년에 수정된 RNN 모델을 제안했다. 이 모델은 경사도 소실 문제를 극복하기 위한 해결책으로 **LSTM(long-short-term memory, 장단기 기억)**을 사용했다. RNN의 은닉 계층은 LSTM 셀로 대체된다.

LSTM 셀은 망각 게이트(forget gate), 입력 게이트(input gate), 출력 게이트(output gate)라는 세 가지 게이트로 구성된다. 이러한 게이트들은 셀에 의해 생성되고 유지되는 장기 기억량 및 단기 기억량을 제어한다. 모든 게이트에는 시그모이드(`sigmoid`) 함수가 있는데, 이 함수는 들어오는 모든 입력치를 0과 1 사이에 있게 한다(마치 함수로 입력되는 수치를 압착하는 모양새임). 다음에 나오는 내용을 통해 다양한 게이트의 산출물을 계산하는 방법을 볼 수 있는데, 이런 표현이 어려워 보여도 걱정하지 않아도 되는 것은 텐서플로의 `tf.contrib.rnn.BasicLSTMCell`과 `tf.contrib.rnn.static_rnn`을 이용해 다음 그림에 보이는 LSTM 셀을 구현할 것이기 때문이다.

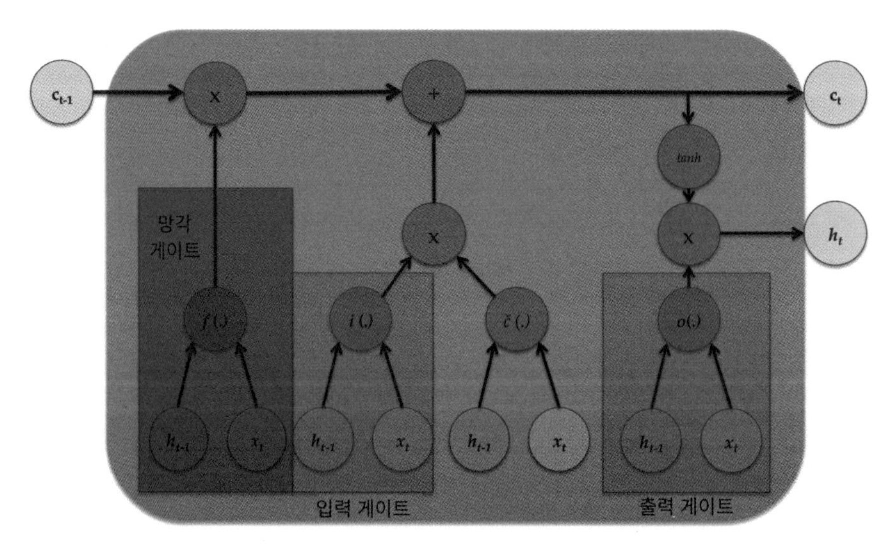

기본 LSTM 셀. x는 셀 입력, h는 단기 기억, c는 장기 기억을 나타낸다. 아래 첨자는 시간을 의미한다.

각 시간대 t에서 LSTM 셀은 입력 x_t, 단기 기억 h_{t-1}, 장기 기억 c_{t-1}이라는 세 가지 입력을 취해 장기 메모리 c_t 및 단기 기억 h_t를 출력한다. x, h, c라는 첨자는 시간대를 나타낸다.

망각 게이트 $f(\cdot)$는 현재 시간대에서 추후 흐름을 위해 기억될 단기 기억인 h의 양을 제어한다. 수학적으로 망각 게이트 $f(\cdot)$을 다음과 같이 나타낼 수 있다.

$$f(\cdot) = \sigma(W_{fx}x_t + W_{fh}h_{t-1} + b_f)$$

여기서 σ는 시그모이드 활성함수를 나타내며, W_{fx}와 W_{fh}는 입력 x_t와 단기 기억 h_{t-1}의 영향을 제어하는 가중치이며, b_f는 망각 게이트의 편향치이다.

입력 게이트 $i(\cdot)$는 입력 기억량과 작업 기억량을 제어해 셀의 출력에 영향을 준다. 다음과 같이 표현할 수 있다.

$$i(\cdot) = \sigma(W_{ix}x_t + W_{ih}h_{t-1} + b_i)$$

출력 게이트 $o(\cdot)$는 단기 기억을 갱신하는 데 사용되는 정보량을 제어하며 다음과 같이 주어진다.

$$o(\cdot) = \sigma(W_{ox}x_t + W_{oh}h_{t-1} + b_o)$$

이 세 개의 게이트와는 별개로, LSTM 셀은 입력 게이트 및 은닉 게이트와 함께 장기 기억 c_t의 양을 계산하는 데 사용되는 은닉 상태 $\tilde{c}$를 계산한다.

$$\tilde{c}(\cdot) = tanh(W_{\tilde{c}x}x_t + W_{\tilde{c}h}h_{t-1} + b_{\tilde{c}})$$
$$c_t = c_{t-1} \circ f(\cdot) + i(\cdot) \circ \tilde{c}(\cdot)$$

동그라미는 원소별 곱셈을 나타낸다. 단기 기억의 새로운 값은 다음과 같이 계산된다.

$$h_t = tanh(c_t) \circ o(\cdot)$$

이제 다음 단계에 따라 텐서플로에서 LSTM을 구현하는 방법을 살펴보자.

1. 다음 모듈을 사용한다.

```
import tensorflow as tf
from tensorflow.contrib import rnn
import numpy as np
```

2. 우리는 LSTM 클래스를 하나 정의해 이 클래스에서 그래프를 구성하고, 텐서플로의 contrib를 사용해 LSTM 계층을 정의한다. 기억을 관리하기 위해 우리는 먼저 기본 그래프 스택을 지우고 `tf.reset_default_graph()`를 사용해 전역 기본 그래프를 재설정한다. 입력치는 은닉 유닛의 개수를 나타내는 `num_units`를 사용해 지정된 LSTM 계층으로 직접 들어간다. 그 다음에는 `out_weights`라는 가중치와 `out_bias`라는 편향치가 있는 완전연결 출력 계층이 이어진다. 입력을 위한 플레이스홀더인 `self.x`와 레이블을 위한 플레이스홀더인 `self.y`를 만든다. 입력 내용은 모양이 바뀌어 다시 LSTM 셀에 공급된다. LSTM 계층을 만들기 위해서 우리는 먼저 `num_units` 개수에 해당하는 은닉 유닛들을 사용해 LSTM 셀을 정의하고 망각 편향치(forget bias)를 `1.0`으로 설정한다. LSTM 계층은 훈련 시작 부분에서 망각 크기를 줄이기 위해 망각 게이트에 편향치들을 더한다. LSTM 계층의 출력을 바꿔 다음과 같이 완전연결 계층에 공급한다.

```
class LSTM:
    def __init__ (self, num_units, n_classes, n_input,\
                                            time_steps, learning_rate=0.001,):
        tf.reset_default_graph()
        self.steps = time_steps
        self.n = n_input

        # 적절한 모양의 가중치들과 편향치들
        out_weights = tf.Variable(tf.random_normal([num_units, n_classes]))
        out_bias = tf.Variable(tf.random_normal([n_classes]))

        # 플레이스홀더들을 정의한다.
        # 입력 플레이스홀더
        self.x = tf.placeholder("float", [None, self.steps, self.n])
        # 레이블 플레이스홀더
        self.y = tf.placeholder("float", [None, n_classes])
        # 입력 텐서를 [batch_size, steps, self.n]에서
        # [batch_size, self.n]에 이르는 텐서들 중 "steps" 수만큼 처리한다.
        input = tf.unstack(self.x, self.steps, 1)

        # 신경망을 정의한다.
        lstm_layer = rnn.BasicLSTMCell(num_units, forget_bias=1)
        outputs, _ = rnn.static_rnn(lstm_layer, input, dtype="float32")
```

```
        # out_weight를 곱함으로써 [batch_size, num_units] 차원의 마지막 출력을
        # [batch_size, n_classes]로 변환한다.
        self.prediction = tf.matmul(outputs[-1], out_weights) + out_bias

        # loss_function
        self.loss = tf.reduce_mean(tf.squared_difference(self.prediction, self.y))

        # 최적화
        self.opt = tf.train.AdamOptimizer(learning_rate=learning_rate).minimize(self.l oss)

        # 모델 평가
        correct_prediction = tf.equal(tf.argmax(self.prediction, 1), tf.argmax(self.y, 1))
        self._accuracy = tf.reduce_mean(tf.cast(correct_prediction, tf.float32))

        init = tf.global_variables_initializer()
        gpu_options = tf.GPUOptions(allow_growth=True)

        self.sess  = tf.Session(config=tf.ConfigProto(gpu_options=gpu_options))
        self.sess.run(init)
```

훈련하고 예측하는 데 쓸 메서드를 다음 코드처럼 만든다.

```
    def train(self, X, Y, epochs=100, batch_size=128):
        iter = 1
        # print(X.shape)
        X = X.reshape((len(X), self.steps, self.n))
        while iter < epochs:
            for i in range(int(len(X)/batch_size)):
                batch_x, batch_y = X[i:i+batch_size,:], Y[i:i+batch_size,:]
                # print(batch_x.shape)
                # batch_x = batch_x.reshape((batch_size, self.steps, self.n))
                # print(batch_x.shape)
                self.sess.run(self.opt, feed_dict={self.x: batch_x, self.y: batch_y})
                if iter % 10 == 0:
                    acc = self.sess.run(self._accuracy, feed_dict={self.x: X, self.y: Y})
                    los = self.sess.run(self.loss, feed_dict={self.x: X, self.y: Y})
                    print("For iter ", iter)
                    print("Accuracy ", acc)
                    print("Loss ", los)
                    print("______________________")
```

```
            iter = iter + 1

    def predict(self, X):
        # 출력치를 예측한다.
        test_data = X.reshape((-1, self.steps, self.n))
        out = self.sess.run(self.prediction, feed_dict={self.x:test_data})
        return  out
```

이 책의 뒷부분에서, 우리는 시계열 형식으로 산출된 내용을 다루고 텍스트를 처리하기 위해 RNN을 사용할 것이다.

게이트 처리 재귀 장치

게이트 처리 재귀 장치(gated recurrent unit, GRU)는 RNN을 개선한 것 중 하나다. LSTM보다 구조가 단순하며 경사도 소실(즉, 경사 소멸) 문제를 극복한다. 시간 t에서의 입력 x_t와 시간 $t-1$에서의 기억 h_{t-1}라는 두 가지 입력만을 받는다. 다음 그림과 같이 **갱신 게이트**(update gate)와 **재설정 게이트**(reset gate)만 있다.

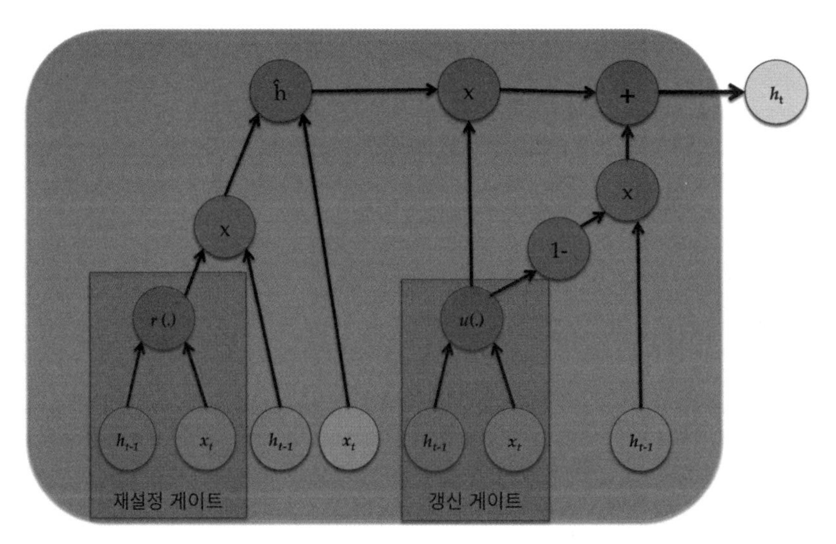

기본 GRU 셀의 아키텍처

갱신 게이트는 유지할 이전 기억량을 제어하고 재설정 게이트는 새 입력을 이전 기억과 결합하는 방법을 결정한다. 다음 네 가지 방정식으로 전체 GRU 셀을 정의할 수 있다.

- $u(\cdot) = \sigma(W_{ux}x_t + W_{uh}h_{t-1} + b_u)$
- $r(\cdot) = \sigma(W_{rx}x_t + W_{rh}h_{t-1} + b_r)$
- $\tilde{h} = tanh(W_{\tilde{h}x}x_t + W_{\tilde{h}h}(r_t \circ h_{t-1}) + b_{\tilde{h}})$
- $h_t = (u_t \circ \tilde{h}_t) + (1 - u_t) \circ \tilde{h}_{t-1}$

GRU와 LSTM 모두 비슷한 성능을 제공하지만, GRU는 훈련 파라미터가 적다.

오토인코더

지금까지 우리가 배웠던 모델은 지도학습 방식으로 학습한다. 이번 절에서는 오토인코더(autoencoders, 자기부호기)를 살펴본다. 오토인코더는 전방전달(feedforward) 방식의 비재귀(non-recurrent) 신경망이며, 비지도학습을 통해 학습한다. 생성적 적대 신경망과 함께 최근 인기를 끌고 있으며 이미지 재구성, 군집화, 기계 번역 등의 애플리케이션이 나와 있다. 1980년대에 제프리 힌튼(Geoffrey E. Hinton)과 PDP 그룹(http://www.cs.toronto.edu/~fritz/absps/clp.pdf)이 처음으로 제안했다.

오토인코더는 기본적으로 두 개의 계단식 신경망으로 구성된다. 첫 번째 망은 인코더(즉, 부호기)로 작동한다. 그것은 입력 x를 취해 다음 변환식에서 볼 수 있는 변환 h를 사용해 인코딩된 신호 y로 인코딩(즉, 부호화)한다.

$$y - h(x)$$

두 번째 신경망은 인코딩된 신호 y를 입력으로 사용하고 또 다른 변환 f를 수행해 다음과 같이 재구성된 신호 r을 얻는다.

$$r = f(y) = f(h(x))$$

손실함수는 원래 입력 x와 재구성 신호 r 사이의 차이로 정의되는 오차 e를 갖는 MSE다.

$$e = X - r$$

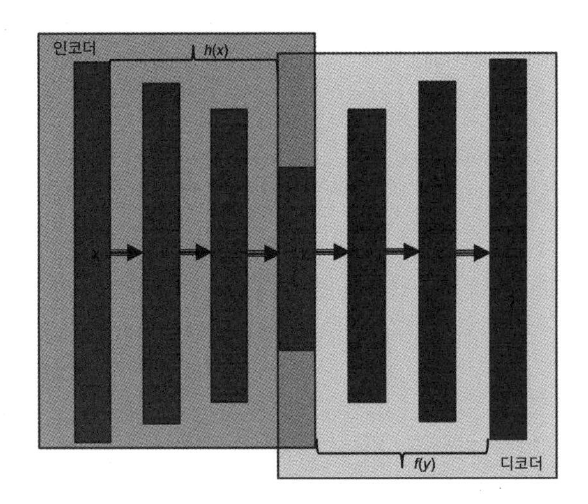

오토인코더의 기본 아키텍처

이 도표는 **인코더(encoder, 부호기)**와 **디코더(decoder, 복호기)**가 강조 표시된 오토인코더를 보여준다. 오토인코더의 구성요소들이 서로 가중치를 공유할 수도 있는데, 다시 말하면 이는 디코더와 인코더의 가중치가 공유된다는 말이다. 디코더와 인코더를 서로 바꾸기만 하면 이렇게 된다. 이렇게 하면 학습 파라미터의 수가 적을지라도 망이 더 재빨리 학습하게 하는 도움이 된다. 오토인코더는 아주 다양해서 희박 오토인코더(sparse autoencoders), 잡음제거 오토인코더(denoising autoencoders), 합성곱 오토인코더(convolution autoencoders), 변분 오토인코더(variational autoencoders) 등이 있다.

잡음제거 오토인코더

잡음제거 오토인코더는 손상된(잡음이 많은) 입력 내용을 가지고도 학습할 수 있는데, 인코더 망에 잡음이 있는 입력을 공급한 다음에, 디코더에서 재구성한 이미지를 원래의 잡음 제거 입력과 비교한다. 이렇게 하면 망이 입력 내용에서 잡음을 제거하는 법을 학습하는 데 도움이 될 것이라는 생각에서 비롯된 방식이다. 망은 단지 픽셀 단위로 비교하기만 해서는 안 되고, 인접 픽셀의 정보까지 학습해야 이미지에서 잡음을 소거할 수 있다.

오토인코더가 인코딩된 특징 y를 학습하면 망의 디코더 부분을 제거하고 인코더 부분만 사용해 차원 축소를 달성할 수 있다. 이렇게 차원이 축소된 입력은 다른 분류모형이나 회귀모형에 공급할 수 있다.

변분 오토인코더

인기를 끄는 그 밖의 오토인코더로는 **변분 오토인코더**(variational auto-encoder, VAE)가 있다. 변분 오토인코더는 각자의 세계에서 각기 최고라고 여겨지는 딥러닝과 베이즈 추론이 조합된 것이다.

VAE에는 확률 계층(stochastic layer)이 있다. 인코더 망의 다음에 자리잡은 이 확률 계층은 가우스 분포를 사용해 데이터를 표본추출(sampling, 샘플링)하고, 디코더 망의 다음에 자리잡은 또 다른 확률 계층은 베르누이 분포를 사용해 데이터를 표본추출한다.

VAE를 이미지 생성에 사용할 수 있다. VAE를 사용하면 잠재 공간에서 복잡한 사전확률(priors)을 설정할 수 있으며, 강력한 잠재 표현을 배울 수 있다. 뒤에서 VAE에 관해 더 많이 배우게 될 것이다.

요약

이번 장에서는 몇 가지 기본적이고 유용한 심층신경망 모델을 설명했다. 단일 뉴런부터 살펴보며 그 힘과 한계를 알아봤다. 다층 퍼셉트론을 만들어 회귀 및 분류 작업에 써 보았다. 그러고 나서 역전파 알고리즘을 도입했다. 그런 후에 우리는 CNN을 살펴본 후 합성곱 계층과 풀링 계층을 소개했다. 작업을 처리하기에 유용한 CNN을 배웠고, 그중 첫 번째 CNN이라고 할 수 있는 LeNet을 사용해 손글씨 숫자 인식을 수행했다. 전방전달 다층 퍼셉트론과 CNN을 다루고 나서 RNN을 살펴봤다. RNN에는 LSTM 및 GRU 망이 도입됐다. 또한 텐서플로를 사용해 자신만의 LSTM 망을 만들어 보고 마침내 오토인코더까지 배웠다.

다음 장에서는 완전히 새로운 인공지능 모델 형식이라고 할 수 있는 유전 알고리즘부터 다루고자 한다. 신경망과 마찬가지로 유전 알고리즘 역시 자연을 모방한 것이다. 이번 장에서 배운 내용을 이후 장에서 다루게 될 사례를 연구하는 데 활용할 것이다.

05

사물인터넷을 위한 유전 알고리즘

4장에서는 서로 다른 딥러닝 기반 알고리즘을 살펴봤다. 이러한 알고리즘은 인식 · 탐지 · 재구성 분야는 물론이고, 시각 · 발화 분야를 비롯해 텍스트 데이터 생성 분야에서도 성공을 거뒀다. 현재, **딥러닝**(deep learning, DL)은 응용 가능성과 채택 가능성이라는 측면에서 최상위 자리를 차지하고 있지만 진화 알고리즘과 치열한 경쟁을 벌이고 있다. 이 진화 알고리즘은 세계 최고의 최적화 도구라고 할 수 있는 자연 진화 과정에서 영감을 얻은 것이다. 알다시피 사람인 우리 또한 오랜 유전적 진화의 결과물이다. 이번 장에서는 매혹적인 진화 알고리즘 세계를 소개하고 진화 알고리즘의 특별한 유형이라고 할 수 있는 유전 알고리즘을 자세히 설명한다. 이번 장에서는 다음 내용을 학습할 것이다.

- 최적화란 무엇인가?
- 최적화 문제를 해결하는 여러 가지 방법
- 유전 알고리즘을 직관적으로 이해하기
- 유전 알고리즘의 장점
- 교차 · 돌연변이 · 적합도함수 선택 과정을 이해하고 구현하기
- 유전 알고리즘을 사용해 분실한 암호를 복원하기
- 유전 알고리즘을 다양하게 사용해 모델을 최적화하기
- 파이썬 유전 알고리즘 라이브러리 중 분산 진화 알고리즘

최적화

최적화는 새로운 단어가 아니다. 우리는 텐서플로 자동 미분기와 경사하강 알고리즘 유형을 사용해 모델의 최적 가중치 및 편향치를 찾는 머신러닝 알고리즘과 딥러닝 알고리즘을 앞에서 사용했다. 이번 절에서는 최적화와 최적화 문제, 최적화를 수행하는 데 사용되는 다양한 기술을 좀 더 알아볼 것이다.

가장 기본 용어라고 할 수 있는 **최적화(optimization)**란 더 나은 것을 만드는 과정을 일컫는 말이다. 이를 통해 최상의 해법을 찾자는 것이고, 최상의 해법을 말할 때는 분명히 해법이 한 개 이상 있다는 의미까지 실려 있는 것이다. 우리는 최적화 과정에서 최소 출력이나 최대 출력을 찾기 위해 변수의 파라미터 · 프로세스 · 입력치를 조정하려고 시도한다. 일반적으로 이런 과정에서 변수는 입력을 구성하고, **목적함수(objective function)**라고 부르기도 하고 **손실함수(loss function)**라고 부르기도 하며 어떤 때는 **적합도함수(fitness function)**라고 부르기도 하는 함수를 사용하게 되는데, 이 함수의 출력치를 비용(cost)이나 손실(loss) 또는 적합도(fitness, 적응도)라고 부른다. 비용이나 손실이라면 최소화돼야 하며, 적합도 형태로 정의해 사용한다면 이럴 때는 적합도가 최대화돼야 한다. 이렇게 함으로써 우리는 입력(변수)을 변경해 원하는(최적화된) 출력을 얻을 수 있다.

손실이라고 부를지, 아니면 비용이라고 부를지, 그렇지 않고 적합도라고 부를지는 알아서 선택할 문제일 뿐이며,[13] 중요한 점은 비용을 계산해 이 비용이 최소가 되게 해야 한다는 점이다. 그런데 비용을 계산할 때 음의 부호를 보태 계산해야 한다면 이럴 때는 수정한 함수의 출력치를 최소화하는 데 힘쓸 게 아니라 최대화하는 데 힘써야 하리라는 점은 당연한 귀결이다. 예를 들어, $-2<x<2$의 구간에서 $2-x^2$를 최소화하는 일은 같은 구간에서 x^2-2를 최대화하는 일과 같다는 말이다.

일상 생활은 최적화 작업으로 가득하다. 사무실로 가는 가장 좋은 경로는 무엇일까? 어떤 프로젝트를 먼저해야 할까? 면접을 준비하면서 어떤 주제를 읽어야 면접의 성공률을 극대화할까? 다음 도표는 **입력변수**와 최적화할 **함수**, **출력/비용**의 기본 관계를 보여준다.

입력, 최적화할 함수, 출력 사이의 관계

13 (옮긴이) 같은 원리로 이때 쓰이는 함수를 목적함수라고 부를지, 손실함수라고 부를지, 비용함수라고 부를지, 적합도함수라고 부를지도 알아서 선택하면 된다.

함수에 의해 지정된 제약조건이 입력변수에 의해 충족되도록 비용을 최소화하는 게 최적화의 목표다. 비용함수 · 제약조건 · 입력변수 간의 수학적 관계는 최적화 문제의 복잡성을 결정한다. 핵심 쟁점의 하나는 비용함수 및 제약조건이 볼록한지, 아니면 볼록하지 않은지다. 비용함수와 제약조건이 볼록하다면 실현가능 해(feasible solution)가 존재한다는 것을 확신할 수 있으며, 충분히 큰 영역을 검색하면 찾을 수 있다. 다음 그림은 오목한 모양으로 보이는 비용함수의 예다.

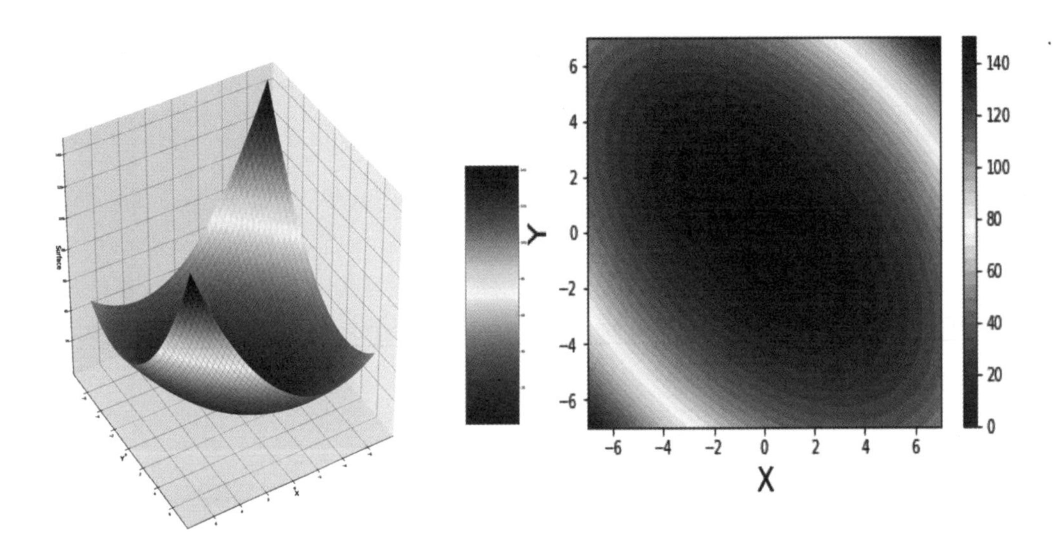

오목한 비용함수. 왼쪽은 곡면 그림이며 오른쪽은 동일한 비용함수의 등고선 그림을 보여준다. 이미지에서 가장 어두운 빨간색 점이 최적해 점에 해당한다.

한편, 비용함수나 제약조건이 오목하지 않으면(또는 볼록하지 않으면) 최적화 문제는 더욱 어려워지고 해가 존재하는지 또는 해를 찾을 수 있는지를 확인할 길이 없다.

수학 및 컴퓨터 프로그래밍의 최적화 문제를 해결하는 방법은 다양하다. 이어지는 내용을 통해 이에 대해 조금씩 알아보자.

결정론적 방법과 분석학적 방법

목적함수가 연속적인 2차 미분으로 매끄러울 때 미적분 지식을 바탕으로 국소 최솟값(local minimum, 극솟값)에서 다음이 참이라는 것을 알고 있다.

- 최솟값인 x^*에서 목적함수의 경사도는 $f'(x^*)=0$이다.
- 이차 도함수(헤시안 $H(x^*)=\nabla^2 f(x)$)는 양(positive)으로 정의된다.

이러한 조건에서 일부 문제의 경우 경사도의 0을 결정하고 0에서 헤시안 행렬에 대해 양의 정부호성(positive definiteness, 즉 '양의 정치성')[14]을 검증함으로써 해를 분석적으로 찾을 수 있다. 따라서 이러한 경우에는 목적함수의 최솟값에 대한 탐색 공간을 반복적으로 탐색할 수 있다. 검색 방법은 다양하다. 한 번 살펴보자.

경사하강법

이 책의 앞부분에서 경사하강(gradient descent, 언덕 내려가기)과 그 작동 원리를 배웠고, 검색 방향[15]은 경사하강의 방향인 $-\nabla F(x)$임을 알았다. 이는 **코시법(Cauchy method)**이라고도 불리는데, 1847년에 코시가 발표했기 때문이다. 이후로 큰 인기를 끌었다. 목적함수 표면의 임의의 점에서 시작해 경사도의 방향을 따라 변수(앞 장들에서는 가중치와 편향치가 있었다)를 변경한다. 수학적으로 다음과 같이 쓸 수 있다.

$$x_{n+1} = x_n - \alpha_n \nabla f(x_n)$$

여기서 an은 반복 n에서의 스텝 사이즈(즉, '변화속도' 또는 '학습속도')다. 경사하강 알고리즘은 딥러닝 모델 훈련에 효과적이지만, 몇 가지 심각한 단점이 있다.

- 사용되는 최적화 알고리즘의 성능은 학습속도 및 기타 상수에 크게 의존한다. 경사도를 조금이라도 변경하면 망이 수렴하지 않을 가능성이 커진다. 그리고 이 때문에 때때로 연구자들은 모델을 훈련하는 일을 예술이나 연금술이라고 부른다.
- 이러한 방법은 도함수를 기반으로 하므로 이산 데이터에는 적합하지 않다.
- 목적함수가 오목하거나 볼록하지 않으면 목적함수를 신뢰성 있게 적용할 수 없는데, 이는 많은 딥러닝 망(특히 비선형 활성함수를 사용하는 모델)에서 더욱 그렇다. 많은 은닉 계층이 존재하면 많은 국소 최적해(즉, 극솟값들)가 생길 수 있으며, 모델이 국소 최소 상태에 머무르게 될 가능성이 크다. 여기서 많은 국소 최적해를 가진 목적함수의 예제를 볼 수 있다.

14 (옮긴이) 즉, '확실히 양수라는 점'.
15 (옮긴이) 즉, 최적해를 찾아 가는 방향. '탐색 방향'이라고도 부름.

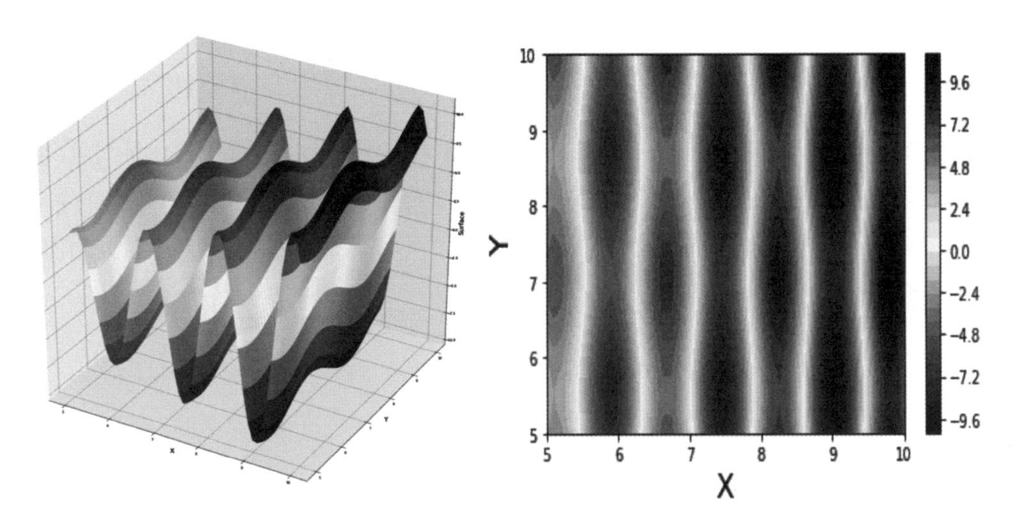

국소 최적해가 많은 비용함수. 왼쪽은 표면 그림을 보여주고 오른쪽은 동일한 비용함수의 등고선 그림을 보여준다. 그림 중에서 진한 빨간색 점은 최솟값에 해당한다.

경사하강법에는 여러 가지 변형이 있으며 가장 많이 사용되는 방법은 텐서플로가 제공하는 최적화기(optimizer, 옵티마이저)들로서, 다음과 같은 것들이 해당된다.

- 확률적 경사도 최적화기
- Adam 최적화기
- Adagrad 최적화기
- RMSProp 최적화기

텐서플로의 다양한 최적화기에 관해 자세히 알고 싶다면 https://www. tensorflow.org/api_guides/python/train에 있는 텐서플로 설명서를 참조하자.

https://arxiv.org/abs/1609.04747의 arXiv 논문을 기반으로 한 세바스천 루더(Sebastian Ruder)의 블로그(http://ruder.io/optimizing-gradient-descent/index.html#gradientdescentoptimizationalgorithms)는 좋은 자료원이다.

뉴턴-라프슨 방법

뉴턴-라프슨 방법(Newton-Raphson method)은 점 x_* 주위의 목적함수 F(x)의 2차 테일러 급수 전개(second order Taylor series expansion)를 기반으로 한다.

$$f(x) = f(x_*) + \nabla f(x_*)(x - x_*)^T + \frac{(x - x_*)}{2!} H(x - x_*)^T + \cdots$$

여기서 x_*는 테일러 급수 전개 점, x는 x_* 근처의 점, 위첨자 T는 전치를 나타내며 H는 다음에 의해 주어진 요소가 있는 헤시안 행렬이다.

$$h_{mn} = \frac{\partial^2 f}{\partial x_m \partial x_n}$$

테일러 급수 전개의 경사도를 취했을 때 이 경사도가 0이라면 다음과 같이 된다.

$$\nabla f(x) = \nabla f(x_*) + (x - x_*)H = 0$$

초기 추측을 x_0이라고 가정하면 다음 점 x_{n+1}은 이전 점 x_n에서 다음과 같이 구할 수 있다.

$$x_{n+1} = x_n - H^{-1} \nabla f(x_n)$$

이 방법은 목적함수의 첫 번째 및 두 번째 편미분을 사용해 최솟값을 찾는다. 반복 k에서 $x(k)$를 중심으로 한 2차 함수로 목적함수를 근사하고 그 최솟값 쪽으로 이동한다.

헤시안 행렬을 계산하는 것은 계산상 비싸고 일반적으로 알려지지 않기 때문에 헤시안을 근사하는 알고리즘이 많이 있다. 이러한 기법들을 **준 뉴턴 방법(quasi-Newton methods)**이라고 한다. 준 뉴턴 방법을 다음과 같이 나타낼 수 있다.

$$x_{n+1} = x_n - \alpha_n A_n \nabla f(x_n)$$

α_n은 n회 반복 시의 스텝 사이즈(변화속도/학습속도)이고, A_n은 반복 n에서의 헤시안 행렬에 대한 근사치다. 헤시안에 대한 근삿값의 시퀀스를 만들어 다음과 같이 처리한다.

$$\lim_{n \to \infty} A_n = H^{-1}$$

두 가지 유명한 준 뉴턴 방법은 다음과 같다.

- Davidon-Fletcher-Powell 알고리즘
- Broyden-Fletcher-Goldfarb-Shanno 알고리즘

헤시안에 대한 근사인 A_n이 항등 행렬인 경우라면 뉴턴 방법은 경사하강법이 된다.

뉴턴 방법의 가장 큰 단점은 고차원의 입력 특징 공간에서 문제들에 맞춰 눈금이(즉, 척도가) 변하지 않는다는 점이다.

자연스러운 최적화 방법

자연을 모방하는 최적화 방법들은 자연이 보여주는 과정들을 통해 얻은 영감을 바탕으로 삼는다. 이런 방법은 자연에 존재하는 과정들을 이용하므로 자연 현상을 최적화하기에 아주 좋다. 이러한 알고리즘은 목적함수에 대한 도함수를 취할 필요가 없으므로 이산변수 및 비연속 목적함수에 대해서도 사용할 수 있다.

모조 풀림

모조 풀림(simulated annealing)[16]은 확률론적 방법이다. 이 방법은 풀림(annealing)이라는 물리적 과정에서 영감을 얻은 것으로, 고체를 먼저 충분히 높은 온도로 가열해 녹인 후에 온도를 천천히 낮춘다. 이렇게 하면 고체의 입자가 가능한 한 가장 낮은 에너지 상태로 배열되면서 고도로 구조화된 격자가 생성된다.

우리는 먼저 각 변수에 임의의 값을 할당하는 일부터 한다. 이것이 바로 초기 상태를 나타낸다. 각 단계에서 변수(또는 변수군)를 무작위로 선택한 다음 임의의 값을 선택한다. 해당 값을 변수에 할당할 때 목적함수가 개선되므로 알고리즘이 이런 할당 결과를 받아들이게 될 테고, 이에 따라 새로운 할당 값이 현재 값이 될 것이므로 시스템 상태가 변경된 셈이 된다. 그렇지 않으면 온도 T와, 현재 상태에서의 목적

16 (옮긴이) simulated annealing은 '모의 담금질'이나 '담금질 기법', 또는 '시뮬레이티드 어닐링'이라고 번역되고 있는데, '모조 풀림'을 번역어로 제안한다.

함수의 값과 새로운 상태의 값 사이의 차분에 근거하여, 확률 P로 할당을 받아들인다. 변경 사항이 승인되지 않으면 현재 상태는 변경되지 않는다. 상태 i에서 상태 j로 바뀔 때의 확률 P는 다음과 같다.

$$P(i \Rightarrow j) = \exp\left(\frac{f(x_i) - f(x_j)}{T}\right)$$

여기서 T는 물리적 시스템의 온도와 유사한 변수를 나타낸다. 온도가 0에 가까워지면 모조 풀림 알고리즘은 경사하강 알고리즘으로 축소된다.

입자 무리 최적화

입자 무리 최적화(particle swarm optimization, PSO)는 1995년에 에드워드(Edward)와 케네디(Kennedy)가 개발했다. 이 방법은 조류 무리(즉, 새떼)와 같은 동물의 사회적 행동을 기반으로 한다. 하늘을 올려다보면 알 수 있듯이 새들은 쐐기 모양으로 대형을 이뤄 날아간다. 조류의 행동을 연구한 사람들은 새가 음식이나 더 좋은 장소를 찾을 때 선두에 있는 새가 원하는 장소에서 가장 가깝게 위치하며 이런 형태로 난다고 말한다.

그런데 새들이 날면서 선두에 있던 새가 늘 선두에만 있지 않고 자리를 바꾼다. 무리에서 먹이를 발견한 새가 소리를 내어 신호를 보내면 다른 모든 새가 선두에 선 새를 중심으로 쐐기 모양 대형으로 모인다. 새들은 이런 과정을 계속 반복하며, 이런 대형이 수백만 년 동안 새들에게 효과적이었다.

PSO는 새의 이러한 행동에서 영감을 얻어 최적화 문제를 해결하는 데 사용한다. PSO에서 모든 단일 해는 검색 공간에서 일종의 새(**입자**라고 함)라고 할 수 있다. 각 입자에는 최적화될 적합도함수에 의해 평가되는 적합도(fitness, 적응도) 값이 있고, 또한 입자의 비행을 지시하는 속도가 있다. 입자는 현재 최적의 입자를 따라 가면서 문제 탐색 공간을 날아간다.

입자는 검색 공간에서 가장 잘 알려진 위치인 검색 공간(**pbest**) 즉, 입자 최량(particle best)과 전체 떼의 가장 잘 알려진 적합도 값(**gbest**), 즉 전역 최량(global best)라는 두 가지 최적 값에 따라 검색 공간을 이동한다. 더 나은 곳이 발견되면 그것들이 무리에 있는 입자의 움직임을 안내하는 데 사용된다. 결국 우리는 최적해(optimum solution)를 발견하기를 바라며 이 과정을 반복하면 된다.

유전 알고리즘

세상을 둘러보며 다른 종을 보면 자연스럽게 왜 대다수 동물의 다리가 세 개가 아닌 두 개나 네 개인가라는 질문이 떠오른다. 오늘날 우리가 보는 세계가 거대한 최적화 알고리즘으로 많은 반복을 수행한 결과일 가능성이 있을까?

최대화돼야 하는 생존 가능성을 측정하는 데 쓰이는 비용함수가 있다고 가정해 보자. 자연계 생물체의 특징은 위상적 경관(topological landscape)에 적합하다. 생존 가능성 수준(적응을 통해 측정됨)은 경관의 고도(elevation)를 나타낸다. 가장 높은 점수는 최적 조건에 해당하고 제약조건은 환경과 다른 종 간의 상호작용을 통해 제공된다.

그러면 진화 과정은 생존에 적합한 생물 종을 생산하는 특성(characteristics)을 선택하는 거대한 최적화 알고리즘으로 생각할 수 있다. 경관의 최고점에는 살아 있는 생물이 살고 있다. 어떤 봉우리는 많은 생물체를 포괄하는 광범위한 특성을 보유하고 있는 반면, 다른 봉우리는 매우 좁고 아주 구체적인 특성만 허용한다.

이 비유를 확장해 다른 종을 구분하는 봉우리 사이에 계곡을 넣을 수 있다. 인류는 극한의 환경에서도 지능과 환경을 개선하고 더 나은 생존 가능성을 보장할 수 있는 능력을 갖추고 있었기 때문에, 이 풍경 속에 나오는 봉우리들 중에서도 가장 높은 봉우리에 이를 수 있었다는 식으로 생각할 수 있다.

따라서 서로 다른 생명체를 지닌 세계는 거대한 최적화 알고리즘을 여러 번 반복한 결과로 서로 다른 종을 갖게 된 큰 탐색 공간으로 생각할 수 있다. 이 아이디어가 유전 알고리즘의 기초를 형성한다.

이번 장의 주요 주제가 유전 알고리즘이므로 좀 더 자세히 살펴보자.

유전 알고리즘 소개

유명한 생물학자인 찰스 다윈(Charles Darwin)의 연구에 따르면 오늘날에 볼 수 있는 동물과 식물 종은 수백만 년에 걸친 진화로 인해 나타난 셈이다. 진화 과정은 생존 가능성이 더 좋은 생물체를 선택하면서 '적자 생존' 원리에 따라 진행된다. 오늘날 우리가 보는 식물과 동물은 환경이 부과한 제약에 수백만 년 동안 적응한 결과다. 어떤 주어진 시간에 다수의 다양한 생물체는 공존하면서 같은 환경 자원을 두고 서로 경쟁할 것이다.

자원과 생식을 가장 잘 획득할 수 있는 생물은 자손이 생존할 가능성이 더 높다. 반면에 능력이 부족한 생물체는 자손이 거의 없거나 전혀 없는 경향이 있다. 시간이 지남에 따라 전체 개체군은 이전 세대보다 더 적합한 평균 생물체를 포함하도록 진화할 것이다.

이것을 가능하게 하는 것은 무엇인가? 사람이 키가 크고 식물이 특정한 형태의 잎을 가질 것을 결정하는 것은 무엇인가? 이 모든 것은 생명 자체의 청사진에 관한 유전 프로그램의 규칙 집합처럼 인코딩된다. 지구상의 모든 살아 있는 유기체에는 이 일련의 규칙이 있으며 해당 규칙은 그 유기체가 어떻게 설계(창조)됐는지를 기술한다. 이러한 설계도를 담고 있는 유전자(gene)는 염색체에 있다. 생물들은 종별로 염색체 개수가 다를 수 있는데, 각 염색체마다 수천 개의 유전자를 포함한다. 예를 들어 호모 사피엔스는 46개의 염색체를 가지고 있으며 이 염색체에 약 2만 개의 유전자가 들어 있다. 각 유전자는 특정한 규칙을 나타낸다. 어떤 사람이 푸른 눈을 가질 것이고, 갈색 머리를 가지고, 여성이 될 것이라는 등이 이러한 규칙에 해당한다. 이러한 유전자는 번식 과정을 통해 부모로부터 자손에게로 전달된다.

부모가 자손에게 유전자를 전달하는 방법에는 두 가지가 있다.

- **무성생식**(asexual reproduction): 이런 경우에 자녀는 부모의 복사본이다. 무성생식은 **유사분열**(mitosis)이라고 불리는 생물학적 과정을 거쳐 일어난다. 박테리아, 곰팡이와 같은 하등 유기체는 유사분열을 통해 재생산된다. 여기에는 부모 중에 한 쪽만 필요하다.

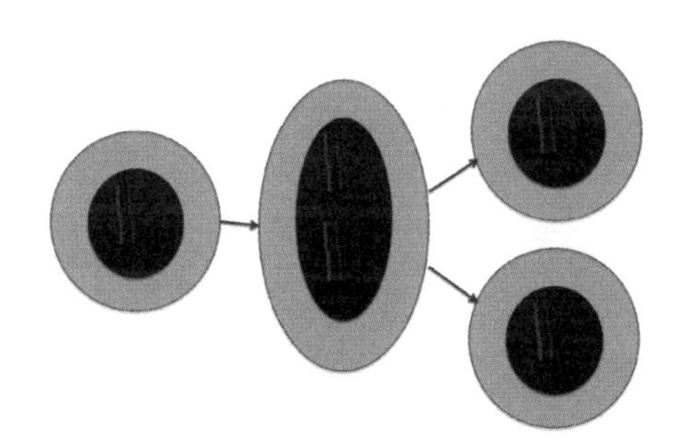

유사분열 과정: 부모의 첫 번째 염색체의 염색체와 세포가 두 개로 나누어진다.

- **유성생식**(sexual reproduction): 유성생식은 **감수분열**(meiosis)이라는 생물학적 과정을 통해 일어난다. 이 경우, 두 부모가 이 과정의 초기에 참여한다. 각 부모 세포는 염색체 하나의 일부가 다른 염색체의 일부와 상호 교환되는 교차 과정을 거친다. 이 과정에서 유전자의 순서가 바뀐다. 그런 후에 세포는 두 개로 나뉘지만, 염색체의 수는 반으로 줄어든다. 두 부모의 염색체의 절반인 반수체(haploid)를 포함한 세포가 만나서 접합체(zygote)를 형성하고 나중에 유사분열과 세포 분화를 통해 부모와 비슷한 **후손**(offspring)을 낳는다.

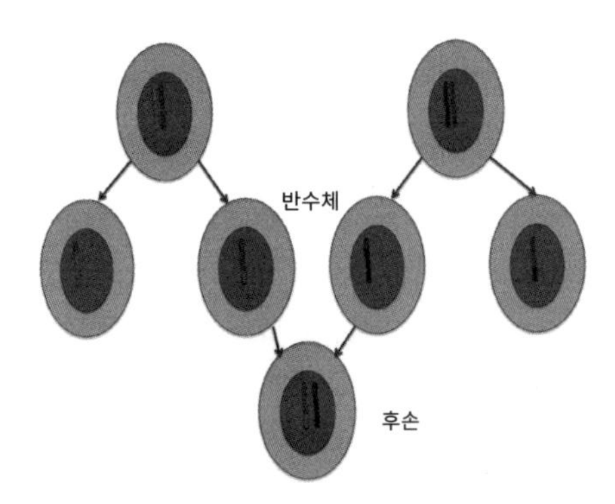

감수분열 과정: 부모의 세포 염색체는 교차(crossover)를 거치고, 한 염색체의 일부가 다른 염색체의 일부와 겹쳐 위치를 바꾼다. 그 다음 세포는 두 개의 분열된 세포로 나뉜다. 단 하나의 염색체(반수체)만 포함돼 있다. 두 부모로부터 얻은 두 개의 반수체가 모여 총 염색체 수를 완성한다.

선택과 진화의 자연적 과정에서 일어나는 또 다른 흥미로운 사실은 돌연변이(mutation) 현상이다. 여기에서 유전자는 급격한 변화를 겪고 부모 중에는 존재하지 않는 완전히 새로운 유전자를 생성한다. 이 현상으로 인해 종이 더 다양해진다.

세대(generations)를 거치며 성을 통한 번식(reproduction)이 진화를 일으키고 가장 적절한 특성을 가진 생물이 더 많은 자손을 지니게 보장하는 역할을 한다.

유전 알고리즘

이제 유전 알고리즘을 어떻게 구현할 수 있는지 배워보자. 이 방법은 1975년에 존 홀랜드(John Holland)가 개발했다. 그의 학생 골드버그(Goldberg)는 가스 파이프라인을 통한 송달에 유전 알고리즘을 사용함으로써 최적화 문제를 해결하는 데 유전 알고리즘을 사용할 수 있음을 보여줬다. 그 이후로 유전 알고리즘은 지금까지 인기를 끌었고 다양한 다른 진화 프로그램에 영감을 주었다.

컴퓨터를 사용해 최적화 문제를 해결하는 일에 유전 알고리즘을 적용하려면 먼저 **문제 변수들을 유전자에 인코딩(encode the problem variables into genens)**해야 한다. 유전자는 실수의 문자열이거나 이진 비트 문자열(0과 1의 연속)이 될 수 있다. 이것은 잠재적인 해답을 (독립적으로) 나타내며 많은 해답들이 함께 시간 t에 개체군(population)을 형성한다. 예를 들어 (0, 255) 범위에 있는 두 변수 a와 b를 찾는 문제를 생각해 보자. 이진 유전자 표현을 위해 이 두 변수는 16비트 염색체로 표현될 수 있으며, 상위 8비트는 유전자 a를 표현하고 하위 8비트는 유전자 b를 표현한다. 이런 식으로 변수 a와 b의 값을 인코딩(encoding, 부호화)해 놓은 경우에는 나중에 변수 a와 b의 실제 값을 얻으려면 디코딩(decoding, 복호화)을 해야 한다.

유전 알고리즘의 두 번째 중요한 요구 사항은 잠재적인 해의 적합도 점수를 계산하는 적절한 **적합도함수**(fitness function)를 정의하는 것이다(앞의 예에서는 인코딩된 염색체의 적합도 값을 계산해야 함). 이것은 시스템의 최적 파라미터 집합이나 문제를 찾음으로써 최적화하고자 하는 기능이다. 문제에 따라 사용할 적합도함수가 달라진다. 예를 들어 진화의 자연적 과정에서 적합도함수는 생물체가 환경에서 작동하고 생존할 수 있는 능력을 나타낸다.

일단 문제에 대한 해법을 유전자에 인코딩하는 방식과 적합도함수가 결정되면, 유전 알고리즘은 다음 단계를 따라 수행된다.

1. **개체군 초기화(population initialization):** 있음직한 모든 해의 범위(즉, 검색 공간)를 산출하기 위해 모든 염색체가 무작위로 생성되는 초기 개체군(initial population, 즉 '초기 모집단')[17]을 만들어야 한다. 때로는 최적해를 찾을 수 있는 영역에 해를 마구잡이로 뿌려 볼 수 있다. 개체군의 크기는 문제의 성격에 따라 다르지만 일반적으로 염색체에 인코딩된 수백 가지 잠재적 해를 포함한다.

2. **부모 선택(parent selection):** 다음으로 적합도함수를 바탕으로(또는 무작위로) 각 후속 세대에 대해 기존 개체군의 특정 비율을 선택한다. 전체 개체군 중에 선택된 비율에 해당하는 개체군은 새로운 세대를 형성하기 위해 번식한다. 이것은 토너먼트 선택 방법에 의해 수행된다. 고정된 수의 개체(indivisuals)가 무작위로 선택되며(토너먼트 크기) 최상의 적합도 점수를 가진 개체가 부모 중 하나로 선택된다.

3. **생식(reproduction):** 다음으로 교차(crossover)나 돌연변이(mutation)와 같은 유전적 연산자를 통해 2단계에서 선정된 것들로부터 후속 세대를 생성한다. 이러한 유전적 연산자는 궁극적으로 초기 세대와 다른 염색체의 자식(차세대) 개체군을 초래하지만, 동시에 부모의 많은 특성을 공유한다.

4. **평가(evaluation):** 생성된 후손은 적합도함수를 사용해 평가되고, 개체군의 가장 적합하지 않은 개체를 대체해 개체군 크기를 변하지 않게 유지한다.

5. **종료(termination):** 평가 단계에서 객관적인 적합도 점수 또는 최대 세대 수에 도달한 자손이 있으면 유전 알고리즘 과정이 종료된다. 그렇지 않으면 단계 2에서 단계 4가 반복되어 다음 세대가 생성된다.

유전 알고리즘의 성공에 있어 중요한 두 가지 연산자는 교차와 돌연변이다.

교차

교차 연산을 수행하기 위해 두 부모의 염색체에서 무작위로 위치를 선택하고, 이 지점에서 두 염색체 사이에 확률 P_x로 유전자 정보를 교환한다. 이것이 두 개의 새 자손이 된다. 교차가 임의의 지점에서 발생할 때 이를 **일점 교차**(one-point crossover) 또는 **단일점 교차**(single point crossover)라고 한다.

---

17 (옮긴이) 생물학에서 말하는 개체군(population)이 통계학 용어로는 모집단에 해당한다. 그러므로 본문에 나오는 개체군을 모집단이라는 말로 이해해도 된다.

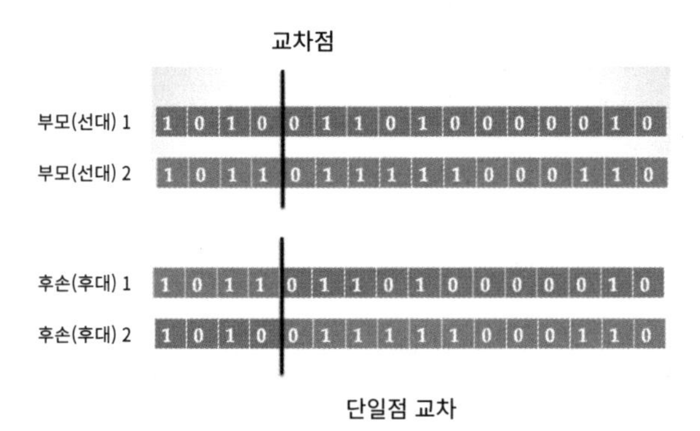

일점 교차: 부모의 염색체에서 무작위로 점이 선택되고 해당 유전자 비트가 바뀐다.

또한 부모의 유전자가 교환되는 점을 하나 이상 가질 수 있다. 이를 **다점 교차**(multi-point crossover)라고 한다.

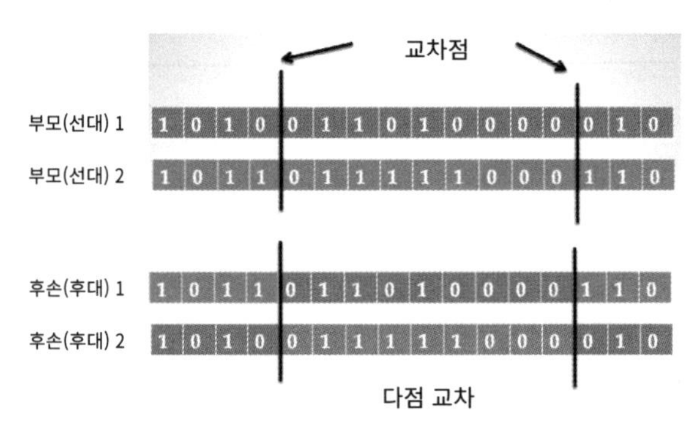

다점 교차: 부모의 유전자가 바뀌는 지점이 하나 이상 있다. 이것은 배점 교차(double-point crossover)의 예다.

사람들이 시도한 많은 교차 방법이 존재한다. 예를 들면 균일 교차(uniform crossover), 순서 기반 교차(order-based crossover), 순환 교차(cyclic crossover)가 있다.

돌연변이

교차 연산이 다양성을 보장하고 검색 속도를 높일 수는 있지만, 새로운 해를 생성하지는 않는다. 이러한 일을 담당하는 것은 돌연변이 연산자(mutation operator)이며, 이 연산자는 개체군의 다양성을 유지하거나 다양성을 도입하는 데 도움이 된다. 돌연변이 연산자는 확률 P_m에 따라 자식 염색체의 특정 유전자(비트)에 적용된다.

우리는 비트를 뒤집는 돌연변이를 가질 수 있다. 앞의 예제를 살펴보면 16비트 염색체에서 비트를 뒤집는 돌연변이가 단일 비트의 상태를 0에서 1로 또는 1에서 0으로 바뀌게 한다.

가능한 한 모든 값에 대해 우리가 유전자를 임의의 값으로 정해 둘 수도 있을 것이다. 이것을 **무작위 재설정**(random resetting)이라고 한다.

확률 P_m은 중요한 역할을 한다. P_m에 매우 낮은 값을 할당하면 유전적 표류(genetic drift)로 이어질 수 있지만, 한편으로 높은 P_m은 양호한 해의 손실을 초래할 수 있다. 우리는 알고리즘이 장기 적합도를 얻기 위해 단기 적합도를 희생하는 것을 배우도록 돌연변이 확률을 선택한다.

장점과 단점

유전 알고리즘은 멋지다. 맞다! 유전 알고리즘과 관련된 코드를 작성해 보기 전에 먼저 유전 알고리즘의 장단점을 알아보자.

장점

유전 알고리즘은 몇 가지 흥미로운 이점을 제공하며 전통적인 경사도 기반 접근 방식이 실패할 때도 결과를 생성할 수 있다.

- 변수를 사용해 연속변수나 이산변수를 최적화할 수 있다.
- 경사하강과 달리 도함수 정보가 필요하지 않으며, 또한 적합도함수가 연속적이고 미분가능일 필요가 없음을 의미한다.[18]
- 비용 곡면에서 광범위하게 표본추출을 해서 동시에 검색해 볼 수 있다.
- 계산 시간을 크게 늘리지 않고도 많은 변수를 다룰 수 있다.
- 개체군 생성 및 적합도 값 계산은 병렬로 수행할 수 있으므로 유전 알고리즘은 병렬 컴퓨터에 적합하다.
- 교차 및 돌연변이 연산자가 국소 최솟값(극솟값)에서 힘차게 밖으로 뛰어나가는 데(즉, 쉽게 벗어나는 데) 도움을 주기 때문에 위상 공간의 표면이 극도로 복잡할 때조차 연산을 할 수 있다. 유전 알고리즘은 하나 이상의 최적해를 제공할 수 있다.
- 수치적으로 생성된 데이터나 실험 데이터, 분석 함수와 함께 사용할 수 있다. 특히 대규모 최적화 문제에 적합하다.

18 (옮긴이) 다시 말하면, 적합도함수가 불연속적이고 미분 불가능한 경우에도 해를 찾아낼 수 있다는 말이다.

단점

앞서 언급한 장점에도 불구하고, 최적화 문제라면 무엇이든 풀어낼 수 있는 유전 알고리즘을 아직까지 찾아내지 못했다. 그 이유는 다음과 같다.

- 최적화 함수가 잘 작동하는 볼록 함수(또는 오목 함수)라면 경사도 기반 방법이 더 빠르게 수렴한다.
- 유전 알고리즘이 검색 공간을 더욱 광범위하게 커버하는 데 도움이 되는 많은 수의 해로 인해 수렴이 느려진다.
- 적합도함수를 설계하기가 어려울 수 있다.

분산 진화 알고리즘을 사용해 유전 알고리즘을 파이썬으로 코딩하기

이제 유전 알고리즘이 어떻게 작동하는지 이해했으니 문제를 해결해 보자. 이 알고리즘은 순회 외판원 문제와 같은 NP 난해(NP-hard) 문제를 해결하는 데 사용됐다. 개체군을 생성하고 교차를 수행하고 돌연변이 연산을 쉽게 수행하기 위해 **파이썬 분산 진화 알고리즘(distributed evolutionary algorithms in Python, DEAP)**을 사용할 것이다. 이 알고리즘은 멀티 프로세싱을 지원하며 다른 진화 알고리즘에도 사용할 수 있다. 다음을 사용해 PyPi에서 직접 DEAP을 내려받을 수 있다.

```
pip install deap
```

DEAP은 파이썬 3와 호환된다.

DEAP에 대한 자세한 내용은 깃허브 저장소(`https://github.com/DEAP/deap`) 및 이에 대한 사용자 안내서(`http://deap.readthedocs.io/en/master/`)를 참조하자.

단어 추측

이번에 작성할 프로그램에서 우리는 유전 알고리즘을 사용해 단어를 추측할 것이다. 유전 알고리즘은 단어의 글자 수를 알고 올바른 답을 찾을 때까지 그 글자를 추측한다. 여기서는 유전자를 하나의 영숫자로 표현하기로 결정한다. 즉, 이러한 문자의 문자열이 염색체를 구성한다. 그리고 적합도함수는 개체와, 정답 단어에 일치하는 문자의 합이다.

1. 첫 번째 단계로 필요한 모듈을 가져온다. string 모듈과 random 모듈을 사용해 (a-z, A-Z, 0-9)에서 임의의 문자를 생성하자. DEAP 모듈에서 creater, base, tools를 사용한다.

```
import string
import random

from deap import base, creator, tools
```

2. DEAP의 deep.base 모듈에서 상속받은 클래스를 만드는 일부터 시작한다. 함수를 최소화할 것인지 아니면 최대화할 것인지를 클래스에 알려줘야 한다. 이것은 가중치 파라미터를 사용해 수행된다. +1의 값은 최대화를 의미한다(최소화하려면 값을 -1.0로 지정). 다음 코드 줄은 함수를 최대화하는 FitnessMax 클래스를 만든다.

```
creator.create("FitnessMax", base.Fitness, weights=(1.0,))
```

3. 클래스 목록을 상속하는 Individual 클래스도 정의하고 DEAP 생성자 모듈에 FitnessMax를 적합도 속성으로 할당하게 지시한다.

```
creator.create("Individual", list, fitness=creator.FitnessMax)
```

4. 이제 Individual 클래스가 정의되면 기본 모듈에 정의된 DEAP 도구 상자가 사용된다. 이를 이용해 개체군을 만들고 유전자 풀을 정의한다. 지금부터는 개체, 개체군, 함수, 연산자, 인수 등 필요한 모든 객체들이 toolbox라는 컨테이너에 저장된다. register() 및 unregister() 메서드를 사용하는 도구상자 컨테이너에(또는 컨테이너로부터) 콘텐츠를 추가하거나 삭제할 수 있다.

```
toolbox = base.Toolbox()
# 유전자 풀
toolbox.register("attr_string", random.choice, string.ascii_letters + string.digits )
```

5. 유전자 풀이 어떻게 만들어지는지를 정의했으므로 이제 Individual 클래스를 반복적으로 사용해 개체(individual)를 만든 다음, 개체군(population)을 만든다. N 파라미터 생성을 담당하는 도구상자에 클래스를 전달해 생성할 유전자의 수를 알려준다.

```
# 단어 안에 있는 글자 개수
# 이 단어를 추측할 것이다.
word = list('hello')
N = len(word)
# 개체군을 초기화한다.
toolbox.register("individual", tools.initRepeat, \
                 creator.Individual, toolbox.attr_string, N )
toolbox.register("population", tools.initRepeat, list,
                                                   toolbox.individual)
```

6. fitness 함수를 정의한다. 반환문의 쉼표에 유의하자. 이것은 DEAP에 있는 적합도함수가 fitness 목적함수들을 허용하는 튜플로 반환되기 때문이다.

```
def evalWord(individual, word):
    return sum(individual[i] == word[i] for i in range(len(individual))),
```

7. 컨테이너에 적합도함수를 추가하자. 또한 교차 연산자, 돌연변이 연산자, 부모 선택 연산자를 추가하자. 이를 위해 레지스터 함수를 사용하고 있음을 볼 수 있다. 첫 번째 문장에서는 정의한 적합도함수를 추가 인수와 함께 등록한다. 다음으로 교차 연산을 등록한다. 그것은 여기서 2점 교차(cxTwoPoint)를 사용하고 있음을 나타낸다. 다음으로 돌연변이 연산자를 등록한다. 입력 개체의 속성을 확률 indpb=0.05로 섞는 mutShuffleIndexes 옵션을 선택한다. 마지막으로 부모를 어떻게 선택할지 정의한다. 여기서는 토너먼트 크기가 3인 토너먼트 선택 방법을 정의했다.

```
toolbox.register("evaluate", evalWord, word)
toolbox.register("mate", tools.cxTwoPoint)
toolbox.register("mutate", tools.mutShuffleIndexes, indpb=0.05) toolbox.register("select",
tools.selTournament, tournsize=3)
```

8. 이제 모든 성분을 가지고 있으므로 반복적인 방식으로 앞에서 언급한 단계를 수행할 유전 알고리즘 코드를 작성할 것이다.

```
def main():
    random.seed(64)
    # 초기 개체군의 개체 수를 300개 개체로 설정한다.
    pop = toolbox.population(n=300)
    # CXPB는 교차 확률이다.
    # MUTPB는 어떤 개체가 돌연변이를 할 확률이다.
    CXPB, MUTPB = 0.5, 0.2

    print("Start of evolution")

    # 전체 개체군을 평가하자.
    fitnesses = list(map(toolbox.evaluate, pop))
    for ind, fit in zip(pop, fitnesses):
        ind.fitness.values = fit

    print(" Evaluated %i individuals" % len(pop))

    # 개체의 모든 적합도를 추출해 리스트 한 개에 담는다.
    fits = [ind.fitness.values[0] for ind in pop]
```

```
# 세대 수를 추적해 보존하는 변수
g = 0

# 진화를 시작한다.
while max(fits) < 5 and g < 1000:
    # 새로운 세대
    g += 1
    print("-- Generation %i --" % g)

    # 다음 세대에 속한 개체들을 선택한다.
    offspring = toolbox.select(pop, len(pop))

    # 선택한 개체들을 복제한다.
    offspring = list(map(toolbox.clone, offspring))

    # 후손(후대)들을 대상으로 교차와 돌연변이를 적용한다.
    for child1, child2 in zip(offspring[::2], offspring[1::2]):

        # CXPB 확률에 맞춰 두 개체에 교차를 적용한다.
        if random.random() < CXPB:
            toolbox.mate(child1, child2)

        # 자식의 적합도 값들을
        # 나중에 다시 계산해야 한다.
        del child1.fitness.values
        del child2.fitness.values

    for mutant in offspring:
        # MUTPB 확률에 맞춰 개체들이 돌연변이를 하게 한다.

        if random.random() < MUTPB:
            toolbox.mutate(mutant)
            del mutant.fitness.values

# 유효하지 않은 적합도로 개체들을 평가한다.
invalid_ind = [ind for ind in offspring if not ind.fitness.valid]
fitnesses = map(toolbox.evaluate, invalid_ind)
for ind, fit in zip(invalid_ind, fitnesses):
    ind.fitness.values = fit
```

```
        print(" Evaluated %i individuals" % len(invalid_ind))

        # 전체 개체군이 후손들로 대체된다.
        pop[:] = offspring

        # 모든 적합도를 리스트 한 개에 담고 통계량을 표시한다.
        fits = [ind.fitness.values[0] for ind in pop]

        length = len(pop)
        mean = sum(fits) / length  sum2 = sum(x*x for x in fits)
        std = abs(sum2 / length - mean**2)**0.5

        print(" Min %s" % min(fits))
        print(" Max %s" % max(fits))
        print(" Avg %s" % mean)
        print(" Std %s" % std)

    print("-- End of (successful) evolution --")

    best_ind = tools.selBest(pop, 1)[0]
    print("Best individual is %s, %s" % (''.join(best_ind), best_ind.fitness.values))
```

9. 여기에서 이 유전 알고리즘의 결과를 볼 수 있다. 7세대를 거쳐 알맞은 단어에 도달했다.

```
Start of evolution
  Evaluated 300 individuals
-- Generation 1 --
  Evaluated 178 individuals
  Min 0.0
  Max 2.0
  Avg 0.22
  Std 0.4526956299030656
-- Generation 2 --
  Evaluated 174 individuals
  Min 0.0
  Max 2.0
  Avg 0.51
  Std 0.613650280425803
-- Generation 3 --
  Evaluated 191 individuals
  Min 0.0
  Max 3.0
  Avg 0.9766666666666667
  Std 0.6502221842484989
-- Generation 4 --
  Evaluated 167 individuals
  Min 0.0
  Max 4.0
  Avg 1.45
  Std 0.6934214687571574
-- Generation 5 --
  Evaluated 191 individuals
  Min 0.0
  Max 4.0
  Avg 1.9833333333333334
  Std 0.7765665171481163
-- Generation 6 --
  Evaluated 168 individuals
  Min 0.0
  Max 4.0
  Avg 2.48
  Std 0.7678541528180985
-- Generation 7 --
  Evaluated 192 individuals
  Min 1.0
  Max 5.0
  Avg 3.013333333333333
  Std 0.6829999186595044
-- End of (successful) evolution --
Best individual is hello, (5.0,)
```

DEAP에는 다양한 교차 도구와 다양한 돌연변이 연산자, 토너먼트 선택 방법을 선택할 수 있는 선택지가 있다. DEAP에서 제공하는 모든 진화 도구의 목록과 설명은 `http://deap.readthedocs.io/en/master/api/tools.html`에서 볼 수 있다.

CNN 아키텍처를 위한 유전 알고리즘

4장 '사물인터넷을 위한 딥러닝'에서 다층 퍼셉트론, CNN, RNN 등과 같은 다양한 딥러닝 모델을 배웠다. 이제 이 딥러닝 모델에서 유전 알고리즘을 어떻게 사용할 수 있는지 살펴볼 것이다. 유전 알고리즘을 사용하면 최적화된 가중치 및 편향치를 찾을 수 있으며, 실제로 그렇게 시도한 사람들도 있기는 하다. 그러나 유전 알고리즘을 딥러닝 모델과 연관지어 사용하는 가장 보편적인 방법은 최적의 하이퍼파라미터를 찾는 데 응용하는 것이다.

여기서는 유전 알고리즘을 사용해 최적의 CNN 아키텍처를 찾는다. 이 솔루션은 링시 시에(Lingxi Xie) 및 앨런 율(Alan Yuille)(https://arxiv.org/abs/1703.01513)의 「Genetic CNN」이라는 논문을 기반으로 한다. 첫 번째 단계는 문제의 올바른 표현(representation)을 찾는 것이다. 논문 저자들은 망 아키텍처에 대한 이진 문자열 표현을 제시했다. 망 계열들(즉, 하이퍼파라미터만 다른 망들)은 고정 길이 2진 문자열로 인코딩된다. 망은 S 스테이지로 구성되는데, s번째 스테이지를 s=1, 2,..., S로 나타내고, v_s, k_s로 표기된 K_s 노드를 여기서는 K_s=1, 2,..., K_s로 나타낸다. 각 단계의 노드는 순서대로 정렬되며 적절한 표현을 위해 낮은 번호의 노드에서 높은 번호의 노드로의 연결만 허용한다. 각 노드는 합성곱 계층 연산을 나타내며 배치 정규화와 ReLU 활성화가 뒤따른다. 비트 열의 각 비트는 하나의 합성곱 계층(노드)과 다른 노드 사이의 연결의 유무를 나타내며 비트의 순서는 다음과 같다. 첫 번째 비트는 $(v_s, 1, v_s, 2)$ 사이의 연결을 나타내고, 다음 두 비트는 $(v_s, 1, v_s, 3)$과 $(v_s, 2, v_s, 3)$을 나타내며, 뒤따르는 세 개 비트들은 $(v_s, 1, v_s, 3)$, $(v_s, 1, v_s, 4)$과 $(v_s, 2, v_s, 4)$ 등으로 나타내는 식이다.

이를 더 잘 이해하기 위해 스테이지가 두 개인 망을 고려해 보자(각 단계의 필터 및 필터 크기는 같다). 스테이지 S1이 네 개의 노드(즉, K_s=4)로 구성되어 있다고 가정한다면, 이 노드들을 인코딩하는 데 필요한 총 비트 수는 (4×3×½=) 6이 된다. 스테이지 1에서 합성곱 필터의 수는 32다. 우리는 또한 합성곱 연산이 이미지의 공간 차원을 변경하지 않도록 보장한다(예: 채우기를 same으로 설정). 다음 그림을 통해 인코딩된 각 비트 열과 해당 합성곱 계층 연결을 볼 수 있다. 빨간색으로 표시된 연결은 기본 연결이며 비트 문자열에 인코딩되지 않는다. 첫 번째 비트는 (a_1, a_2) 사이의 연결을 인코딩하고 다음 두 비트는 (a_1, a_3) 사이 그리고 (a_2, a_3) 사이의 연결을 인코딩하며 마지막 세 비트는 (a_1, a_4) 사이, (a_2, a_4) 사이, 그리고 (a_3, a_4) 사이의 연결을 인코딩한다.

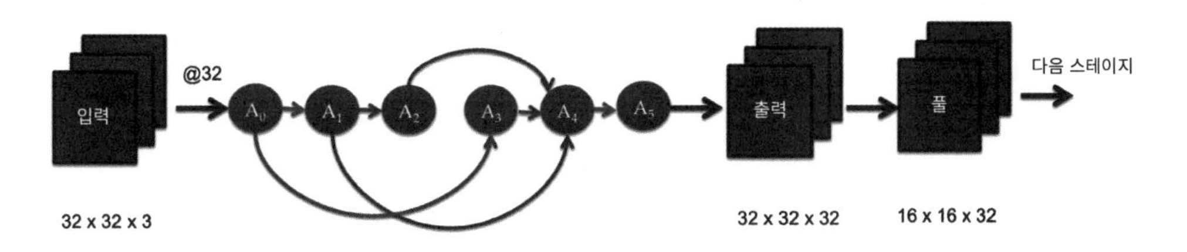

인코딩된 비트 문자열과 해당 합성곱 계층 연결

스테이지 1은 **32×32×3** 입력을 취하는데, 이 스테이지의 모든 합성곱 노드에 32개 필터가 있다. 빨간색 연결은 비트 문자열에 인코딩되지 않은 기본 연결이다. 녹색 연결은 인코딩된 비트 문자열 1-00-111에 따른 연결을 나타낸다. 스테이지 1의 출력은 풀링 계층으로 옮겨 가고 공간 차원에서 절반으로 감소한다.

스테이지 2는 5개의 노드를 가지므로 (5×4×½=)10비트가 필요하다. **16×16×32**차원으로 이뤄진 스테이지 1에서 입력을 받는다. 이제 스테이지 2에서 합성곱 필터 수가 64개가 되면 풀링 후 출력은 8×8×64가 된다.

여기에 제시된 코드는 `https://github.com/aqibsaeed/Genetic-CNN`에서 가져온 것이다. 그래프 구조를 표현할 필요가 있기 때문에 망의 형태는 **유향 비순환 그래프(directed acyclic graph, DAG, 방향성 비순환 그래프)**로 되어 있다. DAG를 나타내기 위해 우리는 DAG 클래스를 정의하는데, 이 안에서 새 노드(node)를 추가하는 메서드, 기존 노드를 삭제하는 메서드, 두 노드 사이의 에지(edge, 변)를 추가(연결)하는 메서드, 두 노드 간의 변을 삭제하는 메서드를 정의한다. 이 외에도 노드 선행자(node predecessor), 노드가 연결된 노드, 그래프의 리프(leaf, 잎) 목록을 찾기 위한 메서드가 정의된다. 전체 코드는 `dag.py`에 있으며 깃허브 링크에서 액세스할 수 있다.

주요 코드는 `Genetic_CNN.ipynb`라는 이름으로 된 주피터 노트북에 있다.[19] 우리는 유전 알고리즘을 실행하기 위해 DEAP 라이브러리를 사용하고, 유전 알고리즘에 의해 구축된 그래프로부터 CNN을 생성하기 위해 텐서플로를 사용한다. 적합도함수는 정확도를 나타낸다. 이 코드는 MNIST 데이터셋(**4장 '사물인터넷을 위한 딥러닝'**에서 사용된 손글씨 숫자로, 텐서플로 라이브러리에서 직접 액세스하는 손글씨 숫자)에서 가장 높은 정확도를 제공하는 CNN을 찾기 위해 제작됐다.

19 (옮긴이) 원서에는 노트북에 담긴 코드가 있었지만, 역서에는 해당 코드를 개선한 GeneticCNN.py를 실었다. 혹시 이 역서에 실린 코드에 문제가 있다면 깃허브에 있는 코드를 다시 살펴보기 바란다.

1. 첫 번째 단계는 모듈을 가져오는 것이다. 여기서는 DEAP 및 텐서플로가 필요하며 dag.py에서 만든 DAG 클래스와 표준 Numpy 모듈과 Random 모듈을 가져온다.

```
import random
import numpy as np

from deap import base, creator, tools, algorithms
from scipy.stats import bernoulli
from dag import DAG, DAGValidationError

import tensorflow as tf
from tensorflow.examples.tutorials.mnist import input_data
```

2. 텐서플로 예제 라이브러리에서 직접 데이터를 읽는다.

```
mnist = input_data.read_data_sets("MNIST_data/", one_hot=True)
train_imgs = mnist.train.images
train_labels = mnist.train.labels
test_imgs = mnist.test.images
test_labels = mnist.test.labels

train_imgs = np.reshape(train_imgs, [-1, 28, 28, 1])
test_imgs = np.reshape(test_imgs, [-1, 28, 28, 1])
```

3. 이제 망 정보를 보유할 비트 데이터 구조를 구축한다. 여기서 설계하는 망은 스테이지 1에 세 개의 노드(3비트), 스테이지 2에 네 개의 노드(4비트), 스테이지 3에 다섯 개의 노드(5 비트)가 있는 3차 스테이지 망이다. 따라서 하나의 개체는 3+6+10=19비트의 이진 문자열로 표현된다.

```
L = 0 # 유전체(즉, 게놈)의 길이
BITS_INDICES, l_bpi = np.empty((0, 2), dtype=np.int32), 0  # 각 스테이지 S에 대한 비트들을 추적하기 위한 것임
for nn in NUM_NODES:
    t = nn * (nn - 1)
    BITS_INDICES = np.vstack([BITS_INDICES, [l_bpi, l_bpi + int(0.5 * t)]])
    l_bpi = int(0.5 * t)
    L += t
L = int(0.5 * L)

TRAINING_EPOCHS = 20
BATCH_SIZE = 20
TOTAL_BATCHES = train_imgs.shape[0] # BATCH_SIZE
```

4. 이제 인코딩된 비트 문자열에 따라 그래프를 작성한다. 이것은 유전 알고리즘을 위한 개체군을 만드는 데 도움이 된다. 먼저, CNN을 구축하는 데 필요한 함수를 정의한다(weight_variable: 합성곱 노드의 가중치 변수 만들기, bias_variable: 합성곱 노드의 편향치 변수 만들기, apply_convolution: 합성곱 작업을 수행하는 함수, apply_pool: 각 스테이지 이후에 풀링 연산을 수행하는 함수, linear_layer: 이 함수를 사용해 마지막으로 완전연결 계층을 만든다).

```
def weight_variable(weight_name, weight_shape):
    return tf.Variable(tf.truncated_normal(weight_shape, stddev=0.1),\
                                                   name=''.join(["weight_", weight_name]))


def bias_variable(bias_name, bias_shape):
    return tf.Variable(tf.constant(0.01, shape=bias_shape), \
                          name=''.join(["bias_", bias_name]))


def linear_layer(x, n_hidden_units, layer_name):
    n_input = int(x.get_shape()[1])
    weights = weight_variable(layer_name, [n_input, n_hidden_units])
    biases = bias_variable(layer_name, [n_hidden_units])
    return tf.add(tf.matmul(x, weights), biases)


def apply_convolution(x, kernel_height, kernel_width, in_channels, \
                           out_chanels, layer_name):
    weights = weight_variable(layer_name, \
                                     [kernel_height, kernel_width, in_channels, out_chanels])
    biases = bias_variable(layer_name, [out_chanels])
    return tf.nn.relu(tf.add(tf.nn.conv2d(x, weights, [1, 2, 2, 1], padding="SAME"), \
                         biases))


def apply_pool(x, kernel_height, kernel_width, stride_size):
    return tf.nn.max_pool(x, ksize=[1, kernel_height, kernel_width, 1],
                          strides=[1, stride_size, stride_size, 1], padding="SAME")
```

5. 이제 인코딩된 비트 문자열을 기반으로 망을 구축할 수 있다. 따라서 generate_dag 함수를 사용해 DAG를 생성한다.

```
def generate_dag(optimal_indvidual, stage_name, num_nodes):
    # 그래프의 노드들을 만든다
```

```
    nodes = np.empty((0), dtype = np.str)
    for n in range(1,(num_nodes + 1)):
        nodes = np.append(nodes,''.join([stage_name,"_", str(n)]))
    # 비순환 유향 그래프(DAG)를 초기화하고 노드들을 이 그래프에 추가한다.

    dag = DAG()
    for  n  in  nodes:
        dag.add_node(n)

    # 정점들(즉, 노드들)에 대한 연결을 식별하고 DAG에 연결하기 위해
    # 유전 알고리즘을 통해 가장 좋은 개체를 나눈다.
    edges = np.split(optimal_indvidual, np.cumsum(range(num_nodes - 1)))[1:]
    v2 = 2
    for e in edges:
        v1 = 1
        for i in e:
            if  i:
                dag.add_edge(''.join([stage_name,"_", str(v1)]),\
                                  ''.join([stage_name, "_", str(v2)]))
            v1 += 1
        v2 += 1

    # DAG로부터 다른 노드로 연결되지 않은 노드들을 삭제한다.
    for n in nodes:
        if len(dag.predecessors(n)) == 0 and len(dag.downstream(n))== 0:
            dag.delete_node(n)
            nodes = np.delete(nodes, np.where(nodes == n)[0][0])

    return dag, nodes
```

6. 생성된 그래프는 텐서플로 그래프를 작성하는 데 사용된다. generate_tensorflow_graph 함수를 사용하자. 이 함수는 add_node 함수를 사용해 합성곱 계층을 추가한다. sum_tensors 함수는 하나 이상의 합성곱 계층의 입력을 결합한다.

```
def generate_tensorflow_graph(individual, stages, num_nodes, bits_indices):
    activation_function_pattern = "/Relu:0"
    tf.reset_default_graph()
    X = tf.placeholder(tf.float32, shape = [None,28,28,1], name = "X")
    Y = tf.placeholder(tf.float32,[None,10], name = "Y")

    d_node = X
    for  stage_name, num_node, bpi  in zip(stages, num_nodes, bits_indices):
```

```
indv = individual[bpi[0]:bpi[1]]

ic = 1
oc = 1
if stage_index == 0:
    add_node(''.join([stage_name, "_input"]), d_node.name, ic=1, oc=20)
    ic = 20
    oc = 20
elif stage_index == 1:
    add_node(''.join([stage_name, "_input"]), d_node.name, ic=20, oc=50)
    ic = 50
    oc = 50

pooling_layer_name = ''.join([stage_name, "_input", \
                                              activation_function_pattern])

if not has_same_elements(indv):
# --------------------- 유전자 알고리즘 솔루션에 의해 암시된
# 모든 연결을 유지하는 임시 DAG ----------------------------

# 그래프 내의 DAG와 노드들을 입수한다.
dag, nodes = generate_dag(indv, stage_name, num_node)

# 선행 노드 없이 노드들을 가져오면, 이 노드들은 입력 노드에 연결된다.
without_predecessors = dag.ind_nodes()

# 후속 노드 없이 노드들을 가져오면, 이 노드들은 출력 노드에 연결된다.
without_successors = dag.all_leaves()

# ------------------------------------------------------------------------------- #

# ----------- DAG를 바탕으로 텐서플로 그래프를 초기화한다.---------------#
for wop in without_predecessors:
    add_node(wop, ''.join([stage_name, "_input", \
                                 activation_function_pattern]), ic=ic, oc=oc)

for n in nodes:
    predecessors = dag.predecessors(n)
    if len(predecessors) == 0:
```

```
                continue
            elif len(predecessors) > 1:
                first_predecessor = predecessors[0]
                for prd in range(1, len(predecessors)):
                    t = sum_tensors(first_predecessor, predecessors[prd], \
                                    activation_function_pattern)
                    first_predecessor = t.name
                add_node(n, first_predecessor, ic=ic, oc=oc)
            elif predecessors:
                add_node(n, ''.join([predecessors[0], activation_function_pattern]), \
                         ic=ic, oc=oc)

        if len(without_successors) > 1:
            first_successor = without_successors[0]
            for suc in range(1, len(without_successors)):
                t = sum_tensors(first_successor, without_successors[suc], \
                                activation_function_pattern)
                first_successor = t.name
            add_node(''.join([stage_name, "_output"]), first_successor, ic=ic, oc=oc)
        else:
            add_node(''.join([stage_name, "_output"]),
                     ''.join([without_successors[0], activation_function_pattern]), \
                     ic=ic, oc=oc)

        pooling_layer_name = ''.join([stage_name, "_output", \
                                      activation_function_pattern])
        # ------------------------------------------------------------------------ #

        d_node =apply_pool(tf.get_default_graph().\
                           get_tensor_by_name(pooling_layer_ name), \
                           kernel_height=2, kernel_width=2, stride_size = 2)

    shape = d_node.get_shape().as_list()
    flat = tf.reshape(d_node, [-1, shape[1] * shape[2] * shape[3]])
    logits500 = tf.nn.dropout(linear_layer(flat, 500, "logits500"), 0.5, \
                              name="dropout")
    logits = linear_layer(logits500, 10, "logits")
    xentropy = tf.nn.softmax_cross_entropy_with_logits(logits=logits, labels=Y)
```

```
    loss_function = tf.reduce_mean(xentropy)
    optimizer = tf.train.AdamOptimizer().minimize(loss_function)
    accuracy = tf.reduce_mean(tf.cast(tf.equal(tf.argmax(tf.nn.softmax(logits), 1), \
                              tf.argmax(Y, 1)), tf.float32))

    return X, Y, optimizer, loss_function, accuracy

# 노드들을 더하기 위한 함수
def add_node(node_name, connector_node_name, h=5, w=5, ic=1, oc=1):
    with tf.name_scope(node_name) as scope:
        conv = apply_convolution(tf.get_default_graph()\
                   .get_tensor_by_name(connector_node_name),
                   kernel_height=h, kernel_width=w, in_channels=ic, out_chanels=oc,
                   layer_name=''.join(["conv_", node_name]))

def sum_tensors(tensor_a, tensor_b, activation_function_pattern):
    if not tensor_a.startswith("Add"):
        tensor_a = ''.join([tensor_a, activation_function_pattern])

    return tf.add(tf.get_default_graph().get_tensor_by_name(tensor_a),
                  tf.get_default_graph().get_tensor_by_name(''.join([tensor_b,
                                                     activation_function_pattern])))

def has_same_elements(x):
    return len(set(x)) <= 1
```

7. 적합도함수는 생성된 CNN 아키텍처의 정확성을 평가한다.

```
def evaluateModel(individual):
    score = 0.0
    X, Y, optimizer, loss_function, accuracy = \
        generate_tensorflow_graph(individual, STAGES, NUM_NODES, BITS_INDICES)

    with tf.Session() as session:
        tf.global_variables_initializer().run()
        for epoch in range(TRAINING_EPOCHS):
            for b in range(TOTAL_BATCHES):
                offset = (epoch * BATCH_SIZE) % (train_labels.shape[0] - BATCH_SIZE)
                batch_x = train_imgs[offset:(offset + BATCH_SIZE), :, :, :]
```

```
            batch_y = train_labels[offset:(offset + BATCH_SIZE), :]
            _, c = session.run([optimizer, loss_function], \
                                    feed_dict={X: batch_x, Y: batch_y})

        score = session.run(accuracy, feed_dict={X: test_imgs, Y: test_labels})
        print('Accuracy: ', score)

    return score,
```

8. 이제 유전 알고리즘을 구현할 준비가 됐다. 예제에 나오는 적합도함수는 최대(max) 함수가 될 텐데(`weights=(1.0,)`), 베르누이 분포(`bernoulli.rvs`)를 사용해 이진 문자열을 초기화하면 길이 L=190|고, 20개 개체로 구성된 각 개체군과 함께 각 개체가 생성된다. 이번에는 첫 번째 부모로부터 하위 문자열을 선택해 동일한 위치에 있는 하위 문자열로 복사하는 순서 교차(ordered crossover) 하나를 선택했다. 나머지 위치는 두 번째 부모로부터 채워져 하위 문자열의 노드가 반복되지 않도록 한다. 이전과 같은 돌연변이 연산자인 `midShuffleIndexes`는 보존한다. 이에 따라 토너먼트 선택은 룰렛 휠 선택 방법(roulette wheel selection method, 돌림판을 사용한 선택 방법)을 사용해 선택하는 `selRoulette`이다(k개 개체를 뽑고 그중에서 가장 건강한 개체를 선택한다). 이번에는 유전자 알고리즘을 코딩하는 대신 기본 유전 알고리즘인 DEAP eaSimple 알고리즘을 사용한다.

```
population_size = 20
num_generations = 3

creator.create("FitnessMax", base.Fitness, weights=(1.0,))
creator.create("Individual", list, fitness=creator.FitnessMax)

toolbox = base.Toolbox()
toolbox.register("binary", bernoulli.rvs, 0.5)
toolbox.register("individual", tools.initRepeat, creator.Individual, toolbox.binary, n=L)
toolbox.register("population", tools.initRepeat, list, toolbox.individual)

toolbox.register("mate", tools.cxOrdered)
toolbox.register("mutate", tools.mutShuffleIndexes, indpb=0.8)
toolbox.register("select", tools.selRoulette)
toolbox.register("evaluate", evaluateModel)

popl = toolbox.population(n=population_size)
result = algorithms.eaSimple(popl, toolbox, cxpb=0.4, mutpb=0.05, ngen=num_generations,
                             verbose=True)
print(result)
```

9. 알고리즘을 처리하는 데는 다소 시간이 걸린다. i7에서 NVIDIA 1070 GTX GPU를 사용했을 때 약 1.5시간이 걸렸다. 가장 좋은 세 가지 해법은 다음과 같다.

```
best_individuals = tools.selBest(popl, k = 3)
for bi in best_individuals:
    print(bi)
```

```
[0, 1, 0, 1, 0, 0, 0, 0, 1, 1, 1, 0, 0, 0, 1, 0, 1, 0, 0]
[1, 0, 0, 0, 1, 0, 1, 0, 0, 0, 1, 0, 1, 1, 1, 1, 1, 1, 0]
[0, 1, 0, 1, 0, 0, 0, 0, 1, 1, 1, 0, 1, 1, 1, 1, 1, 1, 0]
```

LSTM 최적화를 위한 유전 알고리즘

유전적 CNN에서 우리는 최적의 CNN 구조를 추정하기 위해 유전 알고리즘을 사용한다. 유전적 RNN에서는 최적의 RNN의 하이퍼파라미터, 창 크기, 은닉 유닛 개수를 알아내기 위해 유전 알고리즘을 사용할 것이다. 모델의 **제곱근 평균 제곱 오차(root-mean-square error, RMSE)**를 줄이는 파라미터를 찾을 것이다.

하이퍼파라미터들의 창 크기 및 유닛 개수의 경우에 창 크기는 6비트로, 유닛 개수는 4비트의 이진 문자열로 다시 인코딩된다. 따라서 전체 인코딩된 염색체는 10비트가 된다. LSTM은 케라스를 사용해 구현된다.

구현한 코드는 `https://github.com/aqibsaeed/Genetic-Algorithm-RNN`에서 가져온 것이다.

1. 필요한 모듈을 가져온다. 이번에는 케라스를 사용해 LSTM 모델을 구현한다.

```
import numpy as np
import pandas as pd
from sklearn.metrics import mean_squared_error
from sklearn.model_selection import train_test_split as split

from keras.layers import LSTM, Input, Dense
from keras.models import Model

from deap import base, creator, tools, algorithms
from scipy.stats import bernoulli
from bitstring import BitArray

np.random.seed(1120)
```

2. LSTM에 필요한 데이터셋은 시계열 데이터여야 하며, 예제에서는 캐글(https://www.kaggle.com/c/GEF2012-wind-forecasting/data)의 풍력 예측 데이터를 사용한다.

```
data = pd.read_csv('train.csv')
data = np.reshape(np.array(data['wp1']),(len(data['wp1']),1))

train_data = data[0:17257]
test_data = data[17257:]
```

3. 선택한 window_size에 따라 데이터셋을 준비하는 함수를 정의한다.

```
def prepare_dataset(data, window_size):
    X, Y = np.empty((0, window_size)), np.empty((0))
    for i in range(len(data) - window_size-1):
        X = np.vstack([X, data[i:(i + window_size),0]])
        Y = np.append(Y, data[i + window_size,0])
    X = np.reshape(X, (len(X), window_size, 1))
    Y = np.reshape(Y, (len(Y), 1))
    return X, Y
```

4. train_evaluate 함수는 주어진 개체에 대한 LSTM 망을 만들고 RMSE 값(적합도함수)을 반환한다.

```
def train_evaluate(ga_individual_solution):
    # window_size 및 num_units에 대한 유전 알고리즘 해를 정수로 디코딩한다.
    window_size_bits = BitArray(ga_individual_solution[0:6])
    num_units_bits = BitArray(ga_individual_solution[6:])
    window_size = window_size_bits.uint
    num_units = num_units_bits.uint
    print('\nWindow Size: ', window_size, ', Num of Units: ', num_units)

    # window_size나 num_unit이 0이면 적합도 점수를 100으로 반환한다.
    if window_size == 0 or num_units == 0:
        return 100,

    # 새 window_size를 기반으로 train_data 훈련용과 검증용으로 분리한다(80:20).
    X, Y = prepare_dataset(train_data, window_size)
    X_train, X_val, y_train, y_val = split(X, Y, test_size = 0.20,
                                            random_state = 1120)

    # LSTM 모델을 훈련하고 검증 집합을 가지고 예측을 수행한다.
    inputs = Input(shape=(window_size,1))
```

```
    x = LSTM(num_units, input_shape=(window_size,1))(inputs)
    predictions = Dense(1, activation='linear')(x)
    model = Model(inputs=inputs, outputs=predictions)
    model.compile(optimizer='adam', loss='mean_squared_error')
    model.fit(X_train, y_train, epochs=5, batch_size=10, shuffle=True)
    y_pred = model.predict(X_val)

    # GA에 대한 적합도 점수로 쓸 RMSE 점수를 계산한다.
    rmse = np.sqrt(mean_squared_error(y_val, y_pred))
    print('Validation RMSE: ', rmse,'\n')

    return rmse,
```

5. 다음으로, DEAP 도구를 사용해 개체를 정의한다(염색체가 10비트 길이인 이진 인코딩된 문자열로 표시되기 때문에 베르누이 분포를 사용한다). 개체군을 생성하고, 순서 교차(ordered crossover)를 사용하고, mutShuffleIndexs 변이를 사용하고, 부모 선택을 위해 룰렛 휠 선택 방법을 사용한다.

```
population_size = 4
num_generations = 4
gene_length = 10

# RMSE 점수를 최소화하기 위해 노력하고 있기 때문에 -1.0을 사용하는 것이다.
# 예를 들어 정확도를 극대화하려면 1.0을 사용하라.

creator.create('FitnessMax', base.Fitness, weights = (-1.0,))
creator.create('Individual', list, fitness = creator.FitnessMax)

toolbox = base.Toolbox()
toolbox.register('binary', bernoulli.rvs, 0.5)
toolbox.register('individual', tools.initRepeat, creator.Individual, toolbox.binary, \
                 n = gene_length)
toolbox.register('population', tools.initRepeat, list, toolbox.individual)

toolbox.register('mate', tools.cxOrdered)
toolbox.register('mutate', tools.mutShuffleIndexes, indpb = 0.6)
toolbox.register('select', tools.selRoulette)
toolbox.register('evaluate', train_evaluate)

population = toolbox.population(n = population_size)
```

```
r = algorithms.eaSimple(population, toolbox, cxpb = 0.4, mutpb = 0.1, \
                                ngen = num_generations, verbose = False)
```

6. 다음과 같이 최적해를 얻는다.

```
best_individuals = tools.selBest(population, k = 1)
best_window_size = None
best_num_units = None

for bi in best_individuals:
    window_size_bits = BitArray(bi[0:6])
    num_units_bits = BitArray(bi[6:])
    best_window_size = window_size_bits.uint
    best_num_units = num_units_bits.uint
    print('\nWindow Size: ', best_window_size, ', Num of Units: ', best_num_units)
```

7. 마지막으로 최상의 LSTM 해를 구현한다.

```
X_train, y_train = prepare_dataset(train_data, best_window_size)
X_test, y_test = prepare_dataset(test_data, best_window_size)

inputs = Input(shape=(best_window_size,1))
x = LSTM(best_num_units, input_shape=(best_window_size,1))(inputs)
predictions = Dense(1, activation='linear')(x)
model = Model(inputs = inputs, outputs = predictions)
model.compile(optimizer='adam', loss='mean_squared_error')
model.fit(X_train, y_train, epochs=5, batch_size=10, shuffle=True)
y_pred = model.predict(X_test)

rmse = np.sqrt(mean_squared_error(y_test, y_pred))
print('Test RMSE: ', rmse)
```

드디어 마쳤다! 이제 풍력 예측을 위한 최상의 LSTM 망을 갖게 되었다.

요약

이번 장에서는 흥미롭게도 자연을 모방해 만든 알고리즘 계열인 유전 알고리즘을 소개했다. 결정론적 모델부터 경사도 기반 알고리즘, 진화 알고리즘에 이르기까지 다양한 표준 최적화 알고리즘을 다뤘다. 자연 선택을 통한 진화의 생물학적 과정도 다뤘다. 최적화 문제를 유전 알고리즘에 적합한 형태로 변환하는 법 또한 배웠다. 교차와 돌연변이, 유전 알고리즘의 두 가지 매우 중요한 작업을 설명했다. 교차와 돌연변이의 모든 방법을 광범위하게 다룰 수는 없지만, 인기 있는 몇 가지 방법을 알아봤다.

우리는 배운 내용을 세 가지 매우 다른 최적화 문제에 응용해 보았다. 배운 내용을 바탕으로 단어를 추측해 보았다. 예제는 5글자 단어로 되어 있었다. 단순한 브루트 포스(brute force, 무차별 대입법)를 사용했다면 615개인 검색 공간을 검색해야 했다. 우리는 유전 알고리즘을 사용해 CNN 아키텍처를 최적화해 보았다. 19비트 크기로 구성돼 있다면 검색 공간은 2^{19}이 된다. 그런 다음에, LSTM 망에 필요한 최적의 하이퍼파라미터를 찾는 데 사용했다.

다음 장에서는 강화학습이라는 또 다른 흥미로운 학습 패러다임을 논의해 볼 생각이다. 강화학습 또한 본질적으로 지도학습을 하지 않는다는 점에서 보면 또 다른 자연 학습 패러다임이라고 할 수 있는데, 사람인 우리는 지도학습 방식으로 학습하기보다는 오히려 환경과 상호작용을 하며 강화학습 방식으로 배우는 게 더 많은 편이다. 이와 같은 방식으로, 강화학습에 동원되는 에이전트에게도 에이전트가 어떤 행동을 한 후에 환경으로부터 받는 상과 벌에 관한 것 외에는 어떤 정보도 주어지지 않는다.

06

사물인터넷을 위한 강화학습

강화학습(reinforcement learning, RL)은 지도학습이나 비지도학습과 사뭇 다르다. 강화학습은 대부분의 생명체들이 학습을 하는 방식으로 환경과 상호작용하면서 배우는 방식이다. 이번 장에서는 강화학습에 사용되는 여러 가지 알고리즘을 연구한다. 이번 장에서 여러분은 다음과 같은 과제를 수행하게 될 것이다.

- 강화학습이 무엇인지, 그리고 지도학습과 비지도학습의 다른 점을 배운다.
- 강화학습의 다양한 요소들을 배운다.
- 실제 세계에서 강화학습의 매력적인 애플리케이션을 배운다. 강화학습 에이전트를 훈련하기 위한 OpenAI 인터페이스를 이해한다.
- Q 학습을 배우고 강화학습 에이전트를 훈련하는 데 사용한다.
- 심층 Q 망을 알아보고 에이전트를 훈련해 아타리 게임을 훈련한다.
- 정책 경사 알고리즘을 배우고 이를 사용한다.

소개

아기를 보살피면서 아기들이 몸을 뒤집고 앉고 기고 서는 것을 배우는 방법을 본 적이 있는가? 새끼 새들이 나는 법을 어떻게 배우는지 본 적이 있는가? 어미 새가 새끼 새를 둥지에서 던지면 새끼 새는 한동안 날개를 펄럭이다가 서서히 나는 법을 배운다. 이 모든 학습에는 다음 요소가 포함된다.

- **시행착오**: 아기는 여러 가지 방법을 시도해 보며 실패를 거듭하다가 마침내 성공한다.
- **목표지향**: 모든 노력은 특정 목표에 달려 있다. 인간 아기의 목표는 기어 다니는 것이고 새끼 새는 나는 게 목표다.
- **환경과 상호작용**: 그들이 얻을 수 있는 유일한 피드백은 환경이다.

https://www.youtube.com/watch?v=f3xWaOkXCSQ는 어린이가 기는 방법을 배워 나가는 장면을 아름답게 담아낸 동영상이다.

기는 법을 배우는 인간 아기나 나는 법을 배우는 새끼 새는 자연에서 강화학습을 하는 예다.

(인공지능이라는 면에서 볼 때) 강화학습은 어떤 이상적인 조건에서 환경과의 상호작용에서 목표 지향 학습 및 의사결정에 대한 계산적 접근법으로 정의할 수 있다. 학습을 수행하기 위해 다양한 컴퓨터 알고리즘을 사용할 것이므로 좀 더 자세히 알아보자. 이는 전자계산학적 접근법에 해당한다. 뒤에서 설명할 모든 예에서 학습자 역할을 하는 에이전트는 달성하려는 특정 목표를 가지고 있다. 이는 목표 지향적 접근 방식에 해당한다. 강화학습 에이전트는 명시적인 지침을 제공받지 않으며, 환경과 상호작용을 함으로써만 학습한다. 다음 그림과 같이 환경과의 상호작용은 순환 과정이다. **에이전트(agent, 행위자)**는 **환경(environment)**의 상태를 감지할 수 있으며, 에이전트는 환경상에서 이뤄지는 명료하게 잘 정의된 행동들을 수행할 수 있는데, 이에 따라 첫째로 환경 상태의 변화를 일으키고, 둘째로 (이상적인 조건들 하에서의) 보상이 생성된다. 이 순환은 계속된다.

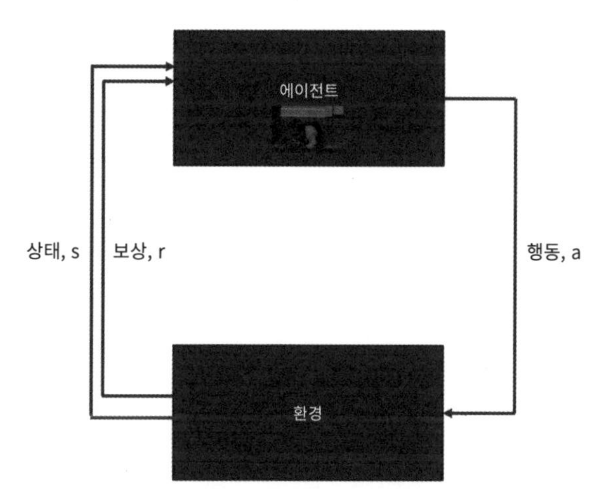

에이전트와 환경 간의 상호작용

지도학습과 달리 에이전트에게는 사례(examples)가 제공되지 않는다. 에이전트는 올바른 행동이 무엇인지 알지 못한다. 입력으로부터 독특한 구조를 찾아내는 비지도학습 방식과 달리, 에이전트는 장기적으로 보상을 최대화하는 것을 목표로 삼는다(에이전트도 학습을 통해서 어떤 구조를 찾아 낼 수도 있기는 하지만, 그것이 목표는 아니다).

강화학습 용어

다른 알고리즘을 배우기 전에 강화학습 용어에 익숙해지자. 예를 들어, 미로에서 나갈 길을 찾는 에이전트와 **운전 차량(즉, 자율주행차)**의 운전대를 조종하는 에이전트라는 두 가지 예를 생각해 보자. 이 두 가지가 다음 도표에 설명돼 있다.

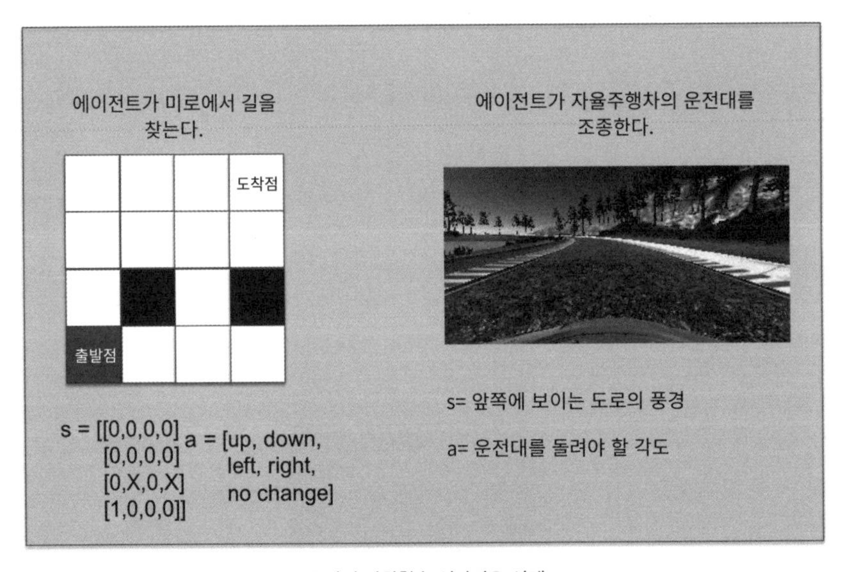

두 가지 강화학습 시나리오 사례

학습 진도를 더 빼기 전에 일반적인 강화학습 용어부터 알아보자.

- **상태** s: 상태(states)는 환경에 존재할 수 있는 모든 상태를 정의할 수 있다고 할 때, 이러한 상태들을 나타내는 일련의 토큰(또는 표현)으로 생각할 수 있다. 상태는 연속적이거나 분리될 수 있다. 예를 들어 미로 속에서 경로를 찾는 에이전트의 경우에 상태를 크기가 4×4인 배열로 표현할 수 있다고 할 때, 여기서 0은 빈 칸을 나타내고 1은 에이전트가 자리잡고 있는 한 칸을 나타내며 X는 에이전트가 들어갈 수 없는 칸을 나타냈다고 한다면, 여기에 나오는 각 상태는 본질적으로 이산적이다. 운전대를 조종하는 에이전트의 경우, 자율주행차(self-driving car, SDC)의 앞쪽으로 보이는 풍경이 상태에 해당한다. 이 풍경에 해당하는 이미지에는 값이 연속되는 픽셀들이 들어 있다.

- **행동 $a(s)$:** 행동(actions)은 에이전트가 특정 상태에서 할 수 있는 일들을 모두 나타낸 집합이다. 할 수 있는 행동들의 집합인 a는 현재 상태 s에 따라 달라진다. 행동으로 인해 상태가 변경될 수도 있지만, 그렇지 않을 수도 있다. 행동들은 이산적일 수도 있고 연속적일 수도 있다. 예를 들면, 격자 꼴로 된 미로 속에 있는 에이전트라면 다섯 가지 이산적 행동(**위로 가기, 아래로 가기, 왼쪽으로 가기, 오른쪽으로 가기, 제 자리에 머무르기**)을 수행할 수 있다. 한편, 자율주행차를 운전하는 에이전트는 운전대의 각도를 연속으로 변화시켜 운전대를 돌릴 수 있다.

- **보상 $r(s, a, s')$:** 에이전트가 특정 행동을 선택해서 할 때 환경이 되돌려주는 스칼라 값이 보상이다. 보상(rewards)으로 목표를 정의한다. 에이전트는 자신의 행동으로 인해 목표에 가까워지면 더 높은 보상을, 그렇지 않으면 낮은(또는 부정적인) 보상을 받는다. 보상을 정의하는 방법은 전적으로 우리에게 달려 있다. 미로의 경우에 에이전트의 현재 위치와 목표 사이의 유클리드 거리로 보상을 정의할 수 있다. 자율주행차(SDC)의 에이전트 보상은 자동차가 도로 위에 있는 경우(긍정 보상)와 도로에서 이탈한 경우(부정 보상)에 따라 달라질 수 있다.

- **정책 $\pi(s)$:** 각 상태와 그 상태를 취할 행동 사이의 대응관계(mapping)를 정의한 것이 정책(policy)이다. 정책은 결정적(deterministic)일 수 있는데, 이런 경우에 각 상태가 잘 정의된 정책에 다름 아니다. 미로 에이전트의 경우, '위쪽 칸이 비어 있으면 위로 이동하겠다'고 하는 것이 정책이다. 정책은 확률적(stochastic)일 수도 있다. 즉, 어떤 확률에 따라 행동을 취한다는 말이다. 이런 확률은 단순한 룩업 테이블(즉, 조회표)로 구현할 수도 있고, 현재 상태에 의존하는 함수로 구현할 수도 있다. 정책은 강화학습 에이전트의 핵심이다. 이번 장에서는 에이전트가 정책을 학습하는 데 도움이 되는 다양한 알고리즘을 학습한다.

- **가치 함수 $V(s)$:** 가치 함수(value function)는 장기적으로 상태의 우수성(goodness of state)을 정의한다.[20] 가치 함수가 되돌려주는 값은 어떤 상태에서 출발한 에이전트가 앞으로 누적할 것으로 예상되는 총 보상액이라고 생각해도 된다.[21] 보상은 즉시 주어진다는 장점이 있는 반면, 이 가치 함수는 장기적인 면을 고려하게 해주는 장점이 있다. 보상을 극대화하거나 가치 함수를 극대화하는 일 중에 어느 편이 더 중요할까? 그렇다. 장기를 둘 때 당장은 장기의 졸을 잃어버릴지라도 몇 단계 후에 벌어질 수에서 이길 수 있게 해야 하듯이, 에이전트는 가치 함수를 극대화해야 한다. 가치 함수는 일반적으로 두 가지 방식으로 생각할 수 있다.

- **가치 함수 $V^\pi(s)$:** 이 가치 함수는 특정 정책 π를 따를 때 해당 상태의 우수성을 나타낸다. 수학적으로 보면 이 함수는 상태 s에서 정책 π를 따를 때 얻을 것으로 기대되는 누적 보상을 의미한다.

$$V^\pi(s) = E\left[\sum_{t\geq 0} \gamma^t r_t \mid s_0 = s, \pi\right]$$

- **가치-상태 함수(즉, Q 함수) $Q^\pi(s, a)$:** 이 함수는 어떤 상태 s에서 행동 a를 취해 정책 π를 따를 때의 우수함을 나타낸다.[22] 수학적으로 보면 이 함수의 인자는 어떤 상태-행동 쌍인 (s, a)라고 말할 수 있는데, 이는 상태 s에서 행동 a를 취한 다음, 정책 π를 따를 때 기대할 수 있는 누적 보상인 셈이다.

---

20 (옮긴이) 그래서 보통 가치 함수를 상태 가치 함수(state value function)라고도 부른다. 특정 상태가 주어졌을 때 해당 상태의 가치를 알려 주는 함수이기 때문이다.

21 (옮긴이) 그래서 보통 누적 기대 수익(cumulative expected return)이라고도 부르며, 줄여서 이득(gain)이라고도 부른다.

22 (옮긴이) V(s)를 특정 상태 s의 '상태 가치 함수'라고 한다면 Q(s, a)는 특정 상태 s에서의 '행동 가치 함수'라고 부를 수 있다. 저자는 Q 함수를 가치-상태 함수라고 불렀지만, 이보다는 '행동 가치 함수'라고 부르는 경우가 더 흔하다.

$$Q^{\pi}(s,a) = E\left[\sum_{t\geq 0}\gamma^{t} r_{t} \mid s_0 = s, a_0 = a, \pi\right]$$

여기서 γ는 할인계수(discount factor)이며, 이 값으로 나중에 받게 되는 보상에 비해 즉각적인 보상에 얼마나 많은 중요성을 부여하는지를 결정한다. 할인계수가 클수록 에이전트는 더 멀리 미래를 내다볼 수 있다. 성공한 강화학습 알고리즘 중에 많은 알고리즘이 이상적으로 선택한 γ 값은 0.97이었다.

- **환경의 모델:** 모델은 선택적 요소다. 모델은 환경의 행동을 모방하고 환경의 물리학을 포함한다. 즉, 환경이 어떻게 작동할 것인지를 정의한다. 환경의 모델은 다음 상태로의 전이 확률에 의해 정의된다.

강화학습 문제는 수학적으로는 마르코프 결정 과정(Markov decision process, MDP)으로 공식화되고, 마르코프 특성을 보인다. 즉, '현재의 상태가 세계(world)의 상태를 완전하게 특징짓는다.'

심층강화학습

강화학습 알고리즘은 반복/근사를 기반으로 두 가지로 분류할 수 있다.

- **가치 기반 방법(value based methods):** 이 방법들에서 알고리즘은 가치 함수를 최대화하는 행동을 취한다. 에이전트는 주어진 상태나 행동이 얼마나 좋은지 예측한다. 그러므로 가치 기반 방법들의 목표는 최적 가치를 찾는 데 있다. 가치 기반 방법의 예로 Q 학습(Q-learning)이 있다. 예를 들어 미로에 있는 강화학습 에이전트를 생각해 보라. 각 상태의 가치가 해당 칸에서 목표로 도달하는 데 필요한 단계 수의 음수라고 가정하면, 각 시간대에서 에이전트는 행동을 선택하고, 다음 도표에서와같이 최적 가치를 지닌 상태로 이동한다. 따라서 −6의 값에서 시작해 −5, −4, −3, −2, −1을 거친 다음에 마침내 가치가 0인 목표에 도달한다.

-3	-2	-1	0
-4	-3	-2	-1
-5		-3	
-6	-5	-4	-5

상자별로 가치 함수가 있다: 목표(녹색 상자)에 도달하려면 여러 단계를 거쳐야 한다.

각 상자의 가치를 지닌 미로의 세계

- **정책 기반 방법(policy based methods):** 이 방법들에서 알고리즘은 가치 함수를 최대화하는 최상의 정책을 예측한다. 목표는 최적의 정책을 찾는 것이다. 정책 기반 방법의 예로 정책 경사도(policy gradient)가 있다. 여기서는 정책 함수를 근사해 각 상태를 가장 적합한 행동으로 대응(mapping)시킬 수 있다.

신경망을 함수 근사기로 사용해 정책이나 값의 근사치를 얻을 수 있다. 심층신경망을 정책 근사나 가치 근사에 사용하는 경우 이런 학습 방법을 **심층강화학습(deep reinforcement learning, DRL)**이라고 한다. 심층강화학습은 최근에 매우 성공적인 결과를 보여줬으며, 따라서 이번 장에서는 심층강화학습에 초점을 맞출 것이다.

성공적인 애플리케이션

지난 몇 년 동안 강화학습은 게임 플레이 및 로봇과 같은 다양한 작업에서 성공적으로 사용됐다. 알고리즘을 배우기 전에 강화학습의 성공 사례를 숙지하자.

- **알파고 제로:** 구글의 자회사인 딥마인드에서 개발한 알파고 제로(AlphaGo Zero)는 **인간의 지식을 전달받지 않은 채로 바둑에 숙달한 것**[23]으로, 아예 밑바닥(tabula rasa, 빈 서판)에서 출발했다. 알파고 제로는 하나의 신경망을 사용해 이동 확률과 값을 추정한다. 이 신경망은 입력으로 초기 바둑판 표현을 취한다. 알파고 제로는 신경망에 의해 유도된 몬테카를로 트리 검색을 사용해 움직임을 선택한다. 강화학습 알고리즘은 학습 루프 내부에 전방 탐색(look-ahead search) 기능을 통합한다. 알파고 제로는 40개 블록으로 이뤄진 잔차 CNN을 이용해 40일간 훈련했고, 훈련 과정에서 약 2900만 대국(엄청나게 많은 대국이다!)을 소화했다. 신경망은 구글 클라우드에서 텐서플로를 사용해 64개 GPU 작업기와 19개의 CPU 파라미터 서버로 최적화됐다. `https://www.nature.com/articles/nature24270`에서 논문을 볼 수 있다.

- **인공지능 제어 풍력비행기:** 마이크로소프트는 픽스호크(Pixhawk) 및 라즈베리파이3(Raspberry Pi 3)와 같은, 여러 가지 자동 실행 하드웨어 플랫폼에서 실행할 수 있는 제어 시스템을 개발했다. 이 제어 시스템을 사용하면 모터를 사용하지 않고도 자연 발생 열을 자동으로 찾아내어 그 위에 올라타게 하는 식으로 열기구를 공중에 떠 있게 할 수 있다. 이 제어기는 열기구가 스스로 제어하며 움직이게 하는 데 도움이 된다. 그래서 모터나 사람의 도움 없이도 열이 전달되는 상황을 감지해 이용할 수 있는 것이다. 개발자들은 이 비행선을 부분 관측 가능 MDP(partially observable MDP, POMDP)로 구현했다. 베이즈 강화학습을 사용하고 최상의 행동을 찾기 위해 몬테카를로 트리 검색을 사용한다. 경험에 기반한 결정을 내리는 상위 수준의 계획자와 베이즈 강화학습을 사용해 실시간으로 전체 시스템의 열전달을 감지하고 걸쇠로 걸듯이 잡아 내는 하위 수준의 계획자로 나눴다. 마이크로소프트 뉴스에서 실제 풍력비행기를 볼 수 있다(`https://news.microsoft.com/features/science-mimics-nature-microsoft-researchers-test-ai-controlled-soaring-machine/`).

23 (옮긴이) 이는 알파고 제로에 관해 발표한 논문 제목을 번역한 문구다. 논문 제목은 "Mastering the game of Go without any human knowledge"다.

- **보행 행태:** 「Emergence of Locomotion Behaviours in Rich Environment」(풍부한 환경 속에서 보행 행태를 창발하기, https://arxiv.org/pdf/1707.02286.pdf)라는 논문에서 딥마인드 연구원들은 풍부하고 다양한 환경을 에이전트에게 제공했다. 환경은 각기 다른 난이도에서 다양한 도전 과제를 제시했다. 에이전트는 순서대로 어려움을 겪었다. 이로 인해 에이전트는 보상 공학을 수행하지 않고도 정교한 이동 기술을 습득하게 되었다.

시뮬레이션 환경

강화학습을 하려면 에이전트가 시행착오를 해야만 하므로, 먼저 강화학습 에이전트를 시뮬레이션 환경에서 훈련해 두는 게 바람직하다. 환경을 생성하는 데 사용할 수 있는 애플리케이션은 많지만, 일부 인기 있는 애플리케이션을 소개하면 다음과 같다.

- **OpenAI gym:** 여기에는 강화학습 에이전트를 훈련하는 데 사용할 수 있는 환경 모음이 포함돼 있다. 이번 장에서 OpenAI gym 인터페이스를 사용할 것이다.
- **유니티 ML-Agents SDK:** 개발자가 유니티 편집기를 사용해 만든 게임과 시뮬레이션을 심층강화학습이나 진화 전략, 기타 머신러닝 방법을 이용해 훈련할 수 있는 환경으로 변환할 수 있게 한다. 텐서플로와 함께 작동하며 2차원/3차원 및 VR/AR 게임을 위한 지능형 에이전트를 훈련할 수 있는 기능을 제공한다. https://github.com/Unity-Technologies/ml-agents에서 자세한 내용을 볼 수 있다.
- **가제보:** 가제보(Gazebo, 전망대라는 뜻)에서는 물리 기반 시뮬레이션으로 3차원 세계를 구축할 수 있다. 가제보는 ROS(Robot Operating System)에서 작동하며 OpenAI gym에 대한 인터페이스의 이름은 gym-gazebo이며, 강화학습 에이전트를 훈련하는 데 사용할 수 있다. 이에 대한 자세한 내용은 http://erlerobotics.com/whitepaper/robot_gym.pdf에 실린 백서를 참조하자.
- **블렌더 학습 환경:** 이는 블렌더(Blender) 게임 엔진을 위한 파이썬 인터페이스이며 OpenAI gym에서도 작동한다. 블렌더 게임 엔진은 블렌더를 기반으로 한 것이다. 블렌더는 통합된 게임 엔진이 있는 무료 3차원 모델링 소프트웨어로서 게임을 만드는 데 사용하기 쉽고 강력한 도구 세트를 제공한다. 블렌더는 게임 엔진에 대한 인터페이스를 제공하며, 게임들 그 자체는 블렌더로 디자인됐다. 그런 다음에, 사용자 지정 가상 환경을 만들어 특정 문제(https://github.com/LouisFoucard/gym-blender)에서 강화학습 에이전트를 훈련할 수 있다.

OpenAI gym

OpenAI gym은 강화학습 알고리즘을 개발하고 비교하는 오픈소스 툴킷이다. 여기에는 에이전트를 훈련하고 새로운 강화학습 알고리즘을 개발하는 데 사용할 수 있는 다양한 시뮬레이션 환경이 포함돼 있다. 시작하려면 먼저 gym을 설치해야 한다. 파이썬 3.5 이상에서는 pip를 사용해 gym을 설치할 수 있다.

```
pip install gym
```

OpenAI gym은 간단한 텍스트 기반부터 3차원까지 다양한 환경을 지원한다. 최신 버전에서 지원되는 환경을 다음과 같이 묶을 수 있다.

- **Algorithms:** 덧셈 같은 계산 수행과 관련된 환경을 포함한다. 컴퓨터에서 계산을 쉽게 수행할 수 있지만, 이러한 문제를 강화학습 문제로서 흥미롭게 만드는 것은 에이전트가 이러한 작업을 순전히 사례를 통해 학습한다는 것이다.
- **Atari:** 이 환경은 다양한 고전적 아타리/아케이드 게임을 제공한다.
- **Box2D:** 자동차 경주 에이전트 또는 2족 보행 로봇과 같은 2차원에서 이뤄지는 로봇공학 작업을 포함한다.
- **Classic control:** 여기에는 카트 폴 밸런싱(수레 위 막대기의 균형을 잡기)과 같은 고전적인 제어 이론 문제가 포함된다.
- **MuJoCo:** 상용 제품이다(1개월 무료 평가판을 받을 수 있음). 다양한 로봇 시뮬레이션 작업을 지원한다. 환경에 물리 엔진이 포함돼 있어 로봇 작업을 훈련하는 데 사용된다.
- **Robotics:** 이 환경에서도 MuJoCo의 물리 엔진을 사용한다. 페치 및 섀도우 핸즈프리 로봇을 위한 목표 기반 작업을 시뮬레이트한다.
- **Toy text:** 초심자에게 아주 좋은 간단한 텍스트 기반 환경이다.

이 그룹에 속한 전체 환경 목록을 보려면 https://gym.openai.com/envs/#atari를 방문하자. OpenAI 인터페이스의 가장 중요한 부분은 동일한 최소 인터페이스로 모든 환경에 액세스할 수 있다는 것이다. 설치에서 사용 가능한 모든 환경 목록을 얻으려면 다음 코드를 사용하면 된다.

```
from gym import envs
print(envs.registry.all())
```

이렇게 하면 설치된 모든 환경의 목록과 환경 ID가 문자열로 제공된다. gym 레지스트리에 자신의 환경을 추가할 수도 있다. 환경을 생성하기 위해 make 명령을 문자열로 전달된 환경 이름과 함께 사용한다. 예를 들어, 퐁(Pong) 환경을 사용해 게임을 만들려면 필요한 문자열이 pong-v0이 돼야 한다. make 명령은 환경을 만드는 데 사용하고 reset 명령은 환경을 활성화하는 데 사용한다. reset 명령은 환경을 초기 상태로 되돌린다. 상태는 배열로 표현된다.

```
import gym
env = gym.make('Pong-v0')
```

```
obs = env.reset() \
env.render()
```

Pong-v0의 상태 공간은 크기가 210×160×3인 배열로 주어지며, 이는 실제로 퐁 게임의 원시 픽셀 값을 나타낸다. 반면에 **Go9x9-v0** 환경을 만든다면 상태는 3×9×9 배열로 정의된다. render 명령을 사용해 환경을 시각화할 수 있다. 다음 그림은 초기 상태에서 **Pong-v0**와 **Go9x9-v0** 환경의 렌더링된 환경을 보여준다.

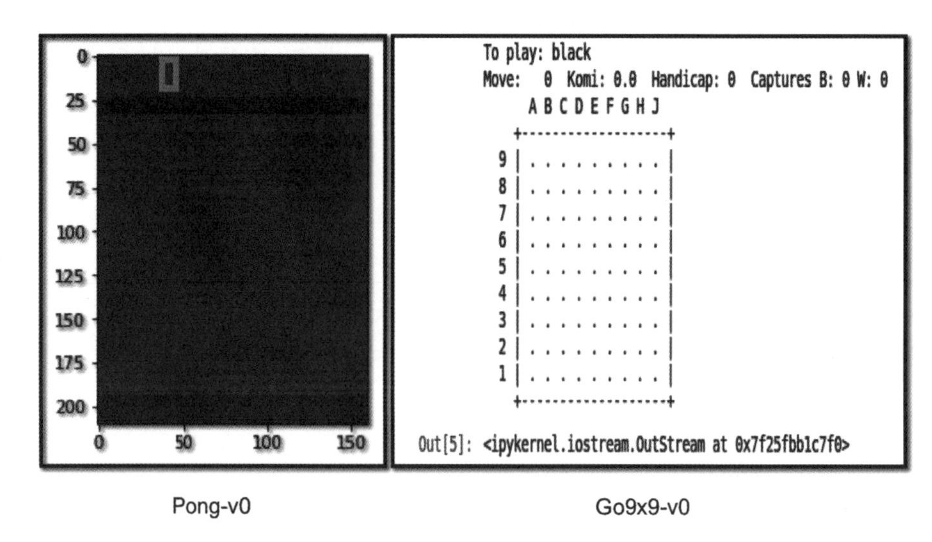

Pong-v0 및 Go9x9-v0의 렌더링된 환경

이 render 명령을 내리면 창이 튀어나온다. 환경을 인라인으로 표시하려면 Matplotlib 인라인을 사용하고 렌더링 명령을 plt.imshow(env.render(mode='rgb_array'))로 변경한다. 이렇게 하면 주피터 노트북에서 인라인 환경을 볼 수 있을 것이다.

이러한 환경에는 그 환경에서 가능한 행동을 판별하는 action_space 변수가 들어 있다. 우리는 sample() 함수를 사용해 임의의 행동을 선택할 수 있다. 선택한 행동이 step 함수(즉, 계단함수)를 사용해 환경에 영향을 줄 수 있다. step 함수는 환경 속에서 에이전트가 선택한 행동을 수행한다. 그리고 이 함수는 변경된 상태, 보상, 게임이 끝났는지 여부를 알려주는 부울, 디버깅에 유용할 수 있지만, 강화학습 에이전트와 함께 작업하는 동안에는 사용되지 않는 환경에 대한 정보를 반환한다. 다음 코드는 에이전트가 무작위로 움직이는 퐁 게임을 보여준다. 각 시간대의 상태를 배열(프레임)에 저장해 나중에 게임을 볼 수 있다.

```
frames = [] #각 단계에서의 상태를 저장하기 위한 배열
for _ in range(300):
    frames.append(env.render(mode='rgb_array'))
    obs, reward, done, _ = env.render(env.action_space.sample())
    if done:
        break
```

이러한 프레임은 Matplotlib과 IPython의 애니메이션 기능을 사용해 주피터 노트북에서 지속적으로 재생되는 GIF 스타일의 이미지로 표시될 수 있다.

```
import matplotlib.animation as animation
from JSAnimation.Ipython_display import display_animation
from IPython.display import display

patch = plt.imshow(frames[0])
plt.axis('off')

def animate(i)
    patch.set_data(frames[i])

anim = animation.FuncAnimation(plt.gcf(), animate, \
                                                frames=len(frames), interval=100)

display(display_animation(anim, default_mode='loop')
```

일반적으로 에이전트를 훈련하는 데 아주 많은 단계가 필요하므로, 모든 단계별 상태 공간을 저장할 수는 없다. 앞의 알고리즘에서는 500번째(또는 여러분이 원하는 숫자를 지정하면 됨) 단계마다 저장하도록 선택하고 있다. 또한 OpenAI gym 래퍼를 사용하면 게임을 동영상으로도 저장할 수 있다. 이렇게 하려면 먼저 래퍼를 가져온 다음에 환경을 만들고 마지막으로 모니터를 사용해야 한다. 기본적으로 1, 8, 27, 64와 같은 식으로 동영상을 저장한 다음에 1,000번째마다 에피소드(완벽한 큐브가 있는 에피소드 번호)를 저장한다. 각 훈련 내용은 기본적으로 같은 폴더에 저장된다. 코드는 다음과 같다.

```
import gym
from gym import wrappers
env = gym.make('Pong-v0')
env = wrappers.Monitor(env, '/save-mov', force=True)
```

```
# env가 렌더링된 위의 코드와 에이전트를 따른다.
# 임의의 행동을 선택한다.
```

다음 학습에서 같은 폴더를 사용하려는 경우에 Monitor 메서드 호출에서 force=True 옵션을 선택할 수 있다. 결국, close 함수를 사용해 환경을 닫아야 한다.

```
env.close()
```

앞의 코드는 깃허브의 **6장 '사물인터넷을 위한 강화학습'**에서 사용하는 폴더 안의 OpenAI_practice.ipynb 라는 주피터 노트북에 들어 있다.

Q 학습

왓킨스(Watkins)는 1989년에 쓴 그의 박사학위 논문 「Learning from delayed rewards」(지연된 보상으로부터 배우는 것)에서 Q 학습(Q-learning)이라는 개념을 도입했다. Q 학습의 목표는 최적의 행동 선택 정책을 배우는 것이다. 특정 상태 s가 주어졌을 때에 특정 행동 a를 취하면 Q 학습에서는 그 상태 s의 값을 학습하려고 시도한다. 가장 간단한 Q 학습 기능이라면 룩업 테이블을 사용해 구현할 수 있다. 환경은 있음직한 모든 상태(행별로 저장) 및 행동(열별로 저장)에 대한 가치 테이블[24]을 유지하며 관리한다. 알고리즘은 그 가치, 즉 주어진 상태에서 특정 행동을 취하는 것이 얼마나 좋은지를 학습하려고 시도한다.

먼저 Q 테이블의 모든 입력 값을 0으로 초기화한다. 이렇게 하면 모든 상태별로 균일한 가치(따라서 평등한 기회)가 부여하는 셈이 된다. 나중에 특정 작업을 수행해 얻은 보상을 관찰하고 보상을 기준으로 Q 테이블을 갱신한다. Q 값을 갱신할 때는 **벨만 방정식(Bellman equation)**을 사용해 다음과 같이 동적으로 수행한다.

$$Q(s_t, a_t) = (1-\alpha)Q(s_t, a_t) + \alpha\left(r_t + \gamma \max_a Q(s_{t+1}, a_t)\right)$$

여기서 α는 학습속도다. 다음은 기본 Q 학습 알고리즘을 보여준다.

24 (옮긴이) Q 함수가 되돌려주기 위한 값들을 Q 값이라고 부르고, 이 Q 값은 상태별, 행동별 가치를 의미하기 때문에 Q 값을 담은 테이블을 보통 '행동 가치 테이블(action value table)'이라고도 부른다.

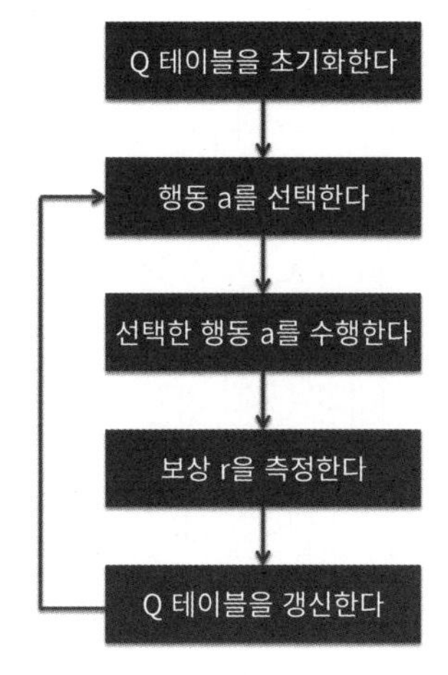

간단한 Q 학습 알고리즘

관심이 있다면 Watkins의 240쪽짜리 박사 학위 논문을 읽어보라. `http://www.cs.rhul.ac.uk/~chrisw/new_thesis.pdf`

학습이 끝나면 최적정책(optimal policy)을 반영하는 우수한 Q 테이블을 갖게 된다. 여기에서 중요한 질문은 두 번째 단계에서 어떤 행동을 선택하느냐다. 두 가지 대안이 있다. 먼저 무작위로 행동을 선택하는 방법이 있다. 이 방법을 쓴다면 에이전트는 있음 직한 모든 행동을 똑같은 확률로 탐색하게 되지만, 그와 동시에 이미 습득한 적이 있는 정보는 무시된다. 두 번째 방법은 가치가 최대인 행동을 선택하는 것이다. 처음에는 모든 행동에 대한 Q 값이 서로 같지만, 에이전트가 학습을 하는 과정에서 어떤 행동들의 가치는 커지고 그 밖의 어떤 행동들은 가치는 낮아진다. 이런 과정을 통해서 에이전트는 이미 배운 지식을 활용할 수 있다. 그렇다면 둘 중 어느 것이 더 나은가? 이를 **탐색-이용 상반관계(exploration-exploitation trade-off)**라고 한다. 이 문제를 해결하는 자연스러운 방법은 에이전트가 이미 학습한 내용에 의존하면서도 동시에 때로는 무작위로 탐색하게 하는 것이다. 이런 일을 할 수 있게 하는 알고리즘이 **엡실론 탐욕 알고리즘(epsilon greedy algorithm)**이다. 이 알고리즘의 기본 아이디어는 에이전트가 ε(엡실론) 확률만큼은 행동을 무작위로 선택하고, $1-\varepsilon$에 해당하는 확률로는 이전 에피소드에서 배운 정보를 이용하게 하자는 것이다. 알고리즘은 대부분의 시간($1-\varepsilon$에 해당하는 확률 시간) 동안 가장 좋은 선택지를 선택(즉, 탐욕스럽게 가장 좋은 행동만 선택)하지만, 때로는(ε에 해당하는 확률 시간에 해당하는 동안에는) 무작위로 행동을 선택한다. 이런 내용을 이제 간단한 문제에 적용해 보자.

Q 테이블을 사용한 택시 하차

이번에 다룰 간단한 Q 학습 알고리즘에서는 크기가 m×n인 테이블을 유지하고 관리한다. 여기서 m은 총 상태 수이고 n은 가능한 행동의 총 수이다. 장난감처럼 가볍게 다룰 수 있을 만한 문제를 선택하면 상태 공간(state space)과 행동 공간(action space)의 크기를 줄일 수 있다. 그러면 설명하기 쉬워질 것이므로 우리는 `Taxi-v2`라는 환경을 선택했다. 예제에 나오는 에이전트의 목표는 승객을 한 장소에서 태운 다음에 다른 위치에 내려 주는 것이다. 에이전트가 승객을 잘 내려주면 +20점을 받으며 시간이 흐를 때마다(시구간으로 측정) 1점을 잃는다. 불법 승차 시와 불법 하차 시에도 10점을 벌점으로 매긴다. 상태 공간은 선(|)으로 나타낸 벽들과 **R**, **G**, **Y**, **B**로 각각 나타낸 자리 표시로 이뤄져 있다. 택시는 상자로 표시된다. 승차 위치와 하차 위치는 이 네 가지 위치 표시 중 하나일 수 있다. 승차 지점은 파란색으로 표시되며 하차 지점은 자주색으로 표시된다. `Taxi-v2` 환경에는, 500×6=3,000개의 항목이 있는 Q 테이블을 만드는, 크기가 500인 상태 공간과 크기가 6인 행동 공간을 갖는다.

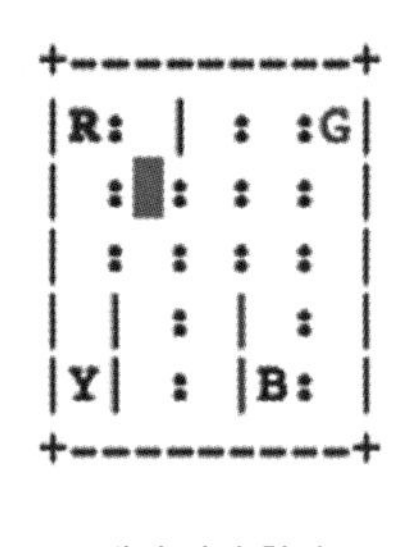

택시 하차 환경

택시 하차 환경에서는 택시가 노란색 상자로 표시된다. 위치 표시인 **R**은 승차 위치고 **G**는 하차 위치다.

1. 우선 필요한 모듈을 가져오고 환경을 생성하는 일부터 한다. 여기서는 룩업 테이블을 만들어야 하므로 텐서플로를 사용하지 않아도 된다. 앞에서 언급했듯이 `Taxi-v2` 환경은 오백 가지의 가능한 상태와 여섯 가지의 가능한 행동이 있다.

```
import gym
import numpy as np
env = gym.make('Taxi-v2')
obs = env.reset()
env.render()
```

2. 크기가 (500×6)인 Q 테이블을 모두 0으로 초기화하고 하이퍼파라미터를 정의한다. `gamma`는 할인계수(γ), `alpha`는 학습속도(α)다. 또한 `max_episode`는 최대 에피소드를 나타내는데, 이 값을 설정하고(1개 에피소드란 게임을 다시 시작한 상태에서 '게임 완료 여부'=True에 이르기까지 한 차례 게임을 수행했다는 것을 의미함), 에이전트가 학습하는 동안에 각 에피소드마다 밟아 나갈 최대 단계 수인 `max_steps`는 100으로 한다.

```
m = env.observation_space.n  # 상태 공간의 크기
n = env.action_space.n  # 행동 공간의 크기
print("The Q-table will have {} rows and {} columns, resulting in \
        total {} entries".format(m, n, m*n))

# Q 테이블과 하이퍼파라미터들을 초기화한다.
Q = np.zeros([m, n])
gamma = 0.97
max_episode = 1000
max_steps = 100
alpha = 0.7
epsilon = 0.3
```

3. 이제 에피소드마다 벨만 방정식을 사용해 가치가 가장 큰 행동을 선택하고, 이 행동을 수행해서 받은 보상 및 행동을 수행함으로써 머무르게 된 상태를 기반으로 Q 테이블을 갱신한다.

```
for i in range(max_episode):
    # 새 환경에서 시작한다.
    s = env.reset()
    done = False
    for _ in range(max_steps):
        # 엡실론 탐욕 알고리즘에 따라 행동을 선택한다.
        p = np.random.rand()
        if p > epsilon or (not np.any(Q[s,:])):
            a = env.action_space.sample() # 탐색
        else:
            a = np.argmax(Q[s,:]) # 이용
        s_new, r, done, _ = env.step(a)
        # Q 테이블을 갱신한다.
        Q[s, a] = (1-alpha) * Q[s, a] + alpha*(r + gamma*np.max(Q[s_new, : ]))
        # print(Q[s, a], r)
        s = s_new
        if done:
            break
```

4. 이번에는 학습한 에이전트가 어떻게 작동하는지를 살펴보자.

```
s = env.reset()
done = False
env.render()
```

```
# 학습한 에이전트를 테스트한다.
for i in range(max_steps):
    a = np.argmax(Q[s,:])
    s, _, done, _ = env.step(a)
    env.render()
    if done:
        break
```

다음 도표는 특정 사례에 대한 에이전트의 행동을 보여준다. 차에 승객이 탑승하지 않았을 때에는 노란색 상자로 표시되고, 승객이 탑승한 경우라면 녹색 상자로 표시된다. 주어진 경우에서 에이전트는 11단계에 걸쳐서 승객을 태우고 내려주는데, 승차 희망 위치는 (B)로 표시되고 행선지는 (R)로 표시됨을 확인할 수 있다.

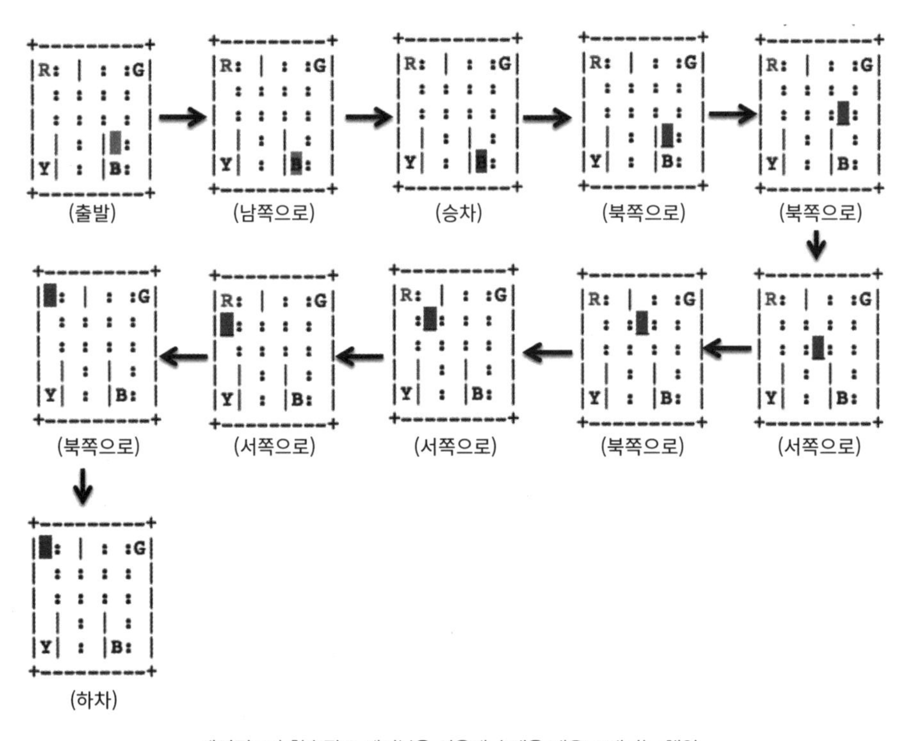

에이전트가 학습된 Q 테이블을 사용해 승객을 태우고 내리는 행위

멋지지 않은가? 전체 코드는 깃허브의 `Taxi_drop-off.ipynb` 파일에 있다.

Q 망

간단한 Q 학습 알고리즘에서는 크기가 m×n인 테이블을 유지하며 관리해야 한다. 여기서 m은 총 상태 수이고, 가능한 총 행동 수는 n이다. 이에 따라 상태 공간과 행동 공간이 아주 크다면 Q 학습 알고리즘을 사용할 수 없다. 이에 대한 대안으로 각 가능한 행동에 대한 Q 함수에 가깝게 함수를 근사하는 신경망으로 Q 테이블을 대체하는 것을 생각해 볼 수 있다. 이렇게 한다면 신경망의 가중치에 Q 테이블 정보가 저장되는 셈이 된다(어떤 상태가 주어졌을 때의 해당 행동 및 해당 Q 값이 나오게 신경망의 가중치를 일치시키기 때문이다). Q 함수를 근사하기 위해 사용하는 신경망이 깊은 신경망인 경우 이를 **심층 Q 망(deep Q network, DQN)**이라고 부른다.

신경망은 상태를 입력으로 취해 모든 가능한 행동의 Q 값을 예측해 준다.

Q 망을 사용한 택시 하차

앞의 택시 하차 예를 생각해 본다면, 예제 신경망이 500개의 입력 뉴런(1×500개의 원핫 인코딩 벡터로 대표되는 상태)과 6개의 출력 뉴런으로 구성될 것이며, 각 출력 뉴런은 주어진 상태에서의 특정 행동에 대한 Q 값을 나타낸다. 신경망이 각 행동에 대한 Q 값을 근사한다는 말이다. 따라서 망은 근사된 Q 값을 표적(target) Q 값에 일치하게끔 훈련되어야 한다. 벨만 방정식을 통해 구할 수 있는 표적 Q 값은 다음과 같이 계산한다.

$$Q_{target} = r + \gamma \max_a Q(s_{t+1}, a_t)$$

우리는 표적 Q 값(Q_{target})과 예측 Q 값(Q_{pred})의 차이의 제곱오차가 최소가 되도록 신경망을 훈련하면 된다. 즉, 신경망은 다음 손실함수를 최소화해야 한다는 말이다.

$$loss = E_\pi [Q_{target}(s,a) - Q_{pred}(s.W,a)]$$

우리의 목표는 알 수 없는 Q_{target} 함수를 학습하게 하는 것이다. `QNetwork`의 가중치는 역전파을 사용해 갱신되므로 이 손실은 최소화된다. 우리는 Q 값을 근사하는 신경망을 `QNetwork` 클래스 형태로 만든다. 이 클래스는 행동과 Q 값을 제공하는 메서드인 `get_action`이 있고, 망을 훈련하는 메서드인 `learnQ`가 있고, 예측된 Q 값을 얻는 메서드인 `Qnew`가 있는 아주 단순한 단일 계층 신경망이다.

```
class QNetwork:
    def __init__ (self, m, n, alpha):
        self.s = tf.placeholder(shape=[1, m], dtype=tf.float32)
        W = tf.Variable(tf.random_normal([m, n], stddev=2))
        bias = tf.Variable(tf.random_normal([1, n]))
        self.Q = tf.matmul(self.s, W) + bias
        self.a = tf.argmax(self.Q, 1)

        self.Q_hat = tf.placeholder(shape=[1, n], dtype=tf.float32)
        loss = tf.reduce_sum(tf.square(self.Q_hat-self.Q))
        optimizer = tf.train.GradientDescentOptimizer(learning_rate=alpha)
        self.train = optimizer.minimize(loss)
        init = tf.global_variables_initializer()

        self.sess = tf.Session()
        self.sess.run(init)

    def get_action(self, s):
        return self.sess.run([self.a, self.Q], feed_dict={self.s:s})

    def learnQ(self, s, Q_hat):
        self.sess.run(self.train, feed_dict= {self.s:s, self.Q_hat:Q_hat})

    def Qnew(self, s):
        return self.sess.run(self.Q, feed_dict={self.s:s})
```

이제 우리는 '택시 하차' 문제를 풀려고 강화학습 에이전트를 훈련했던 초기 코드에 이 신경망을 통합한다. 우리는 이 코드를 조금은 고쳐야 할 텐데, 먼저 이번 경우에서 OpenAI의 스텝 함수와 재설정 함수가 되돌려주는 상태는 숫자로 된 식별자이므로 원핫 벡터로 변환해야 한다. 또한 Q 테이블을 갱신하는 대신에 QNetwork에서 새로 예측한 Q 값을 가져오고, 표적 Q 값을 찾고, 망을 훈련함으로써 손실을 최소화할 것이다. 코드는 다음과 같다.

```
QNN = QNetwork(m, n, alpha)
rewards = []
for i in range(max_episode):
    # 새 환경에서 시작한다.
    s = env.reset()
```

```
        S = np.identity(m)[s:s+1]
        done = False
        counter = 0
        rtot = 0
        for _ in range(max_steps):
            # 엡실론 탐욕 정책을 사용해 행동 한 가지를 선택한다.
            a, Q_hat = QNN.get_action(S)
            p = np.random.rand()
            if p > epsilon:
                a[0] = env.action_space.sample() # 탐색

        s_new, r, done, _ = env.step(a[0])
        rtot += r
        # Q 테이블을 갱신한다.
        S_new = np.identity(m)[s_new:s_new+1]
        Q_new = QNN.Qnew(S_new)
        maxQ = np.max(Q_new)
        Q_hat[0, a[0]] = r + gamma*maxQ
        QNN.learnQ(S, Q_hat)
        S = S_new
        # print(Q_hat[0, a[0]], r)
        if done:
            break
        rewards.append(rtot)
    print ("Total reward per episode is: " + str(sum(rewards)/max_episode))
```

이 프로그램이 일을 잘 수행했어야 하지만, 1,000에피소드만큼 훈련한 후에도 망에 부정적인 보상이 있으며, 망의 성능을 확인해 보면 무작위로 성과를 내는 것처럼 보이다. 그렇다. 이 예제에 쓰이는 망은 아무것도 학습하지 못했다. 이 망의 성능이 Q 테이블보다 나쁘다. 이는 훈련 중의 보상을 나타낸 그림에서도 확인할 수 있다. 이상적으로는 에이전트가 학습해 나갈수록 보상이 증가해야 하지만, 여기서는 아무런 일도 일어나지 않는다. 평균 주변을 이리저리 걷듯이 보상이 증감한다(이 프로그램의 전체 코드는 깃허브의 Taxi_drop-off_NN.ipynb 파일에 있음).

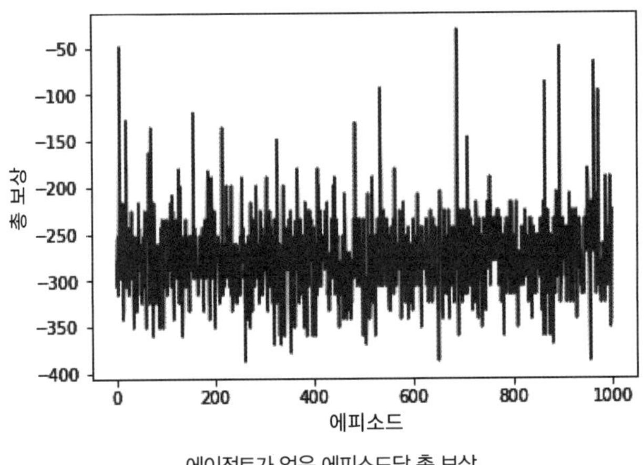

에이전트가 얻은 에피소드당 총 보상

어떻게 된 걸까? 신경망이 학습에 실패한 이유는 무엇이며, 이 신경망을 어떻게 하면 더 좋은 것이 되게 할 수 있을까?

택시가 승객을 태우기 위해 서쪽으로 가야 하고, 에이전트가 무작위로 서쪽을 선택한 경우를 생각해 보자. 이런 상황에서 에이전트가 보상을 받았다면 망은 현재 상태(원핫 벡터로 표시한 상태)에서 서쪽으로 가는 것이 바람직함을 알게 된다. 다음으로, 이것과 비슷한 상태이지만 또 다른 상태(상관 관계가 있는 상태 공간)를 생각해 보자. 에이전트가 다시 서쪽으로 이동했지만 이번에는 부정적인 보상을 받았다고 하면, 에이전트는 이전에 학습한 내용을 다시 학습하지 않게 된다. 그렇기 때문에 특정 상태에서 하는 행동들이 비슷할지라도 표적들이 발산해 버리면 학습 과정이 혼란스럽게 된다.[25] 이를 **파국적인 망각(catastrophic forgetting)**이라고 한다. 연속으로 이어지는 상태들이 서로 아주 밀접한 연관성을 띠면서 생기는 문제인 것이다. 따라서 에이전트가 순서대로 학습하면(이 경우처럼) 극도로 밀접하게 상관된 입력 상태 공간으로 인해 에이전트는 학습할 수 없다.

그렇다면 망에 공급되는 입력 내용 간의 상관관계를 깨뜨릴 수 있을까? 가능하다. **재생 버퍼(replay buffer)**를 만들면 되는데, 재생 버퍼에는 각 상태 및 이 상태와 연관된 행동 및 이어지는 보상과 결과 상태를 저장한다. 이것을 순서대로 나열하면 상태(S), 행동(A), 보상(R), 새 상태(S')가 된다. 이렇게 해 놓고 행동을 무작위로 선택하면 광범위한 행동과 결과 상태를 보장받을 수 있다. 재생 버퍼는 결국 이러한 튜플(S, A, R, S')이 많이 들어간 리스트 형태로 구성된다. 다음으로, 이 튜플들을 무작위로(순차적

25 (옮긴이) 쉽게 설명하자면, 어떤 장소에서 서쪽으로 가는 행동을 해서 보상을 받았고 이번에는 해당 장소와 밀접하게 관련이 있는 장소(예를 들면 처음 장소에서 딱 한 발자국 떨어진 장소, 이를 상관관계가 있다고 말함)에서 서쪽으로 가는 행동을 했는데 처벌을 받았다면, 서쪽으로 가는 행동이 좋은 것인지를 알 수 없게 되고, 이에 따라 '서쪽으로 가는 게 좋다'는 정책을 학습할 수 없게 된다는 말이다.

이지 않게) 망에 제시한다. 이러한 무작위성은 연속적인 입력 상태들 사이의 상관관계를 깨뜨릴 것이다. 이와 같은 식으로 상관관계를 깨뜨리기 위해 에이전트가 이전에 경험했던 기억을 무작위로 되살리는 일을 **경험 재생(experience replay, 또는 '경험 재연')**이라고 한다. 이렇게 하면 입력 상태 공간에서 상관관계를 갖게 되는 문제를 해결할 수 있을 뿐만 아니라, 동일한 튜플에서 두 번 이상 배우는 경우도 있을 수 있고 드물게 일어나는 사례도 기억할 수 있기 때문에 일반적으로 에이전트가 경험했던 일을 더 잘 활용할 수 있다. 어떤 면에서는 재생 버퍼를 사용함으로써(재생 버퍼를 입출력 데이터셋으로 사용함으로써) 지도학습으로 인한 문제를 줄였다고 말할 수 있는데, 이렇게 입력된 내용에 대해 임의 추출(random sampling, 즉 '임의 표집' 또는 '무작위 표본추출')을 하게 되면 망이 일반화(generalize)된다는 점을 보장받을 수 있다.

이 접근법의 또 다른 문제점은 표적 Q를 즉시 갱신한다는 것이다. 이것 역시 유해한 상관관계를 유발할 수 있다. Q 학습에서는 Q_{target}과 현재 예상되는 Q의 차이를 최소화하려고 노력한다는 것을 기억하자. 이 차이를 **시간 차분 오차(temporal difference error, TD error)**[26]라고 한다. 따라서 Q 학습은 **시간 차분 학습(temporal difference learning, TD learning)**의 한 유형이다. 지금은 예제의 Q_{target}을 즉시 갱신하므로 표적치와 변경할 파라미터 값(Q_{pred}를 통한 가중치) 사이에 상관관계가 존재한다. 이것은 움직이는 표적을 좇는 것과 거의 같기 때문에 일반화된 방향을 제시하지 못한다. 이 문제는 **고정 Q 표적(fixed Q-targets)**이라는 방법을 사용해 해결할 수 있는데, 다시 말하면 망 한 개를 예측용 Q 망으로 쓰고 나머지 한 개를 표적용 Q 망으로 쓴다는 말이다.[27] 예측용 Q 망이 각 단계에서 가중치를 변경하면서 아키텍처 측면에서는 둘 다 똑같지만 표적용 Q 망의 가중치는 일부 고정된 학습 단계를 거쳐 갱신된다. 이렇게 하면 학습 환경이 더 안정된다.

마지막으로 여기서는 작은 변경을 하나 더 수행한다. 지금 예제에서 제시하고 있는 엡실론 값은 학습 과정 동안에 고정되어 있다. 그러나 실무에서는 이렇게 하지 않는다. 처음에 에이전트가 아무것도 모를 때는 탐험을 많이 하는 게 좋고, 에이전트가 환경에 익숙해지면 이미 배웠던 경로를 더 자주 선택하는 편이 좋다. 망이 각 에피소드를 통해 학습할 때, 이런 식으로 엡실론 값을 조금씩 변경해 시간이 지나면서 감소하게 하는 전략을 엡실론-탐욕 알고리즘에서도 동일하게 적용할 수 있다.[28]

---

26 (옮긴이) 여기서 temporal difference를 '시간차'로 부르기도 하는데, 사실 이 용어는 수학적 개념을 나타내는 말이어서 '시간 차분'으로 부르는 편이 더 적절하다. 어떤 시점 t와 그 이후 시점 t+1을 놓고 볼 때, t+1에서 t를 뺀 시구간(time interval)은 '차분소'에 해당하고(이와 관련해서는 '미분소'를 참고하기 바란다), 이 차분소에 대해서 편미분 계산을 하는 것을 염두에 두고 쓰는 말이기 때문이다. 그리고 error를 오류라고 부르기도 하는데, 여기서는 어떤 문제가 있다는 개념이 아니라 표적치(목푯값)와 예측치(예측값) 간의 차이를 말하므로 '오차'가 정확한 번역어다.

27 (옮긴이) 여기서 말하는 '고정 Q 표적'이라는 알고리즘을 구현해 내는 과정에 이르기까지는 상당히 많은 논의가 전개돼야 한다. 이 책에서는 그러한 점을 간단한 말로 설명하고 있지만, 자세히 알고 싶다면 강화학습만을 다룬 도서들을 참고하자.

28 (옮긴이) 이러한 전략은 냉각가열을 모방한 것이며, '풀림(anealing)' 전략이라고 부른다. 즉, 엡실론 값을 조금씩 줄여감으로써 에이전트가 환경을 새로 '탐색'하는 일을 줄이면서, 이에 비례하게 과거 경험을 점점 더 많이 '이용'하게 하는 전략인 것이다. 그래서 흔히 '탐색과 이용(exploitation & exploration)' 전략이라고도 부른다.

이러한 기교를 사용하는 DQN을 만들어 아타리 게임을 해 보자.

아타리 게임을 플레이하기 위한 DQN

여기서 살펴볼 DQN은 딥마인드가 발표한 논문(`https://web.stanford.edu/class /psych209/Readings/MnihEtAlHassibis15NatureControlDeepRL.pdf`)을 바탕으로 한 것이다. DQN의 핵심은 게임 환경을 나타내는 게임 화면에 담긴 원래 픽셀(인간인 플레이어가 보는 화면과 동일한 것)을 입력으로 받아 한 번에 한 화면을 포착하고, 각 가능한 행동에 대한 값을 출력으로 반환하는 심층 합성곱 신경망이다. 이 DQN에서는 행동 선택이 필요할 때 가치가 최대인 행동을 선택한다.

1. 우선 필요한 모든 모듈을 가져오자.

```
import gym
import sys
import random
import numpy as np
import tensorflow as tf
import matplotlib.pyplot as plt
from datetime import datetime
from scipy.misc import imresize
```

2. 여기서는 OpenAI가 제공하는 아타리 게임들을 담고 있는 목록에서 브레이크아웃(Breakout)이라는 게임[29]을 선택했지만, 각자 다른 아타리 게임 코드를 사용해도 된다. 이때, 전처리 단계에서 약간의 변경을 해야 할 수 있다. 입력 공간인 브레이크아웃의 입력 공간은 210×160픽셀로 구성되며 픽셀별로 128가지 색상을 사용할 수 있다. 이는 엄청나게 큰 입력 공간이다. 복잡성을 줄이기 위해 이미지에서 관심 영역을 선택하고 회색조로 변환한 후 크기가 80×80인 이미지로 크기를 조정한다. 다음과 같이 전처리 함수를 사용하자.

```
def preprocess(img):
    img_temp = img[31:195] # 이미지의 중요 부분을 선택한다.
    img_temp = img_temp.mean(axis=2) # 회색조로 변환한다.
    # 최근접 이웃 보간을 사용해 이미지를 하향 표본추출(down sampling)한다.
    img_temp = imresize(img_temp, size=(IM_SIZE, IM_SIZE), interp='nearest')
    return img_temp
```

다음 화면은 전처리 전후의 환경을 보여준다.

29 (옮긴이) 우리나라에서는 '벽돌깨기 게임'으로 잘 알려져 있다.

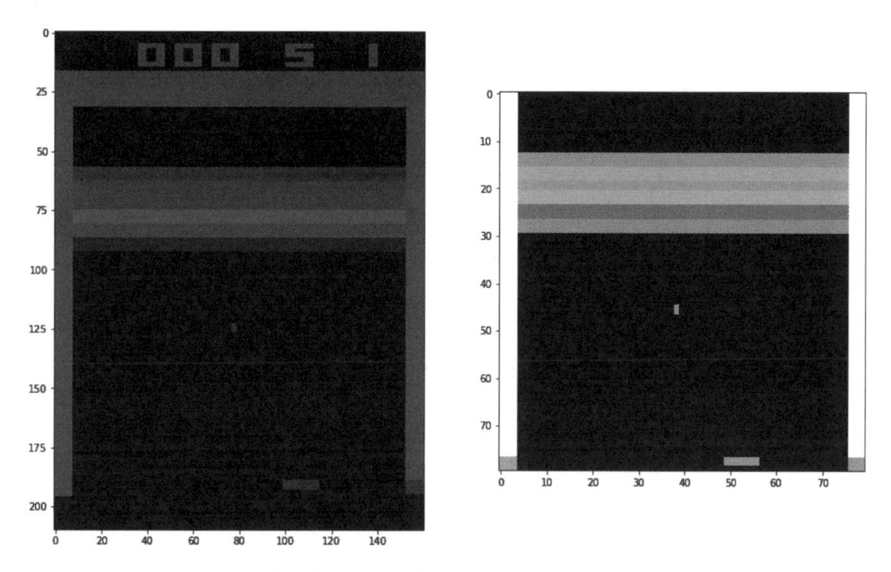

크기가 210×160(컬러 이미지)인 원래 환경과 크기가 80×80(회색조)이 되게 가공한 환경

3. 앞의 그림에서 볼 수 있듯이 에이전트가 화면을 한 개만 보게 된다면 공이 내려가는 중인지, 올라가는 중인지를 알 수 없다. 이 문제를 처리하기 위해 네 개의 연속된 상태를 하나의 입력 내용이 되게 결합한다(고유한 행동이 네 가지이므로 연속된 화면이 네 개 필요하기 때문). 우리는 이전 상태 배열에 현재 환경 관찰을 추가하는 update_state 함수를 정의한다.

```
def update_state(state, obs):
    obs_small = preprocess(obs)
    return np.append(state[1:], np.expand_dims(obs_small, 0), axis=0)
```

이 함수는 처리된 새 상태를 분리된 상태로 추가해 망에 대한 최종 입력이 네 개의 프레임으로 구성되게 한다. 다음 화면에서 네 개의 연속 프레임을 볼 수 있다. 이게 DQN에 입력되는 내용이다.

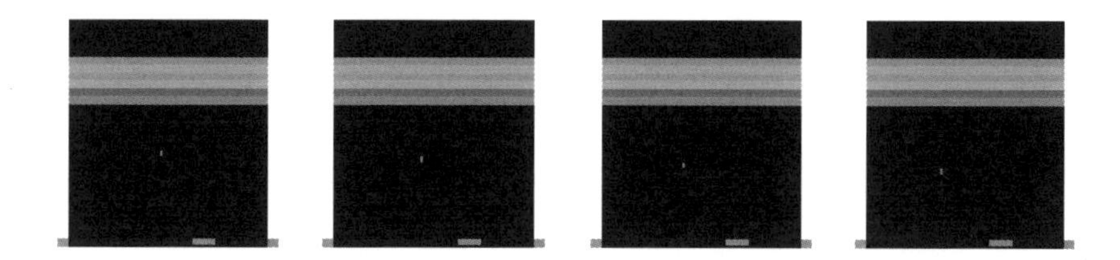

DQN으로 입력되는 네 개의 연속 게임 상태(즉, 네 개의 연속 프레임들)

4. 우리는 DQN 클래스로 정의한 DQN을 하나 생성한다. DQN은 세 개의 합성곱 계층으로 이루어지며, 마지막 합성곱 계층의 출력은 평탄화되고, 이어서 두 개의 완전연결 계층이 뒤따른다. 앞의 경우처럼 망은 Qtarget과 Qpredicted 간의 차이를 최소화하려고 시도한다. 코드에서 RMSProp 최적화 프로그램을 사용하고 있지만, 다른 최적화 프로그램을 사용할 수도 있다.

```
def __init__ (self, K, scope, save_path= 'models/atari.ckpt'):
    self.K = K
    self.scope = scope
    self.save_path = save_path
    with tf.variable_scope(scope):
        # 입력치들과 표적치들
        self.X = tf.placeholder(tf.float32, shape=(None, 4, IM_SIZE, IM_SIZE), name='X')
        # 텐서플로 합성곱이
        # (num_samples, height, width, "color") 순서로 돼야 하므로
        # 나중에 전치(transpose)해야 한다.
        self.Q_target = tf.placeholder(tf.float32, shape=(None,), name='G')
        self.actions = tf.placeholder(tf.int32, shape=(None,), name='actions')
        # 출력과 비용을 계산한다.
        # 합성곱 계층들
        Z = self.X / 255.0
        Z = tf.transpose(Z, [0, 2, 3, 1])
        cnn1 = tf.contrib.layers.conv2d(Z, 32, 8, 4, activation_fn=tf.nn.relu)
        cnn2 = tf.contrib.layers.conv2d(cnn1, 64, 4, 2, activation_fn=tf.nn.relu)
        cnn3 = tf.contrib.layers.conv2d(cnn2, 64, 3, 1, activation_fn=tf.nn.relu)

        # 완전연결 계층들
        fc0 = tf.contrib.layers.flatten(cnn3)
        fc1 = tf.contrib.layers.fully_connected(fc0, 512)
        # 최종 출력 계층
        self.predict_op = tf.contrib.layers.fully_connected(fc1, K)
        Qpredicted = tf.reduce_sum(self.predict_op * tf.one_hot(self.actions, K), \
                                reduction_indices=[1])
        self.cost = tf.reduce_mean(tf.square(self.Q_target - Qpredicted))
        self.train_op = tf.train.RMSPropOptimizer(0.00025, 0.99, \
                                            0.0, 1e-6).minimize(self.cost)
```

이 클래스에 필요한 메서드는 다음 단계에서 설명한다.

5. 예측된 Q 값을 반환하는 메서드를 추가한다.

```
def predict(self, states):
    return self.session.run(self.predict_op, feed_dict={self.X: states})
```

6. 우리에게는 최대 가치를 지닌 행동을 결정할 메서드가 필요하다. 이 메서드에서 우리는 엡실론 탐욕 정책도 구현했으며, 엡실론 값은 메인 코드에서 변경된다.

```
def sample_action(self, x, eps):
"""엡실론 탐욕 알고리즘을 구현한다"""
if np.random.random() < eps:
    return np.random.choice(self.K)
else:
    return np.argmax(self.predict([x])[0])
```

7. 우리에게는 손실을 최소화하기 위해 망의 가중치를 갱신할 방법이 필요하다. 이 함수를 다음과 같이 정의할 수 있다.

```
def update(self, states, actions, targets):
    c, _ = self.session.run(
                    [self.cost, self.train_op],
                    feed_dict={
                        self.X: states,
                        self.Q_target: targets,
                        self.actions: actions
                    })
    return c
```

8. 모델 가중치들을 고정 Q 망(fixed Q–Network)으로 복사한다.

```
def copy_from(self, other):
    mine = [t for t in tf.trainable_variables() if t.name.startswith(self.scope)]
    mine = sorted(mine, key=lambda v: v.name)
    theirs = [t for t in tf.trainable_variables() if t.name.startswith(other.scope)]
    theirs = sorted(theirs, key=lambda v: v.name)
    ops = []
    for p, q in zip(mine, theirs):
        actual = self.session.run(q)
        op = p.assign(actual)
        ops.append(op)
    self.session.run(ops)
```

9. 이러한 메서드들 외에도 학습된 망을 저장하고 저장된 망을 적재하며 텐서플로 세션을 설정하는 데 도움이 되는 몇 가지 헬퍼(helper, 도우미) 함수가 필요하다.

```
def load(self):
    self.saver = tf.train.Saver(tf.global_variables())
```

```
        load_was_success = True
        try:
            save_dir = '/'.join(self.save_path.split('/')[:-1])
            ckpt = tf.train.get_checkpoint_state(save_dir)
            load_path = ckpt.model_checkpoint_path
            self.saver.restore(self.session, load_path)
        except:
            print("no saved model to load. starting new session")
            load_was_success = False
        else:
            print("loaded model: {}".format(load_path))
            saver = tf.train.Saver(tf.global_variables())
            episode_number = int(load_path.split('-')[-1])

    def save(self, n):
        self.saver.save(self.session, self.save_path, global_step=n)
        print("SAVED MODEL #{}".format(n))

    def set_session(self, session):
        self.session = session
        self.session.run(tf.global_variables_initializer())
        self.saver = tf.train.Saver()
```

10. DQN 알고리즘을 구현하기 위해 우리는 `learn` 함수를 사용한다. 경험 재생 버퍼에서 임의의 표본을 선택하고 표적 Q 망의 표적 Q를 사용해 Q 망을 갱신한다.

```
def learn(model, target_model, experience_replay_buffer, gamma, batch_size):
    # 표본으로 삼은 경험들
    samples = random.sample(experience_replay_buffer, batch_size)
    states, actions, rewards, next_states, dones = map(np.array, zip(*samples))
    # 표적들을 계산한다.
    next_Qs = target_model.predict(next_states)
    next_Q = np.amax(next_Qs, axis=1)
    targets = rewards + np.invert(dones).astype(np.float32)  * gamma * next_Q
    # 갱신 모델
    loss = model.update(states, actions, targets)
    return loss
```

11. 이제 모든 재료가 준비됐으므로 DQN의 하이퍼파라미터를 결정하고 환경을 생성해 보자.

```
# 일부 전역 파라미터들
MAX_EXPERIENCES = 500000
MIN_EXPERIENCES = 50000
TARGET_UPDATE_PERIOD = 10000
IM_SIZE = 80
K = 4 # env.action_space.n

# 하이퍼파라미터와 그 밖의 것들
gamma = 0.97
batch_sz = 64
num_episodes = 2700
total_t = 0
experience_replay_buffer = []
episode_rewards = np.zeros(num_episodes)
last_100_avgs = []
# 엡실론 탐욕 알고리즘에 쓸 엡실론
epsilon = 1.0
epsilon_min = 0.1
epsilon_change = (epsilon - epsilon_min) / 700000

# Atari 환경을 만든다
env = gym.envs.make("Breakout-v0")

# 원래 망과 표적 망을 만든다.
model = DQN(K=K, scope="model")
target_model = DQN(K=K, scope="target_model")
```

12. 마지막으로, 다음 코드는 경험 재생 버퍼를 채우고 단계별로 게임을 실행하며 4개 단계마다 모든 단계 및 `target_model`에서 모델이 되는 망을 훈련하는 코드다.

```
with tf.Session() as sess:
    model.set_session(sess)
    target_model.set_session(sess)
    sess.run(tf.global_variables_initializer())
    model.load()
    print("Filling experience replay buffer...")
    obs = env.reset()
    obs_small = preprocess(obs)
```

```
state = np.stack([obs_small] * 4, axis=0)
# 경험 재생 버퍼를 채운다.
for i in range(MIN_EXPERIENCES):
    action = np.random.randint(0, K)
    obs, reward, done, _ = env.step(action)
    next_state = update_state(state, obs)
    experience_replay_buffer.append((state, action, reward, next_state, done))
    if done:
        obs = env.reset()
        obs_small = preprocess(obs)
        state = np.stack([obs_small] * 4, axis=0)
    else:
        state = next_state
# 에피소드 수만큼 플레이하고 학습한다.
for i in range(num_episodes):
    t0 = datetime.now()
    # 환경을 재설정한다.
    obs = env.reset()
    obs_small = preprocess(obs)
    state = np.stack([obs_small] * 4, axis=0)
    assert (state.shape == (4, 80, 80))
    loss = None
    total_time_training = 0
    num_steps_in_episode = 0
    episode_reward = 0
    done = False
    while not done:
        # 표적 망을 갱신한다.
        if total_t % TARGET_UPDATE_PERIOD == 0:
            target_model.copy_from(model)
            print("Copied model parameters to target network. total_t = %s, \
                    period = %s" % (total_t, TARGET_UPDATE_PERIOD))
        # 행동을 취한다.
        action = model.sample_action(state, epsilon)

        obs, reward, done, _ = env.step(action)
        obs_small = preprocess(obs)
        next_state = np.append(state[1:], np.expand_dims(obs_small, 0), axis=0)
```

```
            episode_reward += reward
            # 재생 버퍼가 가득 차면 가장 오래된 경험을 제거한다.
            if len(experience_replay_buffer) == MAX_EXPERIENCES:
                experience_replay_buffer.pop(0)
                # 최근 경험을 저장한다.
                experience_replay_buffer.append((state, action, reward, next_state, done))
            # 모델을 훈련하고 시간을 측정해 보존한다.
            t0_2 = datetime.now()
            loss = learn(model, target_model, \
                        experience_replay_buffer, gamma, batch_sz)
            dt = datetime.now() - t0_2
            total_time_training += dt.total_seconds()
            num_steps_in_episode += 1
            state = next_state total_t += 1
            epsilon = max(epsilon - epsilon_change, epsilon_min)
            duration = datetime.now() - t0
            episode_rewards[i] = episode_reward
            time_per_step = total_time_training / num_steps_in_episode
            last_100_avg = episode_rewards[max(0, i - 100):i + 1].mean()
            last_100_avgs.append(last_100_avg)
            print("Episode:", i, \
                  "Duration:", duration, \
                  "Num steps:", num_steps_in_episode, \
                  "Reward:", episode_reward, \
                  "Training time per step:", "%.3f" % time_per_step, \
                  "Avg Reward (Last 100):", "%.3f" % last_100_avg,\
                  "Epsilon:", "%.3f" % epsilon)
            if i % 50 == 0:
                model.save(i)
            sys.stdout.flush()

# 그래프를 그린다.
plt.plot(last_100_avgs)
plt.xlabel('episodes') # 에피소드
plt.ylabel('Average Rewards') # 평균 보상
plt.show()
env.close()
```

이제 보상이 에피소드에 따라 증가한다는 점과 평균 보상이 20으로 끝난다는 점, 그럼에도 불구하고 이런 보상이 더 높을 수 있다는 점을 알게 됐으며, 그러고 나서 수천 개 에피소드만 가지고 훈련해 보았는데, 이때 재생 버퍼의 크기는 심지어 5,000에서 500만 에피소드에 이르렀다.

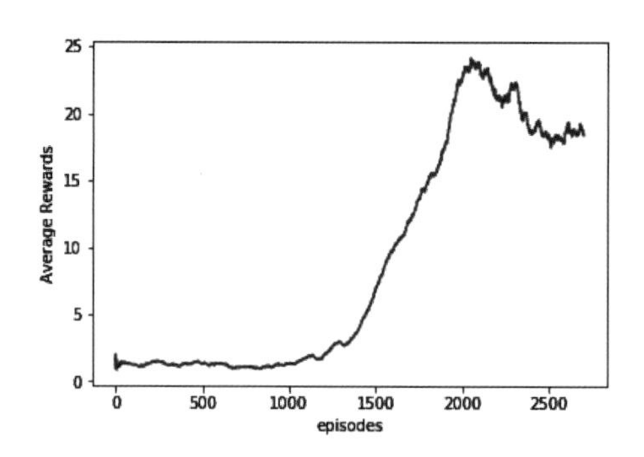

에이전트가 학습할 때의 평균 보상

13. 약 2,700개 에피소드를 배운 에이전트가 어떻게 행동하는지 보자.

```
env = gym.envs.make("Breakout-v0")
frames = []
with tf.Session() as sess:
    model.set_session(sess)
    target_model.set_session(sess)
    sess.run(tf.global_variables_initializer())
    model.load()
    obs = env.reset()
    obs_small = preprocess(obs)
    state = np.stack([obs_small] * 4, axis=0)
    done = False
    while not done:
        action = model.sample_action(state, epsilon)
        obs, reward, done, _ = env.step(action)
        frames.append(env.render(mode='rgb_array'))
        next_state = update_state(state, obs)
        state = next_state
```

학습한 에이전트의 동영상을 `https://www.youtube.com/watch?v=rPy-3NodgCE`에서 볼 수 있다.

멋지지 않은가? 말할 것도 없이 에이전트는 2,700편의 에피소드만으로도 게임을 멋지게 학습했다.

에이전트를 더 잘 훈련하는 데 도움이 되는 몇 가지 사항이 있다.

- 훈련에는 많은 시간이 필요하기 때문에 강력한 계산 자원이 없다면 모델을 저장하고 저장된 모델을 다시 시작하는 것이 좋다.
- 코드에서 `Breakout-v0`과 OpenAI gym을 사용했다. 이 경우에 연속적인(무작위로 선택된 1, 2, 3 또는 4) 프레임을 대상으로 동일한 스텝을 반복한다. 이 대신에 딥마인드 팀에서 사용하는 `BreakoutDeterministic-v4`를 선택할 수도 있다. 여기에서 스텝들은 정확히 네 개의 연속 프레임을 반복한다. 따라서 에이전트는 네 번째 프레임마다 행동을 보고 선택한다.

이중 DQN

이번에는, 우리가 행동을 선택할 때이든 행동을 평가할 때이든 max 연산자를 사용하고 있다는 점을 떠올려 보자. 이로 인해 이상적인 게 아닐 것으로 예상되는 행동에 대해서 그 가치를 과대평가하게 될 수 있다. 선택에서 평가를 분리하면 이 문제를 처리할 수 있다. 이중 DQN(Double DQN)을 사용하면 서로 다른 가중치들로 이뤄진 두 개의 Q 망을 갖게 된다. 둘 다 무작위 경험을 통해서 학습을 하게 되지만, 두 개의 Q 망 중에 하나는 엡실론 탐욕 정책을 사용해서 행동을 결정하는 일에 쓰이고, 나머지 하나는 행동의 가치를 결정하는 일에 사용된다(따라서 표적 Q를 계산한다).

좀 더 명확하게 하기 위해 DQN의 사례를 먼저 살펴보자. DQN에서는 Q 값이 최대인 행동이 선택된다. W를 DQN의 가중치라고 한다면, 우리가 하는 일은 다음과 같다.

$$Q_{target} = r + \gamma \max_a Q^W\left(s_{t+1}, \operatorname{argmax}_a Q^W(s_t)\right)$$

위첨자로 쓰이고 있는 W는 Q 값을 근사하는 데 사용된 가중치를 나타낸다. 이중 DQN에서는 방정식이 다음과 같이 변경된다.

$$Q_{target} = r + \gamma \max_a Q^{W'}\left(s_{t+1}, \operatorname{argmax}_a Q^W(s_t)\right)$$

무엇이 바뀌었는지 알아보자. 이번에는 가중치가 W인 Q 망을 사용해 행동이 선택되고, 가중치가 W'인 Q 망을 사용해 최대 Q 값을 예측하고 있다. 이렇게 하면 과대 평가를 줄일 수 있고 에이전트를 빠르게 훈련할 수 있으며 더 신뢰성을 갖게 할 수 있다. 「Deep Reinforcement Learning with Double

Q-Learning」(이중 Q 학습을 이용한 심층강화학습)이라는 논문을 https://www.aaai.org/ocs/index.php/AAAI/AAAI16/paper/download/12389/11847에서 확인할 수 있다.

결투 DQN

결투 DQN(Dueling DQN)은 Q 함수를 가치 함수(value function)와 우위 함수(advantage function)로 분리한다. 가치 함수는 앞에서 설명한 것과 같다. 이것은 행동에 독립적인 상태 가치를 나타낸다. 한편, 우위 함수는 상태 s에서 행동의 효용(우위/우수성)의 상대 척도를 제공한다.

$$Q(s,a) = V^{\pi}(s) + A(s,a)$$

결투 DQN에서도 특징을 추출하는 단계에서는 동일한 합성곱이 사용되지만, 이후 단계에서는 가치를 제공하는 망과 우위를 제공하는 또 다른 망으로 분리된다. 나중에 Q 값을 추정하기 위해 두 단계가 결합 계층을 사용해 재결합된다. 이로 인해 망이 가치 함수와 우위 함수에 대해 별도의 추정치를 산출함을 보장받을 수 있다. 가치와 우위를 분리한다는 직관은 많은 상태에서 각 행동 선택의 가치를 평가할 필요가 없다는 생각에서 비롯된 것이다. 예를 들어, 자동차 경주에서 차가 앞에 없으면 왼쪽이나 오른쪽으로 방향을 트는 행동이 필요하지 않으므로 주어진 상태에서 이러한 행동의 가치를 추정하지 않아도 된다. 이를 통해 각 상태에 대한 각 행동의 효과를 판별하지 않고도 어떤 상태가 가치가 있는지를 알 수 있다.

집계 계층(aggregate layer)에서는 주어진 Q에서 V와 A를 모두 복구할 수 있게 가치와 우위가 결합된다. 이것은 우위 함수 추정기(advantage function estimator)가 선택된 행동에서 영(0)인 우위를 갖게 강제함으로써 달성된다.

$$Q(s,a;\theta,\alpha,\beta) = V(s;\theta,\beta) + A(s,a;\theta,\alpha) - \max_{a' \in |A|} A(s,a';\theta,\alpha)$$

여기서, θ는 일반적인 합성곱 특징 추출기의 파라미터를 나타내고, α 및 β는 우위와 가치를 추정하는 망의 파라미터를 나타낸다. 결투 DQN 역시 구글의 딥마인드 팀에서 제안했다. arXiv에서 전체 논문을 읽을 수 있다(https://arxiv.org/abs/1511.06581). 이 논문 저자들은 평균 연산자를 사용해 선행하는 max 연산자를 변경하면 망의 안정성이 높아진다는 사실을 발견했다. 이 경우에 우위는 평균만큼만 빠르게 변한다. 따라서 결과에서 다음과 같이 주어진 집계 계층이 사용됐다.

$$Q(s,a;\theta,\alpha,\beta)=V(s;\theta,\beta)+A(s,a;\theta,\alpha)-\frac{1}{|A|}\sum_{a'}A(s,a';\theta,\alpha)$$

다음 화면은 결투 DQN의 기본 아키텍처를 보여준다.

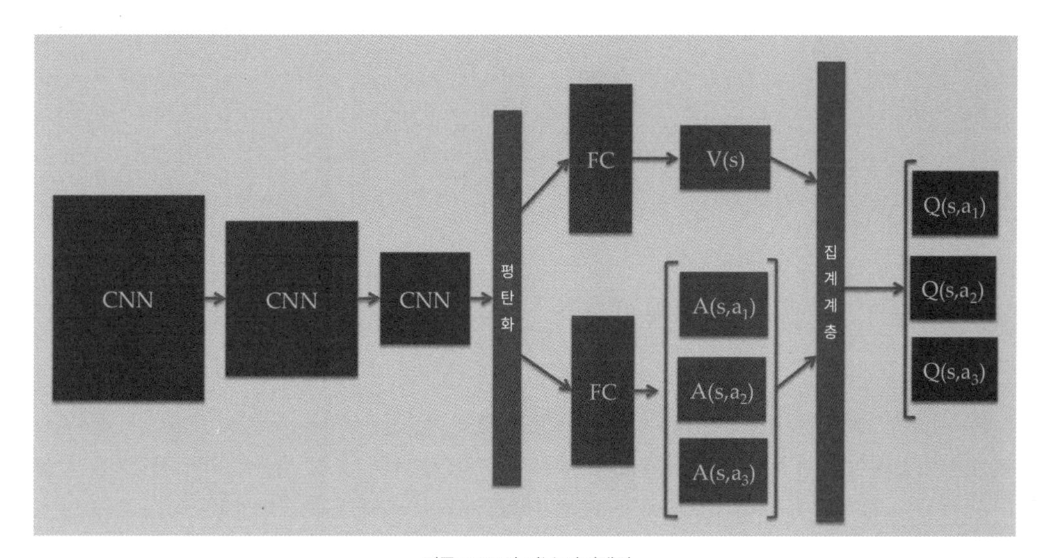

결투 DQN의 기본 아키텍처

정책 경사도

Q 학습 기반 방법에서는 가치 함수와 Q 함수를 추정한 후 정책을 생성했다. 정책 경사도(policy gradient)와 같은 정책 기반 방법에서는 정책을 직접 근사한다.

앞에서와 마찬가지로 여기서 우리는 정책을 근사하기 위해 신경망을 사용한다. 가장 단순한 형태로 된 신경망은 가장 가파른 경사 상승(언덕 오르기)을 사용해 가중치를 조정하고 보상을 최대화하는 행동을 선택하기 위한 정책을 학습한다. 그래서 정책 경사도라고 부르는 것이다.

정책 경사도에서 정책은 상태에 대한 표현을 입력으로 사용해 행동을 선택할 확률을 출력하는 신경망으로 표현된다. 이 망의 가중치들은 학습할 정책 파라미터인 것이다. 그렇다면 자연스럽게 다음과 같은 질문이 떠오른다. 이 망의 가중치들을 어떻게 갱신해야 하는가? 우리의 목표는 보상을 최대화하려는 것이므로 예제로 들고 있는 망은 에피소드당 예상 보상을 최대화하려고 시도한다.

$$J(\theta) = E[R \mid \pi(a \mid s, \theta)]$$

여기서 우리는 파라미터화된 확률 정책인 π를 취했다. 즉, 정책은 주어진 상태 s에서 행동 a를 취할 확률을 결정하고, 이때의 신경망 파라미터들을 θ로 나타낸다. R은 에피소드에 걸쳐 받은 모든 보상의 합계를 나타낸다. 그런 다음에 경사 상승법(gradient ascent)을 사용해 망 파라미터를 갱신한다.

$$\theta_{t+1} = \theta_t + \eta \nabla_\theta J_\theta \mid_{\theta=\theta_t}$$

여기서 η는 학습속도다. 정책 경사도 정리(policy gradient theorem)를 사용하면 다음과 같이 된다.

$$\nabla_\theta J(\theta) \approx E\left[\sum_{t=0}^{T-1} r_t \sum_{t=0}^{T-1} \nabla_\theta \log \pi(a_t \mid s_t, \theta)\right]$$

따라서 기대 수익(expected return)[30]을 극대화하는 대신, 손실함수를 로그 손실(예상되는 행동 및 예상되는 행동을 레이블 및 로그로 각각 사용)로 사용하고, 할인된 보상을 망 훈련을 위한 가중치로 사용할 수 있다. 안정성을 높이기 위해 기준선을 추가하는 것이 분산을 줄이는 데 도움이 된다는 사실이 밝혀졌다. 기준선의 가장 일반적인 형태는 할인된 보상의 합계이며 그 결과는 다음과 같다.

$$\nabla_\theta J(\theta) \approx E\left[\sum_{t=0}^{T-1} \nabla_\theta \log \pi(a_t \mid s_t, \theta)\left(\sum_{t'=t}^{T-1} \gamma^{t'-t} r^{t'} - b(s_t)\right)\right]$$

기준선 $b(s_t)$는 다음과 같다.

$$b(s_t) \approx E[r_t + \gamma r_{t+1} + \gamma^2 r_{t+2} + \cdots + \gamma^{T+1-t} r_{T-1}]$$

여기서 γ는 할인계수를 나타낸다.

30 (옮긴이) 여기서 '기대 수익'이란 특정 상태에서 특정 행동을 취했을 때 받을 수 있는 모든 보상의 합계에 대한 기댓값이다. 여러 행동 중에서 특정 행동을 취한 확률이 서로 다르므로 기댓값으로 계산하는 것이다.

왜 정책 경사도인가?

우선, 그 밖의 정책 기반 방법(policy based methods)과 마찬가지로 정책 경사도 방법(policy gradient methods)은 추가 데이터(즉, 경험 재생 버퍼)를 저장할 필요 없이 최적의 정책을 직접 추정한다. 따라서 구현하기가 간단하다. 둘째, 진정한 확률 정책을 학습하게 정책 경사도 방법에 쓰이는 신경망을 훈련할 수 있다. 마지막으로 이 방법은 행동 공간이 연속적인 경우에 적합하다.

정책 경사도 방법을 사용하는 퐁

정책 경사도 방법을 사용해 퐁 게임을 해보자. 안드레 카르파티(Andrej Karpathy)는 자신의 블로그 게시물(`http://karpathy.github.io/2016/05/31/rl/`)에서 그 구현 방법을 소개했다. '브레이크아웃(Breakout)'이라는 게임에서 네 개의 게임 프레임을 차례로 입력했기 때문에 게임 내 역학을 에이전트가 알 수 있었다는 점을 기억하자. 여기서는 두 개의 연속적인 게임 프레임 간의 차이점을 망 입력으로 사용한다. 그러므로 에이전트는 현재 상태와 이전 상태에 대한 정보를 지니게 된다.

1. 첫 번째 단계에서는, 항상 그렇듯이 필요한 모듈을 가져와야 한다. 텐서플로, NumPy, Matplotlib 및 gym을 가져와 코딩 환경을 구성한다.

```
import numpy as np
import gym
import matplotlib.pyplot as plt
import tensorflow as tf
from gym import wrappers
%matplotlib inline
```

2. 우리는 `PolicyNetwork`라는 신경망을 구축한다. 이 신경망은 게임의 상태를 입력으로 취해 행동 선택 확률을 출력한다. 여기서는 편향(bias)이 없는 간단한 2계층 퍼셉트론을 만든다. 가중치는 그자비에 초기화(`Xavier initialization`)를 사용해 무작위로 초기화된다. 은닉 계층은 `ReLU` 활성함수를 사용하고 출력 계층은 `softmax` 활성함수를 사용한다. 나중에 정의한 `tf_discount_rewards` 메서드는 기준선을 계산한다. 마지막으로 텐서플로의 `tf.losses.log_loss`와 계산된 행동 확률을 예측으로 사용하고 선택된 원핫 행동 벡터를 레이블로, 분산으로 보정된 할인 보상을 가중치로 사용했다.

```
class PolicyNetwork(object):
    def __init__ (self, N_SIZE, h=200, gamma=0.99, eta=1e-3, \
                  decay=0.99, save_path = 'models1/pong.ckpt' ):

        self.gamma = gamma
        self.save_path = save_path
```

```
        # 상태를 전달하기 위한 플레이스홀더들....
        self.tf_x = tf.placeholder(dtype=tf.float32, \
                                   shape=[None, N_SIZE * N_SIZE], name="tf_x")
        self.tf_y = tf.placeholder(dtype=tf.float32, \
                                   shape=[None, n_actions], name="tf_y")
        self.tf_epr = tf.placeholder(dtype=tf.float32, \
                                   shape=[None, 1], name="tf_epr")

        # 가중치들
        xavier_l1 = tf.truncated_normal_initializer(mean=0, \
                                   stddev=1. / N_SIZE, dtype=tf.float32)
        self.W1 = tf.get_variable("W1", [N_SIZE * N_SIZE, h], initializer=xavier_l1)
        xavier_l2 = tf.truncated_normal_initializer(mean=0, \
                                   stddev=1. / np.sqrt(h), dtype=tf.float32)
        self.W2 = tf.get_variable("W2", [h, n_actions], initializer=xavier_l2)

        # 빌드 계산
        # tf 보상 과정(정책 경사도를 쉽게 처리하려면 tf_discounted_epr가 필요하다)
        tf_discounted_epr = self.tf_discount_rewards(self.tf_epr)
        tf_mean, tf_variance = tf.nn.moments(tf_discounted_epr, [0], \
                                     shift=None, name="reward_moments")
        tf_discounted_epr -= tf_mean
        tf_discounted_epr /= tf.sqrt(tf_variance + 1e-6)

        # 최적화기를 정의하고 경사도를 계산해 적용한다.
        self.tf_aprob = self.tf_policy_forward(self.tf_x)
        loss = tf.losses.log_loss(labels = self.tf_y, predictions = self.tf_aprob, \
                                  weights = tf_discounted_epr)

        optimizer = tf.train.AdamOptimizer()
        self.train_op = optimizer.minimize(loss)
```

3. 이 클래스에는 행동 확률(tf_policy_forward 및 predict_UP)을 계산하고, tf_discount_rewards를 사용해 기준을 계산하고, 망의 가중치를 갱신하고(update), 마지막으로 세션을 설정하고(set_session) 모델을 적재하고 저장하는 메서드가 있다.

```
    def set_session(self, session):
        self.session = session
        self.session.run(tf.global_variables_initializer())
```

```
        self.saver = tf.train.Saver()

    def tf_discount_rewards(self, tf_r): # tf_r ~ [game_steps,1]
        discount_f = lambda a, v: a * self.gamma + v;
        tf_r_reverse = tf.scan(discount_f, tf.reverse(tf_r, [0]))
        tf_discounted_r = tf.reverse(tf_r_reverse, [0])
        return tf_discounted_r

    def tf_policy_forward(self, x): # x ~ [1, D]
        h = tf.matmul(x, self.W1)
        h = tf.nn.relu(h)
        logp = tf.matmul(h, self.W2)
        p = tf.nn.softmax(logp)
        return p

    def update(self, feed):
        return self.session.run(self.train_op, feed)

    def load(self):
        self.saver = tf.train.Saver(tf.global_variables())
        load_was_success = True
        try:
            save_dir = '/'.join(self.save_path.split('/')[:-1])
            ckpt = tf.train.get_checkpoint_state(save_dir)
            load_path = ckpt.model_checkpoint_path print(load_path)
            self.saver.restore(self.session, load_path)
        except:
            print("no saved model to load. starting new session")
            load_was_success = False
        else:
            print("loaded model: {}".format(load_path))

            saver = tf.train.Saver(tf.global_variables())
            episode_number = int(load_path.split('-')[-1])

    def save(self):
        self.saver.save(self.session, self.save_path, global_step=n)
        print("SAVED MODEL # {}".format(n))
```

```
    def predict_UP(self, x):
        feed = {self.tf_x: np.reshape(x, (1, -1))}
        aprob = self.session.run(self.tf_aprob, feed)
        return aprob
```

4. 이제 PolicyNetwork(정책 망)가 만들어졌으므로 게임 상태에 preprocess 함수를 한 개 만든다. 완전한 210×160 상태 공간을 처리하는 대신에 상태 공간을 80×80으로 줄이고, 이진 방식에 맞춰 마지막으로 그것을 평탄화한다.

```
# 하향 표본추출(down sampling)31
def preprocess(I):
    """
    uint8 형식으로 된 210×160×3 프레임을
    6400(80×80) 크기의 1차원 부동 소수점 벡터로 만든다.
    """
    I = I[35:195] # 잘라낸다.
    I = I[::2,::2,0] # 계수를 2로 정해 하향 표본추출을 한다.
    I[I == 144] = 0  # 배경을 지운다(배경 유형 1).
    I[I == 109] = 0  # 배경을 지운다(배경 유형 2).
    I[I != 0] = 1    # 나머지 모든 것(탁구채, 공)을 1로 설정한다.
    return I.astype(np.float).ravel()
```

5. 상태(states), 레이블(labels), 보상(rewards) 및 행동(actions) 공간의 크기를 유지하는 데 필요한 몇 가지 변수를 정의하자. 게임 상태를 초기화하고 정책 망을 인스턴스화한다.

```
# 게임 환경을 만든다.
env_name = "Pong-v0"
env = gym.make(env_name)
env = wrappers.Monitor(env, '/tmp/pong', force=True)
n_actions = env.action_space.n # 가능한 행동들의 수
# 게임을 초기화하면 t-1 시점의 상태, 행동, 보상, t 시점의 상태를 초기화한다.
states, rewards, labels = [], [], []
obs = env.reset()
prev_state = None

running_reward = None
```

31 (옮긴이) '하향 표본추출'을 보통 '다운샘플링'이라고도 부르는데, 신경망을 계층을 통해 나오는 값(즉, 표본 값)들의 개수를 줄여 추출(sampling)한다는 의미이다. 값들의 개수를 줄이려면 현재 신경망 계층에 쓰이는 뉴런의 개수는 이전 신경망 계층에 쓰인 뉴런의 개수보다 적어야 한다. 이것이 하향 표본추출의 의미다. 이에 반대되는 개념은 상향 표본추출(up sampling)이다. 그냥 다운샘플링이라든가 업샘플링으로 부르기보다는 하향 표본추출과 상향 표본추출이라고 부르면 표본(신경망 계층을 통해 나온 값)이라는 개념과 추출(값을 뽑아 냄)이라는 개념을 동시에 담을 수 있다. 더 좋은 번역 용어로 '표본 축소 추출'과 '표본 확대 추출'을 제안한다. 이 용어가 널리 사용된다면 개념을 더 정확하게 드러낼 수 있다.

```
running_rewards = []
reward_sum = 0
n = 0
done = False
n_size = 80

num_episodes = 2500

# 에이전트를 만든다.
agent = PolicyNetwork(n_size)
```

6. 이제 정책 경사도 알고리즘을 시작한다. 에피소드마다 에이전트는 먼저 선택한 상태 · 보상 · 행동을 저장해 게임을 진행한다. 게임이 끝나면 저장된 데이터를 모두 사용해 훈련한다. 원하는 만큼의 에피소드에 대해 이 과정을 반복한다.

```
with  tf.Session()  as  sess:
    agent.set_session(sess)
    sess.run(tf.global_variables_initializer())
    agent.load()
    # 훈련 루프
    done = False
    while not done and n< num_episodes:
        # 관측치를 미리 처리한다.
        cur_state = preprocess(obs)
        diff_state = cur_state - prev_state if prev_state is not None \
                                            else np.zeros(n_size*n_size)
        prev_state = cur_state

        # 행동을 예측한다.
        aprob = agent.predict_UP(diff_state) ; aprob = aprob[0,:]

        action = np.random.choice(n_actions, p=aprob)
        # print(action)
        label = np.zeros_like(aprob) ; label[action] = 1

        # 환경을 다음 단계로 넘기로 새로운 측정기준을 취한다.
        obs, reward, done, info = env.step(action)
        env.render()
        reward_sum += reward
```

```
        # 게임 이력을 기록한다.
        states.append(diff_state) ; labels.append(label) ; rewards.append(reward)

        if done:
            # 실행 보상을 갱신한다.
            running_reward = reward_sum if running_reward is None \
                                    else running_reward * 0.99 + reward_sum * 0.01
            running_rewards.append(running_reward)
            # print(np.vstack(rs).shape)
            feed = {agent.tf_x: np.vstack(states), \
                      agent.tf_epr: np.vstack(rewards), \
                      agent.tf_y: np.vstack(labels)}
            agent.update(feed)
            # 진행 정도를 보여주는 콘솔을 출력한다.

            if n % 10 == 0:
                print ('ep {}: reward: {}, mean reward: {:3f}'.format(n, \
                                                reward_sum, running_reward))
            else:
                print ('\tep {}: reward: {}'.format(n, reward_sum))

             # 다음 에피소드를 시작하고 모델을 저장한다
             states, rewards, labels = [], [], []
             obs = env.reset()
             n += 1 # 다음 에피소드

             reward_sum = 0
             if  n  %  50  ==  0:
                 agent.save()
             done = False

plt.plot(running_rewards)
plt.xlabel('episodes')
plt.ylabel('Running Averge')
plt.show()
env.close()
```

7. 7,500 에피소드에 대한 훈련을 마친 후, 신경망이 몇몇 게임을 이기기 시작했다. 12,000 에피소드를 거친 후에는 우승 확률이 향상됐으며 전체 시간 중 절반을 이겼다. 20,000 에피소드가 지난 후에는 대부분의 게임을 에이전트가 이겼다. 전체 코드는 깃허브의 `Policygradients.ipynb` 파일에 있다. 20,000 에피소드를 학습한 에이전트가 가지고 놀아 본 게임을 `https://youtu.be/hZo7kAco8is`에서 볼 수 있다. 이 에이전트는 자신의 위치를 중심으로 이리저리 움직이는 방법을 배웠다. 또한 그러한 움직임에 따라 만들어진 힘을 공에 전달하는 것을 배우고 오직 공격을 통해서만 다른 플레이어를 이길 수 있다는 점도 배웠다.

연기자–비평가 알고리즘

정책 경사도 방법에서는 분산을 줄이기 위해 기준을 도입했지만, 여전히 행동과 기준 둘 다(더 자세히 말하면 분산은 기대되는 보상의 합이다. 다시 말해서 상태의 우수함이나 상태의 가치 함수를 의미한다)가 동시에 변하고 있었다. 정책 평가와 가치 평가를 분리하는 것이 낫지 않을까? 이 생각이 바로 연기자–비평가 방법(actor–critic method)[32]의 배경이다. 이 방법은 두 개의 신경망으로 구성된다. 하나는 정책(policy)을 근사하는 신경망으로 **연기자 망(actor network)**이라고 하며 다른 하나는 가치(value)를 근사하는 **비평가 망(critic network)**이다. 정책 평가(policy evaluation)와 정책 개선(policy improvement) 단계를 번갈아 수행함으로써 더 안정적인 학습을 유도한다. 비평가는 상태 가치와 행동 가치를 사용해 가치 함수를 추정한 다음, 연기자의 정책 망 파라미터를 갱신하게 함으로써 전반적인 성능이 향상되게 한다. 다음 도표는 연기자–비평가 망의 기본 아키텍처를 보여준다.

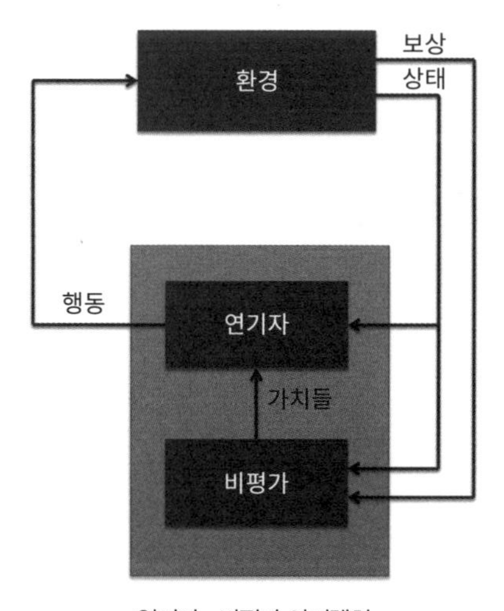

연기자– 비평가 아키텍처

32 (옮긴이) 사실 '액터–크리틱 메서드'처럼 부르는 사람이 더 많기는 하다. 그러나 개념을 명확히 나타내려면 우리말로 표현하는 게 바람직해 보여서 '연기자–비평가 방법'이라는 용어로 번역했다. 두 개의 신경망 중 한 개는 연기자 역할을 하고, 나머지 한 개가 비평가 역할을 하기 때문이다.

요약

이번 장에서 여러분은 강화학습을 배웠고, 강화학습이 지도학습 및 비지도학습과 다른 점도 알아봤다. 이번 장에서는 정책 함수나 가치 함수, 또는 둘 다를 추정하는 일에 심층신경망을 사용하는 심층강화학습 방법을 집중적으로 살펴봤다. 또한 OpenAI gym이라는, 강화학습 에이전트를 훈련하기 위한 많은 환경을 제공하는 라이브러리를 소개했다. Q 학습과 같은 가치 기반 방법을 배운 다음에 에이전트가 택시에서 승객을 태우고 내려주는 일을 훈련하는 데 사용했다. 아울러 DQN을 사용해 에이전트가 아타리 게임을 하게 훈련했다. 그런 다음에 정책 기반 방법, 그중에서도 특히 정책 경사도 방법으로 주제를 옮겨갔다. 정책 경사도 방법에 숨겨진 직관을 다뤘고, 이 알고리즘을 사용해 강화학습 에이전트에게 퐁을 연기하도록 훈련했다.

다음 장에서는 생성적 모델을 살펴보고 생성적 적대 망의 비밀을 알아본다.

07

사물인터넷을 위한 생성 모델

머신러닝(machine learning, ML, **기계학습**)과 **인공지능**(artificial Intelligence, AI)이 사람과 관련된 거의 모든 분야에 침투했다. 농업 · 음악 · 건강 · 국방 등, 인공지능의 흔적이 없는 분야는 단 한 곳도 없을 것이다. 인공지능/머신러닝의 엄청난 성공은 연산 능력이 커졌기 때문이기도 하지만 데이터가 많이 생성된 데 따른 것이다. 생성된 데이터 중에 대부분은 레이블이 지정되지 않으므로, 데이터의 고유한 분포를 이해하는 일이 머신러닝 작업에 중요하다. 이로 인해 생성 모델이 등장했다.

지난 몇 년 동안 심층 생성 모델(deep generative model)이 데이터 분포를 이해하는 데 큰 성공을 거두었고, 이로 인해 다양한 애플리케이션에 사용됐다. 가장 인기 있는 생성 모델 두 가지는 VAE(variational autoencoders, 변분 오토인코더, 변분 자기부호기)와 GAN(generative adversarial networks, 생성적 적대 망)이다.

이번 장에서는 VAE와 GAN을 배우고 이미지 생성에 사용한다. 이번 장에서는 다음 내용을 다룰 것이다.

- 생성망과 판별망의 차이점을 파악하기
- VAE를 배우기
- GAN의 기능을 직관적으로 이해하기
- 바닐라 GAN을 구현하고 이를 사용해 손글씨 숫자를 생성하기
- GAN의 가장 인기 있는 변형인 심층 합성곱 GAN에 관해 알아보기
- 텐서플로에서 심층 합성곱 GAN을 구현하고 그것을 얼굴 생성에 사용하기
- GAN의 향후 개선 모델과 애플리케이션에 관해 알아보기

소개

생성 모델(generative models)은 비지도학습 방식으로 학습하는 딥러닝 모델 중에서도 참신하고 흥미로운 부분이다. 주어진 훈련 데이터를 사용해 분포 등의 새 표본(samples)[33]을 생성하자는 것이 이 모델의 핵심 아이디어다. 예를 들어, 손글씨 숫자로 훈련된 망은, 데이터셋에는 없었지만 손글씨 숫자와 비슷한 새로운 숫자를 만들어 낸다. 공식적으로 훈련 데이터가 분포 $P_{data}(x)$를 따르는 경우, 생성 모델은 $P_{data}(x)$와 유사한 확률밀도함수 $P_{model}(x)$를 추정하는 것을 목표로 삼는다.

생성 모델은 두 가지 유형으로 분류할 수 있다.

- **명시적 생성 모델(explicit generative models):** 여기서, 확률밀도함수 $P_{model}(x)$는 명시적으로 정의되고 해가 찾아진다. 밀도함수는 PixelRNN/CNN의 경우와 같이 다루기 쉽거나 VAE의 경우와 같이 밀도함수의 근사함수일 수 있다.
- **암시적 생성 모델(implicit generative models):** 이런 경우에 망(network)은 확률밀도함수인 $P_{model}(x)$를 명시적으로 정의하지 않으면서도 $P_{model}(x)$에서 표본을 생성하는 방법을 학습한다. GAN은 이러한 유형의 생성 모델의 한 예다.

이번 장에서는 명시적 생성 모델인 VAE와 암시적 생성 모델인 GAN을 살펴본다. 생성 모델은 진짜 같은 표본을 생성하는 데 도움이 될 수 있으며 고해상도 처리나 색깔 입히기 등을 수행하는 데 사용될 수 있다. 시계열 데이터를 사용해 시뮬레이션을 한다거나 계획을 짜는 일에도 사용할 수 있다. 마지막으로 데이터의 잠재 표현(latent representation)[34]을 이해하는 데 도움이 될 수 있다.

VAE를 사용한 이미지 생성

4장 '사물인터넷을 위한 딥러닝'에 나온 오토인코더(autoencoders, 자기부호기)와 그 기능들에 익숙해야 한다. VAE는 오토인코더의 일종이다. 여기에서는 훈련된 데이터와 유사한 데이터를 생성하기 위해 임의의 잠재 특징 z를 공급해 사용할 수 있는 (훈련된) **디코더(decoder, 복호기)** 부분을 유지한다. 이제 오토인코더에서 **인코더(encoder, 부호기)**는 저차원 특징들인 z를 생성한다.

---

33 (옮긴이) 많은 사람들이 '샘플'이라고 부르는 경향이 있는 단어이지만, 그 개념은 통계학의 '표본'과 같다. 더 정치한 주제를 다뤄야 하는 경우에는 이 '표본'이라는 개념이 꼭 필요하다. 그래서 일부러 '표본'으로 번역하고 있다.

34 (옮긴이) 드러나지 않지만 내재되어 있는 표현. 여기서 표현이란 데이터를 특징지을 수 있는 방식을 말한다. 예를 들어 어떤 데이터를 선형 방정식인 y=3x+b로 근사할 수 있다면, y=3x+1이나 y=3x+2 등은 해당 데이터에 잠재된 표현들 중의 일부가 된다. 이 중에서 가장 적합한 표현을 찾아내는 것이 머신러닝의 목표다. 일단 가장 적합한 표현을 찾아냈다면 x 값을 알 때 y 값을 자동으로 알아낼 수 있기 때문이다. 생성 모델의 경우에 어떤 이미지가 주어지면 가장 적절한 표현 방식(예를 들면, 고흐의 화풍)에 따라 새로운 이미지를 자동으로 그려낼 수 있다.

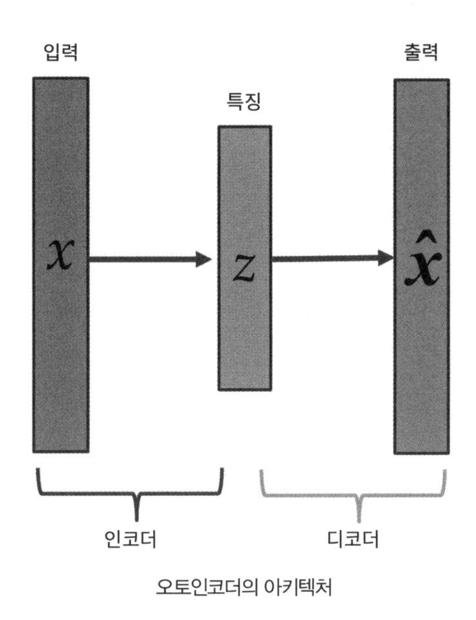

오토인코더의 아키텍처

VAE는 잠재 특징 z로부터 우도함수(likelihood function, 가능도함수)인 $p(x)$를 찾는 일과 관련이 있다.

$$p_\theta(x) = \int p_\theta(z) p_\theta(x \mid z) dz$$

이 우도함수는 다루기 힘든 밀도함수(density function)의 일종이어서 이 함수를 직접 최적화할 수는 없다. 대신에 간단한 가우스 사전확률(Gaussian prior)인 $p(z)$를 사용하고 **인코더** 망과 **디코더** 망을 모두 확률적으로 만드는 방법으로 하한을 얻는다.

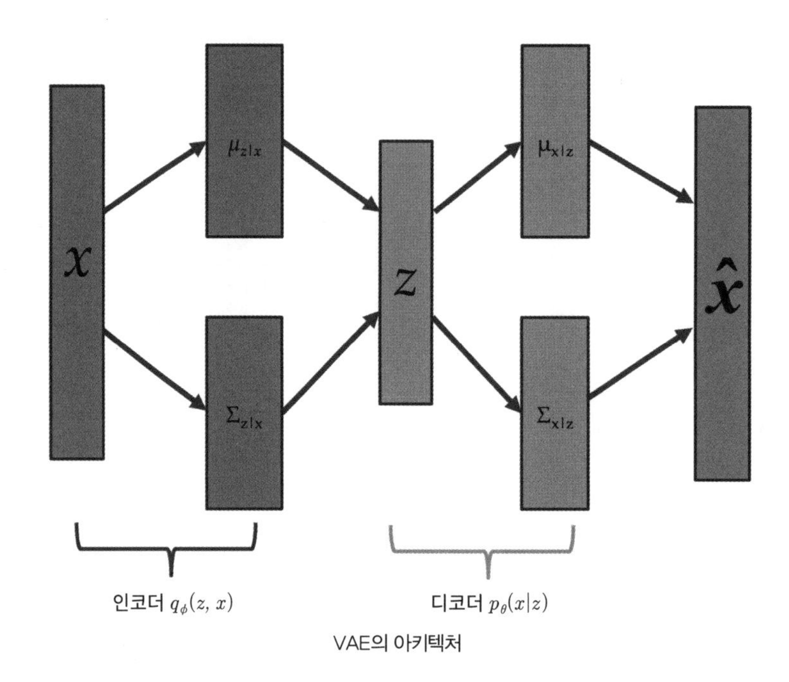

VAE의 아키텍처

이것은 다음과 같이 로그 우도(log likelihood, 즉 '로그 가능도' 또는 '로그 공산')에 대해 다루기 쉬운 하한(lower bound)을 정의할 수 있게 해준다.

$$\log p_\theta(x^{(i)}) \geq \mathcal{L}(x^{(i)}, \theta, \phi) = E_z\left[\log p_\theta(x^{(i)} \mid z)\right] - D_{KL}\left(q_\phi(z \mid x^{(i)}) \parallel p_\phi(z \mid x^{(i)})\right)$$

여기서 θ는 디코더 망 파라미터를 나타내고, φ는 인코더 망 파라미터를 나타낸다. 이 하한을 극대화해 망을 훈련한다.

$$\theta^*, \phi^* = \text{argmax}_{\theta,\phi} \sum_{i=1}^{N} \mathcal{L}(x^{(i)}, \theta, \phi)$$

하한에 있는 첫 번째 항은 입력 데이터의 재구성(reconstruction)을 담당하고, 두 번째 항은 근사 사후 확률 분포(approximate posterior distribution)를 사전확률(prior)에 가깝게 만드는 역할을 한다. 훈련을 받으면 인코더 망은 인식망(recognition network), 즉 추론망(inference network)으로 작동하고 디코더 망은 생성기 역할을 한다.

ICLR 2014(`https://arxiv.org/abs/1312.6114`)에서 디데릭 킹마(Diederik P Kingma)와 맥스 웰링(Max Welling)이 발표한 「Auto-Encoding Variational Bayes」(자기부호화하는 가변 베이즈)라는 제목의 논문에서 자세한 유도 과정을 알 수 있다.

텐서플로의 VAE

이번에는 실제로 동작하는 VAE를 살펴보자. 이 예제 코드에서는 표준 MNIST 데이터셋을 사용하고 VAE를 훈련해 손글씨 숫자를 생성한다. MNIST 데이터셋은 단순하기 때문에 인코더 망 및 디코더 망을 완전연결 계층으로만 구성할 것이다. 이렇게 함으로써 VAE 아키텍처에만 집중할 수 있다. 복잡한 이미지(예: CIFAR-10)를 생성하려면 인코더 망 및 디코더 망을 합성곱 망 및 비합성곱 망으로 수정해야 한다.

1. 이전에 나온 모든 사례에서처럼 무엇보다도 먼저 필요한 모듈을 모두 가져와야 한다. 여기서는 텐서플로의 상위 API인 `tf.contrib`를 사용해 완전연결 계층을 만든다. 이렇게 하면 각 계층의 가중치들(weights)과 편향치(biases)들을 독립적으로 선언하는 번거로움을 줄일 수 있다.

```
import numpy as np
import tensorflow as tf

import matplotlib.pyplot as plt
%matplotlib inline

from tensorflow.contrib.layers import fully_connected
```

2. 데이터를 읽어 들인다. MNIST 데이터셋을 텐서플로 튜토리얼에서 사용할 수 있는데, 여기에서 바로 살펴보자.

```
# 텐서플로에 적합한 형식으로 MNIST 데이터를 적재한다.
from tensorflow.examples.tutorials.mnist import input_data
mnist = input_data.read_data_sets('MNIST_data', one_hot=True)
n_samples = mnist.train.num_examples
n_input = mnist.train.images[0].shape[0]
```

3. `VariationalAutoencoder` 클래스를 정의한다. 이 클래스가 핵심 코드다. 여기에는 인코더 망과 디코더 망을 정의하는 메서드들이 들어 있다. 인코더는 잠재 특징 z의 평균 및 분산을 각각 `z_mu` 및 `z_sigma`로 생성한다. 이것들을 사용해 표본 `Z`가 취해진다. 잠재 특징 z는 디코더 망으로 전달돼 `x_hat`을 생성한다. 망은 Adam 최적화 알고리즘을 사용해 재구성 손실과 잠재 손실의 합을 최소화한다. 또한 클래스는 재구성, 생성, 변형(잠재 공간에 대한) 및 1개 스텝에 걸쳐서 훈련하는 일을 담당하는 메서드들을 정의한다.

```
class VariationalAutoencoder(object):
    def __init__(self, n_input, n_z, learning_rate=0.001, batch_size=100):
        self.batch_size = batch_size
        self.n_input = n_input
        self.n_z = n_z

        # 입력용 플레이스홀더
        self.x = tf.placeholder(tf.float32, shape = [None, n_input])

        # 인코더 망을 사용해
        # 잠재 공간 내 가우스 분포의 평균 및 (로그) 분산을 정의한다.
        self.z_mean, self.z_log_sigma_sq = self._encoder_network()

        # 가우스 분포로부터 추출한 표본 z를 그린다.
        eps = tf.random_normal((self.batch_size, n_z), 0, 1, dtype=tf.float32)
        # z = mu + sigma*epsilon
        self.z = tf.add(self.z_mean, tf.multiply(tf.sqrt(tf.exp(self.z_log_sigma_sq)), eps))

        # 재구성한 입력의 베르누이 분포에 대한 평균을
        # 결정하기 위해 디코더 망을 사용한다.
        self.x_hat = self._decoder_network()

        # 가변적인 상한과 이와 관련된 최적화기를 바탕으로
        # 손실 함수를 정의한다.

        # 생성 손실을 정의한다.
        reconstruction_loss = \
                -tf.reduce_sum(self.x * tf.log(1e-10 + self.x_hat)
                + (1 - self.x) * tf.log(1e-10 + 1 - self.x_hat), 1)
        self.reconstruction_loss = tf.reduce_mean(reconstruction_loss)

        latent_loss = -0.5 * tf.reduce_sum(1 + self.z_log_sigma_sq \
                    - tf.square(self.z_mean) - tf.exp(self.z_log_sigma_sq), 1)

        self.latent_loss = tf.reduce_mean(latent_loss)
        # 배치의 평균을 낸다.
        self.cost = tf.reduce_mean(reconstruction_loss + latent_loss)
        # 최적화기를 정의한다.
```

```
        self.optimizer = tf.train.AdamOptimizer(learning_rate).minimize(self.cost)

        # 텐서플로 변수들을 초기화한다.
        init = tf.global_variables_initializer()

        # 세션을 개시한다.
        self.sess = tf.InteractiveSession()
        self.sess.run(init)

    # 인코더 망을 만든다.
    def _encoder_network(self):
        # 입력을 잠재공간의 정규분포에 사상(mapping)하는
        # 확률적 인코더(추론망)를 생성한다.
        layer_1 = fully_connected(self.x,500, activation_fn=tf.nn.softplus)
        layer_2 = fully_connected(layer_1, 500, activation_fn=tf.nn.softplus)
        z_mean = fully_connected(layer_2, self.n_z, activation_fn=None)
        z_log_sigma_sq = fully_connected(layer_2, self.n_z, activation_fn=None)
        return (z_mean, z_log_sigma_sq)

    # 디코더 망을 만든다.
    def _decoder_network(self):
        # 잠재공간의 점들을 데이터 공간의 베르누이 분포에 사상(mapping)하는
        # 확률적 디코더(생성망)를 만든다.
        layer_1 = fully_connected(self.z,500, activation_fn=tf.nn.softplus)
        layer_2 = fully_connected(layer_1, 500, activation_fn=tf.nn.softplus)
        x_hat = fully_connected(layer_2, self.n_input, activation_fn=tf.nn.sigmoid)
        return x_hat

    def single_step_train(self, X):
        _, cost, recon_loss, latent_loss = self.sess.run([self.optimizer, self.cost,
                                                          self.reconstruction_loss,
                                                          self.latent_loss],
                                                          feed_dict={self.x: X})
        return cost, recon_loss, latent_loss

    def transform(self, X):
        """데이터를 잠재 공간에 사상함으로써 데이터를 변환한다."""
        # 참고: 이는 분포의 평균에 대한 사상이므로 이렇게 하는 대신
```

```
        # 가우스 분포에서 표본추출을 해도 된다.
        return self.sess.run(self.z_mean, feed_dict={self.x: X})

    def generate(self, z_mu=None):
        """ 잠재 공간으로부터 표본추출을 해서 데이터를 생성한다.

        z_mu가 None이 아니라면 잠재 공간 내에 이 점에 대한 데이터가 생성된다.
        그렇지 않고 None이라면 잠재 공간 내의 사전확률에 따라 z_mu가 그려진다.
        """
        if z_mu is None:
            z_mu = np.random.normal(size=n_z)
        # 참고: 이렇게 되면 분포의 평균에 사상되므로 이렇게 하는 대신에
        # 가우스 분포에서 표본추출을 해도 된다.
        return self.sess.run(self.x_hat, feed_dict={self.z: z_mu})

    def reconstruct(self, X):
        """ 주어진 데이터를 재구성하기 위해 VAE를 사용한다. """
        return self.sess.run(self.x_hat, feed_dict={self.x: X})
```

4. 모든 재료를 제자리에 준비해 둔 다음에 VAE를 훈련하자. 여기서는 train 함수를 사용해 이렇게 한다.

```
def train(n_input, n_z, learning_rate=0.001,
          batch_size=100, training_epochs=10, display_step=5):
    vae = VariationalAutoencoder(n_input, n_z,
                                 learning_rate=learning_rate,
                                 batch_size=batch_size)
    # 반복해서 훈련한다.
    for epoch in range(training_epochs):
        avg_cost = 0.
        avg_r_loss = 0.
        avg_l_loss = 0.
        total_batch = int(n_samples / batch_size)
        # 모든 배치를 대상으로 루프를 돈다.
        for i in range(total_batch):
            batch_xs, _ = mnist.train.next_batch(batch_size)
            # 배치 데이터를 사용해 훈련을 적합하게 한다.
            cost, r_loss, l_loss = vae.single_step_train(batch_xs)
            # 평균 손실을 계산한다.
            avg_cost += cost / n_samples * batch_size
```

```
        avg_r_loss += r_loss / n_samples * batch_size
        avg_l_loss += l_loss / n_samples * batch_size

    # 에포크마다 로그(즉, 실행기록)를 표시한다.
    if epoch % display_step == 0:
        print("Epoch:  {:4d} cost={:.4f}  Reconstruction loss = {:.4f}  \
             Latent Loss = {:.4f}".format(epoch, avg_cost, avg_r_loss, avg_l_loss))
    return vae
```

5. 크기가 10인 잠재 공간이 있는 VAE를 재구성된 숫자(왼쪽)와 생성된 손글씨 숫자(오른쪽)를 다음 그림에서 확인할 수 있다.

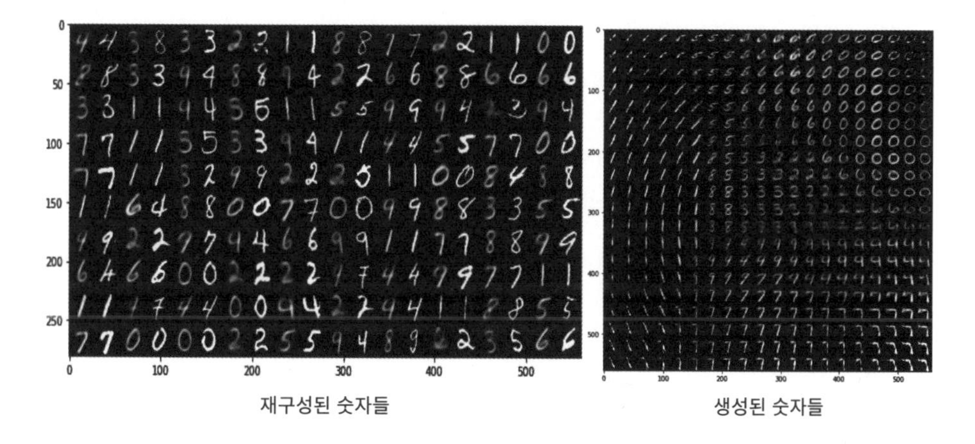

재구성된 숫자들 생성된 숫자들

6. 앞에서 설명한 것처럼 인코더 망은 입력 공간의 크기를 줄인다. 이를 명확히 하기 위해 여기서는 잠재 공간의 크기를 2로 줄인다. 다음 그림에서 각 레이블이 2차원 z 공간으로 분리돼 있음을 볼 수 있다.

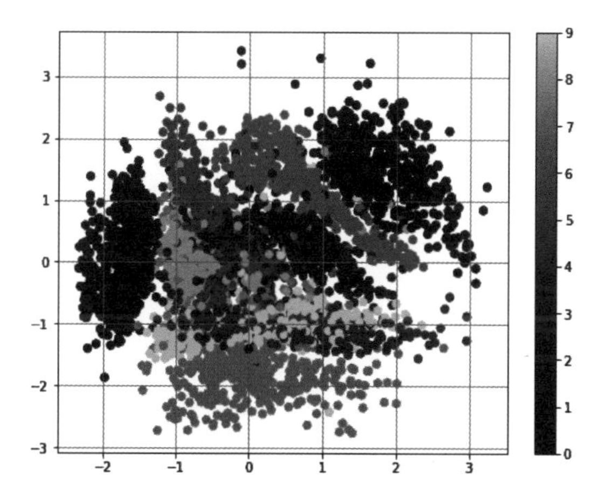

7. 차원 2의 잠재 공간을 가진 VAE에서 재구성되고 생성된 숫자는 다음과 같다.

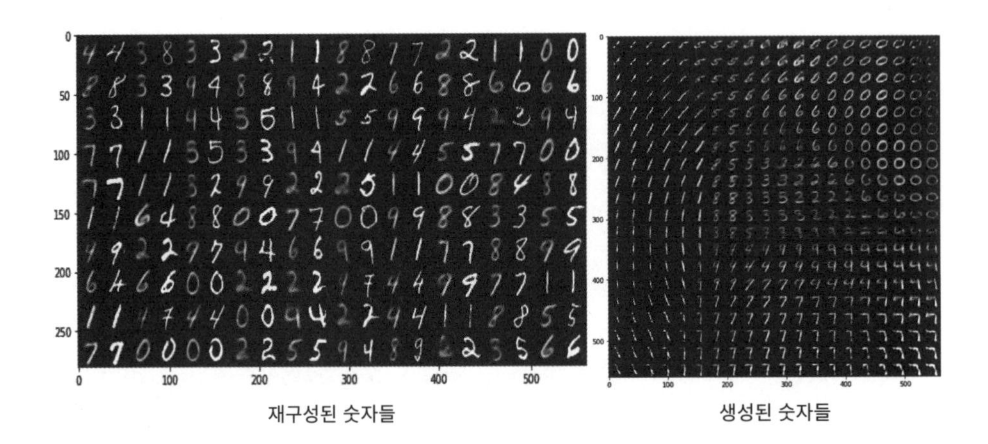

재구성된 숫자들 생성된 숫자들

앞의 화면(오른쪽)에서 주목해야 할 흥미로운 점은 2차원 z 결괏값을 다른 획과 다른 숫자로 변경하는 방법이다. 전체 코드는 깃허브의 07장 부분 중 `VariationalAutoEncoders_MNIST.ipynb`라는 파일에 담겨 있다.

```
tf.contrib.layers.fully_connected(
    inputs,
    num_outputs,
    activation_fn=tf.nn.relu,
    normalizer_fn=None,
    normalizer_params=None,
    weights_initializer=intializers.xavier_intializer(),
    weights_regularizer= None,
    biases_initializer=tf.zeros_intializer(),
    biases_regularizer=None,
    reuse=None,
    variables_collections=None,
    outputs_collections=None,
    trainable=True,
    scope=None
)
```

(contrib) 계층들은 텐서플로에 포함된 패키지 중에 더 고차원적인 것들이다. 이 패키지들은 신경망 계층들(layers)이나 정칙화기들(regularizers)이나 요약들(summaries) 등을 구축하는 데 필요한 연산들을 제공한다. 앞의 코드에서 `tensorflow/contrib/layers/python/layers/layers.py`에 정의되어 있는 `tf.contrib.layers.fully_connected()`라는 연산을 사용했는데, 이 연산으로 완전연결 계층이 추가된다. 기본적으로 보면 이 계층은 그자비에 초기화(Xavier initialization)를 사용해 초기화된 완전 상호 연결 행렬을 나타내는 가중치를 생성한다. 또한 0으로 초기화된 편향치를 생성한다. 정규화 및 활성함수를 선택하는 옵션도 제공한다.

GAN

GAN은 암시적인(implicit) 생성망이다. 쿠오라(Quora)에서 열린 회의 중에 페이스북의 인공지능 연구 담당 이사 겸 뉴욕 대학교 교수인 얀 르쿤은 GAN을 "the most interesting idea in the last 10 years in ML(머신러닝 분야에서 지난 10년간 나온 것 중에 가장 흥미로운 아이디어)"이라고 묘사했다. 현재 GAN에 관해 많은 연구가 진행 중이다. 지난 몇 년간 수행된 주요 인공지능/머신러닝 회의에서 제출된 논문들 중에 대부분이 GAN과 관련된 것이었다.

2014년에 「Generative Adversarial Networks」라는 논문에서 이안 굿펠로(Ian J. Goodfellow)와 요슈아 벤지오(Yosua Bengio)가 GAN을 제안했다(`https://arxiv.org/abs/1406.2661`). 논문 저자들은 두 명이 같은 게임을 하는 일에서 영감을 얻었다. 게임을 하는 두 플레이어와 마찬가지로 GAN에서는 **판별망(discriminative network)**과 **생성망(generative network)**이라고 부르는 두 망이 서로 경쟁한다. 생성망은 입력 데이터와 유사한 데이터를 생성하려고 시도하며, 판별망은 보고 있는 데이터가 진짜인지 아니면 가짜인지(즉, 생성기에 의해 생성됐는지 여부)를 판별해야 한다. 판별기가 진짜 입력과 가짜 데이터의 분포 사이의 차이를 발견할 때마다 생성기는 가중치를 조정해 차이를 줄인다. 요약하면, 판별하는 일을 맡은 망은 위조 데이터와 실제 데이터 간의 경계를 학습하려고 시도하고, 생성하는 일을 맡은 망은 학습 데이터의 분포를 학습하려고 시도한다는 것이다. 훈련이 끝나면 생성기는 입력 데이터 분포와 똑같은 이미지를 생성하는 것을 배우게 돼 판별기는 더이상 두 데이터를 구별할 수 없다. GAN의 일반적인 아키텍처는 다음과 같다.

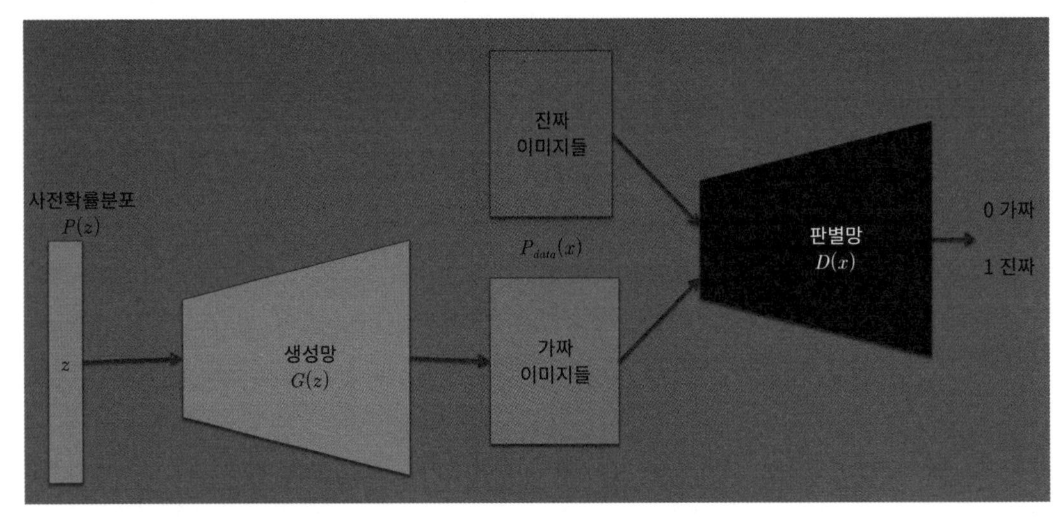

GAN의 아키텍처

이제 GAN이 어떻게 학습하는지를 깊이 파헤쳐 보자. 판별기와 생성기는 서로 번갈아 가며 학습한다. 학습은 두 단계로 나눌 수 있다.

1. 여기서 **판별기**인 $D(x)$는 학습을 한다. **생성기**인 $G(z)$는 마구잡이 잡음 z(일부 **사전확률**분포 $P(z)$를 따른 것)로부터 가짜 이미지를 생성하는 데 사용된다. **생성기**가 생성해 낸 **가짜 이미지**와 훈련 데이터셋에 들어 있는 **진짜 이미지**가 모두 **판별기**로 공급되며, 판별기는 진짜와 가짜를 구분하기 위한 지도학습을 수행한다. $P_{data}(x)$가 훈련 데이터셋 분포라고 할 때 **판별기 망**인 $D(x)$는 입력 데이터가 진짜일 때는 1에 가깝게, 입력 데이터가 가짜일 때는 0에 가깝게 하면서 목표를 최대화하려고 시도한다. 다음에 나오는 목적함수에 대한 경사 상승법(gradient ascent)을 수행해 이렇게 할 수 있다.

$$\theta_d^{\max}\left[E_{x\sim P_{data}}\log D_{\theta_d}(x)+E_{z\sim P(z)}\log\left(1-D_{\theta_d}\left(G_{\theta_d}(z)\right)\right)\right]$$

2. 다음 차례가 되면 **생성망**이 학습한다. 생성망의 목표는 $G(z)$를 진짜에 가깝게, 즉 $D(G(z))$가 1에 가깝다고 생각하게 **판별망**을 속이는 것이다. 이를 달성하기 위해 **생성망**은 목적함수 값을 최소화한다.

$$\theta_d^{\min}\left[E_{z\sim P(z)}\log\left(1-D_{\theta_d}\left(G_{\theta_g}(z)\right)\right)\right]$$

이 두 단계가 순차적으로 반복된다. 훈련이 끝나면 판별기는 더이상 진짜 데이터와 가짜 데이터를 구별할 수 없게 되며, 생성기는 훈련 데이터와 매우 유사한 데이터를 생성하는 일에 있어 전문가 수준에 이르게 된다. GAN을 실험해 보면 GAN을 안정되게 훈련하기가 어렵다는 점을 알게 될 것이다. 이는 공개적으로 연구 중인 논점으로, GAN의 많은 변형들이 이 문제를 바로잡기 위해 제안됐다.

텐서플로를 사용해 바닐라 GAN을 구현하기

이번 단원에서는 이전 단원에 나온 GAN을 구현하는 텐서플로 코드를 작성한다. 판별기와 생성기로 간단한 다층 퍼셉트론 망을 사용할 것이다. 간단히 실험해 보기 위해 MNIST 데이터셋을 사용할 것이다.

1. 항상 그렇듯이, 첫 번째 단계는 필요한 모든 모듈을 추가하는 것이다. 생성기 파라미터와 판별기 파라미터에 접근해 훈련할 수 있어야 하므로 현재 코드에서 가중치(weights)와 편향치(biases)를 정의해 이 점을 명확하게 할 것이다. 그자비에 초기화 및 모든 0에 대한 편향치를 사용해 가중치를 초기화하는 것이 항상 좋다. 그래서 여기서도 그자비에 초기화를 수행하는 메서드를 from tensorflow.contrib.layers import xavier_initializer라는 문장으로 가져온다.

```
# 필요한 모듈들을 가져온다.
import tensorflow as tf
import numpy as np
import matplotlib.pyplot as plt
import matplotlib.gridspec as gridspec
import os
from tensorflow.contrib.layers import xavier_initializer

%matplotlib inline
```

2. 데이터를 읽고 하이퍼파라미터를 정의해 보자.

```
# 데이터를 적재한다.
from tensorflow.examples.tutorials.mnist import input_data
data = input_data.read_data_sets('MNIST_data', one_hot=True)

# 하이퍼파라미터를 정의한다.
batch_size = 128
Z_dim = 100
im_size = 28
h_size=128
learning_rate_D = .0005
learning_rate_G = .0006
```

3. 생성기와 판별기 모두에 대한 학습 파라미터를 정의한다. 또한 입력 X와 잠재 Z의 플레이스홀더를 정의한다.

```
# 입력 X와 마구잡이 잡음 Z에 필요한 플레이스홀더를 만든다.
X = tf.placeholder(tf.float32, shape=[None, im_size*im_size])
Z = tf.placeholder(tf.float32, shape=[None, Z_dim])
```

```
initializer=xavier_initializer()

# 판별기 및 생성기를 훈련하는 데 필요한 변수들을 정의한다.
# 판별기용 변수들
D_W1 = tf.Variable(initializer([im_size*im_size, h_size]))
D_b1 = tf.Variable(tf.zeros(shape=[h_size]))

D_W2 = tf.Variable(initializer([h_size, 1]))
D_b2 = tf.Variable(tf.zeros(shape=[1]))

theta_D = [D_W1, D_W2, D_b1, D_b2]

# 생성기용 변수들
G_W1 = tf.Variable(initializer([Z_dim, h_size]))
G_b1 = tf.Variable(tf.zeros(shape=[h_size]))

G_W2 = tf.Variable(initializer([h_size, im_size*im_size]))
G_b2 = tf.Variable(tf.zeros(shape=[im_size*im_size]))

theta_G = [G_W1, G_W2, G_b1, G_b2]
```

4. 플레이스홀더와 가중치가 있으므로 Z에서 마구잡이 잡음을 생성하는 함수를 정의한다. 여기서는 균일 분포(uniform distribution)를 사용해 잡음을 생성하지만, 가우스 잡음(Gaussian noise)을 사용해서 실험한 사람들도 있다. 가우스 잡음을 사용하고 싶다면 마구잡이 함수를 `uniform`에서 `normal`로 변경하면 된다.

```
def sample_Z(m, n):
    return np.random.uniform(-1., 1., size=[m, n])
```

5. 판별망과 생성망을 구성한다.

```
def generator(z):
    """ 2개 계층으로 된 생성망: Z=>128=>784 """
    G_h1 = tf.nn.relu(tf.matmul(z, G_W1) + G_b1)
    G_log_prob = tf.matmul(G_h1, G_W2) + G_b2
    G_prob = tf.nn.sigmoid(G_log_prob)
    return G_prob

def discriminator(x):
    """ 2개 계층으로 된 판별망: X=>128=>1 """
```

```
    D_h1 = tf.nn.relu(tf.matmul(x, D_W1) + D_b1)
    D_logit = tf.matmul(D_h1, D_W2) + D_b2
    D_prob = tf.nn.sigmoid(D_logit)
    return D_prob, D_logit
```

6. 생성된 손글씨 숫자를 그려내려면 도우미 함수가 필요하다. 다음 함수는 5×5격자로 생성된 25개의 표본을 그린다.

```
def plot(samples):
    """ 생성된 표본들을 그려내는 함수 """
    fig = plt.figure(figsize=(10, 10))
    gs = gridspec.GridSpec(5, 5)
    gs.update(wspace=0.05, hspace=0.05)

    for i, sample in enumerate(samples):
        ax = plt.subplot(gs[i])
        plt.axis('off')
        ax.set_xticklabels([])
        ax.set_yticklabels([])
        ax.set_aspect('equal')
        plt.imshow(sample.reshape(28, 28), cmap='gray')

    return fig
```

7. 이제 생성기에서 표본을 생성하기 위한 텐서플로 연산과 가짜 입력 데이터와 진짜 입력 데이터에 대한 판별기로부터의 예측을 정의한다.

```
G_sample = generator(Z)
D_real, D_logit_real = discriminator(X)
D_fake, D_logit_fake = discriminator(G_sample)
```

8. 다음으로 생성망과 판별망에 대한 교차 엔트로피 손실을 정의하고, 다른 가중치 파라미터를 고정 상태로 유지하면서 최소화한다.

```
D_loss_real = tf.reduce_mean(tf.nn.sigmoid_cross_entropy_with_logits(logits=D_logit_real, label
s=tf.ones_like(D_logit_real)))

D_loss_fake = tf.reduce_mean(tf.nn.sigmoid_cross_entropy_with_logits(logits=D_logit_fake, label
s=tf.zeros_like(D_logit_fake)))

D_loss = D_loss_real + D_loss_fake
```

```
G_loss = tf.reduce_mean(tf.nn.sigmoid_cross_entropy_with_logits(logits=D_logit_fake, labels=tf.
ones_like(D_logit_fake)))

D_solver = tf.train.AdamOptimizer(learning_rate=learning_rate_D).minimize(D_loss,
var_list=theta_D)
G_solver = tf.train.AdamOptimizer(learning_rate=learning_rate_G).minimize(G_loss,
var_list=theta_G)
```

9. 마지막으로 텐서플로 세션 내에서 훈련을 수행해 보자.

```
sess = tf.Session()
sess.run(tf.global_variables_initializer())
GLoss = []
DLoss = []

if not os.path.exists('out/'):
    os.makedirs('out/')

for it in range(100000):
    if it % 100 == 0:
        samples = sess.run(G_sample, feed_dict={Z: sample_Z(25, Z_dim)})

        fig = plot(samples)
        plt.savefig('out/{}.png'.format(str(it).zfill(3)), bbox_inches='tight')
        plt.close(fig)

    X_mb, _ = data.train.next_batch(batch_size)

    _, D_loss_curr = sess.run([D_solver, D_loss], \
                              feed_dict={X: X_mb, Z: sample_Z(batch_size, Z_dim)})
    _, G_loss_curr = sess.run([G_solver, G_loss], \
                              feed_dict={Z: sample_Z(batch_size, Z_dim)})
    GLoss.append(G_loss_curr)
    DLoss.append(D_loss_curr)

    if it % 100 == 0:
        print('Iter: {} D loss: {:.4} G_loss: {:.4}'.format(it, D_loss_curr, G_loss_curr))

print('Done')
```

10. 다음 화면에서 생성망과 판별망의 손실이 어떻게 다른지 확인할 수 있다.

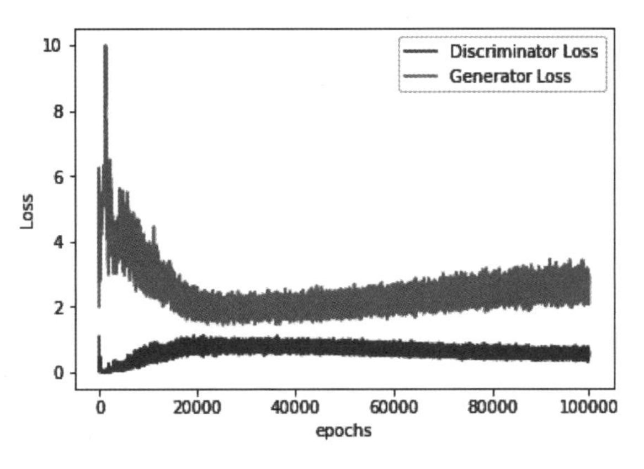

생성망과 판별망에 대한 손실

11. 서로 다른 시기에 생성된 손글씨 숫자도 살펴보자.

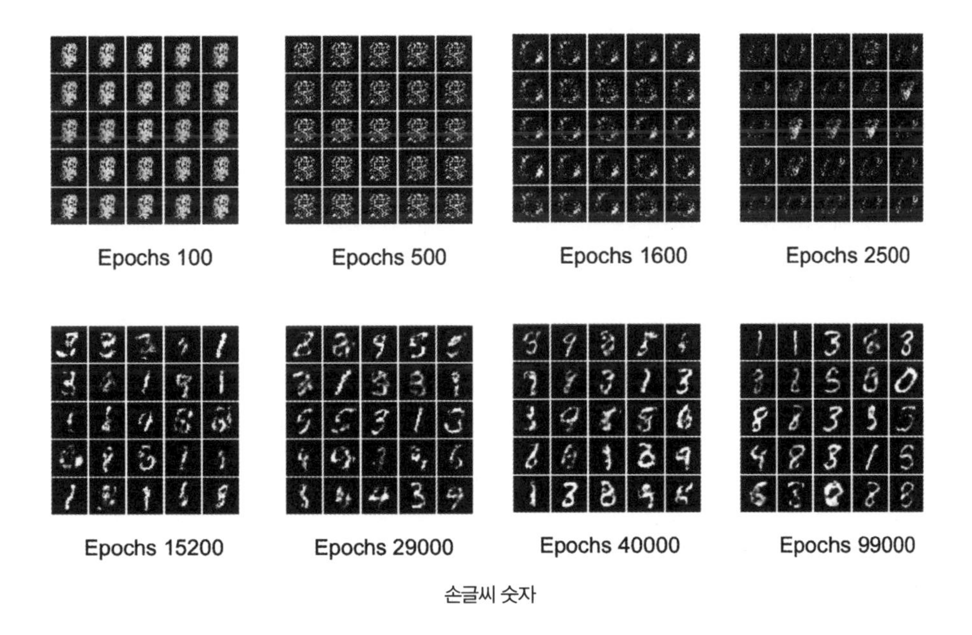

손글씨 숫자

손글씨 숫자가 지금도 괜찮지만, 충분히 더 개선될 수 있음을 알 수 있다. 성능을 안정화시키기 위해 연구자들이 사용하는 몇 가지 접근법은 다음과 같다.

- 입력 이미지 값들을 (0,1) 사이에서 (-1,1) 사이로 정규화한다. 그리고 생성기의 최종 출력을 위한 활성함수로 시그모이드(sigmoid) 같은 것 대신에 쌍곡탄젠트(tanh)를 사용한다.
- 생성기에서 손실 최소인 `log 1-D`를 최소화하는 대신, 손실 최대인 `log D`를 최대화할 수 있다. 텐서플로에서 생성기를 훈련하는 동안에 단순히 레이블을 뒤집어서 이를 구현할 수 있다(예: 진짜를 가짜로 전환하고 가짜를 진짜로 전환).
- 또 다른 방법은 이전에 생성된 이미지를 저장하고 무작위로 선택해 판별기를 훈련하는 것이다(그래, 맞다. **6장 '사물인터넷을 위한 강화학습'**에서 배웠던 경험 재생 버퍼와 비슷하다).
- 사람들은 손실이 특정 임계치 이상인 경우에만 생성기 또는 판별기를 갱신하는 실험을 수행해 왔다.
- 판별기 및 생성기의 은닉 계층에 대한 ReLU 활성함수 대신 Leaky ReLU를 사용하자.

DCGAN

2016년에 알렉 래드포드(Alec Radford) 등은 **DCGAN(deep convolutional GAN, 심층 합성곱 GAN)**이라 불리는 GAN의 변형을 제안했다(전체 논문을 `https://arxiv.org/abs/1511.06434`에서 볼 수 있다). 그들은 다층 퍼셉트론 계층을 합성곱 계층으로 대체했다. 또한 생성망과 판별망에 배치 정규화를 추가했다. 이 책에서는 유명인사들의 사진을 담은 데이터셋을 가지고 DCGAN을 구현해 볼 것이다. ZIP 파일인 `img_align_celeba.zip`을 `http://mmlab.ie.cuhk.edu.hk/projects/CelebA.html`에서 내려받을 수 있다. 2장에서 작성한 `loader_celebA.py` 파일을 사용해 사물인터넷을 위한 데이터 액세스 및 분산처리를 사용해 이미지를 압축 해제하고 읽는다.

1. 필요한 모든 모듈을 가져온다.

```
import loader
import os
from glob import glob
import numpy as np
from matplotlib import pyplot
import tensorflow as tf
%matplotlib inline
```

2. `loader_celebA.py`를 사용해 `img_align_celeba.zip`을 압축 해제한다. 이미지의 수가 매우 많기 때문에 이 파일에 정의된 `get_batches` 함수를 사용해 망 훈련을 위한 배치(batch, 집단)를 생성한다.

```
loader.download_celeb_a()
```

```
# 이미지들을 살펴보자.
data_dir = os.getcwd()
test_images = loader.get_batch(glob(os.path.join(data_dir, 'celebA/*.jpg'))[:10], 56, 56)
pyplot.imshow(loader.plot_images(test_images))
```

데이터셋 이미지를 미리 살펴보면 다음과 같다.

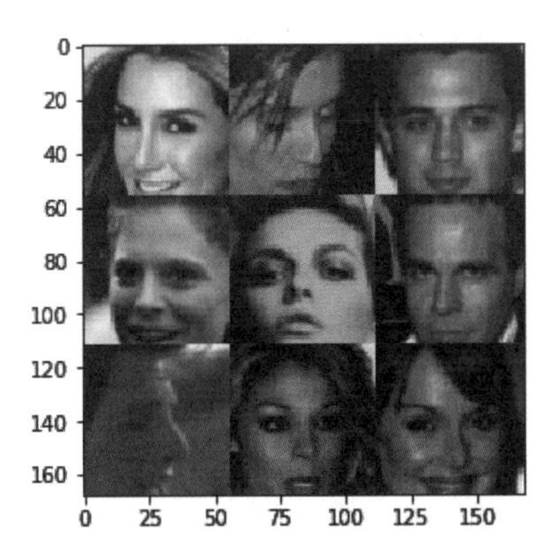

3. 판별망을 정의한다. 이 망은 각각 64개 · 128개 · 256개 필터가 있는 세 개의 합성곱 계층으로 구성돼 있는데, 각 합성곱 계층의 크기는 5×5이다. 첫 번째 두 계층은 보폭(strides)이 2이고 세 번째 합성곱 계층의 보폭은 1이다. 세 개의 합성곱 계층은 모두 leakyReLU를 활성함수로 사용한다. 각 합성곱 계층 뒤에 배치 정규화 계층도 있다. 세 번째 합성곱 계층의 결과는 평평해지고 시그모이드 활성함수를 사용해 마지막으로 완전연결(조밀) 계층으로 전달된다.

```
def discriminator(images, reuse=False):
    """
    생성망을 만든다.
    """
    alpha = 0.2

    with tf.variable_scope('discriminator', reuse=reuse):

        # DCGAN 논문에 나온 대로 4개 계층으로 이뤄진 망을 사용한다.

        # 첫 번째 합성곱 계층
        conv1 = tf.layers.conv2d(images, 64, 5, 2, 'SAME')
        lrelu1 = tf.maximum(alpha * conv1, conv1)

        # 두 번째 합성곱 계층
```

```
        conv2 = tf.layers.conv2d(lrelu1, 128, 5, 2, 'SAME')
        batch_norm2 = tf.layers.batch_normalization(conv2, training=True)
        lrelu2 = tf.maximum(alpha * batch_norm2, batch_norm2)

        # 세 번째 합성곱 계층
        conv3 = tf.layers.conv2d(lrelu2, 256, 5, 1, 'SAME')
        batch_norm3 = tf.layers.batch_normalization(conv3, training=True)
        lrelu3 = tf.maximum(alpha * batch_norm3, batch_norm3)

        # 평탄화 계층
        flat = tf.reshape(lrelu3, (-1, 4*4*256))

        # 로짓(logit)으로 변환
        logits = tf.layers.dense(flat, 1)

        # 출력
        out = tf.sigmoid(logits)

        return out, logits
```

4. 생성기 신경망은 판별기와 반대다. 생성기로의 입력은 먼저 2×2×512 단위의 조밀 계층에 공급된다. 조밀 계층의 출력은 합성곱 스택에 공급할 수 있게 모양이 변경된다(reshape). `tf.layers.conv2d_transpose()` 메서드를 사용해 전치(transpose)된 합성곱 출력을 얻는다. 생성기에는 세 개의 전치된 합성곱 계층이 있다. 마지막 합성곱 계층을 제외한 모든 계층은 활성함수로 `leakyReLU`를 쓴다. 마지막으로 변환된 합성곱 계층은 출력이 (-1에서 1) 범위에 있도록 쌍곡탄젠트(tanh) 활성함수를 사용한다.

```
def generator(z, out_channel_dim, is_train=True):
    """
    생성망을 만든다.
    """
    alpha = 0.2

    with tf.variable_scope('generator', reuse=False if is_train==True else True):
        # 첫 번째 완전 연결 계층
        x_1 = tf.layers.dense(z, 2*2*512)

        # 첫 계층의 모양을 합성곱 스택의 출발점이 되게 변형한다.
        deconv_2 = tf.reshape(x_1, (-1, 2, 2, 512))
        batch_norm2 = tf.layers.batch_normalization(deconv_2, training=is_train)
```

```
        lrelu2 = tf.maximum(alpha * batch_norm2, batch_norm2)


        # 역합성곱(deconvolution) 1
        deconv3 = tf.layers.conv2d_transpose(lrelu2, 256, 5, 2, padding='VALID')
        batch_norm3 = tf.layers.batch_normalization(deconv3, training=is_train)
        lrelu3 = tf.maximum(alpha * batch_norm3, batch_norm3)

        # 역합성곱 2
        deconv4 = tf.layers.conv2d_transpose(lrelu3, 128, 5, 2, padding='SAME')
        batch_norm4 = tf.layers.batch_normalization(deconv4, training=is_train)
        lrelu4 = tf.maximum(alpha * batch_norm4, batch_norm4)

        # 출력 계층
        logits = tf.layers.conv2d_transpose(lrelu4, out_channel_dim, 5, 2,
                                            padding='SAME')

        out = tf.tanh(logits)

        return out
```

5. 모델의 손실을 계산하는 함수를 정의한다. 이 함수는 생성기 손실과 판별기 손실을 모두 정의하고 이 값을 반환하는 일을 한다.

```
def model_loss(input_real, input_z, out_channel_dim):
    """
    판별기와 생성기에 대한 손실을 획득한다.
    """
    label_smoothing = 0.9

    g_model = generator(input_z, out_channel_dim)
    d_model_real, d_logits_real = discriminator(input_real)
    d_model_fake, d_logits_fake = discriminator(g_model, reuse=True)

    d_loss_real = tf.reduce_mean(
        tf.nn.sigmoid_cross_entropy_with_logits(logits=d_logits_real,
                    labels=tf.ones_like(d_model_real) * label_smoothing))
    d_loss_fake = tf.reduce_mean(
        tf.nn.sigmoid_cross_entropy_with_logits(logits=d_logits_fake,
```

```
                    labels=tf.zeros_like(d_model_fake)))

    d_loss = d_loss_real + d_loss_fake
    g_loss = tf.reduce_mean(
        tf.nn.sigmoid_cross_entropy_with_logits(logits=d_logits_fake,
                    labels=tf.ones_like(d_model_fake) * label_smoothing))
    return d_loss, g_loss
```

6. 판별기와 생성기가 순차적으로 학습하도록 최적화기를 정의해야 한다. 이를 위해 `tf.trainable_variables()`를 사용해 모든 훈련 변수 목록을 얻은 다음, 먼저 판별기 훈련 변수만 최적화하고 나서 생성기 훈련 변수를 최적화한다.

```
def model_opt(d_loss, g_loss, learning_rate, beta1):
    """
    최적화 연산 결과를 얻는다.
    """
    t_vars = tf.trainable_variables()
    d_vars = [var for var in t_vars if var.name.startswith('discriminator')]
    g_vars = [var for var in t_vars if var.name.startswith('generator')]

    # 최적화한다.
    with tf.control_dependencies(tf.get_collection(tf.GraphKeys.UPDATE_OPS)):
        d_train_opt = tf.train.AdamOptimizer(learning_rate,
                                beta1=beta1).minimize(d_loss, var_list=d_vars)
        g_train_opt = tf.train.AdamOptimizer(learning_rate,
                                beta1=beta1).minimize(g_loss, var_list=g_vars)

    return d_train_opt, g_train_opt
```

7. 이제 DCGAN을 훈련하는 데 필요한 모든 재료를 갖췄다. 언제든 생성기가 어떻게 학습하는지를 파악하는 것이 바람직하므로 생성기 신경망이 생성한 이미지를 표시하는 도우미 함수를 정의할 것이다.

```
def generator_output(sess, n_images, input_z, out_channel_dim):
    """
    생성기에 대한 출력 예를 보여준다.
    """
    z_dim = input_z.get_shape().as_list()[-1]
    example_z = np.random.uniform(-1, 1, size=[n_images, z_dim])

    samples = sess.run(
        generator(input_z, out_channel_dim, False),
```

```
            feed_dict={input_z: example_z})

    pyplot.imshow(loader.plot_images(samples))
    pyplot.show()
```

8. 마침내 훈련 부분에 도달했다. 여기서는 이전에 정의된 작업을 사용해 DCGAN을 훈련하고 이미지를 일괄적으로 망에 공급한다.

```
def train(epoch_count, batch_size, z_dim, learning_rate, beta1, get_batches, data_shape,
data_files):
    """
    GAN을 훈련한다.
    """
    w, h, num_ch = data_shape[1], data_shape[2], data_shape[3]
    X = tf.placeholder(tf.float32, shape=(None, w, h, num_ch), name='input_real')
    Z = tf.placeholder(tf.float32, (None, z_dim), name='input_z')
    # model_inputs(data_shape[1], data_shape[2], data_shape[3], z_dim)
    D_loss, G_loss = model_loss(X, Z, data_shape[3])
    D_solve, G_solve = model_opt(D_loss, G_loss, learning_rate, beta1)

    with tf.Session() as sess:
        sess.run(tf.global_variables_initializer())
        train_loss_d = []
        train_loss_g = []
        for epoch_i in range(epoch_count):
            num_batch = 0
            lossD, lossG = 0,0
            for batch_images in get_batches(batch_size, data_shape, data_files):

                # 값의 범위가 -0.5~0.5이므로 -1~1이 되도록 척도구성(scaling)을 다시 한다.
                batch_images = batch_images * 2
                num_batch += 1

                batch_z = np.random.uniform(-1, 1, size=(batch_size, z_dim))

                _, d_loss = sess.run([D_solve, D_loss],
                                     feed_dict={X: batch_images, Z: batch_z})
                _, g_loss = sess.run([G_solve, G_loss],
                                     feed_dict={X: batch_images, Z: batch_z})
```

```
                lossD += (d_loss/batch_size)
                lossG += (g_loss/batch_size)
                if num_batch % 500 == 0:
                    # 500개 배치마다
                    print("Epoch {}/{} For Batch {}  Discriminator Loss: {:.4f} Generator Loss:
{:.4f}".format(epoch_i+1, epochs, num_batch, lossD/num_batch, lossG/num_batch))


                    generator_output(sess, 9, Z, data_shape[3])
            train_loss_d.append(lossD/num_batch)
            train_loss_g.append(lossG/num_batch)

    return train_loss_d, train_loss_g
```

9. 이제 데이터의 파라미터를 정의하고 훈련하자.

```
# 데이터 파라미터들
IMAGE_HEIGHT = 28
IMAGE_WIDTH = 28
data_files = glob(os.path.join(data_dir, 'celebA/*.jpg'))

# 하이퍼파라미터들
batch_size = 16
z_dim = 100
learning_rate = 0.0002
beta1 = 0.5
epochs = 2
shape = len(data_files), IMAGE_WIDTH, IMAGE_HEIGHT, 3
with tf.Graph().as_default():
    Loss_D, Loss_G = train(epochs, batch_size, z_dim, learning_rate, beta1,
                           loader.get_batches, shape, data_files)
```

각 배치를 처리한 후에 생성기 출력이 향상됨을 알 수 있다.

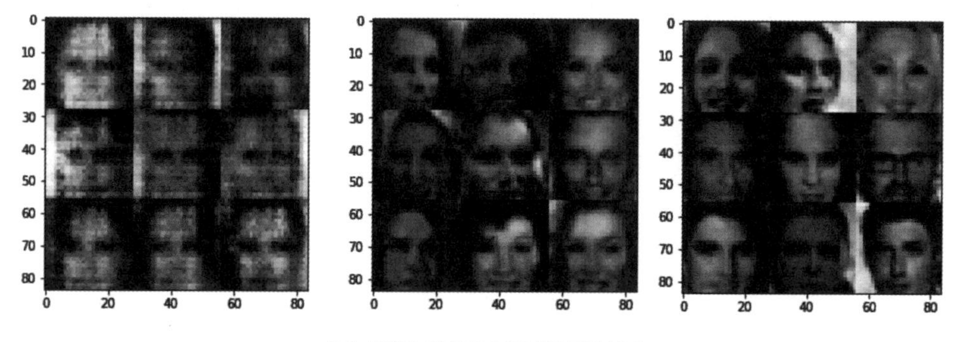

학습 진행에 따른 DCGAN 생성기의 출력

GAN의 변종과 멋진 애플리케이션

지난 몇 년 동안 수많은 GAN이 제안됐다. GAN 동물원(GAN Zoo)이라고 부르는 깃허브(https://github.com/hindupuravinash/the-gan-zoo)에서 GAN 변형 작품들의 전체 목록을 볼 수 있다. 이번 절에서는 좀 더 알려지고 성공적인 변종을 살펴볼 예정이다.

CycleGAN

2018년 초에 버클리 인공지능 연구소는 「Unpaired Image-to-Image Translation using Cycle-Consistent Adversarial Networks」(순환 일치 적대 망들을 사용해 짝지어 있지 않은 영상 간에 변환하기)라는 논문을 발표했다(아카이브 주소: https://arxiv.org/pdf/1703.10593.pdf). 이 논문은 안정성이 개선된 새로운 아키텍처인 CycleGAN을 제안했을 뿐만 아니라 복잡한 이미지 변환에 이러한 아키텍처를 사용할 수 있다는 점을 입증했기 때문에 특별하다. 다음 도표는 CycleGAN의 아키텍처를 보여준다. 두 섹션은 **생성기**와 **판별기**가 두 가지 적대적 손실을 계산하는 데 중요한 역할을 한다는 것을 강조한다.

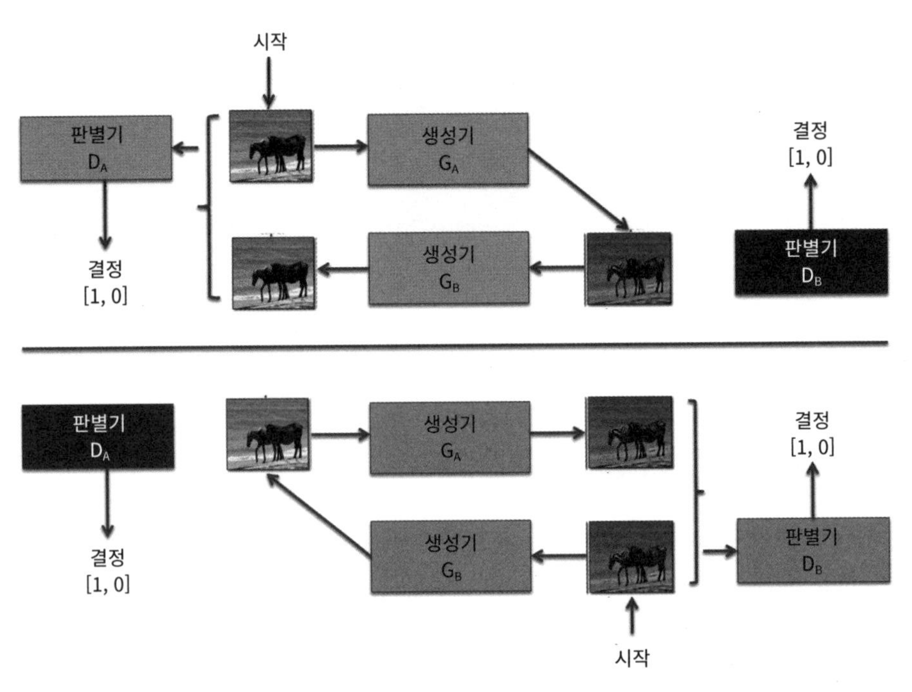

CycleGAN의 아키텍처

CycleGAN은 두 개의 GAN으로 구성된다. 이들은 $x \sim P_{data}(x)$와 $y \sim P_{data}(x)$라는 두 개의 다른 데이터셋에서 학습된다. 생성기는 $GA: x \rightarrow y$ 및 $GB: y \rightarrow x$와 같은 사상(mapping)을 수행하도록 훈련된다. 각 판별기는 이미지 x와 변환된 이미지 $GB(y)$를 구별할 수 있게 훈련되어 다음과 같이 정의된 두 가지 변환에 대한 적대 손실함수가 된다.

$$\mathcal{L}(G_A, D_B, x, y) = E_{y \sim P_{data}(y)}[\log D_B(y)] + E_{x \sim P_{data}(x)}[\log(1 - D_B(G_A(x)))]$$

그리고 두 번째는 다음과 같다.

$$\mathcal{L}(G_B, D_A, y, x) = E_{x \sim P_{data}(x)}[\log D_A(x)] + E_{y \sim P_{data}(y)}[\log(1 - D_A(G_B(y)))]$$

두 GAN의 생성기는 순환 방식으로 서로 연결돼 있어 하나의 출력이 다른 출력으로 공급되고 해당 출력이 첫 번째 출력으로 피드백되면 동일한 데이터를 얻는다. 알기 쉽게 예를 들어 설명해 보겠다. **생성기 A** (G_A)에 이미지 x가 입력되어 출력이 $G_A(x)$로 변환된다고 가정해 보자. 이 변환된 이미지가 이번에는 **생성기 B** (G_B)에 공급되어 출력이 $G_B(G_A(x)) \approx x$가 되고 그 결과는 초기 이미지인 x여야 한다. 마찬가지로 우리는 $G_A(G_B(y) \approx y$를 갖게 된다. 이것은 순환 손실 항(cyclic loss term)을 도입함으로써 가능해진다.

$$\mathcal{L}_{cyc}(G_A, G_B) = E_{x\sim P_{data}(x)}[\| G_B(G_A(x)) - x \|_1] + E_{y\sim P_{data}(y)}[\| G_A(G_B(y)) - y \|_1]$$

따라서 순 목적함수(net objective function)는 다음과 같다.

$$\mathcal{L}_{total} = \mathcal{L}(G_B, D_A, y, x) + \mathcal{L}(G_A, D_B, x, y) + \lambda \mathcal{L}_{cyc}(G_A, G_B)$$

여기서 λ는 두 목적함수(objectives)의 상대적 중요도를 제어한다. 또한 두 목적함수는 판별기를 훈련하기 위해 경험 버퍼에 이전 이미지를 보관했다. 다음 화면에서 논문에 나온 대로 CycleGAN에서 얻은 결과 중 몇 가지를 볼 수 있다.

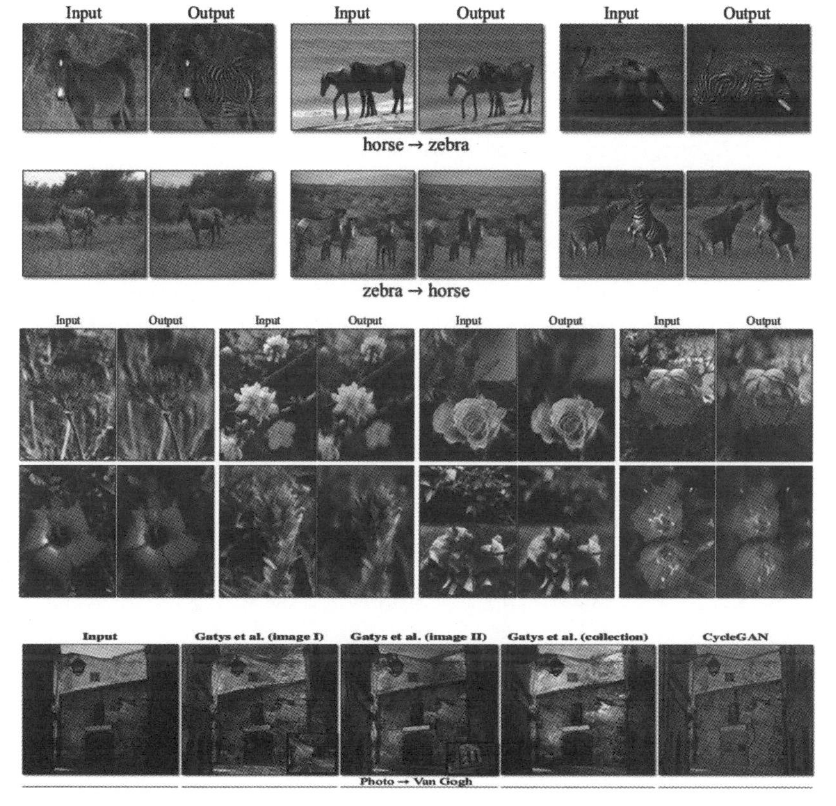

CycleGAN의 결과(원본 논문에서 가져옴)

저자들은 CycleGAN을 다음과 같이 사용할 수 있음을 보여줬다.

- **영상 변환**(image transformation): 말을 얼룩말로 바꾸는 일이나 그 반대로 바꾸는 일을 할 수 있다.
- **해상도 향상**(enhancing the resolution): CycleGAN은 저해상도 및 초고해상도 이미지로 구성된 데이터셋으로 훈련할 때 저해상도 영상이 주어지면 초고해상도화를 수행할 수 있다.
- **화풍 모사**(style transfer): 이미지가 주어지면 다양한 화풍으로 변형할 수 있다.

GAN의 응용

GAN은 참으로 흥미로운 망이다. 지금까지 봤던 애플리케이션 외에도 GAN으로 할 만한 흥미로운 애플리케이션이 많이 탐구됐다. 그 중에 몇 가지를 들면 다음과 같다.

- **음악 생성**(music generation): 합성곱 GAN인 MIDINet으로 멜로디를 생성할 수 있었다. `https://arxiv.org/pdf/1703.10847.pdf`에서 논문을 참고할 수 있다.
- **의학적 이상 탐지**(medical anomaly detection): AnoGAN은 토머스 슈레글(Thomas Schlegl) 등이 보여준 DCGAN으로, 정상적인 해부학적 변이성의 한 겹을 학습하기 위한 것이다. 그들은 망막의 광학 결맞음 단층 촬영 영상에 이상(anomalies, 즉 '비정상부' 또는 '이형')을 표시하도록 망을 훈련할 수 있었다. 관심이 있다면 arXiv에서 관련 논문을 볼 수 있다(`https://arxiv.org/pdf/1703.05921.pdf`).
- **GAN을 사용한 얼굴 벡터 계산**: 인디코 리서치(Indico Research)와 페이스북의 공동 연구 논문에서 GAN을 사용하면 영상 산술(image arithmetic)을 수행할 수 있다는 점을 증명했다. 예를 들어, '안경을 쓴 남자-안경을 쓰지 않은 남자+안경을 쓰지 않은 여자=안경을 쓴 여자'와 같은 식이다. 이는 흥미로운 논문이며 arXiv(`https://arxiv.org/pdf/1511.06434.pdf`)에서 자세한 내용을 볼 수 있다.
- **텍스트-이미지 합성**: GAN을 사용하면 인간이 글로 작성한 설명을 가지고 새나 꽃의 이미지를 생성할 수 있다는 사실이 입증됐다. 이 모델은 DCGAN을 하이브리드 문자 수준의 합성곱 재귀 망과 함께 사용한다. 이 작업의 세부 사항은 「Generative Adversarial Text to Image Synthesis」(생성적 적대 텍스트-이미지 합성)라는 논문에 나와있다. 이 논문의 링크는 `https://arxiv.org/pdf/1605.05396.pdf`다.

요약

이번 장은 흥미로웠다. 개인적으로는 이번 장을 즐겁게 작성했는데, 여러분도 즐겁게 읽었기를 바란다. 이번 장에 나온 내용은 현재 인기 있는 연구 주제다. 생성 모델을 소개했고, 생성 모델의 하위 분류 모델인 암시적 생성 모델과 명시적 생성 모델을 소개했다. 우리가 처음으로 다룬 생성 모델은 VAE다. VAE는 명백한 생성 모델이며 밀도함수의 하한을 추정하려고 한다. VAE를 텐서플로로 구현했으며 손글씨 숫자를 생성하는 데 사용했다.

다음으로 좀 더 대중적인 명시적 생성 모델인 GAN을 다뤘다. GAN 아키텍처에 관해 설명했는데, GAN 아키텍처를 구성하고 있는 생성망과 판별망이 서로 어떻게 경쟁하는지를 설명했다. 텐서플로로 GAN을 구현해 손글씨 숫자를 생성했다. 그리고 GAN 중에서도 더 성공적인 변형인 DCGAN으로 주제를 바꿨다. DCGAN을 구현해 명사들의 사진을 생성해 보았다. CycleGAN의 아키텍처 세부 정보를 설명했고, 최근에 제안된 GAN과 멋진 애플리케이션 몇 가지도 설명했다.

이번 장으로 이 책의 1부를 마무리한다. 지금까지 우리는 데이터를 이해하는 일, 예측하고 분류하는 일, 기타 작업에 사용하는 일에 필요한 다양한 머신러닝 모델과 딥러닝 모델에 초점을 맞췄다. 다음 장부터는 데이터 그 자체와 현재 사물인터넷 기반 환경에서 데이터를 처리하는 방법을 더 자세히 설명할 것이다.

다음 장에서는 대량 데이터를 처리할 때 필요한 분산처리 방식으로 논의의 초점을 옮겨서, 분산처리 기능을 제공하는 두 가지 플랫폼을 살펴본다.

08

사물인터넷을 위한 분산 인공지능

분산 컴퓨팅 환경이 발전하고 세계적으로 인터넷을 쉽게 사용할 수 있게 되면서 **분산 인공지능**(distributed artificial intelligence, DAI)이 등장했다. 이번 장에서는 아파치에서 제공하는 **머신러닝 라이브러리인** MLlib와 H2O.ai라는 두 가지 프레임워크를 배우게 될 것이다. 둘 다 큰 스트리밍 데이터에 대해 분산되고 확장 가능한 **머신러닝(ML)**을 제공한다. 이번 장에서는 사실상 분산 데이터 처리 시스템인 아파치의 스파크를 소개할 것이다. 이번 장에서는 다음 내용을 다룬다.

- 스파크 및 분산 데이터 처리에서의 중요성
- 스파크 아키텍처를 이해하기
- MLlib에 관해 배우기
- 딥러닝 파이프라인에서 MLlib를 사용하기
- H2O.ai 플랫폼에 관해 자세히 알아보기

소개

사물인터넷 시스템은 데이터를 대량으로 생성한다. 대부분의 경우에는 데이터를 여유롭게 분석해도 되지만, 보안이나 사기 탐지 등과 같은 특정 작업에 필요한 데이터를 분석할 때는 이런 여유를 부릴 수 없다. 이러한 상황에서 필요한 것은 지정된 시간 내에 대량 데이터를 처리하는 방법인데, 그 해결책이 분산 인공지능(DAI)이다. 이 분산 인공지능은 클러스터에 연결된 많은 머신에서 빅데이터(데이터 병렬)를 처리하고 딥러닝 모델(모델 병렬)을 분산적으로 훈련한다. 분산 인공지능이 되게 하는 방법은 여러 가지인데, 거의 모든 접근법이 아파치 스파크를 기반으로 한다. BSD 라이선스에 따라 2010년에 발표된 아파치 스파크는 오늘날 빅데이터에서 가장 큰 오픈소스 프로젝트다. 사용자가 빠르고 일반적인 범용 클러스터 컴퓨팅 시스템을 만드는 데 도움이 된다.

스파크는 자바 가상 머신에서 실행되므로 노트북 컴퓨터나 클러스터와 같이 자바가 설치된 모든 시스템에서 실행할 수 있다. 파이썬과 · 스칼라 · R을 비롯한 다양한 프로그래밍 언어를 지원한다. **TensorFlowOnSpark(TFoS)**나 Spark MLlib, 또는 SparkDl, Hydrogen Sparkling(H2O.ai와 스파크의 조합)같이 분산 인공지능 작업을 쉽게 수행할 수 있게 스파크 및 텐서플로를 중심으로 많은 학습 프레임워크 및 API가 구축돼 있다.

스파크 컴포넌트

스파크는 하나의 중앙 코디네이터(스파크 드라이버라고 함)와 많은 분산 워커(스파크 익스큐터라고 함)와 함께 마스터-슬레이브 아키텍처를 사용한다. 드라이버 프로세스는 `SparkContext` 객체를 만들고 사용자 애플리케이션을 작은 실행 단위(작업)로 나눈다. 이러한 작업은 워커(worker, 작업기)에 의해 실행된다. 워커 간의 리소스는 클러스터 매니저(cluster manager, 클러스터 관리기)에 의해 관리된다. 다음 도표는 스파크의 작동을 보여준다.

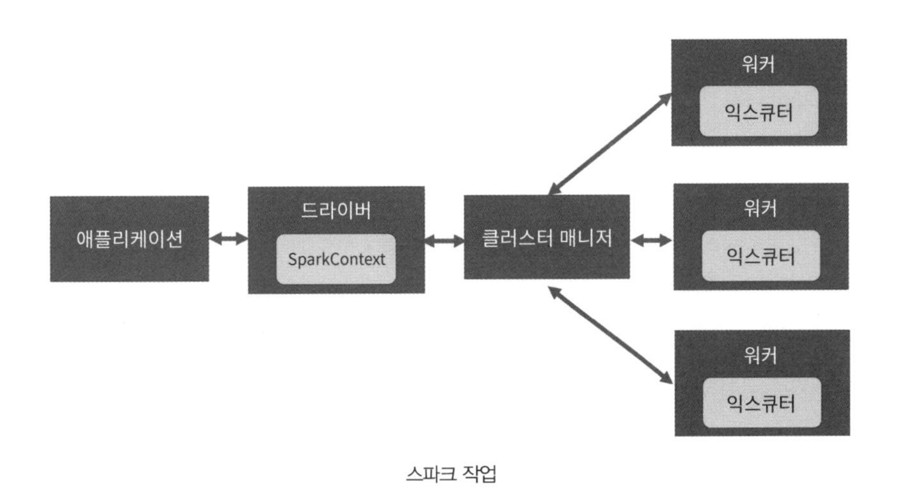

스파크 작업

이제 스파크의 나머지 컴포넌트를 살펴보자. 다음 도표는 스파크를 구성하는 기본 컴포넌트를 보여준다.

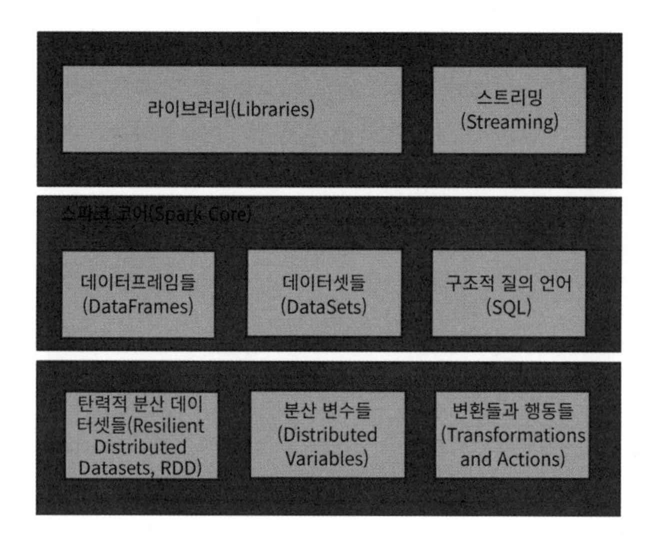

스파크를 구성하는 컴포넌트

이번 장에서 사용할 구성요소의 일부를 간단히 살펴보자.

- **Resilient Distributed Datasets(RDD, 탄력적 분산 데이터셋)**: 스파크의 주요 API다. 이것들은 병렬로 조작할 수 있는 변경 불가능한 분할된 데이터 컬렉션을 나타낸다. 상위 API인 DataFrame들과 DataSet들은 RDD 위에 구축된다.
- **Distributed Variables(분산 변수)**: 스파크에는 두 가지 유형의 분산 변수가 있다. 브로드캐스트 변수 및 어큐뮬레이터(accumulators, 누산기)가 그것이다. 이들은 사용자 정의 함수에 의해 사용된다. 어큐뮬레이터는 모든 익스큐터(executor, 실행기)의 정보를 공유 결과로 집계하는 데 사용된다. 브로드캐스트 변수는 클러스터 전체에서 공유되는 변수다.
- **DataFrames(데이터프레임)**: 데이터프레임은 pandas의 DataFrame과 매우 흡사한 데이터의 분산 모음이다. 데이터프레임을 다양한 파일 형식에서 읽을 수 있으며 단일 명령을 사용해 전체 데이터프레임에 대한 작업을 수행할 수 있다. 데이터프레임들은 클러스터 전체에 분산돼 있다.
- **Libraries(라이브러리)**: 스파크에는 내장된 MLlib 라이브러리와 그래프 작업용 라이브러리인 GraphX가 있다. 이번 장에서는 스파크 프레임워크를 사용하는 MLlib와 SparkDl을 사용할 것이다. 머신러닝 예측을 하기 위해 그것들을 적용하는 법을 배운다.

스파크는 아주 큰 주제라서 스파크에 관한 자세한 내용은 이 책에서 다루지 않는다. 관심 있는 독자는 스파크 설명서를 참조하자(`http://spark.apache.org/docs/latest/index.html`).

아파치 MLlib

아파치 스파크 MLlib는 머신러닝을 위한 강력한 계산 환경을 제공한다. 대규모 자원을 기반으로 분산 아키텍처를 제공하므로 머신러닝 모델을 더욱 빠르고 효율적으로 실행할 수 있다. 이게 전부는 아니다. 점점 성장하는 활동적 커뮤니티가 지속해서 최신 기능을 향상시키고 제공하도록 노력하는 오픈소스이기도 하다. MLlib는 인기 있는 머신러닝 알고리즘의 확장 가능한 구현을 제공한다. 여기에는 다음과 같은 알고리즘이 포함된다.

- **분류(classification):** 로지스틱회귀, 선형 서포트 벡터 머신, 나이브베이즈
- **회귀(regression):** 일반화 선형회귀
- **협업 필터링(collaborative filtering):** 교대최소제곱(alternating least square)
- **군집화(clustering):** k 평균
- **분해(decomposition):** 특잇값 분해 및 주성분 분석

MLlib가 하둡 MapReduce보다 빠르다는 것이 입증됐다. 자바나 스칼라, R, 파이썬으로 애플리케이션을 작성할 수 있다. 또한 텐서플로와 쉽게 통합될 수 있다.

MLlib에서의 회귀

스파크 MLlib에는 회귀 분석을 위한 내장 메서드가 있다. 스파크의 내장 메서드를 사용하려면 `pyspark`(독립형 클러스터 또는 분산형 클러스터)를 각자 클러스터에 설치해야 한다. 다음 명령으로 설치하면 된다.

```
pip install pyspark
```

MLlib 라이브러리에는 다음과 같은 회귀 메서드들이 있다.

- **선형회귀(linear regression):** 이전 장에서 이미 선형회귀를 배웠다. `pyspark.ml.regression`에 정의된 `LinearRegression` 클래스를 사용해 이 메서드를 사용할 수 있다. 기본적으로 정칙화된 최소제곱오차를 사용한다. L1 정칙화(L1 regularization)와 L2 정칙화(L2 regularization)를 지원할 뿐만 아니라 이 둘을 조합해서 쓸 수 있게도 한다.
- **일반화 선형회귀(generalized linear regression):** 스파크 MLlib에는 가우스 분포(Gaussian distribution)나 포아송 분포(Poisson distribution) 등과 같은 지수 분포 계열의 하위 집합이 있다. 회귀는 `GeneralizedLinearRegression` 클래스를 사용해 인스턴스화된다.

- **결정트리 회귀(decision tree regression):** DecisionTreeRegressor 클래스는 결정트리 회귀를 사용해 예측하는 데 사용할 수 있다.
- **랜덤포레스트 회귀(random forest regression):** 유명한 머신러닝 메서드의 하나인 RandomForestRegressor 클래스에 정의돼 있다.
- **경사도 증폭 트리 회귀(gradient boosted tree regression):** GBTRegressor 클래스를 사용해 결정트리의 앙상블(즉, 모듬)을 사용할 수 있다.

게다가 MLlib는 AFTSurvivalRegression 및 IsotonicRegression 클래스를 사용해 생존 회귀(survival regression) 및 등위 회귀(isotonic regression)를 지원한다.

이러한 클래스를 사용해 회귀(또는 다음 절에서 살펴볼 분류)를 위한 머신러닝 모델을 최소 10줄의 코드로 작성할 수 있다. 기본 단계는 다음과 같다.

1. 스파크 세션을 만든다.
2. 데이터 적재 파이프라인을 구현한다: 데이터 파일을 적재하고 형식을 지정하고 그것을 스파크 데이터프레임으로 읽어 들인다.
3. 입력 및 표적(target)으로 사용할 특징을 식별한다(선택적으로 훈련용 및 테스트용으로 선택해 분할한 데이터셋을 사용).
4. 원하는 클래스 객체를 인스턴스화한다.
5. 훈련 데이터셋을 인수로 사용해 fit() 메서드를 사용한다.
6. 선택된 회귀 분석기에 따라 학습된 파라미터를 확인하고 적합 모델을 평가할 수 있다

csv 형식으로 된 보스턴 주택 가격 예측 데이터셋(https://www.cs. toronto.edu/~delve/data/boston/bostonDetail.html)을 가지고 선형회귀를 해 보자.

1. 필요한 모듈을 가져온다. 선형회귀 클래스를 정의하기 위해 LinearRegressor를 사용하고, 훈련 후에 모델을 평가하는 RegressionEvaluator와 특징들을 하나의 입력 벡터로 결합하는 VectorAssembler, 그리고 SparkSession을 사용해 스파크 세션을 시작한다.

```
from pyspark.ml.regression import LinearRegression as LR
from pyspark.ml.feature import VectorAssembler
from pyspark.ml.evaluation import RegressionEvaluator
from pyspark.sql import SparkSession
```

2. 다음으로, SparkSession 클래스를 사용해 스파크 세션을 시작한다.

```
spark = SparkSession.builder\
    .appName("Boston Price Prediction")\
    .config("spark.executor.memory", "70g")\
    .config("spark.driver.memory", "50g")\
    .config("spark.memory.offHeap.enabled", True)\
    .config("spark.memory.offHeap.size","16g")\
    .getOrCreate()
```

3. 이제 데이터를 읽는다. 먼저 주어진 경로에서 데이터를 적재하고 사용하려는 형식을 정의한 다음, 마지막으로 다음과 같이 데이터를 스파크 데이터프레임으로 읽어온다.

```
house_df = spark.read.format("csv")\
    .options(header="true", inferschema="true")\
    .load("boston/train.csv")
```

4. 다음 화면과 같이 메모리에 적재된 데이터프레임과 그 구조를 볼 수 있다.

```
In [3]: house_df.show(3)

+---+-------+----+-----+----+-----+-----+----+------+---+---+-------+------+-----+----+
| ID|   crim|  zn|indus|chas|  nox|   rm| age|   dis|rad|tax|ptratio| black|lstat|medv|
+---+-------+----+-----+----+-----+-----+----+------+---+---+-------+------+-----+----+
|  1|0.00632|18.0| 2.31|   0|0.538|6.575|65.2|  4.09|  1|296|   15.3| 396.9| 4.98|24.0|
|  2|0.02731| 0.0| 7.07|   0|0.469|6.421|78.9|4.9671|  2|242|   17.8| 396.9| 9.14|21.6|
|  4|0.03237| 0.0| 2.18|   0|0.458|6.998|45.8|6.0622|  3|222|   18.7|394.63| 2.94|33.4|
+---+-------+----+-----+----+-----+-----+----+------+---+---+-------+------+-----+----+
only showing top 3 rows
```

```
In [4]: # DataFrame Schema
        house_df.printSchema()

root
 |-- ID: integer (nullable = true)
 |-- crim: double (nullable = true)
 |-- zn: double (nullable = true)
 |-- indus: double (nullable = true)
 |-- chas: integer (nullable = true)
 |-- nox: double (nullable = true)
 |-- rm: double (nullable = true)
 |-- age: double (nullable = true)
 |-- dis: double (nullable = true)
 |-- rad: integer (nullable = true)
 |-- tax: integer (nullable = true)
 |-- ptratio: double (nullable = true)
 |-- black: double (nullable = true)
 |-- lstat: double (nullable = true)
 |-- medv: double (nullable = true)
```

5. pandas 데이터프레임과 마찬가지로 스파크 데이터프레임도 단일 명령으로 처리할 수 있다. 다음 화면에서 볼 수 있듯이, 데이터셋을 조금 더 자세히 들여다보자.

```
In [5]: house_df.describe().toPandas().transpose()
```

Out[5]:

	0	1	2	3	4
summary	count	mean	stddev	min	max
ID	333	250.95195195195194	147.8594378018597	1	506
crim	333	3.3603414714714708	7.352271836781104	0.00632	73.5341
zn	333	10.68918918918919	22.674761796618217	0.0	100.0
indus	333	11.29348348348346	6.998123104477312	0.74	27.74
chas	333	0.06006006006006006	0.2379556428164483	0	1
nox	333	0.557144144144145	0.11495450830289312	0.385	0.871
rm	333	6.265618618618616	0.7039515757334471	3.561	8.725
age	333	68.22642642642641	28.13334360562338	6.0	100.0
dis	333	3.7099336336336335	1.9811230514407001	1.1296	10.7103
rad	333	9.633633633633634	8.742174349631064	1	24
tax	333	409.27927927927925	170.84198846058237	188	711
ptratio	333	18.448048048047994	2.1518213294390836	12.6	21.2
black	333	359.4660960960953	86.58456685718393	3.5	396.9
lstat	333	12.515435435435432	7.0677808035857845	1.73	37.97
medv	333	22.768768768768783	9.173468027315415	5.0	50.0

6. 다음으로, 훈련에 사용하기를 원하는 특징들을 정의한다. 이를 위해 VectorAssembler 클래스를 사용한다. house_df라는 데이터프레임 열을 입력 모양 벡터 및 해당 출력 예측(X_train, Y_train 정의와 유사)으로 함께 조합할 열을 정의한 후에 다음과 같이 상응하는 변환을 수행한다.

```
vectors = VectorAssembler(inputCols = ['crim', 'zn','indus','chas', 'nox','rm','age', \
                                       'dis', 'rad', 'tax', 'ptratio','black', 'lstat'],
                          outputCol = 'features')
vhouse_df = vectors.transform(house_df)
vhouse_df = vhouse_df.select(['features', 'medv'])
vhouse_df.show(5)
```

```
+--------------------+----+
|            features|medv|
+--------------------+----+
|[0.00632,18.0,2.3...|24.0|
|[0.02731,0.0,7.07...|21.6|
|[0.03237,0.0,2.18...|33.4|
|[0.06905,0.0,2.18...|36.2|
|[0.08829,12.5,7.8...|22.9|
+--------------------+----+
only showing top 5 rows
```

7. 그런 다음에 데이터셋을 훈련용 데이터셋과 테스트용 데이터셋으로 분할해 다음 코드와 같이 표시한다.

```
train_df, test_df = vhouse_df.randomSplit([0.7,0.3])
```

8. 이제 데이터셋을 준비했으므로 `LinearRegression` 클래스를 인스턴스화하고 다음과 같이 해당 인스턴스를 훈련 데이터셋에 적합시킨다.

```
regressor = LR(featuresCol = 'features', labelCol='medv',\
               maxIter=20, regParam=0.3, elasticNetParam=0.8)
model = regressor.fit(train_df)
```

9. 우리는 다음과 같이 선형회귀의 결과 계수를 얻을 수 있다.

```
print("Coefficients:", model.coefficients)
print("Intercept:", model.intercept)
```

```
Coefficients: [-0.010279413081980417,0.034113414577108085,0.0,5.6415385374198,-7.7832643486443
99,3.085680504353533,0.0,-0.8290283633263736,0.016467345168122184,0.0,-0.5849152858717687,0.00
9195354138663316,-0.5627105522578837]
Intercept: 24.28872820161242
```

10. 이 모델은 데이터셋을 21회에 걸쳐 반복해서 학습한 결과로 RMSE 값으로는 `4.73`을, `r2` 값으로는 `0.71`을 내놓는다.

```
modelSummary = model.summary
print("RMSE is {} and r2 is {}"\
    .format(modelSummary.rootMeanSquaredError,\
    modelSummary.r2))
print("Number of Iterations is ", modelSummary.totalIterations)
```

11. 다음으로, 테스트 데이터셋에서 모델을 평가한다. `5.55`의 RMSE와 `0.68`의 R2 값을 얻는다.

```
model_evaluator = RegressionEvaluator(predictionCol="prediction",\
                                       labelCol="medv", metricName="r2")
print("R2  value  on  test  dataset  is: ",\
      model_evaluator.evaluate(model_predictions))
print("RMSE  value  is", model.evaluate(test_df).rootMeanSquaredError)
```

작업이 끝나면 `stop()` 메서드를 사용해 스파크 세션을 중지해야 한다. 전체 코드는 `Chapter08 /Boston_Price_MLlib.ipynb`에 있다. `r2` 값이 낮고 RMSE가 높은 이유는 학습 데이터셋의 모든 특징을 입력 특징 벡터로 간주했기 때문에 많은 특징이 집값 결정에 중요한 역할을 하지 못하기 때문이다. 가격과 높은 상관관계를 유지하면서 특징을 줄여 보기 바란다.

MLlib에서의 분류

MLlib는 또한 광범위한 분류기를 제공한다. 이항 로지스틱회귀 변수와 다항 로지스틱회귀 변수를 제공한다. 결정트리 분류기, 랜덤포레스트 분류기, 경사도 강화 트리 분류기, 다층 퍼셉트론 분류기, 선형 서포트 벡터 머신 분류기 및 나이브베이즈 분류기가 지원된다. 각 분류기를 해당 분류기 클래스에서 정의한다. 자세한 내용은 https://spark.apache.org/docs/2.2.0/ml-classification-regression.html을 참조하자. 기본적인 단계는 앞에서 회귀의 경우에 배운 것과 같다. RMSE나 R^2라는 계량(metric, 즉 '메트릭') 대신 모델의 정확도가 평가된다.

이번 절에서는 스파크 MLlib 로지스틱 회귀 분류기를 사용해 구현된 포도주 품질 분류 문제를 설명한다.

1. 이 분류 문제에 대해서는 LogisticRegressor 클래스를 통해 사용할 수 있는 로지스틱회귀를 사용한다. 앞의 예에서처럼 VectorAssembler를 사용해 입력 특징들을 하나의 벡터로 결합한다. 포도주 품질 데이터셋(**1장 '사물인터넷과 인공지능의 원리와 기초'**)에서 품질은 0~10 사이의 정수이며, 우리는 그것을 처리해야 했다. 여기서는 StringIndexer를 사용해 처리할 것이다.

   스파크의 가장 큰 특징 중 하나는 모든 전처리 단계를 파이프라인으로 정의할 수 있다는 것이다. 이것은 전처리 단계가 많을 때 매우 유용하다. 여기서는 두 가지 전처리 단계만 있지만, 파이프라인이 어떻게 형성되는지 보여주기 위해 Pipeline 클래스를 사용한다. 이 모든 모듈을 첫 번째 단계로 가져와서 다음 코드와 같이 스파크 세션을 만든다.

```
from pyspark.ml.classification import LogisticRegression as LR
from pyspark.ml.feature import VectorAssembler
from pyspark.ml.feature import StringIndexer
from pyspark.ml import Pipeline


from pyspark.sql import SparkSession

spark = SparkSession.builder \
      .appName("Wine Quality Classifier") \
      .config("spark.executor.memory", "70g") \
      .config("spark.driver.memory", "50g") \
      .config("spark.memory.offHeap.enabled", True) \
      .config("spark.memory.offHeap.size","16g") \
      .getOrCreate()
```

2. 다음과 같이 `winequality-red.csv` 데이터 파일을 적재하고 읽는다.

```
wine_df = spark.read.format("csv"). \
options(header="true",
inferschema="true", sep=';'). \
load("winequality-red.csv")
```

3. 주어진 데이터셋의 품질 레이블을 처리하고 이를 세 개의 다른 클래스로 분리해 기존의 스파크 데이터프레임에 추가한다. 새 `quality_new` 열은 다음 코드와 같다.

```
from pyspark.sql.functions import when
wine_df = wine_df.withColumn('quality_new', when(wine_df['quality']< 5, 0 )\
                        .otherwise(when(wine_df['quality']<8,1)
                        .otherwise(2)))
```

4. 수정된 품질인 `quality_new`는 이미 정수이므로 레이블로 직접 사용할 수 있다. 이 예제에서는 설명을 위해 문자열 인덱스를 숫자 인덱스로 변환하기 위해 `StringIndexer`를 추가했다. `StringIndexer`를 사용해 문자열 레이블을 숫자 인덱스로 변환할 수 있다. `VectorAssembler`를 사용해 열을 하나의 특징 벡터로 결합한다. 두 단계는 다음과 같이 `Pipeline`을 사용해 함께 결합된다.

```
string_index = StringIndexer(inputCol='quality_new', outputCol='quality'+'Index')
vectors = VectorAssembler(inputCols = ['fixed acidity','volatile acidity',
                              'citric acid','residual sugar','chlorides',
                              'free sulfur dioxide', 'total sulfur dioxide',
                              'density', 'pH','sulphates', 'alcohol'],
                outputCol = 'features') stages = [vectors, string_index]

pipeline = Pipeline().setStages(stages)
pipelineModel = pipeline.fit(wine_df)
pipeline_data_df = pipelineModel.transform(wine_df)
```

5. 파이프라인 이후 얻은 데이터는 다음 코드와 같이 훈련 및 테스트 데이터셋으로 분리된다.

```
train_df, test_df = pl_data_df.randomSplit([0.7,0.3])
```

6. 다음으로 `LogisticRegressor` 클래스를 인스턴스화하고 다음과 같이 `fit` 메서드를 사용해 훈련 데이터셋에서 훈련한다.

```
classifier= LR(featuresCol = 'features', labelCol='qualityIndex', maxIter=50)
model = classifier.fit(train_df)
```

7. 다음 화면에서는 학습된 모델 파라미터를 볼 수 있다.

```
In [12]: print("Beta Coefficients:", model.coefficientMatrix)
         print("Interceptors: ", model.interceptVector)

Beta Coefficients: DenseMatrix([[-3.53097049e-02, -1.25709923e+00, -1.270
86275e+00,
              -8.55944290e-02, -4.85804489e-01,  1.46697237e-02,
               3.27206803e-03,  8.87358597e+00, -6.98378596e-01,
              -4.19883998e-01, -4.15213016e-01],
             [-1.84038640e-03,  2.97769739e+00, -3.08531351e-01,
               8.04546607e-02,  5.70434666e+00, -1.80503443e-02,
              -3.20013995e-03, -4.47205103e+00,  2.46506380e+00,
              -1.47617653e+00, -4.08041588e-01],
             [ 3.71500913e-02, -1.72059816e+00,  1.57939410e+00,
               5.13976829e-03, -5.21854217e+00,  3.38062055e-03,
              -7.19280761e-05, -4.40153494e+00, -1.76668521e+00,
               1.89606053e+00,  8.23254604e-01]])
Interceptors:  [2.5177699762432026,-0.5458267035288586,-1.971943272714343
8]
```

8. 모델의 정확도(accuracy)는 94.75%다. 또한 다음 코드에서 정밀도(precision) 및 재현율(recall), F 척도(F measure), 참 양성 비율(true positive rate) 및 거짓 양성 비율(false positive rate)과 같은 다른 평가 계량을 볼 수 있다.

```
modelSummary = model.summary

accuracy = modelSummary.accuracy
fPR = modelSummary.weightedFalsePositiveRate
tPR = modelSummary.weightedTruePositiveRate
fMeasure = modelSummary.weightedFMeasure()
precision = modelSummary.weightedPrecision
recall = modelSummary.weightedRecall
print("Accuracy: {} False Positive Rate {} True Positive Rate {} F {} Precision {} \
Recall {}".format(accuracy, fPR, tPR, fMeasure, precision, recall))
```

MLlib를 사용하는 포도주 품질 분류기의 성능은 이전 방법과 비슷하다. 전체 코드는 깃허브 저장소의 `Chapter08/Wine_Classification_MLlib.pynb`에 있다.

SparkDL을 사용한 전이학습

이전 절에서는 스파크 프레임워크를 머신러닝 문제에 MLlib와 함께 어떻게 사용할 수 있는지를 자세히 설명했다. 그러나 대부분의 복잡한 작업에서는 딥러닝 모델이 더 나은 성능을 제공한다. 스파크는 MLlib보다 높은 수준의 API인 `SparkDL`을 지원한다. 백엔드에서 텐서플로를 사용하며 `TensorFrames` · `Keras` · `TFoS` 모듈도 필요하다.

이번 절에서는 SparkDL을 사용해 이미지를 분류한다. 이렇게 하면 이미지에 대한 스파크 지원에 익숙해질 수 있다. 이미지의 경우에는 **4장 '사물인터넷을 위한 딥러닝'**에서 배웠듯이, CNN(convolutional neural networks, **합성곱 망**)이 사실상의 유일한 선택지다. 4장에서 우리는 처음부터 CNN을 만들었고 인기 있는 CNN 아키텍처에 대해서도 배웠다. CNN의 매우 흥미로운 속성은 각 합성곱 계층이 이미지와 그 밖의 특징들을 식별하는 방식을 배운다는 점인데, 이로 인해 CNN은 이미지 추출기 역할을 하게 된다. 더 낮은 쪽에 자리잡은 합성곱 계층들은 기본 모양에서 선이나 동그라미 같은 모양을 뽑아내지만, 상위 계층으로 갈수록[35] 더 추상적인 모양을 뽑아낸다. 이러한 속성을 이용하면 한 묶음의 이미지를 가지고 훈련한 CNN을 사용하되, 완전히 연결된 최상위 계층들만 변경하면 유사한 영역에 걸쳐 있는 이미지의 다른 묶음을 분류하는 데도 사용할 수 있다. 이 기술을 **전이학습(transfer learning)**이라고 한다. 새로운 데이터셋 이미지의 가용성과 두 영역(domain) 간의 유사성에 따라 전이학습은 훈련 시간을 줄이고 대규모 데이터셋의 필요에 크게 도움이 된다.

인공지능 분야의 핵심 인사 중 한 명인 앤드류 응(Andrew Ng)은 NIPS 2016 tutorial에서 "transfer learning will be the next driver for commercial success(전이학습이 상업적 성공을 위한 차세대 원동력이 될 것)"이라고 말했다. 이미지 분야에서, ImageNet 데이터에서 훈련받은 CNN을 사용해 전이학습을 하게 함으로써 서로 다른 영역에서 쓰이는 이미지들을 분류할 수 있게 하는 데 큰 성공을 거두었다. 그 밖의 데이터 영역에 대해서도 전이학습을 적용해 보려는 연구가 더욱 많이 진행되고 있다. 세바스천 루더(Sebastian Ruder)의 블로그 게시물(`http://ruder.io/transfer-learning/`)에서 '전이학습' 입문서를 얻을 수 있다.

여기서는 구글에서 제안한 CNN 아키텍처인 InceptionV3(`https://arxiv.org/pdf/1409.4842.pdf`)로 이미지넷 데이터셋(`http://www.image-net.org`)에서 훈련을 받은 CNN을 도입해 도로에서 차량을 식별해 볼 것이다(당장은 버스와 자동차로만 제한하려고 한다).

시작하기 전에 다음 모듈들이 작업 환경에 설치돼 있는지 확인하자.

- PySpark
- TensorFlow
- Keras
- TFoS
- TensorFrames
- Wrapt
- Pillow

35 (옮긴이) 입력 계층을 최하단에 두고 출력 계층을 최상단에 두는 식으로, 적층 구조로 계층들을 쌓았다고 여길 때 그렇다는 말이다.

- pandas
- Py4J
- SparkDL
- Kafka
- Jieba

개별 컴퓨터 시스템이나 클러스터 컴퓨터에서 `pip install` 명령을 내려서 이 모듈들을 설치하면 된다.

다음으로 스파크 및 SparkDL을 이미지 분류 작업에 사용하는 방법을 배운다. 구글 이미지 검색을 사용해 두 가지 꽃인 데이지 사진과 튤립 사진을 검색한 다음에, 42개 데이지 이미지와 65개 튤립 이미지를 화면에서 따냈다. 다음 그림에서 표본으로 쓰기 위해 따낸 데이지 꽃 화면을 볼 수 있다.

다음 그림은 표본으로 쓰기 위해 화면에서 따낸 튤립 이미지를 보여준다.

예제 데이터셋은 너무 작아서 CNN을 처음부터 만들면 유용한 성능을 아무 것도 얻을 수 없다. 이와 같은 경우라면 전이학습을 이용할 수 있다. SparkDL 모듈은 DeepImageFeaturizer 클래스의 도움으로 사전 훈련된 모델을 쉽고 편리하게 사용할 수 있는 방법을 제공한다. 이 클래스는 이미지넷 데이터셋(http://www.image-net.org)으로 미리 훈련을 받은 CNN 모델들을 제공한다.

- InceptionV3
- Xception
- ResNet50
- VGG16
- VGG19

우리는 기본 모델로 구글이 제공하는 Inception V3를 사용할 것이다. 완전한 코드는 Chapter08 / Transfer_Learning_SparkDL.ipynb의 깃허브 저장소에서 액세스할 수 있다.

1. 첫 번째 단계에서는 SparkDL 라이브러리의 환경을 지정해야 한다. 이번 단계는 중요하다. 환경을 지정하지 않으면 커널은 SparkDL 패키지가 적재될 위치를 알 수 없다.

```
import os
SUBMIT_ARGS = "--packages databricks:spark-deep-learning:1.3.0-spark2.4-s_2.11 pyspark-shell"
os.environ["PYSPARK_SUBMIT_ARGS"] = SUBMIT_ARGS
```

일부 운영체제에서 pip를 사용해 SparkDL을 설치하는 경우라도 운영체제 환경이나 SparkDL을 지정해야 한다.

2. 이제 다음 코드와 같이 SparkSession을 시작해 보자.

```
from pyspark.sql import SparkSession

spark = SparkSession.builder\
    .appName("ImageClassification")\
    .config("spark.executor.memory", "70g")\
    .config("spark.driver.memory", "50g")\
    .config("spark.memory.offHeap.enabled", True)\
    .config("spark.memory.offHeap.size","16g")\
    .getOrCreate()
```

3. 이제 필요한 모듈을 가져오고 데이터 이미지를 읽을 것이다. 이미지 경로를 읽으면서 동시에 다음과 같이 스파크 데이터프레임의 각 이미지에 레이블을 지정한다.

```
import pyspark.sql.functions as f
import sparkdl as dl
from pyspark.ml.image import ImageSchema
from sparkdl.image import imageIO

dftulips = ImageSchema.readImages('data/flower_photos/tulips').\
                                                withColumn('label', f.lit(0))

dfdaisy = ImageSchema.readImages('data/flower_photos/daisy').\
                                               withColumn('label', f.lit(1))
```

4. 다음으로 두 데이터프레임의 상위 5개 행을 볼 수 있다. 첫 번째 열은 각 이미지의 경로를 포함하고 열은 해당 레이블(그것이 데이지[레이블 1]에 속하는지 아니면 튤립[레이블 0]에 속하는지)을 보여준다.

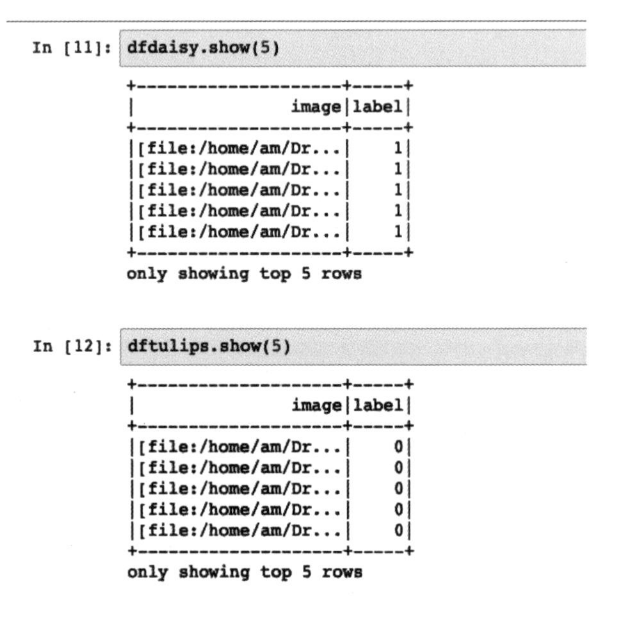

```
In [11]: dfdaisy.show(5)

+--------------------+-----+
|               image|label|
+--------------------+-----+
|[file:/home/am/Dr...|    1|
|[file:/home/am/Dr...|    1|
|[file:/home/am/Dr...|    1|
|[file:/home/am/Dr...|    1|
|[file:/home/am/Dr...|    1|
+--------------------+-----+
only showing top 5 rows

In [12]: dftulips.show(5)

+--------------------+-----+
|               image|label|
+--------------------+-----+
|[file:/home/am/Dr...|    0|
|[file:/home/am/Dr...|    0|
|[file:/home/am/Dr...|    0|
|[file:/home/am/Dr...|    0|
|[file:/home/am/Dr...|    0|
+--------------------+-----+
only showing top 5 rows
```

5. `randomSplit` 함수를 사용해 두 개의 이미지 데이터셋을 훈련 집합 및 테스트 집합으로 분할했다(늘 이런 식으로 분할하는 습관을 들이는 것이 좋다). 일반적으로 사람들은 60%:40%, 70%:30%, 또는 80%:20%의 비율로 '테스트용:훈련용' 집합을 나눈다. 여기서는 70%:30%의 분할을 선택했다. 훈련을 위해 `trainDF` DataFrame에 있는 두 꽃의 훈련 이미지와 `testDF` DataFrame의 테스트 데이터셋 이미지를 다음과 같이 결합한다.

```
trainDFdaisy, testDFdaisy = dfdaisy.randomSplit([0.70,0.30], seed = 123)
trainDFtulips, testDFtulips = dftulips.randomSplit([0.70,0.30], seed = 122)
trainDF = trainDFdaisy.unionAll(trainDFtulips) testDF = testDFdaisy.unionAll(testDFtulips)
```

6. 다음으로 Inception V3를 특징 추출기로 사용하고 이후에 회귀 분석기를 사용해 파이프라인을 구축한다. 모델을 훈련하기 위해 trainDF DataFrame을 사용한다.

```
from pyspark.ml.classification import LogisticRegression
from pyspark.ml import Pipeline
vectorizer = dl.DeepImageFeaturizer(inputCol="image", outputCol="features",
                                    modelName="InceptionV3")
logreg = LogisticRegression(maxIter=20, labelCol="label")
pipeline = Pipeline(stages=[vectorizer, logreg])
pipeline_model = pipeline.fit(trainDF)
```

7. 이제 테스트 데이터셋에서 숙련된 모델을 평가해 보자. 테스트 데이터셋에서 다음 코드를 사용해 90.32%의 정확도를 얻을 수 있다.

```
predictDF = pipeline_model.transform(testDF) # 테스트용 데이터셋을 가지고 예측

from pyspark.ml.evaluation import MulticlassClassificationEvaluator as MCE
scoring = predictDF.select("prediction", "label")
accuracy_score = MCE(metricName="accuracy")
rate = accuracy_score.evaluate(scoring)*100
print("accuracy: {}%" .format(round(rate,2)))
```

8. 다음은 두 클래스의 혼동행렬이다.

```
In [17]: predictDF.crosstab('prediction', 'label').show()

         +----------------+---+---+
         |prediction_label|  0|  1|
         +----------------+---+---+
         |             1.0|  0| 12|
         |             0.0| 16|  3|
         +----------------+---+---+
```

20줄 미만의 코드로 모델을 훈련한 결과로 90.32%의 정확도를 얻을 수 있었다. 여기에 사용된 데이터셋은 가공하지 않은 것이다. 데이터셋에 있는 이미지의 수를 늘리고 저품질 이미지를 걸러내면 모델의 성능을 향상시킬 수 있다. 공식 라이브러리인 SparkDL에 관해서 더 자세히 배우고 싶다면 깃허브 저장소(https://github.com/databricks/spark-deep-learning)를 참고하라.

H2O 소개

H2O는 오픈소스 아파치 라이선스로 공개된 것으로, H2O.ai가 개발했으며 빠르고 확장 가능한 머신러닝 및 딥러닝용 프레임워크다. 회사가 제공한 세부 사항에 따르면 9,000개 이상의 조직과 8만 명이 넘는 데이터과학자들이 머신러닝 및 딥러닝이 필요한 곳에 H2O를 사용한다. 인메모리 압축을 사용하기 때문에 작은 컴퓨터 클러스터에서도 많은 양의 데이터를 메모리에서 처리할 수 있다. R · 파이썬 · 자바 · 스칼라 · 자바스크립트용 인터페이스가 각기 있으며 내장형 웹 인터페이스도 있다. H2O는 독립형 모드로 실행할 수도 있고 하둡이나 스파크 클러스터에서 실행할 수도 있다.

H2O에는 일반화 선형회귀 모형, 나이브베이즈, 랜덤포레스트, 경사도 증폭(gradient boosting), 딥러닝 알고리즘과 같은 다양한 머신러닝 알고리즘이 들어 있다. H2O의 가장 중요한 부분은 수천 개의 모델을 만들고 결과를 비교하며 몇 줄의 코드로 하이퍼파라미터를 조율할 수 있다는 점이다. H2O에는 더 좋은 데이터 전처리 도구가 있다.

H2O에는 자바가 필요하므로 시스템에 자바가 설치돼 있는지 확인하자. 다음 코드와 같이 PyPi를 사용해 파이썬에서 작동하도록 H2O를 설치할 수 있다.

```
pip install h2o
```

H2O AutoML

H2O의 가장 흥미로운 특징 중 하나는 자동 머신러닝 인터페이스인 **AutoML**이다. 이는 비전문가가 사용할 수 있는 사용자 친화적인 머신러닝 인터페이스를 개발하려는 시도로 나온 것이다. H2O AutoML은 후보 모델의 다양한 선택지를 훈련하고 조율하는 과정을 자동화한다. 그 인터페이스는 사용자가 훈련된 전체 모델 수 또는 시간 제한을 원하는 데이터셋, 입력 및 출력 기능 및 제약조건을 지정하기만 하면 되게 설계됐다. 나머지 작업은 AutoML 자체에 의해 수행된다. 지정한 제한 시간 내에 가장 실적이 좋은 모델을 식별하고 리더보드를 제공한다. 일반적으로 이전에 숙련된 모든 모델의 앙상블인 누적형 앙상블 모델이 리더보드에서 최상위 순위를 차지하는 것으로 나타났다. 고급 사용자가 사용할 수 있는 많은 선택지가 있다. 이러한 선택지와 다양한 기능에 대한 자세한 내용을 http://docs.h2o.ai/h2o/latest-stable/h2o-docs/automl.html에서 확인할 수 있다.

H2O에 관해 더 많이 알고 싶으면 http://h2o.ai를 방문하자.

H2O에서의 회귀

먼저 H2O에서 회귀가 어떻게 일어날 수 있는지 보여줄 것이다. MLlib에서 보스턴 주택 가격과 같은 데이터셋을 사용하고 주택 비용을 예측한다. 전체 코드는 깃허브의 Chapter08/boston_price_h2o.ipynb에서 찾을 수 있다.

1. 태스크에 필요한 모듈은 다음과 같다.

```
import h2o
import time
import seaborn
import itertools
import numpy as np
import pandas as pd
import seaborn as sns
import matplotlib.pyplot as plt
from h2o.estimators.glm import H2OGeneralizedLinearEstimator as GLM
from h2o.estimators.gbm import H2OGradientBoostingEstimator as GBM
from h2o.estimators.random_forest import H2ORandomForestEstimator as RF

%matplotlib inline
```

2. 필요한 모듈을 가져온 후 첫 번째 단계는 h2o 서버를 시작하는 것이다. 여기서는 h2o.init() 명령을 사용해 이 작업을 수행한다. 기존의 h2o 인스턴스를 먼저 확인하고 사용할 수 있는 인스턴스가 없는 경우라면 h2o 인스턴스를 시작한다. init() 함수의 인수로 IP 주소와 포트 번호를 지정해 기존 클러스터에 연결할 수도 있다. 다음 화면에서는 독립형 시스템에서 init()의 결과를 볼 수 있다.

```
Checking whether there is an H2O instance running at http://localhost:54321..... not found.
Attempting to start a local H2O server...
  Java Version: java version "1.8.0_191"; Java(TM) SE Runtime Environment (build 1.8.0_191-b12
); Java HotSpot(TM) 64-Bit Server VM (build 25.191-b12, mixed mode)
  Starting server from /home/am/anaconda3/envs/h2o/lib/python3.5/site-packages/h2o/backend/bin
/h2o.jar
  Ice root: /tmp/tmp7hjshd9o
  JVM stdout: /tmp/tmp7hjshd9o/h2o_am_started_from_python.out
  JVM stderr: /tmp/tmp7hjshd9o/h2o_am_started_from_python.err
  Server is running at http://127.0.0.1:54321
Connecting to H2O server at http://127.0.0.1:54321... successful.
```

H2O cluster uptime:	01 secs
H2O cluster timezone:	Asia/Kolkata
H2O data parsing timezone:	UTC
H2O cluster version:	3.22.0.2
H2O cluster version age:	18 days
H2O cluster name:	H2O_from_python_am_3z4r3u
H2O cluster total nodes:	1
H2O cluster free memory:	6.957 Gb
H2O cluster total cores:	8
H2O cluster allowed cores:	8
H2O cluster status:	accepting new members, healthy
H2O connection url:	http://127.0.0.1:54321
H2O connection proxy:	None
H2O internal security:	False
H2O API Extensions:	XGBoost, Algos, AutoML, Core V3, Core V4
Python version:	3.5.6 final

3. 다음으로, h2o import_file 함수를 사용해 데이터 파일을 읽는다. pandas의 DataFrame처럼 쉽게 처리할 수 있는 H2O DataFrame으로 적재한다. cor() 메서드를 사용해 h2o DataFrame의 다양한 입력 특징들 사이의 상관관계를 아주 쉽게 찾을 수 있다.

```
boston_df = h2o.import_file("../Chapter08/boston/train.csv",
                            destination_frame="boston_df")

plt.figure(figsize=(20,20))
corr = boston_df.cor()
corr = corr.as_data_frame()
corr.index = boston_df.columns
# print(corr)
sns.heatmap(corr, annot=True, cmap='YlGnBu', vmin=-1, vmax=1)
plt.title("Correlation Heatmap")
```

다음 그림은 보스턴 주택 가격 데이터셋의 서로 다른 특징들의 상관관계 지도를 출력한 것이다.

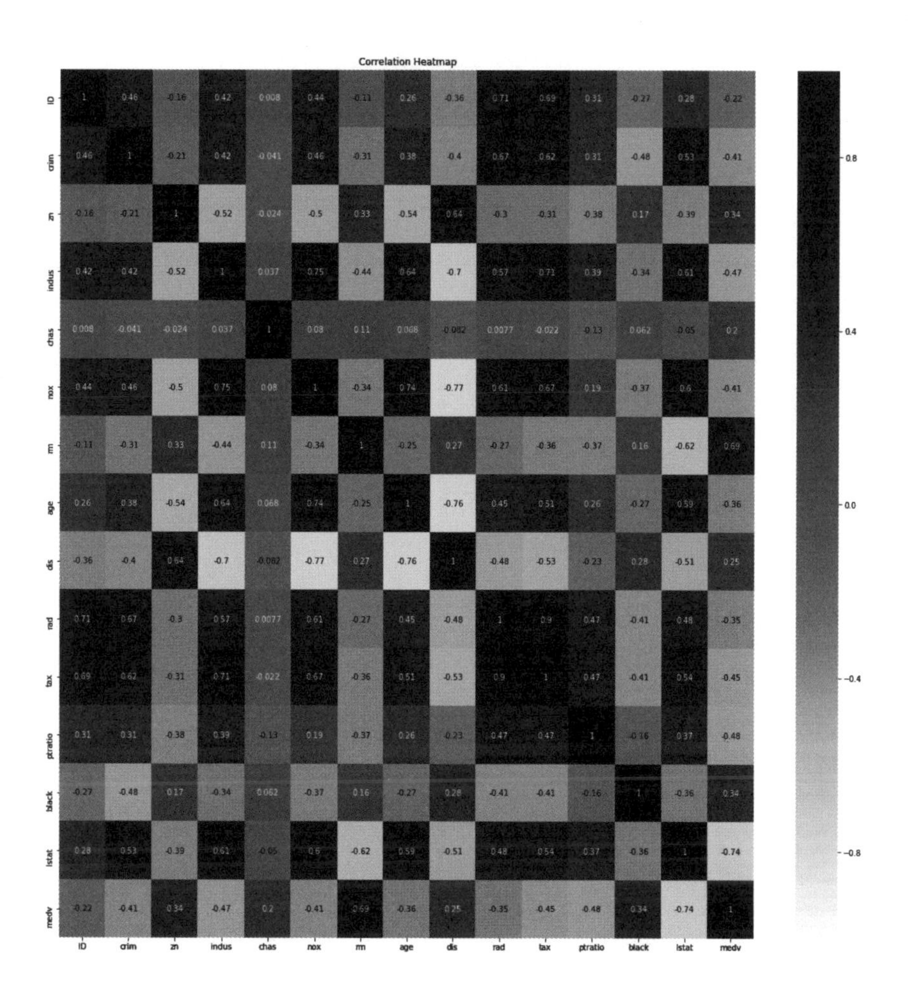

4. 우리는 늘 그래왔듯이 이번에도 데이터셋을 훈련용과 검증용 및 테스트용으로 분할한다. 입력 특징들인 (x)로 사용할 특징을 정의하자.

```
train_df, valid_df, test_df = boston_df.split_frame(ratios=[0.6, 0.2], seed=133)
features = boston_df.columns[:-1]
```

5. 이 작업을 마치고 나면 프로세스는 아주 간단해진다. H2O 라이브러리에서 사용할 수 있는 회귀모형 클래스를 인스턴스화하고 훈련용 데이터셋과 검증용 데이터셋을 인수로 사용해 `train()`을 사용한다. `train` 함수에서 입력 특징들인 (x)와 출력 특징들인 (y)가 무엇인지도 지정한다. 현재의 경우, 입력 특징들로는 사용 가능한 모든 특징을 취하고 출력 특징들로는 집값 `medv`를 사용한다. `print` 문을 사용해 훈련된 모델의 특징들을 볼 수 있다. 다음으로, 일반화된 선형회귀모형에 대한 모델 선언과 훈련 및 검증 데이터셋에 대한 훈련 후의 그 결과를 볼 수 있다.

```
model_glm = GLM(model_id='boston_glm')
model_glm.train(training_frame= train_df, \
```

```
                    validation_frame=valid_df, \
                    y = 'medv', x=features)
print(model_glm)
```

```
glm Model Build progress: |████████████████████████████████████████████████| 100%
Model Details
< to expand output; double click to hide output
=============

H2OGeneralizedLinearEstimator :  Generalized Linear Modeling
Model Key:  boston_glm


ModelMetricsRegressionGLM: glm
** Reported on train data. **

MSE: 25.29061565365854
RMSE: 5.028977595263131
MAE: 3.5119806236622573
RMSLE: 0.21879597717063684
R^2: 0.6585836959508422
Mean Residual Deviance: 25.29061565365854
Null degrees of freedom: 199
Residual degrees of freedom: 188
Null deviance: 14815.118876113953
Residual deviance: 5058.123130731708
AIC: 1239.662094110731

ModelMetricsRegressionGLM: glm
** Reported on validation data. **

MSE: 29.45943429400654
RMSE: 5.427654584994014
MAE: 3.9827620428290818
RMSLE: 0.23155132773489584
R^2: 0.6075220878659529
Mean Residual Deviance: 29.45943429400654
Null degrees of freedom: 57
Residual degrees of freedom: 46
Null deviance: 4379.649896571945
Residual deviance: 1708.6471890523794
AIC: 386.81169393537243
```

6. 훈련을 마친 후에, 다음 단계로 할 일은 model_performance() 함수를 사용해 쉽게 수행할 수 있는 테스트 데이터셋의 성능을 확인하는 것이다. 훈련용, 검증용, 테스트용 데이터셋이나 비슷하지만 새로운 일부 데이터셋에도 데이터를 전달할 수 있다.

```
test_glm = model_glm.model_performance(test_df)
print(test_glm)
```

```
ModelMetricsRegressionGLM: glm
** Reported on test data. **

MSE: 58.79022368779993
RMSE: 7.667478313487423
MAE: 4.535525812229012
RMSLE: 0.2716211906586539
R^2: 0.4911310682143256
Mean Residual Deviance: 58.79022368779993
Null degrees of freedom: 74
Residual degrees of freedom: 63
Null deviance: 8748.76368890764
Residual deviance: 4409.266776584995
AIC: 544.388948275823
```

7. 경사도 증폭 추정기 회귀(gradient boost estimator regression, 즉 '그래이디언트 부스팅 추정량 회귀') 또는 랜덤포레스트 회귀를 사용하려면 각 클래스 개체를 인스턴스화한다. 다음에 설명할 단계는 똑같지만, 출력 파라미터는 달라질 것이다. 또한 경사도 증폭 추정기와 랜덤포레스트의 경우 여러 가지 입력 특징들의 상대적 중요성도 배울 것이다.

```
# 경사도 증폭 추정기
model_gbm = GBM(model_id='boston_gbm')
model_gbm.train(training_frame= train_df, \
                validation_frame=valid_df, \
                y = 'medv', x=features)

test_gbm = model_gbm.model_performance(test_df)

# 랜덤포레스트
model_rf = RF(model_id='boston_rf')
model_rf.train(training_frame=  train_df,\
               validation_frame=valid_df, \
               y = 'medv', x=features)

test_rf = model_rf.model_performance(test_df)
```

8. 머신러닝이나 딥러닝과 관련해서 적절한 하이퍼파라미터를 선택하는 일이 가장 큰 난제다. H2O에서는 H2OGridSearch 클래스를 사용해 이 작업을 아주 쉽게 수행할 수 있다. 다음 코드는 이전에 정의한 경사도 증폭 추정기의 하이퍼파라미터 깊이에 대한 격자 탐색(grid search)을 수행한다.

```
from h2o.grid.grid_search import H2OGridSearch as Grid
hyper_params = {'max_depth':[2,4,6,8,10,12,14,16]}
grid = Grid(model_gbm, hyper_params, grid_id='depth_grid')
grid.train(training_frame= train_df, validation_frame=valid_df, y = 'medv', x=features)
```

9. H2O의 가장 중요한 부분은 AutoML을 사용해 자동으로 최상의 모델을 찾는 것이다. 시간에 대한 제약조건을 100초로 설정해 열 가지 모델 중에서 우리를 검색해 보도록 하겠다. AutoML은 이러한 파라미터를 사용해 Stacked Ensemble(적층 앙상블)들을 제외한 열 가지 서로 다른 모델들을 제작한다. 이 AutoML은 마지막 Stacked Ensemble 모델들이 훈련되기 전에 최대 100초 동안 실행된다.

```
from h2o.automl import H2OAutoML as AutoML
aml = AutoML(max_models = 10, max_runtime_secs=100, seed=2)
aml.train(training_frame= train_df, validation_frame=valid_df, y = 'medv', x=features)
```

10. 회귀 작업의 리더보드는 다음과 같다.

```
In [25]: print(aml.leaderboard)
```

model_id	mean_residual_deviance	rmse	mse	mae	rmsle
StackedEnsemble_AllModels_AutoML_20181210_223722	9.82793	3.13495	9.82793	2.13917	0.139589
StackedEnsemble_BestOfFamily_AutoML_20181210_223722	9.94461	3.15351	9.94461	2.14671	0.138903
GBM_3_AutoML_20181210_223722	10.2273	3.19802	10.2273	2.24126	0.14437
GBM_2_AutoML_20181210_223722	10.2627	3.20355	10.2627	2.23899	0.143894
GBM_1_AutoML_20181210_223722	10.2719	3.20498	10.2719	2.21991	0.147681
GBM_4_AutoML_20181210_223722	10.287	3.20734	10.287	2.24546	0.144326
XGBoost_2_AutoML_20181210_223722	10.3645	3.21939	10.3645	2.05124	0.143118
XGBoost_1_AutoML_20181210_223722	11.068	3.32686	11.068	2.16475	0.14958
XGBoost_3_AutoML_20181210_223722	11.3421	3.3678	11.3421	2.26389	0.147565
XRT_1_AutoML_20181210_223722	12.0748	3.47488	12.0748	2.31572	0.141624

리더보드의 다른 모델은 각 `model_id`를 사용해 액세스할 수 있다. 리더 파라미터를 사용해 최상의 모델에 액세스한다. 여기서는 `aml.leader`가 가장 좋은 모델인 Stacked Ensemble을 나타낸다. 이진 또는 MOJO 형식에서 `h2o.save_model` 함수를 사용해 최적 모델을 저장할 수 있다.

H2O를 사용해 분류하기

동일한 모델들을 H2O로 분류 작업을 할 때도 사용할 수 있지만, 이 때 단 한 가지만 변경하면 된다. 즉, `asfactor()` 함수를 사용해 출력 특성을 숫자 값에서 범주적 값으로 변경해야 한다. 여기서는 적포도주의 품질에 대한 분류를 수행할 것이다. 예제에 나오는 묵은 적포도주 데이터베이스(**3장 '사물인터넷을 위한 머신러닝'**)를 사용하자. 동일한 모듈을 가져와 H2O 서버를 초기화해야 한다. 전체 코드를 `Chapter08/wine_classification_h2o.ipynb` 파일에서 볼 수 있다.

1. 필요한 모듈을 가져와서 H2O 서버를 시작하는 코드는 다음과 같다.

```
import h2o
import time
import seaborn
import itertools
import numpy as np
import pandas as pd
import seaborn as sns
import matplotlib.pyplot as plt
from h2o.estimators.glm import H2OGeneralizedLinearEstimator as GLM
from h2o.estimators.gbm import H2OGradientBoostingEstimator as GBM
```

```
from h2o.estimators.random_forest import H2ORandomForestEstimator as RF

%matplotlib inline h2o.init()
```

2. 다음으로 데이터 파일을 읽을 차례이다. 먼저 출력 특징을 다음과 같이 수정한다. 두 계급(좋은 포도주과 나쁜 포도주)을 고려한 다음에 asfactor() 함수를 사용해 범주형 변수로 변환하자. 이것은 H2O의 중요한 단계다. 회귀와 분류 모두에 동일한 클래스 객체를 사용하기 때문에 회귀의 경우 출력 레이블을 숫자로, 분류의 경우 범주로 분류해야 한다(코드 블록 참조).

```
wine_df = h2o.import_file("../Chapter08/winequality-red.csv",\
                                destination_frame="wine_df")
features = wine_df.columns[:-1]
print(features)
wine_df['quality'] = (wine_df['quality'] > 7).ifelse(1,0)
wine_df['quality'] = wine_df['quality'].asfactor()
```

3. 그런 다음에, 데이터를 훈련용 데이터셋, 검증용 데이터셋, 테스트용 데이터셋으로 나눈다. 우리는 단 한 가지 사항만 바꾼 후에 일반화된 선형 추정기에 훈련용 데이터셋과 검증용 데이터셋을 공급하고 있다. 여기에서 family=binomial을 인자로 지정할 텐데, 훌륭한 포도주나 나쁜 포도주라는 두 가지 범주의 클래스만 있기 때문이다. 계급이 두 가지 이상이라면 family=multinomial을 사용하자. 인수 지정은 선택 사항이라는 점을 기억하자. 즉, H2O가 자동으로 출력 특징을 감지해 낸다.

```
train_df, valid_df, test_df = wine_df.split_frame(ratios=[0.6, 0.2], seed=133)

model_glm = GLM(model_id='wine_glm', family = 'binomial')
model_glm.train(training_frame= train_df, \
                validation_frame=valid_df, \
                y = 'quality', x=features)
print(model_glm)
```

4. 훈련을 마친 후에 정확도, 정밀도, 재현율, F1 점수, AUC 점수를 비롯하여 심지어 혼동행렬 등의 모든 성능 계량 기준을 사용해 모델의 성능을 확인할 수 있다. 세 가지 데이터셋(훈련, 검증, 테스트) 어디에나 이런 계량(metric)을 사용할 수 있다. 다음은 일반 선형 추정기의 테스트 데이터셋용으로 얻은 계량이다.

```
In [9]: test_glm = model_glm.model_performance(test_df)
        print(test_glm)
```

```
ModelMetricsBinomialGLM: glm
** Reported on test data. **

MSE: 0.017228193204603934
RMSE: 0.1312562120610066
LogLoss: 0.13988271775187358
Null degrees of freedom: 317
Residual degrees of freedom: 306
Null deviance: 53.187557984070224
Residual deviance: 88.96540849019598
AIC: 112.96540849019598
AUC: 0.6038338658146964
pr_auc: 0.03346490361472496
Gini: 0.2076677316293929
Confusion Matrix (Act/Pred) for max f1 @ threshold = 0.17042651179749857:
```

	0	1	Error	Rate
0	308.0	5.0	0.016	(5.0/313.0)
1	4.0	1.0	0.8	(4.0/5.0)
Total	312.0	6.0	0.0283	(9.0/318.0)

```
Maximum Metrics: Maximum metrics at their respective thresholds
```

metric	threshold	value	idx
max f1	0.1704265	0.1818182	5.0
max f2	0.1704265	0.1923077	5.0
max f0point5	0.1704265	0.1724138	5.0
max accuracy	0.4984876	0.9811321	0.0
max precision	0.1704265	0.1666667	5.0
max recall	0.0000002	1.0	253.0
max specificity	0.4984876	0.9968051	0.0
max absolute_mcc	0.1704265	0.1682606	5.0
max min_per_class_accuracy	0.0006228	0.6	109.0
max mean_per_class_accuracy	0.0006228	0.6226837	109.0

```
Gains/Lift Table: Avg response rate:  1.57 %, avg score:  1.20 %
```

5. 앞의 코드에서 다른 것은 변경하지 않은 채로 H2O의 AutoML을 사용하되, 하이퍼 파라미터를 조율하기만 해도 더 나은 모델을 얻을 수 있다.

```
from h2o.automl import H2OAutoML as AutoML
aml = AutoML(max_models = 10, max_runtime_secs=100, seed=2)
aml.train(training_frame= train_df, validation_frame=valid_df, y = 'quality', x=features)
```

```
In [25]: print(aml.leaderboard)
```

model_id	mean_residual_deviance	rmse	mse	mae	rmsle
StackedEnsemble_AllModels_AutoML_20181210_223722	9.82793	3.13495	9.82793	2.13917	0.139589
StackedEnsemble_BestOfFamily_AutoML_20181210_223722	9.94461	3.15351	9.94461	2.14671	0.138903
GBM_3_AutoML_20181210_223722	10.2273	3.19802	10.2273	2.24126	0.14437
GBM_2_AutoML_20181210_223722	10.2627	3.20355	10.2627	2.23899	0.143894
GBM_1_AutoML_20181210_223722	10.2719	3.20498	10.2719	2.21991	0.147681
GBM_4_AutoML_20181210_223722	10.287	3.20734	10.287	2.24546	0.144326
XGBoost_2_AutoML_20181210_223722	10.3645	3.21939	10.3645	2.05124	0.143118
XGBoost_1_AutoML_20181210_223722	11.068	3.32686	11.068	2.16475	0.14958
XGBoost_3_AutoML_20181210_223722	11.3421	3.3678	11.3421	2.26389	0.147565
XRT_1_AutoML_20181210_223722	12.0748	3.47488	12.0748	2.31572	0.141624

포도주의 품질을 분류하기에는 XGBoost가 가장 좋다는 점을 알 수 있다.

요약

사물인터넷의 유비쿼터스(ubiquitous) 상태[36]에서, 데이터가 기하급수적으로 늘며 생성되고 있다. 대부분 정형화되지 않았을 뿐만 아니라 분량이 무척 많은 이 데이터를 빅데이터라고 한다. 많은 프레임워크와 솔루션이 대규모 데이터셋을 처리하기 위해 제안됐다. 유망한 솔루션 중 하나는 머신 클러스터 간에 모델이나 데이터를 배포하는 분산 인공지능(DAI)이다. 분산 텐서플로 또는 TFoS 프레임워크를 사용해 분산 모델 훈련을 수행할 수 있다. 최근에는 사용하기 쉬운 오픈소스 솔루션이 몇 가지 제안됐다. 가장 인기 있고 성공적인 솔루션 두 가지로는 아파치 스파크의 MLlib와 H2O.ai의 H2O를 들 수 있다. 이번 장에서는 MLlib와 H2O에서 회귀와 분류 모두를 사용해 머신러닝 모델을 훈련하는 방법을 보였다. 아파치 스파크 MLlib는 이미지 분류 및 검색 작업을 효과적으로 지원하는 SparkDL을 지원한다. 이번 장에서는 SparkDL을 사용해 사전 훈련된 InceptionV3를 사용해 꽃 사진을 분류했다. 반면에 H2O.ai의 H2O는 수치 및 표 데이터와 잘 작동한다. H2O는 흥미롭고 유용한 AutoML 기능을 제공한다. 이 기능을 사용하면 전문가가 아닌 사람들일지라도 사용자의 세부 정보를 제시하지 않은 채로 많은 머신러닝/딥러닝 모델을 조정하고 검색할 수 있다. 이번 장에서는 회귀 및 분류 작업에 AutoML을 사용하는 방법을 예로 들었다.

컴퓨터들로 구성된 클러스터에서 작업할 때 이러한 분산 플랫폼을 최대한 활용할 수 있다. 합리적인 가격으로 컴퓨팅을 하고 합리적인 가격으로 데이터를 클라우드로 전환할 수 있다면 머신러닝 작업을 클라우드로 전환하는 편이 더 좋다. 다음 장에서는 그 밖의 클라우드 플랫폼을 배우고 이를 사용해 사물인터넷 장치에서 생성된 데이터를 분석하는 방법을 설명한다.

36 (옮긴이) 즉, '사물인터넷이 언제 어디서나 쓰이는 상황에서'.

09

개인용 사물인터넷과 가정용 사물인터넷

머신러닝과 딥러닝에 관한 지식을 완전히 갖추고 이 지식을 빅데이터, 이미지 작업, 텍스트 작업, 시계열 데이터에 사용하는 방법을 배웠으니, 이제 앞에서 배운 알고리즘과 기법의 실제 사용법을 탐구할 시간이다. 이번 장과 다음 두 장은 특정 사례 연구에 집중할 것이다. 이번 장에서는 개인용 및 가정용 사물인터넷 사용 사례에 중점을 둔다. 이번 장에서 다룰 내용은 다음과 같다.

- 성공적인 사물인터넷 애플리케이션
- 웨어러블과 개인용 사물인터넷에서 사물인터넷 애플리케이션이 하는 역할
- 머신러닝을 사용해 심장을 모니터링하는 방법
- 스마트홈을 만드는 이유
- 스마트홈에서 사용되는 장치
- 인간 활동 인식을 예측하는 인공지능의 응용

개인용 사물인터넷

개인용 사물인터넷은 웨어러블 장치, 즉 신체에 부착해 사용할 수 있게 고안된 기술적 장치를 사용하는 일과 주로 관련되어 있는데, 이럴 때 일반적으로 스마트폰용 애플리케이션이 함께 사용된다. 최초의 웨어러블 제품은 미국의 타임 컴퓨터 주식회사(Time Computer Inc, 당시에는 해밀턴 워치 사로 알려짐)가 제작한 펄사 칼큐레이터(Pulsar Calculator)라는 시계였다. 이 시계는 인터넷에 연결되지 않고 따로

실행되는 장치였다. 인터넷의 성장으로 곧 인터넷에 연결할 수 있는 웨어러블(wearables, 착용형 장치)이 유행했다. 웨어러블 시장은 2016년의 **3억 2500만** 개에서 2020년에는 **8억 3000만** 개로 증가할 것으로 예상된다.

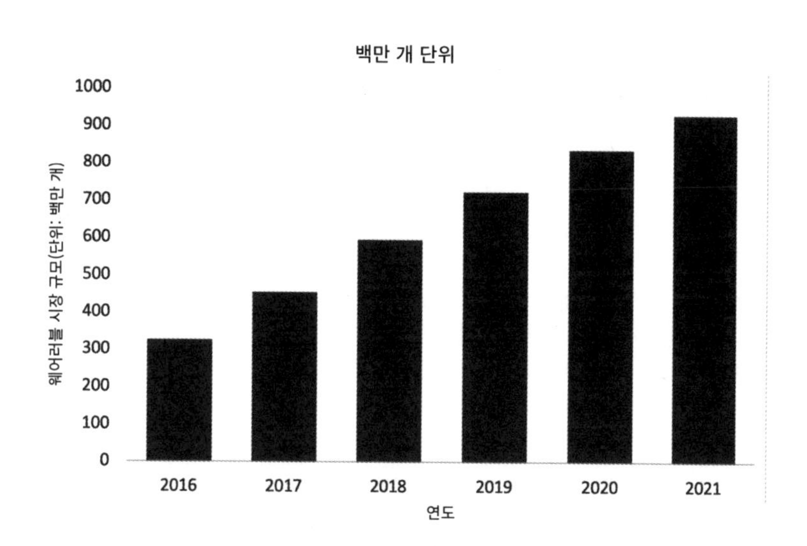

이 그래프는 2016년부터 2021년에 걸쳐 전 세계의 웨어러블 수를 보여준다(데이터 출처: Statista). 수많은 장치가 온라인에 연결되어 지속해서 데이터를 생성하므로, 이 데이터를 분석하고 정보에 입각한 의사 결정을 하기 위해 자연스럽게 인공지능/머신러닝 도구를 선택하게 되는 것이다. 이번 절에서는 몇 가지 성공적인 개인용 사물인터넷 애플리케이션을 살펴본다.

MIT의 슈퍼슈즈

얼마나 자주 휴대전화를 한 손에 든 채로 '구글 지도'의 안내에 따라 길을 걷는 게 번거롭다고 생각했는가? 원하는 곳이라면 어디든지 데려다 줄 수 있는 마법 같은 신발을 얼마나 자주 갖고 싶어 하는가? '엠아이티 미디어 랩'(MIT Media Lab, `https://www.media.mit.edu/projects/supershoes/overview/`)의 슈퍼슈즈(SuperShoes)는 그 마법의 신발과 거의 같다. 이 신발을 신은 사용자는 스마트폰 화면을 확인할 필요 없이 길바닥을 통해 길을 찾을 수 있다.

슈퍼슈즈에는 진동 모터들이 발가락 아래의 유연한 안창에 내장돼 있다. 이 모터들이 스마트폰의 앱에 무선으로 연결된다. 이 앱은 사용자가 슈퍼슈즈와 인터페이스할 수 있을 뿐만 아니라 클라우드 계정에 좋아요/싫어요, 취미, 상점, 음식, 사람, 관심사 등을 저장할 수 있게 해준다. 진동 모터는 사용자와 교신할 수 있게 자극을 생성한다. 사용자가 앱에 목적지를 입력하면 신발의 기능이 작동하기 시작된다. 왼쪽 발가락이 간지러우면 사용자는 좌회전을 해야 한다. 오른쪽 발가락이 간지러우면 사용자는 우회전을 해야 한다. 자극이 없으면 사용자는 똑바로 계속해서 걸으면 된다. 두 발에 모두 자극이 반복된다면 사용자가 목적지에 도착했다는 뜻이다.

내비게이션 기능 외에도 주변의 관심 장소를 추천하는 기능도 있다. 사용자가 클라우드에서 '좋아요'와 '싫어요'를 누르면, 사용자의 선호도를 바탕으로 사용자가 추천 장소 근처에 있을 때 알려준다(발가락을 두 번 자극한다). 또 다른 흥미로운 특징은 '미리 알림'을 제공할 수 있다는 점이다. 자신이 있는 곳 근처에서 해야 할 일이 있는지를 알려준다.

이 신발을 만들기 위해 필요한 하드웨어는 매우 간단하며, 다음이 필요하다.

- 발가락을 자극하는 세 개의 진동 자극기
- 걷기를 감지하기 위한 용량성 깔창
- 앱에서 명령을 받아 그에 따라 자극기를 제어하는 마이크로 컨트롤러
- 스마트폰과 연결할 블루투스 장치 전체 시스템에 전원을 공급하는 전지

마법은 앱에 코딩된 소프트웨어에 의해 수행된다. `http://dhairyadand.com/works/supershoes`에서 SuperShoes에 관해 더 자세히 알 수 있다.

지속적인 포도당 측정

의료 분야에서 가장 성공적인 인공지능 응용 분야 중 하나는 인체의 포도당 수준을 지속해서 측정하는 일이다. Abbott의 FreeStyle CGM과 DexCom CGM, Medtronic CGM은 상업적으로 이용 가능한 제품의 상표다.

CGM(continuous glucose monitoring, 연속 포도당 측정)을 이용하면 당뇨병으로 고통받는 사람들이 신체의 포도당 수준을 실시간으로 확인할 수 있다. 일정 기간 판독 값을 모니터링하는 데 도움을 주고, 데이터는 미래 혈당 수준을 예측하는 데 사용될 수 있으므로 저혈당과 같은 상태를 처리하는 데 도움이 된다.

CGM을 활용할 때는 일반적으로 복부 아래쪽이나 팔의 뒤쪽에 센서를 붙인다. 센서는 연결된 호출기나 스마트폰 애플리케이션으로 판독 값을 전송한다. 이 앱에는 임상 관련 포도당 패턴을 사용자에게 알릴

수 있는 추가 인공지능 기반 알고리즘이 있다. 이 데이터의 가용성은 사용자가 포도당 최고치 및 최저치를 사전에 관리하는 데 도움이 될 뿐만 아니라, 식사나 운동, 질병이 사람의 포도당 수준에 미칠 수 있는 영향에 대한 통찰력을 제공하는 데 있다.

센서의 수명은 7일에서 14일 사이이며, 일반적으로 이 시간이면 의사가 환자의 생활습관을 이해하는 데 충분하다.

CGM 데이터를 이용한 저혈당 예측

CGM 데이터가 있는 사람은 인공지능/머신러닝을 사용해 더 많은 정보를 수집하거나 저혈당에 대한 예측을 분석할 수 있다. 이번 절에서는 이전 장에서 배운 알고리즘을 사용해 포도당 예측 시스템을 만드는 방법을 살펴볼 것이다.

여기서는 스파라치노(Sparacino) 등이 저술한 「Glucose Concentration can be Predicted Ahead in Time From Continuous Glucose Monitoring sensor Time-Series」(포도당 연속 측정 센서를 통해 얻은 시계열 데이터로 포도당 농도를 예측하기)(`10.1109/TBME.2006.889774`)라는 연구 논문을 바탕으로 예측 인자를 구축할 것이다.

이 논문에서 CGM 시계열 포도당 데이터는 시계열 모델에 맞춰 기술돼 있다. 이 논문은 두 모델을 고려했다. 하나는 간단한 1차 다항식이고 다른 하나는 1차 자기회귀모형이다. 모델(모형) 파라미터는 과거 포도당 데이터에 대한 각 표본추출 시간(sampling time)인 t_s에 맞춰져 있다. 여기에 3장에서 배운 사이킷 선형회귀기를 사용해 간단한 1차 다항식을 구현할 것이다.

1. pandas 모듈을 가져와서 csv 파일을 읽는다. 데이터 처리를 위한 NumPy, 그림을 그리기 위한 Matplotlib, 선형회귀 분석기에 대한 사이킷런을 다음과 같이 가져온다.

```
import pandas as pd
import numpy as np
import matplotlib.pyplot as plt
from sklearn.linear_model import LinearRegression
%matplotlib inline
```

2. CGM에서 얻은 데이터를 데이터 폴더에 저장하고 읽는다. 포도당 수치와 시간의 두 가지 값이 필요하다. 예제에 사용하는 데이터는 두 개의 CSV 파일, `ys.csv`와 `ts.csv`에서 사용할 수 있다. 다음과 같이 첫 번째 것은 포도당 값이고 두 번째 것은 해당 시간을 포함한다.

```
# 데이터 읽기
ys = pd.read_csv('data/ys.csv')
ts = pd.read_csv('data/ts.csv')
```

3. 논문에 따라 예측 모델 ph의 두 가지 파라미터인 ph(예측 범위)와 mu(망각인자)를 정의한다. 이 두 파라미터에 대한 자세한 내용은 앞에서 언급한 논문을 참조하자.

```
# 모델 적합 및 예측

# 예측 모델의 파라미터. ph는 예측 범위(prediction horizon)고, mu는 망각인자(forgetting factor)이다.
ph = 10
mu = 0.98
```

4. 다음과 같이 예측 값을 보유할 배열을 만든다.

```
n_s = len(ys)

# 예측 값들을 보존하기 위한 배열들
tp_pred = np.zeros(n_s-1)
yp_pred = np.zeros(n_s-1)
```

5. 이제 실시간 획득을 시뮬레이션한 CGM 데이터를 읽고 포도당 ph 수준을 예측한다. 모든 과거 데이터가 모델의 파라미터들을 결정하는 데 사용되지만, 각 데이터에 할당된 개별 가중치(실제 표본추출 시간 이전에 표본추출된 표본)로 결정된 기여도(contribution)가 모델 파라미터에 따라 다르다.

```
# for 반복문이 반복될 때마다 CGM에서 새로운 표본을 얻는다.
for i in range(2, n_s+1):
    ts_tmp = ts[0:i]
    ys_tmp = ys[0:i]
    ns = len(ys_tmp)

    # mu**k는 이전 표본들에 가중치를 할당한다.
    weights = np.ones(ns)*mu
    for k in range(ns):
        weights[k] = weights[k]**k
    weights = np.flip(weights, 0)
```

```
# 모델
# 선형회귀.
lm_tmp = LinearRegression()
model_tmp = lm_tmp.fit(ts_tmp, ys_tmp, sample_weight=weights)
# 선형모형(즉, 선형 모델) y = mx + q의 계수들
m_tmp = model_tmp.coef_
q_tmp = model_tmp.intercept_

# 예측
tp = ts.iloc[ns-1,0] + ph
yp = m_tmp*tp + q_tmp

tp_pred[i-2] = tp
yp_pred[i-2] = yp
```

6. 예측값이 실젯값과 동떨어져 있음을 알 수 있다. 정상 포도당 수준은 70에서 180 사이다. 70 미만인 환자는 저혈당증을 앓고 180 이상이면 고혈당증을 유발할 수 있다. 예측된 데이터의 플롯을 보자.

```
# 플롯
# 저혈당 문턱값 벡터.
t_tot = [l for l in range(int(ts.min()), int(tp_pred.max())+1)]
hypoglycemiaTH = 70*np.ones(len(t_tot))
# hyperglycemiaTH = 180*np.ones(len(t_tot))

fig, ax = plt.subplots(figsize=(10,10))
fig.suptitle('Glucose Level Prediction', fontsize=22, fontweight='bold') # 포도당 수준 예측

ax.set_title('mu = %g, ph=%g ' %(mu, ph))
ax.plot(tp_pred, yp_pred, label='Predicted Value') # 예측값
ax.plot(ts.iloc[:,0], ys.iloc[:,0], label='CGM data') # CGM 데이터
ax.plot(t_tot, hypoglycemiaTH, label='Hypoglycemia threshold') # 고혈당증 문턱값
# ax.plot(t_tot, hyperglycemiaTH, label='Hyperglycemia threshold')
ax.set_xlabel('time (min)') # 시간(분)
ax.set_ylabel('glucose (mg/dl)') # 포도당(mg/dl)
ax.legend()
```

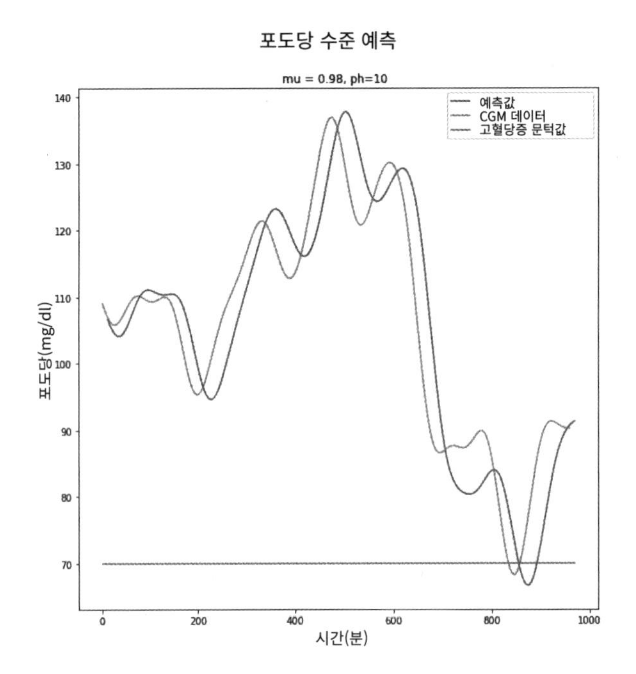

7. RMSE(제곱근 평균제곱 오차)는 다음 코드에서 27이 된다.

```
from sklearn.metrics import mean_squared_error as mse
print("RMSE is", mse(ys[1:], yp_pred))
```

이 코드는 Chapter09/Hypoglycemia_Prediction.ipynb라는 노트북에 있다. 포도당 예측 시스템은 많은 상용 제품에서 사용할 수 있다. 방금 만든 모델을 기반으로 직접 모델을 만들 수도 있다. 또한 인공 신경망을 사용해 더 나은 결과를 내는 유사한 예측을 할 수 있다(https://www.ncbi.nlm.nih.gov/pubmed/20082589 참조).

심장 관찰

사물인터넷에서 인공지능의 또 다른 매우 유용한 개인적인 애플리케이션은 심장 질환의 탐지에 있다. 심박수를 관측하고 기록하는 데 사용할 수 있는 많은 수의 웨어러블이 있다. 이 데이터는 유해한 심장 상태를 예측하는 데 사용될 수 있다. 여기서는 심박수가 불규칙한 상황인 **심부정맥(arrhythmia)**을 예측하기 위해 인공지능/머신러닝 도구를 사용한다. 심박수는 너무 빠르거나(분당 100회 이상) 너무 느릴 수 있다(분당 60회 미만). 사용된 데이터는 UCI 머신러닝 리포지토리 데이터셋에서 가져온 것이다(https://archive.ics.uci.edu/ml/datasets/heart+Disease). 데이터셋은 76가지 속성으로 구성돼 있지만 이 모든 게 질병의 존재를 예측하는 데 필요한 것은 아니다. 데이터셋에는 각 데이터 행과 관련된 표적 필드가 있다. 표적 필드는 다섯 가지의 가능한 값인 0~4로 나타내는데, 값 0은 건강한 심장을 나타내고, 그 밖의 값들은 질병이 있음을 의미한다. 정확성을 높이기 위해 이 문제를 이항 분류 문제로 나눌 수 있다. 코드는 무하마드 라샤드(Mohammed Rashad)의 깃허브(https://github.com/MohammedRashad/Deep-Learning-and-Wearable-IoT-to-Monitor-and-Predict-Cardiac- Arrhytmia)에서 영감을 얻었으며, GNU GPL 3.0 라이선스 하에 공유된다. 전체 코드를 깃허브 저장소의 Chapter09/Heart_Disease_Prediction.ipynb 파일에서 볼 수 있다.

1. 항상 첫 번째 단계에서는 필요한 모듈을 가져온다. 여기서는 환자들이 심장병으로 고통받고 있는지 아닌지를 분류하므로 분류기가 필요하다. 간단히 하기 위해 SVC 분류기를 사용한다. 다음과 같이 다층 퍼셉트론 분류기로 실험해 볼 수 있다.

```
# 필요한 라이브러리들을 가져온다.
import numpy as np
import pandas as pd
import matplotlib.pyplot as plt

from sklearn.svm import SVC
from sklearn import metrics
from sklearn.metrics import confusion_matrix
from sklearn.model_selection import train_test_split
```

2. 그런 다음에, 데이터셋을 읽고 전처리해서 고려할 특성들(attributes)을 선택하자. 76개의 특성 중에서 13개의 특성을 선택한 다음, 표적을 다항 계급(multi-class) 값에서 이항 계급(binary class)으로 변환한다. 마지막으로 데이터는 다음과 같이 훈련과 테스트 데이터셋으로 나뉜다.

```
# csv 파일을 읽고 계급(class) 열을 추출해 y로 둔다.
dataset = pd.read_csv("data.csv")
dataset.fillna(dataset.mean(), inplace=True)

# 13개 특징(features)을 추출한다.
dataset = np.column_stack((
    dataset_to_array[:,4],       # 통증 부위
    dataset_to_array[:,6],       # 안정 후 교대
    dataset_to_array[:,9],       # 통증 유형
    dataset_to_array[:,11],       # 휴식기 혈압(즉, 안정 혈압)
    dataset_to_array[:,33],       # 달성된 최대 심박수
    dataset_to_array[:,34],       # 휴식기 심박수
    dataset_to_array[:,35],       # 최고 운동 혈압(두 부분 중 첫째 부분)
```

```
    dataset_to_array[:,36],      # 최고 운동 혈압(두 부분 중 둘째 부분)
    dataset_to_array[:,38],      # 휴식기 혈압(즉, 안정 혈압)
    dataset_to_array[:,39],      # 운동 유발 협심증(1 = 예; 0 = 아니오)
    dataset.age,                  # 연령
    dataset.sex,                  # 성별
    dataset.hypertension          # 고혈압
   ))

print ("The Dataset dimensions are : ", dataset.shape, "\n")

# 데이터를 훈련용과 테스트용으로 나눈다.
X_train, X_test, y_train, y_test = train_test_split(dataset, label, random_state = 223)
```

3. 이제 사용할 모델을 정의한다. 여기서는 서포트 벡터 분류기와 fit 함수를 사용해 데이터셋을 학습한다.

```
model = SVC(kernel = 'linear').fit(X_train, y_train)
```

4. 테스트 데이터셋의 성능을 보자.

```
model_predictions = model.predict(X_test)
# X_test에 대한 모델 정확도
accuracy = metrics.accuracy_score(y_test, model_predictions)
print ("Accuracy of the model is :", accuracy,
       "\nApproximately : ", round(accuracy*100), "%\n")
```

5. 이 모델이 74%의 정확도를 제공한다는 것을 알 수 있다. 다층 퍼셉트론을 사용하면 정확도를 더 높일 수 있다. 그러나 다층 퍼셉트론 분류기를 사용하기 전에 모든 입력 특징들을 정규화하는 일을 잊지 말기 바란다. 다음은 테스트 데이터셋에서 훈련된 서포트 벡터(support vector, 지지도 벡터) 분류기의 혼동행렬이다.

```
# 혼동행렬 생성
cm = confusion_matrix(y_test, model_predictions)

import pandas as pd
import seaborn as sn
import matplotlib.pyplot as plt

%matplotlib inline

df_cm = pd.DataFrame(cm, index = [i for i in "01"], columns = [i for i in "01"])
plt.figure(figsize = (10,7))
sn.heatmap(df_cm, annot=True)
```

다음 출력은 테스트 데이터셋에 대한 혼동행렬을 보여준다.

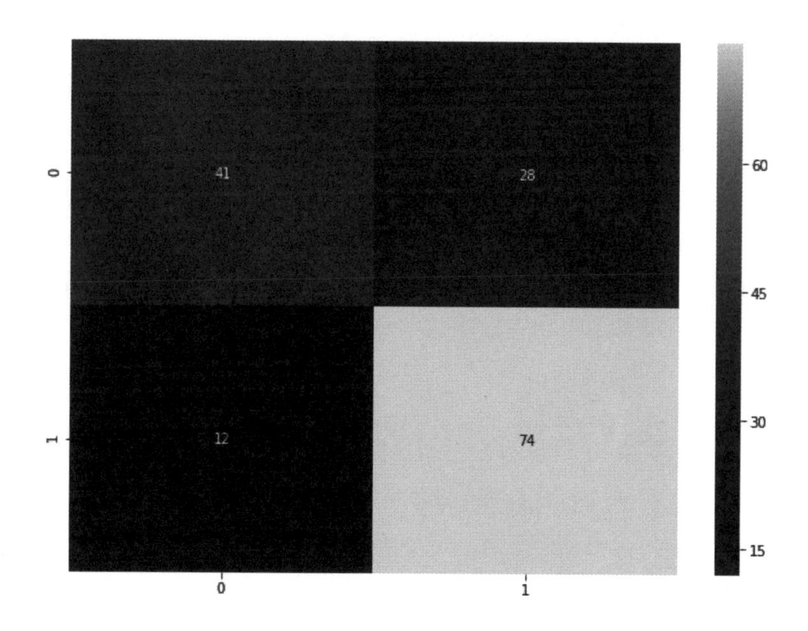

모델을 동일한 데이터셋에서 훈련하고 훈련된 모델을 사용해 친구 · 가족 · 고객의 심장 상태를 예측할 수 있다.

디지털 비서

디지털 비서는 가장 오래 전에 고안했던 인공지능 애플리케이션의 하나다. 지금까지도 디지털 비서는 이제 막 시작하는 단계에 머무르고 있다. 그렇기는 하지만 스마트폰의 출현과 광범위한 사용으로 인해 오늘날 전화를 걸거나 문자 메시지를 작성하거나 약속을 잡거나 심지어 인터넷을 검색하는 등의 수많은 일을 담당하는 디지털 비서가 많아졌다. 디지털 비서에게 근처 식당이나 술집, 아니면 비슷한 장소를 추천하게 할 수도 있다.

다음은 인기 있는 디지털 비서 몇 가지다.

- **시리**: 애플에서 개발한 이 제품을 사용하면 전화를 걸거나 달력에 일정을 추가하거나 음악이나 동영상을 재생하고 문자를 보낼 수 있다. 오늘날 음성으로 활성화되는 인터페이스는 거의 모든 애플 제품에서 사용할 수 있다.
- **코타나**: 마이크로소프트에서 제작한 이 소프트웨어를 사용하면 시간이나 장소, 사람에 맞춰 수행할 작업을 상기시켜 일정을 지키게 도와준다. 코타나에게 점심 식사를 주문하게 하거나 식사 주문 앱을 사용하게 할 수 있다. 코타나를 마

이크로소프트 에지(Edge)와 통합해 스피커에 연결했다면 스피커를 향해 '코타나'라고 부름으로써 코타나를 불러낼 수 있다.

- **알렉사**: 알렉사를 아마존에서 개발한 아마존 에코 스마트 스피커에서 사용할 수 있다. 알렉사는 음악을 재생하고 할 일 목록을 만들고, 시간 알림 기능을 설정하고, 오디오북을 재생하고, 주식이나 날씨 등의 실시간 정보를 제공할 수 있다. 또한 음성으로 상호작용을 할 수도 있다.
- **구글 어시스턴트**: 구글 어시스턴트는 음성으로 제어할 수 있는 스마트 비서다. 구글 어시스턴트와 대화를 이어 갈 수 있다. 즉, 어떤 후속 요청 사항이 있는 경우라면 다시 '헤이 구글'이라고 말하지 않아도 된다. 일단 대화를 시작하면 대화를 시작하게 하는 구문(시동 구문, 즉 '헤이 구글') 없이도 응답을 받을 수 있다. 또한 여러 사람의 음성 특징을 인식할 수 있으며 개인이 좋아하는 것과 싫어하는 것에 따라 응답을 조정할 수 있다. 안드로이드 스마트폰뿐만 아니라 구글 홈에서도 사용할 수 있다.

구글은 2018년에는 전화를 걸고 약속을 잡을 수 있게 디지털 비서를 더 개량해 구글 듀플렉스(Duplex)라는 이름으로 내놓았다. 듀플렉스는 인간처럼 말할 뿐만 아니라 대화 상황을 이해한다.

사물인터넷 및 스마트홈

내 절친 중에 한 명은 아내와 아이들이 외출해 있는 동안에 집에 홀로 남아 계실 연로하신 어머니가 늘 걱정이었다. 어머니의 건강이 악화되자 그 친구는 어떻게 하면 좋을지를 내게 물어봤다. 해결책은 간단했다. 그 친구는 모든 방에 CCTV 카메라를 설치하고 나서 카메라들을 모바일 앱에 연동시켰다. 카메라가 인터넷에 연결돼 있어 이제 어디서든 집안을 확인할 수 있게 되었고, 이로 인해 안심하고 어머니를 보살펴 드릴 수 있게 되었다.

인터넷에 연결된 CCTV, 스마트라이팅(smart lighting, 즉 '지능형 조명'), 스마트 스피커 등은 많은 가사 업무를 자동화하는 데 도움이 되며, 이것이 바로 스마트홈(smart home, 즉 '지능형 가정')이다. 현재 대부분의 스마트홈 시스템은 음성 명령 인터페이스를 사용해 작업을 수행할 수 있는데, 이는 이 인터페이스에서 일련의 명령을 사용해 특정 장치를 제어할 수 있기 때문이다. 예를 들어 아마존 에코 닷(Echo Dot)에 특정 노래를 검색하거나 재생하도록 요청할 수 있다. 간단한 음성 인터페이스를 통해 애플의 시리에게 휴대 전화를 사용해 친구에게 전화해달라고 요청할 수 있다. 이러한 장치 중에 대부분은 인공지능/머신러닝을 어떤 식으로든 부분적으로 사용하고는 있지만, 인공지능/머신러닝을 본격적으로 도입한다면 홈오토메이션(home automation, 즉 '가사 자동화')을 더욱 발전시킬 수 있을 것이다. 예를 들어 앞에서 언급한 사례의 경우, 인공지능 시스템을 동영상의 활동을 식별하거나 가정의 침입을 탐지하게 훈련할 수 있다. 가능성은 무한하다. 올바른 데이터와 충분한 컴퓨팅 성능만 있다면 상상 이상의 것을 만들어낼 수 있다.

이번 절에서는 기존 홈오토메이션 제품을 살펴보고 인공지능을 사용해 자동화 기능을 향상시킬 수 있는 방법을 살펴본다.

인간 활동 인식

가장 많이 연구된 스마트홈 애플리케이션 중 하나는 **인간 활동 인식(human activity recognition, HAR)**이다. 신체 활동 및 그에 상응하는 칼로리 소모량을 추적하는 앱을 개발하려는 회사가 많다. 헬스(health, 건강 관리)와 피트니스(fitness, 체력 관리)는 큰 사업이다. HAR은 헬스 및 피트니스에 적용할 수 있을 뿐만 아니라 요양 병원이나 재활 센터에서 유용하게 사용할 수 있다. HAR을 수행하는 방법은 많은데, 그중 두 가지는 다음과 같다.

- 인간 활동을 기록하고 딥러닝 접근법을 사용해 분류하는 데 카메라(또는 레이더나 이와 유사한 장치)를 사용한다.
- 개인은 그 데이터를 기록해 활동을 예측하는 데 사용되는 웨어러블 센서(스마트폰의 가속도계와 비슷함)를 사용한다.

두 접근법 모두 장단점이 있다. 다음 절에서 자세히 살펴보자.

웨어러블 센서를 사용하는 HAR

다수의 판매 업체가 피트니스 추적 장치가 장착된 웨어러블 시계 및 팔찌를 보유하고 있다. 이 시계와 팔찌에는 GPS, 가속도계, 자이로스코프, 심박수 센서, 주변 광선 센서가 모두 또는 일부 장착돼 있다. 이러한 기기들은 **센서 융합(sensor fusion)** 기술을 사용하면서 이 센서의 출력을 결합해 활동에 대한 예측을 한다. 데이터의 시간적 특성 때문에 이는 어려운 시계열 분류 작업이다.

피트니스 추적기 분야의 최고 기업인 핏빗(Fitbit, `https://www.fitbit.com/smarttrack`)은 **스마트트렉(SmartTrack)**이라는 기술을 사용한다. 스마트트렉은 지속적인 움직임이나 가벼운 움직임으로 활동을 인식한다. 움직임의 강도와 패턴을 사용해 활동을 분류한다. 다음과 같이 활동을 일곱 가지 부류로 분류한다.

- 걷기
- 달리기

- 에어로빅 운동
- 일립티컬(타원형 트레이너) 같은 실내 운동기구 사용
- 실외에서 자전거 타기
- 스포츠
- 수영

애플워치(Apple Watch, https://apple.com/in/apple-watch-series-4/workout/)는 핏빗과 치열한 경쟁 대상이 되는 제품이다. 이 장치는 iOS 운영체제를 바탕으로 작동하며 낙하 상태인지를 탐지하는 기능과 더불어 그 밖의 여러 가지 상태 추적 기능을 제공한다. 손목의 움직임과 충격 가속도를 분석해 사람이 넘어졌는지 아닌지를 감지하고 응급구조 번호로 전화를 걸기도 한다. 기본적으로 애플워치는 활동을 걷기 · 운동 · 서기라는 세 가지 활동군으로 분류한다. 운동(체육)에 대해서는 실내 달리기, 실외 달리기, 스키, 스노보드, 요가, 하이킹과 같은 그 밖의 영역으로 분류한다.

스마트폰 센서를 사용해 유사한 앱을 제작하려는 경우에 가장 먼저 필요한 것은 데이터다. 다음은 랜덤포레스트를 사용하는 HAR 구현을 제시한 것으로, 코드는 로체스터 대학의 데이터과학자 닐레시 파틸(Nilesh Patil)의 깃허브(https://github.com/nilesh-patil/human-activity-recognition-smartphone-sensors)에서 가져와 적용한 것이다.

데이터셋은 데이비드 앙기타(Davide Anguita), 알레산드로 기오(Alessandro Ghio), 루카 오네토(Luca Oneto), 그자비에 파라(Xavier Parra), 호르헤 레이-오티즈(Jorge L. Reyes-Ortiz)가 '21th European Symposium on Artificial Neural Networks, Computational Intelligence and Machine Learning, ESANN 2013. Bruges, Belgium 24-26 April 2013'에서 발표한 논문인 「A Public Domain Dataset for Human Activity Recognition Using Smartphones」에서 가져왔다.

UCI ML 웹 사이트(https://archive.ics.uci.edu/ml/datasets/Human+Activity+Recognition+Using+Smartphones#)에서 이용할 수 있다. 데이터셋의 각 레코드에는 다음이 포함된다.

- 가속도계에서 획득한 3축 가속도(총 가속도)와 추정된 신체 가속도
- 자이로스코프에서 획득한 3축 각속도
- 시간 및 주파수 영역 변수가 있는 561개 특징 벡터
- 이 벡터의 활동 레이블
- 실험을 수행한 피험자의 식별자

데이터는 6가지 범주로 분류된다.

- 눕기(laying)
- 앉기(sitting)
- 서기(standing)
- 걷기(walk)
- 내려가기(walk-down)
- 올라가기(walk-up)

1. 여기서는 사이킷런의 랜덤포레스트 분류기를 사용해 데이터를 분류한다. 구현에 필요한 모듈을 첫 번째 단계에서 가져온다.

```
import pandas as pd
import numpy as np
import seaborn as sns
import matplotlib.pyplot as plt

from sklearn.ensemble import RandomForestClassifier as rfc
from sklearn.metrics import confusion_matrix
from sklearn.metrics import accuracy_score
%matplotlib inline
```

2. 다음과 같이 데이터를 훈련용 데이터셋과 테스트용 데이터셋으로 나눈다.

```
data = pd.read_csv('data/samsung_data.txt', sep='¦')
train = data.sample(frac=0.7, random_state=42)
test = data[~data.index.isin(train.index)]

X = train[train.columns[:-2]]
Y = train.activity
```

3. 데이터는 561개의 특징으로 구성되어 있지만, 모든 것이 똑같이 중요하지는 않다. 간단한 랜덤포레스트 분류기를 만들어 가장 중요한 것들만 선택함으로써 더 중요한 것들을 선택할 수 있다. 이 구현에서는 두 단계로 수행된다. 처음에는 중요한 특징 목록을 가져와서 중요도가 높은 순서로 정렬한다. 그런 다음에 격자 하이퍼파라미터 조율(grid hyper-parameter tuning)을 통해 숫자와 특징을 찾는다. 고혈압의 결과는 곡선에 표시된다. 약 20개 특징에 대해 수행한 결과, 다음 코드를 사용해도 OOB(Out Of Bag) 정확도가 크게 향상되지 않았다.

```
randomState = 42
ntree = 25

model0 = rfc(n_estimators=ntree,
             random_state=randomState,
             n_jobs=4,
             warm_start=True,
             oob_score=True)
model0 = model0.fit(X, Y)

# 특징들을 오름차순에 따라 정렬한다.
model_vars0 = pd.DataFrame({'variable':X.columns,
                           'importance':model0.feature_importances_})

model_vars0.sort_values(by='importance',
                        ascending=False,
                        inplace=True)

# 가장 중요한 25개 특징을 사용해 특징 벡터 한 개를 구성한다.
n = 25
cols_model = [col for col in model_vars0.variable[:n].values]
```

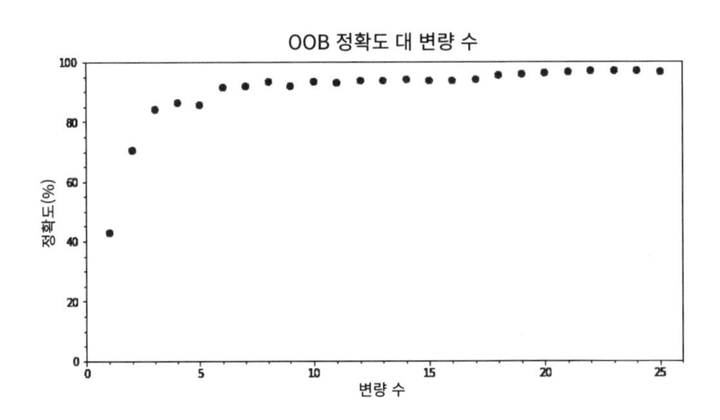

4. 다음 도표에서 상위 25개 특징의 평균 중요도를 확인할 수도 있다.

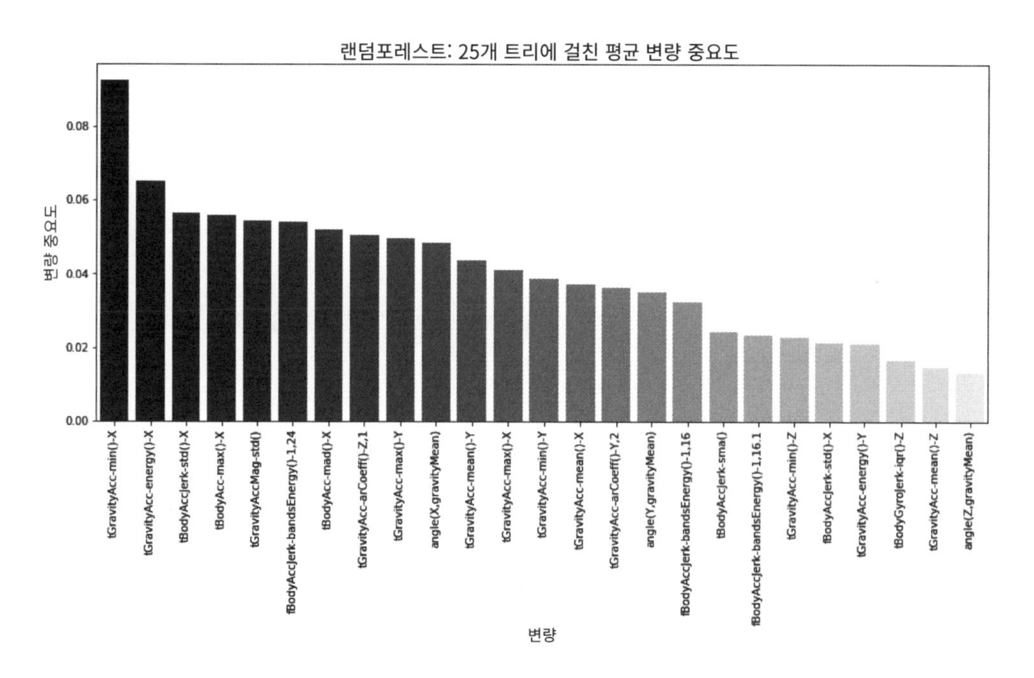

5. 같은 방식으로 트리 파라미터의 수를 조정할 수 있다. 여기에서는 네 가지 중요한 특징으로 제한했다.

```
n_used = 4
cols_model = [col for col in model_vars0.variable[:n_used].values]\
                    + [model_vars0.variable[6]]
X = train[cols_model]
Y = train.activity

ntree_determination = {}
for ntree in range(5,150,5):
    model = rfc(n_estimators=ntree,
                    random_state=randomState,
                    n_jobs=4,
                    warm_start=False,
                    oob_score=True)
model = model.fit(X, Y)
ntree_determination[ntree]=model.oob_score_
```

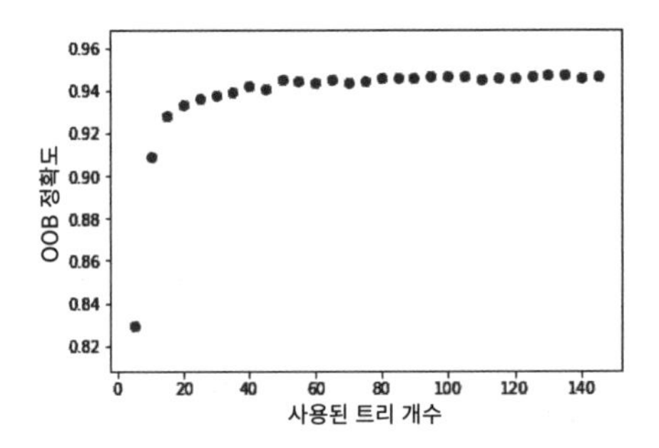

6. 따라서 약 네 가지의 중요한 특징과 50가지 트리를 지닌 랜덤포레스트가 OOB 정확도[37]를 높일 수 있다는 점을 알 수 있다. 따라서 최종 모델은 다음과 같다.

```
model2 = rfc(n_estimators=50,
             random_state=randomState,
             n_jobs=4,
             warm_start=False,
             oob_score=True)
model2 = model2.fit(X, Y)
```

7. 그 결과 94%의 테스트 데이터 정확도가 발생한다. 다음은 테스트 데이터셋의 혼동행렬이다.

```
test_actual = test.activity
test_pred = model2.predict(test[X.columns])
cm = confusion_matrix(test_actual, test_pred)
sns.heatmap(data=cm,
            fmt='.0f',
            annot=True,
            xticklabels=np.unique(test_actual),
            yticklabels=np.unique(test_actual))
```

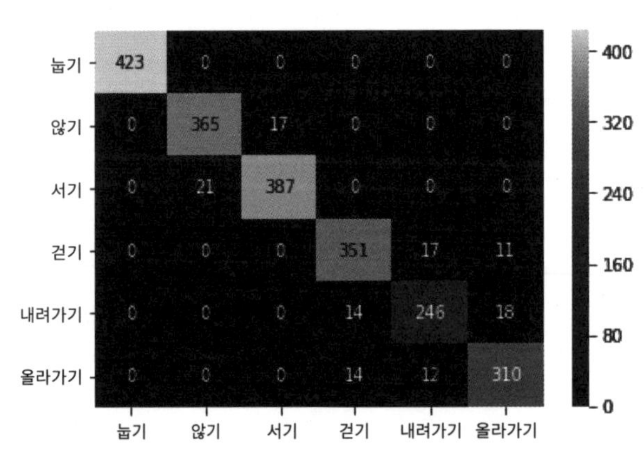

37 (옮긴이) OOB란 주머니 외부(out of bag)라는 뜻이다. OOB 정확도란 훈련 시 사용하지 않은 데이터로 훈련된 모델을 측정했을 때 나오는 정확도를 의미한다.

깃허브 저장소인 Chapter09/Human_activity_recognition_using_accelerometer.ipynb에서 전체 코드를 볼 수 있고 데이터도 찾을 수 있다. 가속도계 데이터를 사용하면 웨어러블 장치에서 이 데이터가 수집되므로 구내에(온프레미스) 설치하지 않아도 된다는 이점이 있다. 텍스트 형식으로 된 데이터라서 비디오 데이터보다 계산 자원이 적게 든다는 점도 또 다른 장점이다.

비디오의 HAR

비디오를 사용해서도 인간의 활동을 감지할 수 있다. 이런 경우에 좋은 결과를 얻으려면 CNN과 같은 딥러닝 모델을 사용해야 한다. 영상 분류를 해 보기에 좋은 데이터셋을 이반 랍테프(Ivan Laptev)와 바바라 카푸토(Barbara Caputo)에게서 구할 수 있다(http://www.nada.kth.se/cvap/actions/). 이 데이터셋은 다른 시나리오에서 걷기, 뜀뛰기, 달리기, 권투하기, 손 흔들기, 박수치기와 같은 여섯 가지 유형의 행동을 포함한다. 각 비디오는 25fps의 카메라를 사용해 녹화됐다. 공간 해상도는 160×120이고 평균 길이는 4초다. 총 599개의 비디오과 6개의 범주 각각에 약 100개의 비디오가 있다.

비디오 데이터의 문제점 중 하나는 계산 비용이 많이 든다는 점이다. 따라서 데이터셋을 줄이는 것이 중요하며 이를 수행하는 몇 가지 방법은 다음과 같다.

- 색상은 활동과 아무런 상관이 없으므로 이미지를 3채널 색상 이미지에서 2차원 회색조 이미지로 변환할 수 있다.
- 비디오는 1초에 25프레임씩 4초 분량이며, 대부분의 프레임에는 중복 데이터가 포함되어 있으므로 1개 데이터 행에 해당하는 (25×4=100) 프레임을 쓰는 대신에 프레임 수를 줄이면, 말하자면 초당 5프레임으로 줄이면 총 20프레임이 된다. (비디오당 추출된 총 프레임 수가 고정되면 가장 좋을 것이다.)
- 개별 프레임의 공간 해상도를 160×120에서 더 줄인다.

다음으로 모형화와 관련한 문제점으로는 3차원 합성곱 계층을 사용해야 한다는 점이다. 따라서 비디오당 20프레임밖에 찍지 않고 각 프레임의 크기를 128×128로 줄인다면 단일 표본의 크기는 20×128×128×1이 되는데, 이것은 20×128×128에 해당하는 용량과 같다.

스마트라이팅

스마트홈에 관해 이야기할 때 떠오르는 첫 번째 홈오토메이션 애플리케이션은 스마트라이팅(smart lighting, 즉 '지능형 조명')을 사용하는 것이다. 현재 존재하는 대부분의 스마트라이팅 시스템은 스마트폰의 앱을 사용하거나 인터넷을 통해 조명을 켜고 끌 수 있으며 밝기를 조절할 수 있다. 색상이나 색조도

바꿀 수 있다. 움직임을 감지한 후 자동으로 켜지는 동작 탐지 전등은 오늘날에는 거의 모든 가정에 보급돼 있다.

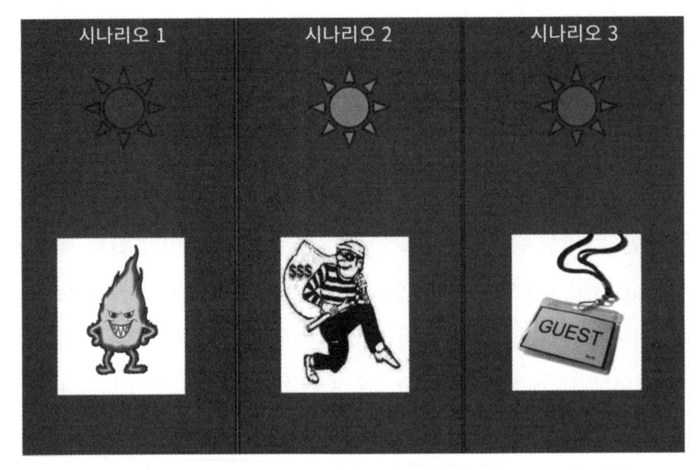

청각 장애인을 위한 스마트라이팅은 상황에 따라 색상을 바꾼다.

인공지능을 사용해 이러한 스마트라이팅을 더욱 똑똑해지게 할 수 있다. 응급 상황이 발생하면 협업을 통해 올바른 출구로 안내할 수 있게 프로그래밍할 수 있다. 청각 장애가 있는 사람들을 위해 스마트라이팅를 알람 대신에 사용할 수 있다(예: 화재 경보기가 꺼지면 빨간색 표시등이 켜지지만, 도난인 경우에는 주황색 표시등이 켜지고 누군가가 초인종을 울리면 환영 문구를 녹색으로 표시하는 식). **IFTTT(If This Then That)**과 같은 서비스의 도움으로 더 똑똑하고 복잡한 지원 시스템을 구축할 수 있다.

IFTTT는 장치를 제어할 수 있는 무료 서비스를 제공한다. 하나의 장치(또는 서비스)에 의한 동작은 하나 이상의 다른 장치를 촉발(triggering)하게 할 수 있다. IFTTT를 사용하기는 매우 쉽다. IFTTT 웹 사이트에서 애플릿을 만든다. `https://ifttt.com`에서 트리거(trigger, 방아쇠)로 사용할 장치(지정하거나 클릭하면 됨)나 서비스를 선택하고 IFTTT 계정과 연결하자. 다음으로 트리거를 활성화할 때 원하는 서비스나 장치를 선택(지정하거나 클릭하면 됨)한다. 이 사이트에는 수천 개의 사전 구성 애플릿이 있어서 작업을 훨씬 쉽게 할 수 있다.

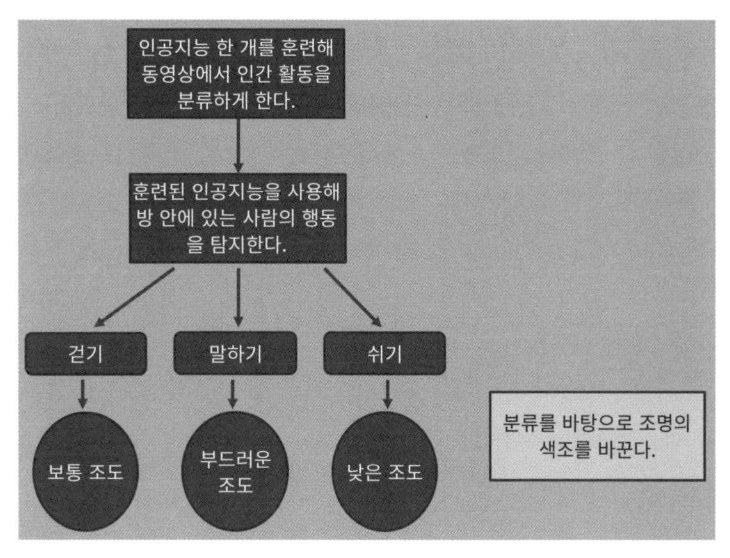

개인화된 스마트라이팅 시스템을 위한 알고리즘

이것들은 기존의 스마트라이팅으로 할 수 있는 일의 몇 가지 사례에 불과하다. 그러나 모험심을 발휘해 새로운 센서를 이러한 스마트라이팅에 연결할 준비가 됐다면, 자신만의 정신적 활동을 기반으로 색조/조도를 변경하는 개인용 조명을 만들 수도 있다. 졸릴 때는 어둡게 하고, 일을 할 때는 아주 강렬한 빛을 내지만, 친구들과 담소를 나눌 때는 간단히 즐거움을 느끼게 하는 색조를 비치게 할 수 있다. 믿기 어려운 소리로 들리는가? 그렇지 않다. 비디오(또는 웨어러블 적합도 트래커)에서 인간 활동을 감지하는 인공지능 알고리즘을 사용하고 일 · 여가 · 수면이라는 세 가지 계급(classes)으로 분류한 다음, 그 출력을 사용해 스마트라이팅의 색조/조도를 제어하면 된다.

홈서베일런스

홈서베일런스(home surveillance, 즉 '집 지키기' 또는 '주택 보안')는 매우 유용하고 수요가 많은 애플리케이션이다. 편부모와 고령 인구가 증가함에 따라 외부 건물뿐 아니라 가정 내부에도 보안 및 감시가 필요하다. 많은 회사들이 비디오를 사용해 인홈서베일런스(in-home surveillance, 즉 '가정 내 감시' 또는 '댁 내 감시')를 제공하려고 노력한다. 성공적인 구현 중 하나는 딥사이트에이아이랩스(DeepSight AILabs, http://deepsightlabs.com)라는 회사가 개발한 독점 소프트웨어인 **슈퍼시큐어(SuperSecure)**다. 이 소프트웨어는 모든 CCTV 시스템, 카메라, 해상도와 호환되며 고도의 정확성으로 잠재적인 위협을 탐지하고 생명을 구하고 자산을 보호하기 위해 즉각적인 경고를 유발하는 **인공지능 구동 스마트 감시 솔루션**으로, 널리 호환되는 개조 솔루션이다.

홈서베일런스 시스템을 직접 구현할 때 비디오를 사용한 HAR 구현에서 논의한 점들도 유용할 것이다.

스마트홈은 여전히 초기 단계에 있는데, 주된 이유는 소유 비용이 높고 상호 연결된 장치의 유연성이 부족하기 때문이다. 일반적으로 하나의 특정 시스템 정도라면 1개 회사가 제대로 관리할 수 있다. 하지만 어떤 이유에서든 해당 회사가 폐업해 버리면 소비자는 곤란을 겪게 된다. 이에 대한 해법은 오픈소스 방식을 따르는 홈오토메이션 하드웨어 및 소프트웨어를 도입하는 것이다. 홈오토메이션 분야의 도전 과제 및 기회에 관한 흥미로운 읽을거리로 마이크로소프트 리서치(Microsoft Research)에서 펴낸 「Home Automation in the Wild: Challenges and Opportunities」(거친 현장의 홈오토메이션: 위험과 기회, https://www.microsoft.com/en-us/research/publication/home-automation-in-the-wild-challenges-and-opportunities/)라는 기사를 추천한다.

요약

이번 장에서는 개인용 및 가정용으로 쓸 수 있고 인공지능이 장착된 사물인터넷 솔루션에 초점을 맞췄다. 스마트폰의 대규모 사용으로 모든 사람이 웨어러블 센서(착용형 감지기)를 사용할 수 있게 되어 과다할 정도로 많은 개인용 앱이 탄생했다. 이번 장에서는 성공적인 개인용 및 가정용 인공지능 기반 사물인터넷 솔루션을 탐색하고 구현해 보았다. 먼저 MIT가 만든 슈퍼슈즈(SuperShoes)에 관해 알아봤다. 이 신발은 목적지까지의 경로를 찾을 수 있다. 또한 CGM 시스템을 배웠고 고혈당을 예측하기 위한 코드를 구현했다. 이번 장에서 개인화된 심장 모니터를 구현하는 방법도 설명했다.

스마트홈이 아직 초기 단계에 머무르고 있지만, 우리는 일단 가장 인기 있고 유용한 스마트홈 솔루션을 살펴봤다. 그러고 나서 스마트홈과 개인 사물인터넷의 경계에 있는 애플리케이션인 HAR을 소개했다. 사이킷런으로 코드를 작성해서 속도계를 사용해 얻은 데이터로부터 활동을 분류했다. 또한 멋진 스마트 라이팅 애플리케이션을 소개하고 비디오를 사용하는 홈서베일런스에 관해 이야기했다.

다음 장에서는 사물인터넷 센서에서 얻은 데이터를 사용해 산업계의 생산성과 효율성을 높이는 연구 사례 몇 가지를 살펴보자.

10

산업용 사물인터넷을 위한 인공지능

오늘날에는 다양한 배경을 지닌 기업들이 **인공지능(AI)**의 중요성을 깨닫고 있으며 인공지능을 자신들의 생태계에 통합하고 있다. 이번 장에서는 성공적인 인공지능 기반 산업용 사물인터넷 솔루션에 중점을 둔다. 이번 장에서 다룰 내용은 다음과 같다.

- 인공지능 기반 사물인터넷 솔루션이 업계를 변화키는 방법
- 생산 증가, 로지스틱 최적화, 고객 경험 개선을 위해 인공지능 가용 데이터 분석을 제공하는 다양한 산업 분야
- 예방정비
- 항공기 엔진 센서 데이터를 기반으로 예방정비를 수행하는 코드 구현
- 전기 부하 예측
- 단기 부하 예측을 수행하는 텐서플로 코드 구현

인공지능 기반 산업용 사물인터넷 소개

사물인터넷, 로봇공학, 빅데이터, **머신러닝(ML)**의 융합은 기업들에게 엄청난 기회뿐만 아니라 중대한 과제도 안겨주고 있다.

저비용 센서, 다중 클라우드 플랫폼, 강력한 에지 인프라의 가용성은 기업들의 인공지능 채택을 더 쉽고 득이 되게 만들어준다. 이 인공지능 기반 산업용 사물인터넷(industrial IoT)은 기업이 제품과 서비스를 제공하거나 고객 및 파트너와 상호작용하는 방식을 변화시키고 있다.

AI 기반 산업용 사물인터넷의 유망 영역 중 하나는 **예방정비**(preventive maintenance)다. 지금까지 산업체들은 6개월마다 일정에 맞춰 정비하거나 일부 장비가 작동을 멈추는 경우에만 정비를 수행한다는 점에서 정비와 관련해 반응적이었다. 예를 들어, 로지스틱 회사는 모든 차량을 2년에 한 번씩 서비스 점검을 하고 정해진 일정에 따라 특정 부품이나 전체 차량을 교체하기도 한다. 이와 같은 식으로 진행되는 **반응정비**(reactive maintenance)에는 종종 시간이 낭비되고 많은 비용이 든다. 인공지능 알고리즘을 적용해 예외와 오류를 사전에 예측하면 시간을 상당히 절약할 수 있다.

인공지능 기반 산업용 사물인터넷이 기적을 이룰 수 있는 또 다른 영역은 사람과 로봇 간의 협업이다. 로봇은 이미 산업용 사물인터넷 생태계의 일부다. 그것들은 조립 라인 및 창고에서 일하면서 특히 반복적이거나 위험한 작업을 수행한다. 현재 광산업에 종사하고 있는 반자동 트럭, 훈련기, 지게차 등은 일반적으로 사전 프로그래밍된 루틴, 고정된 구간이나 원격에 있는 인간 작업자에 의해 안내된다.

다양한 산업 현장 상황에서 클라우드 컴퓨팅이 도입하는 대기시간(latency, 지연)이 받아들여지지 않을 수 있다. 이러한 상황에서는 계산 기반 설비의 한계까지 밀어붙여야 한다.

인공지능 기반 산업용 사물인터넷의 확산 및 사용에 대한 아이디어를 제공하기 위해 산업용 사물인터넷 서비스 및 솔루션을 제공하는 인공지능 기반 신생 업체들을 예로 들면 다음과 같다.

- **업테이크 테크놀로지스(Uptake Technologies Inc)**: 브래드 키웰(Brad Keywell)이 2014년에 공동 설립한 시카고 기반 벤처 기업이다. 산업용 장비에서 생성된 실시간 데이터를 모니터링 및 분석하고 이를 사용해 기계 장치의 성능과 정비성을 높이는 소프트웨어를 제작한다. 사업 목표가 되는 중공업 분야로 사업 범위를 넓힐 계획인데, 에너지 산업, 철도 산업, 석유 및 가스 산업, 광산업, 풍력 산업 등의 중공업 분야 등이 이에 해당한다(https://www.uptake.com/).
- **씨쓰리닷에이아이(C3.ai)**: 토마스 시벨(Thomas Siebel)이 이끄는 이 회사는 빅데이터와 사물인터넷 및 인공지능 애플리케이션의 선두 제공 업체로, 『Forrester Research』의 「2018 industrial IoT Wave」 보고서에서 사물인터넷 플랫폼의 선두 주자로 선언됐다. 2009년에 설립된 이 회사는 에너지 관리, 망 효율성, 사기 탐지, 재고 최적화 분야의 산업 서비스를 성공적으로 제공했다(https://c3.ai).
- **알루비움(Alluvium)**: 『Machine Learning for Hackers』(O'Reilly 2012)의 저자인 드루 콘웨이(Drew Conway)에 의해 2015년에 설립된 알루비움은 머신러닝 및 인공지능을 사용해 산업 회사가 운영 안정성을 달성하고 생산을 높이는 데 도움을 준다. 그들의 주력 제품인 프라이머(Primer)는 고객 회사들이 센서로부터 나온 원래 데이터와 가공 데이터로부터 유용한 통찰을 뽑아낼 수 있게 도움으로써 작동 오류가 일어나기 전에 예측할 수 있게 한다(https://alluvium.io).

- **아룬도 애널리틱스(Arundo Analytics):** 이 회사는 토르 야콥 람시(Tor Jakob Ramsoy)가 이끄는 회사로 2015년에 설립됐으며, 라이브 데이터를 머신러닝 및 기타 분석 모델에 연결하는 서비스를 제공한다. 그들은 배포된 모델을 확장하고 실시간 데이터 파이프라인을 만들고 관리하는 제품을 보유하고 있다(`https://www.arundo.com`).
- **캔바스 애널리틱스(Canvass Analytics):** 실시간 운영 데이터를 기반으로 한 예측 분석을 사용해 산업계가 중요한 업무상 결정을 내리는 일을 돕는 회사다. 캔바스 에이아이(Canvass AI)라는 플랫폼은 산업용 기계, 센서 및 운영 시스템에 의해 생성된 수백만 개의 데이터 점을 추출하고 새로운 통찰을 창출하기 위해 데이터 내의 패턴과 상관관계를 식별한다. 휴메라 말릭(Humera Malik)이 이끄는 이 회사는 2016년에 설립됐다(`https://www.canvass.io`).

아마존이나 구글 같은 최종 소프트웨어 기술 거인들이 산업용 사물인터넷에 많은 자금과 인프라를 투자하는 상황은 여전히 지속되고 있다. 구글은 예측 모형화를 사용해 데이터 센터 비용을 줄이고 있고 페이팔은 머신러닝을 사용해 사기 거래를 찾고 있다.

몇 가지 흥미로운 사용 사례

다양한 배경을 가진 많은 회사들이 생태계에 데이터 분석 및 인공지능을 통합함으로써 중요성과 영향을 인식하고 있다. 운용, 공급, 정비의 효율성을 높이는 일부터 직원 생산성을 높이는 일을 거쳐 새로운 비즈니스 모델이나 제품 또는 서비스를 만드는 일에 이르기까지 인공지능을 활용해 볼 생각을 하지 않는 분야는 없다. 다음은 산업 분야에서 인공지능 구동 사물인터넷의 흥미로운 사용 사례 몇 가지를 정리한 것이다.

- **예방정비:** 예방정비 분야에서 인공지능 알고리즘은 장애가 발생하기 전에 앞으로 벌어질 만한 장애를 예측한다. 이를 통해 회사는 미리 정비를 할 수 있으므로 가동 중지 시간을 줄일 수 있다. 이어지는 절에서는 예방정비가 산업에 어떻게 도움이 되는지, 그리고 예방정비가 수행될 수 있는 다양한 방법을 자세히 설명한다.
- **자산추적(asset tracking): 자산관리(asset management)**라고도 하며, 주요 물리적 자산을 추적하는 방법이다. 핵심 자산을 추적하며, 물류를 관리하고, 재고 수준을 유지하고, 효율적이지 못한 면을 찾아내는 식으로 자산관리를 최적화할 수 있다. 전통적으로는 자산추적이 RFID나 바코드를 자산에 덧붙이는 일이나 현장에서 물표를 다는 일에 국한되었지만, 인공지능 알고리즘을 사용하면 더 적극적으로 자산추적을 수행할 수 있다. 예를 들어, 풍차 발전소는 풍속과 풍향을 감지할 뿐 아니라 온도의 변화를 감지하고 이러한 파라미터를 사용해 개별 풍차를 최상의 방향으로 정렬해 발전을 극대화할 수 있다.
- **기단관리와 기단정비(fleet management and maintenance):** 운송 업계는 약 10년 동안 노선을 최적화해 차량 관리에 인공지능을 사용했다. 많은 저비용 센서의 이용과 첨단 컴퓨팅 장치의 발전으로 인해 운송 회사는 이러한 센서로부터 수신된 데이터를 수집하고 사용해 더 나은 차량 대 차량 통신 및 예방정비로 물류를 최적화하고 안전을 가속화할 수 있었다. 졸음 탐지와 같은 시스템을 설치하면 피로감이나 산만함으로 인한 위험한 행동을 감지할 수 있고 운전자는 대응책을 요청받을 수 있다.

인공지능을 이용한 예방정비

중장비와 장치는 모든 산업의 중추이며 모든 물리적인 물체와 마찬가지로 악화되고 노화되며 실패한다. 초기에는 장비 고장이 보고된 후에야 정비를 수행하는 방식, 즉 **반응정비**(reactive maintenance)가 수행됐다. 이로 인해 예기치 않게 가동이 중단되는 시간이 생길 수밖에 없었다. 모든 산업에서 예기치 않고 계획되지 않은 중단 시간은 심각한 자원 위기를 초래할 수 있으며 이로 인해 효율성과 생산성, 이익이 대폭 줄어들 수 있다. 이러한 문제를 해결하기 위해 산업계는 예방 차원의 정비를 하기로 전환했다.

예방정비(preventive maintenance)에서는 정기점검이 미리 결정된 기간에 맞춰 수행된다. 예방정비에는 장비 기록 및 예정된 정비가 필요했다. 컴퓨터가 산업에 도입된 3차 산업 혁명으로 이러한 기록을 쉽게 유지하고 갱신할 수 있었다. 예방정비는 계획되지 않은 가동 중단 시간으로부터 산업을 보호하지만, 정기적인 점검이 불필요한 지출일 수 있기 때문에 여전히 최선의 대안은 아니다. 다음 도표는 네 가지 산업혁명의 예를 개략적으로 보여준다.

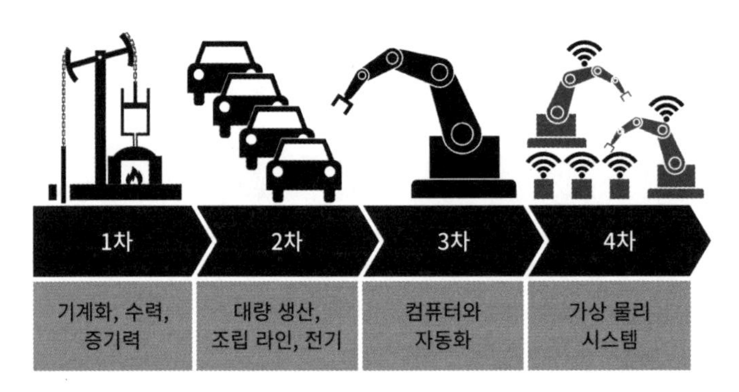

크리에이티브 커먼즈 저작자 표시 하에 공유된 이미지(https://commons.wikimedia.org/wiki/File:Industry_4.0.png)

현대의 자동화 및 디지털화 경향은 **인더스트리 4.0**(Industry 4.0)이라고도 알려진 4차산업혁명으로 이어졌다. 이로 인해 회사는 과거의 데이터를 사용하기 전에 고장을 예측하는 예방정비를 가능하게 하는 인공지능 기반 분석 알고리즘과 함께 **M2M**(machine-to-machine, **기계 간**) 통신 및 **M2H**(machine-to-human, **기계와 인간 간**) 통신을 보급할 수 있었다. 예방정비 전략을 도입하면서 회사 자원을 정비하고 관리하는 일이 대폭 줄었다.

예방정비의 기본 아이디어는 상태 감시 데이터를 기반으로 장비 고장이 발생할 수 있는 시기를 예측하는 것이다. 센서는 장비에 따라 정상 작동 중에 장비의 상태와 성능을 감시하는 데 사용되며, 다양한 유형의 센서를 사용할 수 있다. 공통 상태 관찰 파라미터/센서 값 중 일부는 다음과 같다.

- 펌프, 모터의 오정렬, 불균형, 기계적 느슨함 또는 마모를 감지하는 데 주로 사용되는 진동 센서
- 전기 모터에 공급되는 전류 및 전압을 측정하는 전류/전압 센서
- 파이프 시스템이나 탱크의 누설, 또는 가동부의 기계적 오작동 및 전기 장비의 결함을 검출하기 위한 초음파 분석
- 온도 변화를 확인하는 적외선 열 화상 장치
- 액체 품질을 감지하는 센서(예: 포도주 센서의 경우에 포도주의 다른 요소 존재를 감지)

예방정비를 구현하려면 관측해야 할 조건을 파악하는 것이 가장 중요하다. 이러한 조건을 관측하는 데 필요한 센서부터 배치해야 한다. 그러고 나서 마지막으로 센서의 데이터를 수집해 모델을 만든다.

LSTM을 사용한 예방정비

여기서는 예방정비를 보여주기 위해 **Azure ML**(https://gallery.azure.ai/Collection/Predictive-Maintenance-Template-3)에 제공된 시뮬레이션 데이터를 사용할 것이다. 데이터셋은 다음 세 파일로 구성된다.

- **훈련용 데이터**: 여기에는 고장이 난 적이 있는 항공기 엔진 실행 데이터가 들어 있다. 데이터를 내려받을 주소는 http://azuremlsamples.azureml.net/templatedata/PM_train.txt다.
- **테스트용 데이터**: 이 데이터는 고장 사건 기록이 없는 항공기 엔진 운영 데이터를 포함한다. 데이터를 http://azuremlsamples.azureml.net/templatedata/PM_test.txt에서 내려받을 수 있다.
- **실측 데이터**: 테스트 데이터의 각 엔진에 대한 실제 나머지 작동주기에 대한 정보를 사용할 수 있다. 실측 데이터를 내려받을 주소는 http://azuremlsamples.azureml.net/templatedata/PM_truth.txt다.

데이터 제공처에서 제공하는 데이터 설명을 따라 훈련 데이터(train_FD001.txt)는 각 작동주기에 대한 21개의 센서 판독 값과 함께 시간 단위로 작동주기를 포함하는 여러 다변량 시계열로 구성된다. 각 시계열은 동일한 유형의 다른 엔진에서 생성된 것으로 가정할 수 있다. 각 엔진은 초기 마모 및 제조 편차의 정도가 다르다고 가정하며 이 정보는 사용자에게 알려지지 않는다. 이 모조 데이터(simulated data)에서 엔진은 각 시계열 시작 시 정상적으로 작동하는 것으로 가정한다. 일련의 작동주기 중 어느 시점에서 엔진이 열화되기 시작한다. 이렇게 되면 진행이 더뎌지며 열화가 눈금 단위로 커진다. 미리 정해둔 임계치에 도달하면 엔진은 추후 작동을 위해 안전하지 않은 것으로 간주된다. 즉, 각 시계열의 마지막 작동주기는 해당 엔진의 고장 지점으로 간주될 수 있다. 표본 훈련 데이터를 예로 들면, 'id=1인 엔진이 192회 동작 시 고장이 났고, id=2인 엔진이 287회 동작 시 고장이 났다'는 식이다.

테스트 데이터(test_FD001.txt)에는 훈련 데이터와 동일한 데이터 스키마가 있다. 유일한 차이점은 데이터에 오차가 생겼다는 점을 나타내지 않는다는 것이다(즉, 마지막 주기에서는 오차가 발생한 시점을 나타내지 않음). 표본 테스트 데이터를 사용하면 'id=1인 엔진이 1회 동작에서 31회 동작까지 실행된다'는 식이다. 이 엔진이 고장 나기 전에 얼마나 오래 지속될 수 있는지는 표시되지 않는다.

실측 데이터(RUL_FD001.txt)는 테스트 데이터의 엔진에 대한 잔여 작동주기 수를 제공한다. 예제로 표시된 표본 실측 데이터를 살펴보면, '테스트 데이터에서 id=1인 엔진은 고장 나기 전에 또 다른 112개 주기에 걸쳐 가동할 수 있다'는 식이다.

이 데이터가 시계열 데이터이므로 **LSTM(Long Short-Term Memory, 장단기 기억 망)**을 사용해 엔진이 일정 기간 동안 고장이 날지 아닐지를 분류해 볼 것이다. 여기에 제시된 코드는 움베르토 그리포(Umberto Griffo)의 깃허브(https://github.com/umbertogriffo/Predictive-Maintenance-using-LSTM)에서 제공되는 구현을 기반으로 한다.

1. 예방정비를 구현하는 데 필요한 모듈은 첫 번째 단계에서 가져온다. 결과가 재현 가능하도록 무작위 계산을 위한 시드(seed) 값을 설정한다.

```
import keras
import pandas as pd
import numpy as np
import matplotlib.pyplot as plt
import os

# 재현 가능하게 하는 시드 값을 정한다.
np.random.seed(1234)
PYTHONHASHSEED = 0

from sklearn import preprocessing
from sklearn.metrics import confusion_matrix, recall_score, precision_score
from keras.models import Sequential, load_model
from keras.layers import Dense, Dropout, LSTM
```

2. 다음에 나오는 코드처럼 데이터를 읽고 열 이름들을 정한다.

```
# 훈련용 데이터를 읽는다. 이 데이터는 항공기 엔진의 가동파괴(run-to-failure, 즉 '반응정비')
데이터다.
train_df = pd.read_csv('PM_train.txt', sep=" ", header=None)
train_df.drop(train_df.columns[[26, 27]], axis=1, inplace=True)
```

```
train_df.columns = ['id', 'cycle', 'setting1', 'setting2', 'setting3',
                    's1', 's2', 's3', 's4', 's5', 's6', 's7', 's8', 's9', 's10',
                    's11', 's12', 's13', 's14', 's15', 's16', 's17', 's18', 's19', 's20',
                    's21']

train_df = train_df.sort_values(['id','cycle'])

# 테스트용 데이터를 읽는다. 이 데이터는 고장 사건이 기록된 적이 없는 항공기 엔진 운영
데이터다.
test_df = pd.read_csv('PM_test.txt', sep=" ", header=None)

test_df.drop(test_df.columns[[26, 27]], axis=1, inplace=True)
test_df.columns = ['id', 'cycle', 'setting1', 'setting2', 'setting3',
                   's1', 's2', 's3', 's4', 's5', 's6', 's7', 's8', 's9', 's10',
                   's11', 's12', 's13', 's14', 's15', 's16', 's17', 's18', 's19', 's20',
                   's21']

# 실측 데이터를 읽는다. 이 데이터에는 테스트용 데이터 내의 각 엔진에 대한 진짜 잔여 주기에
관한 정보가 들어 있다.
truth_df = pd.read_csv('PM_truth.txt', sep=" ", header=None)
truth_df.drop(truth_df.columns[[1]], axis=1, inplace=True)
```

3. 첫 번째 단계로서, 엔진이 시간 주기 내에 고장이 날지 아닐지를 예측한다. 따라서 레이블이 1 또는 0이 된다. 즉, 이항 분류 문제가 된다. 이진 레이블을 생성하기 위해 데이터를 전처리하고 새로운 **잔여 유효 수명(reamining useful life, RUL)**을 생성한다. 또한 특정 엔진이 w1 주기 내에서 고장이 날지 아닐지를 알려주는 이항 변수인 label1을 만든다. 마지막으로 해당 데이터(센서 미사용)를 다음과 같이 정규화한다.

```
# 데이터에 레이블 부여하기: 잔여 유효 수명(즉, 고장 나기 전까지 남은 시간)
# 을 담을 열을 생성한다.
rul = pd.DataFrame(train_df.groupby('id')['cycle'].max()).reset_index()
rul.columns = ['id', 'max']
train_df = train_df.merge(rul, on=['id'], how='left')
train_df['RUL'] = train_df['max'] - train_df['cycle']
train_df.drop('max', axis=1, inplace=True)

# 훈련용 데이터에 대해 레이블이 있는 열들을 생성한다.
# 이항 분류에 대해 여기서는 "label1"만 사용할 것이다.
# 알고 싶은 내용은 이렇다: 특정 엔진이 w1 주기 내에 고장이 날 것인가?
w1 = 30
```

```
w0 = 15
train_df['label1'] = np.where(train_df['RUL'] <= w1, 1, 0 )

# 최소최대 정규화(MinMax normalization)를 한다(0~1).
train_df['cycle_norm'] = train_df['cycle']
cols_normalize = train_df.columns.difference(['id','cycle','RUL','label1'])
min_max_scaler = preprocessing.MinMaxScaler()
norm_train_df = pd.DataFrame(min_max_scaler.fit_transform(train_df[cols_normalize]),

columns=cols_normalize,

index=train_df.index)
join_df = train_df[train_df.columns. difference(cols_normalize)]. join(norm_train_df)
train_df = join_df.reindex(columns = train_df.columns)
train_df.head()
```

Out[4]:

	id	cycle	setting1	setting2	setting3	s1	s2	s3	s4	s5	...	s15	s1
0	1	1	0.459770	0.166667	0.0	0.0	0.183735	0.406802	0.309757	0.0	...	0.363986	0.
1	1	2	0.609195	0.250000	0.0	0.0	0.283133	0.453019	0.352633	0.0	...	0.411312	0.
2	1	3	0.252874	0.750000	0.0	0.0	0.343373	0.369523	0.370527	0.0	...	0.357445	0.
3	1	4	0.540230	0.500000	0.0	0.0	0.343373	0.256159	0.331195	0.0	...	0.166603	0.
4	1	5	0.390805	0.333333	0.0	0.0	0.349398	0.257467	0.404625	0.0	...	0.402078	0.

5 rows × 29 columns

4. 유사한 전처리 작업을 테스트 데이터셋에 대해서도 수행해야 하는데, 이 때 한 가지만 바꾸면 실측 데이터로부터 잔여 유효 수명 값이 얻어진다.

```
# 최소최대 정규화(MinMax normalization(0~1)
test_df['cycle_norm'] = test_df['cycle']
norm_test_df = pd.DataFrame(min_max_scaler.transform(test_df[cols_normalize]),
                            columns=cols_normalize,
                            index=test_df.index)
test_join_df = test_df[test_df.columns.difference(cols_normalize)].join(norm_test_df)
test_df = test_join_df.reindex(columns = test_df.columns)
test_df = test_df.reset_index(drop=True)

# 실측 데이터를 사용해 테스트 데이터용 레이블들을 생성한다.
# 테스트 데이터용 max(최대) 열을 생성한다.
rul = pd.DataFrame(test_df.groupby('id')['cycle'].max()).reset_index()
```

```
rul.columns = ['id', 'max']
truth_df.columns = ['more']
truth_df['id'] = truth_df.index + 1
truth_df['max'] = rul['max'] + truth_df['more']
truth_df.drop('more', axis=1, inplace=True)

# 테스트 데이터용 잔여 유효 수명을 생성한다.
test_df = test_df.merge(truth_df, on=['id'], how='left')
test_df['RUL'] = test_df['max'] - test_df['cycle']
test_df.drop('max', axis=1, inplace=True)

# 테스트 데이터용으로 레이블이 있는 열인 w0과 w1을 생성한다.
test_df['label1'] = np.where(test_df['RUL'] <= w1, 1, 0 )
test_df.head()
```

Out[5]:

	id	cycle	setting1	setting2	setting3	s1	s2	s3	s4	s5	...	s15	s1
0	1	1	0.632184	0.750000	0.0	0.0	0.545181	0.310661	0.269413	0.0	...	0.308965	0.
1	1	2	0.344828	0.250000	0.0	0.0	0.150602	0.379551	0.222316	0.0	...	0.213159	0.
2	1	3	0.517241	0.583333	0.0	0.0	0.376506	0.346632	0.322248	0.0	...	0.458638	0.
3	1	4	0.741379	0.500000	0.0	0.0	0.370482	0.285154	0.408001	0.0	...	0.257022	0.
4	1	5	0.580460	0.500000	0.0	0.0	0.391566	0.352082	0.332039	0.0	...	0.300885	0.

5 rows × 29 columns

5. LSTM을 사용해 시계열을 모형화하므로 창의 크기에 맞춰 LSTM에 공급할 시퀀스를 생성하는 함수를 만든다. 창 크기는 50으로 선택했다. 또한 해당 레이블을 생성하는 함수가 필요하다.

```
# 특징들을 (표본들, 시간대들, 특징들) 모양으로 바꿀 함수

def gen_sequence(id_df, seq_length, seq_cols):
    """
    창 길이에 맞는 시퀀스만 고려되며 채우기는 사용되지 않는다.
    즉, 테스트용으로 쓸 수 있게 창 길이보다 작은 시퀀스들은 퇴출해야 한다는
    의미다.
    짧은 시퀀스의 나머지 부분을 채워서(pad) 쓰는 방법이 대안이 될 수 있다.
    """

    # 1개 아이디(id)에 대해서 한 개의 단일 행렬 안에 모든 행을 둔다.
    data_matrix = id_df[seq_cols].values
```

```
    num_elements = data_matrix.shape[0]
    # 두 리스트에 걸친 반복을 병행한다.
    # 예를 들어 id1에는 192개 행이 있고
    # sequence_length(시퀀스 길이)가 50이므로
    # 다음에 나오는 2개 숫자 목록에 걸친
    # 반복을 압축(zip)한다.
    # 0 50 -> 0행부터 50행까지
    # 1 51 -> 1행부터 51행까지
    # 2 52 -> 2행부터 52행까지
    # ...
    # 111 191 -> 111행부터 191행까지
    for start, stop in zip(range(0, num_elements-seq_length),
                                  range(seq_length, num_elements)):
        yield data_matrix[start:stop, :]

def gen_labels(id_df, seq_length, label):
    # 1개 아이디(id)에 대해서 한 개의 단일 행렬 안에 모든 행들을 둔다.
    # 예를 들면 이렇다.
    # [[1]
    # [4]
    # [1]
    # [5]
    # [9]
    # ...
    # [200]]
    data_matrix = id_df[label].values
    num_elements = data_matrix.shape[0]
    # 1개 아이디에 대해서 seq_length 크기인
    # 첫 번째 시퀀스가 마지막 레이블을 표적(목표)으로 삼기 때문에
    # 첫 번째 seq_length 레이블을
    # 제거해야 한다(이전 레이블은
    # 삭제됨).
    # 그 다음에 나오는 아이디의 모든 시퀀스는
    # 레이블을 단계별로 표적으로 연결한다.
    return data_matrix[seq_length:num_elements, :]
```

6. 이제 다음 코드와 같이 데이터에 대한 훈련 과정과 해당 레이블을 생성해 보자.

```
# 50주기라는 크기를 지닌 큰 창을 골라잡는다.
sequence_length = 50

# 특징 열들을 골라잡는다.
sensor_cols = ['s' + str(i) for i in range(1,22)]
sequence_cols = ['setting1', 'setting2', 'setting3', 'cycle_norm']
sequence_cols.extend(sensor_cols)

# 시퀀스들에 대한 생성자
seq_gen = (list(gen_sequence(train_df[train_df['id']==id], sequence_length,
                                    sequence_cols)) for id in train_df['id'].unique())

# 시퀀스들을 생성해 넘파이 배열로 바꾼다.
seq_array = np.concatenate(list(seq_gen)).astype(np.float32)
print(seq_array.shape)

# 레이블들을 생성한다.
label_gen = [gen_labels(train_df[train_df['id']==id], sequence_length,
                              ['label1']) for id in train_df['id'].unique()]
label_array = np.concatenate(label_gen).astype(np.float32)
print(label_array.shape)
```

7. 이제 두 개의 LSTM 계층과 완전연결 계층으로 구성된 LSTM 모델을 작성한다. 이 모델은 이항 분류 모델로 훈련을 받았으므로 이항 교차 엔트로피 손실을 줄이려고 한다. Adam 최적화기는 모델 파라미터를 갱신하는 데 사용된다.

```
nb_features = seq_array.shape[2]
nb_out = label_array.shape[1]
model = Sequential()
model.add(LSTM(input_shape=(sequence_length, nb_features),
                    units=100, return_sequences=True))
model.add(Dropout(0.2))

model.add(LSTM(units=50, return_sequences=False))
model.add(Dropout(0.2))

model.add(Dense(units=nb_out, activation='sigmoid'))
model.compile(loss='binary_crossentropy', optimizer='adam', metrics=['accuracy'])
```

```
print(model.summary())
```

```
Layer (type)                 Output Shape              Param #
=================================================================
lstm_1 (LSTM)                (None, 50, 100)           50400
_________________________________________________________________
dropout_1 (Dropout)          (None, 50, 100)           0
_________________________________________________________________
lstm_2 (LSTM)                (None, 50)                30200
_________________________________________________________________
dropout_2 (Dropout)          (None, 50)                0
_________________________________________________________________
dense_1 (Dense)              (None, 1)                 51
=================================================================
Total params: 80,651
Trainable params: 80,651
Non-trainable params: 0
```

8. 다음과 같이 모델을 훈련한다.

```
history = model.fit(seq_array, label_array,
                    epochs=100, batch_size=200,
                    validation_split=0.05, verbose=2,
                    callbacks = [keras.callbacks.EarlyStopping(monitor='val_loss',
                                                               min_delta=0,
                                                               patience=10,
                                                               verbose=0,
                                                               mode='min'),
                                 keras.callbacks.ModelCheckpoint(model_path,
                                                                 monitor='val_loss',
                                                                 save_best_only=True,
                                                                 mode='min',
                                                                 verbose=0)])
```

9. 훈련된 모델은 테스트 데이터셋에서 98%의 정확도를 제공하고 검증 데이터셋에서 98.9%의 정확도를 제공한다. 정밀도 값은 `0.96`이며 `1.0`의 재현율과 `0.98`의 F1 점수를 갖는다. 나쁘지 않다! 다음 도표는 훈련 모델의 이러한 결과를 보여준다.

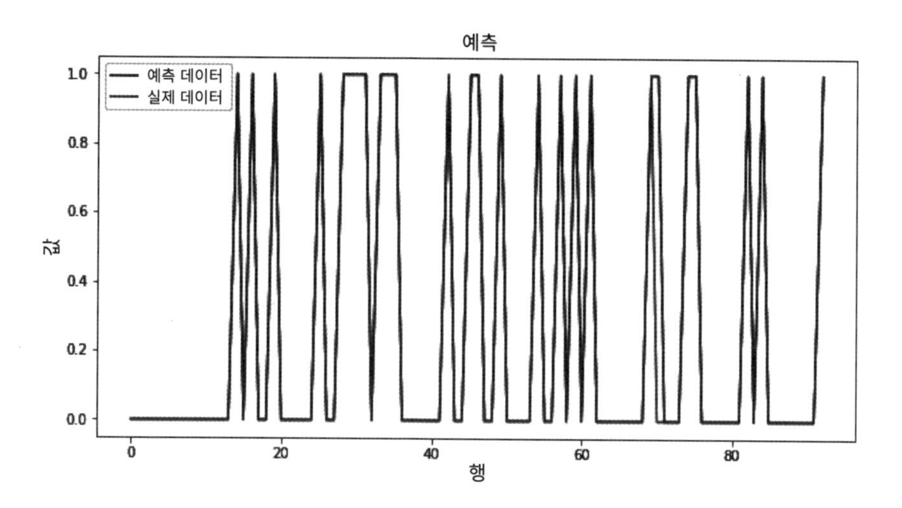

동일한 데이터를 사용해 항공기 엔진의 잔여 유효 수명을 예측할 수 있다. 즉, 엔진 고장 시간을 예측할 수 있다는 말이다. 이것은 회귀 문제이므로 LSTM 모델을 사용해 회귀를 수행할 수 있다. 초기 단계는 이전과 동일하지만, 5단계 이후부터 변경될 것이다. 생성된 입력 데이터 시퀀스는 이전과 동일하게 유지되지만, 대상은 더이상 이항 레이블이 아니며 잔여 유효 수명을 회귀모형의 대상으로 사용한다.

1. 동일한 gen_labels() 함수를 사용해 대상 값을 만든다. 또한 gen_sequence() 함수를 사용해 검증 집합을 만든다.

```
# 레이블 생성
label_gen = [gen_labels(train_df[train_df['id']==id],
                sequence_length, ['RUL']) for id in train_df['id'].unique()]
label_array = np.concatenate(label_gen).astype(np.float32)

# val은 192-50=142의 크기로 된 이항 차원(bi-dimensional) 배열이다.
# (50행×25열)
val=list(gen_sequence(train_df[train_df['id']==1], sequence_length, sequence_cols))
```

2. LSTM 모델을 만든다. 훈련 중에 쓸 계량(metric)으로 r2를 사용하기 때문에 케라스의 맞춤형 계량 함수와 예제에서 만든 계량 함수를 사용한다.

```
def r2_keras(y_true, y_pred):
    """
    결정계수(coefficient of determination)
    """
    SS_res = K.sum(K.square( y_true - y_pred ))
    SS_tot = K.sum(K.square( y_true - K.mean(y_true) ) )
```

```
    return ( 1 - SS_res/(SS_tot + K.epsilon()) )

# 다음으로 심층신경망을 구축한다.
# 첫 번째 계층은 100개 유닛으로 된 LSTM 계층이며,
# 이어서 50개 유닛으로 이뤄진 LSTM 계층이 나온다.
# 각 LSTM 계층 뒤에 드롭아웃(dropout, 중도탈락)을 적용해
# 과적합(과대적합)을 제어한다.
# 여기서 풀려고 하는 문제가 회귀 문제이므로, 마지막에 나오는 계층은
# 유닛이 한 개이고 활성이 선형인 조밀 출력 계층이 되게 한다.
nb_features = seq_array.shape[2]
nb_out = label_array.shape[1]

model = Sequential()
model.add(LSTM(input_shape=(sequence_length, nb_features),
                              units=100,
                              return_sequences=True))

model.add(Dropout(0.2))
model.add(LSTM(units=50, return_sequences=False))
model.add(Dropout(0.2))
model.add(Dense(units=nb_out))
model.add(Activation("linear"))
model.compile(loss='mean_squared_error',
              optimizer='rmsprop',
              metrics=['mae', r2_keras])

print(model.summary())
```

```
Layer (type)                 Output Shape              Param #
=================================================================
lstm_3 (LSTM)                (None, 50, 100)           50400
_________________________________________________________________
dropout_3 (Dropout)          (None, 50, 100)           0
_________________________________________________________________
lstm_4 (LSTM)                (None, 50)                30200
_________________________________________________________________
dropout_4 (Dropout)          (None, 50)                0
_________________________________________________________________
dense_2 (Dense)              (None, 1)                 51
_________________________________________________________________
activation_2 (Activation)    (None, 1)                 0
=================================================================
Total params: 80,651
Trainable params: 80,651
Non-trainable params: 0
```

3. 다음과 같이 훈련 데이터셋에서 모델을 훈련한다.

```
# 망을 적합되게 한다.
history = model.fit(seq_array, label_array, epochs=100,
                    batch_size=200, validation_split=0.05, verbose=2,
                    callbacks = [keras.callbacks.EarlyStopping(monitor='val_loss',
                                                               min_delta=0,
                                                               patience=10,
                                                               verbose=0,
                                                               mode='min'),
                                 keras.callbacks.ModelCheckpoint(model_path,
                                                                 monitor='val_loss',
                                                                 save_best_only=True,
                                                                 mode='min',
                                                                 verbose=0)])
```

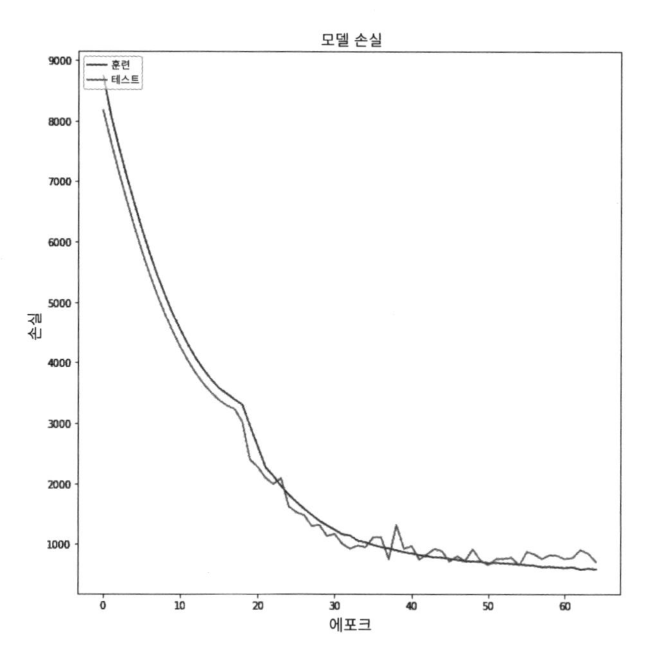

4. 훈련된 모델은 테스트 데이터셋에서 r2 값으로 0.80을 보이고, 검증 데이터셋에서는 r2 값으로 0.72를 달성한다. 모델 파라미터의 하이퍼파라미터를 조율하면 이 결과를 개선할 수 있다. 다음 그래프로 훈련 중에 훈련 및 검증 데이터셋의 모델 손실을 볼 수 있다.

이 코드를 실행하려면 텐서플로 1.4 버전 이상 및 케라스 2.1.2가 있는지 확인한다. 더 높은 버전의 케라스인 경우에는 먼저 `pip uninstall keras`를 사용해 제거한 다음 `pip install keras == 2.1.2`를 사용해 다시 설치한다.

이항 분류와 회귀모형 모두를 갖춘 전체 코드를 깃허브 저장소 Chapter10/Predictive_Mainingtenance_using_LSTM.ipynb에서 볼 수 있다. 예를 들어, 한 창(1, w_0)에서 엔진이 고장 나거나 다른 창(w_{0+1}, w_1)에서 고장 난 경우와 같이 서로 다른 시간 창에서 고장이 발생하는지를 판별하는 모델을 작성할 수도 있다. 그러면 다중 분류 문제가 되며 데이터는 이에 맞춰 전처리돼야 한다. Azure AI Gallery(https://gallery.azure.ai/Experiment/Predictive-Maintenance-Step-2A-of-3-train-and-evaluate-regression-models-2)에서 이 예방정비 프레임을 자세히 볼 수 있다.

예방정비의 장단점

GE의 조사 보고서(https://www.gemeasurement.com/sites/gemc.dev/files/ge_the_impact_of_digital_on_unplanned_downtime_0.pdf)에 따르면, 가동중지시간(downtime)은 석유 및 가스 산업의 성과에 부정적인 영향을 미친다. 이는 석유 및 가스 산업뿐 아니라 모든 산업에 해당한다. 따라서 가동중지시간을 줄이고 효율성을 높이려면 예방정비가 채택되는 것이 중요한다. 예방정비 확립에 드는 비용은 상당히 높지만, 일단 예방정비 제도가 제대로 구축되면 다음과 같은 몇 가지 비용효과적인 편익을 제공하는 데 도움이 된다.

- 장비를 정비하는 데 소요되는 시간이 최소화된다.
- 정비로 인해 최소 생산 시간이 사라진다.
- 마지막으로, 부품 재고 비용이 최소화된다.

예방정비에 성공하면 더 바람직한 방향으로 회사의 모습을 전반적으로 변화시킬 수 있다.

산업용 전기 부하 예측

전기는 현재 국내 및 산업 분야에서 가장 중요한 동력원이다. 연료와 달리 전기는 저장하기 어렵고 저장 비용이 많이 들기 때문에 발전량과 수요량을 정확히 맞춰야 한다. 따라서 전기 에너지 부하 예측은 매우 중요하다. 시간 범위에 맞춰 전기 부하를 예측하는 일(시계열 예측)은 다음 세 가지 범주로 분류된다.

- **단기 부하 예측**: 예측 기간은 한 시간에서 몇 주간에 이른다.
- **중기 부하 예측**: 예측 기간이 몇 주에서 몇 개월로 확대된다.
- **장기 부하 예측**: 예측 기간은 몇 달에서 몇 년 사이가 된다.

수요와 응용 방식에 따라 이전 부하 예측 범주 중 한 개나 전체를 계획해야 할 수 있다. 최근 몇 년 동안 **STLF(short-term load forecasting, 단기 부하 예측)** 분야에서 많은 연구가 이루어졌다. STLF는 정확한 계획, 운영 비용 감소, 이익 증가 및 더 안정적인 전기 공급에 도움이 되는 미래의 부하를 예측할 수 있는 정확한 수단을 제공함으로써 산업을 지원할 수 있다. STLF는 조건에 맞춰 과거 데이터(스마트 미터기를 통해 수집)나 예측 데이터를 기반으로 향후 에너지 수요를 예측한다.

부하 예측 문제는 회귀 문제다. 시계열 문제나 정적 모델로 모형화할 수 있다. 부하 예측을 시계열 데이터로 모형화하는 것이 가장 일반적이다. 시계열 모형화를 사용하면 ARIMA와 같은 표준 머신러닝 시계열 모델을 사용하거나 재귀 신경망(RNN) 및 LSTM과 같은 딥러닝 모델을 사용할 수 있다.

전기 부하 예측에 사용되는 다양한 전략과 모델에 대한 포괄적인 검토는 다음 백서를 참조하자.

Fallah, S., Deo, R., Shojafar, M., Conti, M., and Shamshirband, S. (2018). 「Computational Intelligence Approaches for Energy Load forecasting in Smart Energy Management Grids: State of the Art, Future Challenges, and Research Directions.」 Energies, 11(3), 596.

LSTM을 이용한 단기 부하 예측

여기서는 LSTM을 사용해 단기 부하 예측(STLF)을 수행하는 코드를 제시한다. 훈련용 데이터와 테스트용 데이터는 UCI ML 웹사이트(`https://archive.ics.uci.edu/ml/datasets/Individual+household+electric+power+consumption#`)에서 가져왔다. STLF용 코드는 깃허브에 맞게 수정했다(`https://github.com/demmojo/lstm-electric-load-forecast`).

1. 필요한 모듈을 가져오고 다음과 같이 임의의 시드 값을 설정한다.

```
import time
from keras.layers import LSTM
from keras.layers import Activation, Dense, Dropout
from keras.models import Sequential, load_model
from numpy.random import seed
```

```
from tensorflow import set_random_seed
set_random_seed(2) # 백엔드(후단부)를 이루고 있는 텐서플로용 난수 시드.
seed(1234) # 케라스용 난수 시드.
import numpy as np import csv
import matplotlib.pyplot as plt

%matplotlib inline
```

2. 데이터를 적재하고 LSTM 입력에 적합한 순서로 변환하기 위한 유틸리티 함수를 정의하자.

```
def load_data(dataset_path, sequence_length=60, prediction_steps=5,
            ratio_of_data=1.0):
    # 2075259는 2006년 10월부터 2010년 11월에 이르는
    # 측정 대상 기간 내의 총 데이터 개수다.
    max_values = ratio_of_data * 2075259

    # 파일에서 데이터를 가져와 적재한다.
    with open(dataset_path) as file:
        data_file = csv.reader(file, delimiter=";")
        power_consumption = []
        number_of_values = 0
        for line in data_file:
            try:
                power_consumption.append(float(line[2]))
                number_of_values += 1
            except ValueError:
                pass

            # 최댓값에 따라 모델별로
            # 고려되는 데이터를 제한한다.
            if number_of_values >= max_values:
                break

    print('Loaded data from csv.')
    windowed_data = []
    # 두루마리 같은 형태로 감은 창 시퀀스들에 맞춰 데이터 서식을 정한다.
    # 예: index=0 => 123, index=1 => 234 등.
    for index in range(len(power_consumption) - sequence_length):
                        windowed_data.append(
```

```
                                power_consumption[
                                index: index + sequence_length])

    # (표본의 개수, 시퀀스 길이) 모양이다.
    windowed_data = np.array(windowed_data)

    # 데이터를 중심에 맞춘다.
    data_mean = windowed_data.mean()
    windowed_data -= data_mean
    print('Center data so mean is zero \
            (subtract each data point by mean of value: ', data_mean, ')')
    print('Data : ', windowed_data.shape)

    # 데이터를 훈련용 집합과 테스트용 집합으로 분할한다.
    train_set_ratio = 0.9
    row = int(round(train_set_ratio * windowed_data.shape[0]))
    train = windowed_data[:row, :]

    # 훈련용 집합에서 마지막 prediction_steps를 삭제한다.
    x_train = train[:, :-prediction_steps]
    # 훈련용 집합에서 마지막 prediction_steps를 취한다.
    y_train = train[:, -prediction_steps:]
    x_test = windowed_data[row:, :-prediction_steps]

    # 테스트용 집합에서 마지막 prediction_steps를 취한다.
    y_test = windowed_data[row:, -prediction_steps:]

    x_train = np.reshape(x_train, (x_train.shape[0], x_train.shape[1], 1))
    x_test = np.reshape(x_test, (x_test.shape[0], x_test.shape[1], 1))
    return [x_train, y_train, x_test, y_test, data_mean]
```

3. 2개의 LSTM과 1개의 완전 연결 계층을 담게 구축한 모델과 같은 LSTM 모델을 구축한다.

```
def build_model(prediction_steps):
    model = Sequential()
    layers = [1, 75, 100, prediction_steps]
    model.add(LSTM(layers[1],
    input_shape=(None, layers[0]), return_sequences=True)) # 첫 번째 계층을 추가
    model.add(Dropout(0.2)) # 첫 번째 계층에 대한 드롭아웃을 추가
```

```
        model.add(LSTM(layers[2], return_sequences=False)) # 두 번째 계층을 추가
        model.add(Dropout(0.2)) # 두 번째 계층에 대한 드롭아웃을 추가
        model.add(Dense(layers[3])) # 출력 계층을 추가
        model.add(Activation('linear')) # 출력 계층
        start = time.time()
        model.compile(loss="mse", optimizer="rmsprop")
        print('Compilation Time : ', time.time() - start)
        return model
```

4. 다음 코드로 모델을 훈련한다.

```
    def run_lstm(model, sequence_length, prediction_steps):
        data = None
        global_start_time = time.time()
        epochs = 1
        ratio_of_data = 1 # 200만 개가 넘는 데이터 점들 중에서 사용할 데이터의 비율
        path_to_dataset = 'data/household_power_consumption.txt'

        if data is None:
            print('Loading data... ')
            x_train, y_train, x_test, y_test, result_mean = load_data(path_to_dataset,
                                            sequence_length, prediction_steps, ratio_of_data)
        else:
            x_train, y_train, x_test, y_test = data

        print('\nData Loaded. Compiling...\n')
        model.fit(x_train, y_train, batch_size=128, epochs=epochs, validation_split=0.05)
        predicted = model.predict(x_test)
        # predicted = np.reshape(predicted, (predicted.size,))
        model.save('LSTM_power_consumption_model.h5') # LSTM 모델을 저장한다.

        plot_predictions(result_mean, prediction_steps, predicted, y_test, global_start_time)

        return None

    sequence_length = 10 # 고려할 모델에 대한 과거 분(minutes)별 데이터 개수
    prediction_steps = 5 # 예측할 모델에 대한 미래 분별 데이터 개수
    model = build_model(prediction_steps)
    run_lstm(model, sequence_length, prediction_steps)
```

5. 다음 그래프를 보면 예제 모델이 잘 예측하고 있음을 알 수 있다.

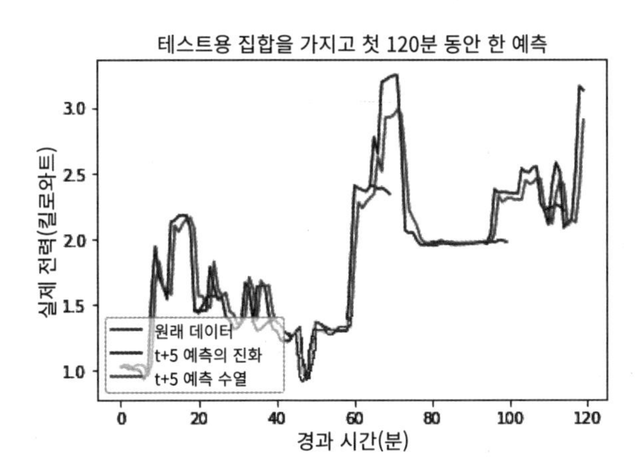

전체 코드를 깃허브(Chapter10/Electrical_load_Forecasting.ipynb)에서 찾을 수 있다.

요약

이번 장에서는 인공지능 기반 사물인터넷이 산업에 중요한 영향을 미친다는 점을 알았다. 제조 · 물류 · 농업 · 광업에서부터 신제품 생산 및 서비스 창출에 이르기까지 인공지능이 모든 분야에 도입되고 있다. 인공지능 기반 산업용 사물인터넷이 현재의 업무 처리 과정과 사업 방식을 더욱 크게 흔들어 대며 변화시킬 것이라는 점을 짐작해 볼 수 있다.

다음 장에서는 인공지능과 사물인터넷이 더 나은 도시를 형성하는 데 어떻게 도움이 되는지 보여줄 것이다.

11

스마트시티용 사물인터넷을 위한 인공지능

이번 장에서는 스마트시티를 소개한다. 사례 연구를 통해 이 책에서 배운 개념을 다양한 스마트시티 구성요소를 개발하는 데 어떻게 적용할 수 있는지 보여준다. 이번 장을 읽으면 다음을 배우게 된다.

- 스마트시티란 무엇인가?
- 스마트시티의 필수 구성요소
- 스마트 솔루션을 구현하는 전 세계 도시
- 스마트시티 구축의 당면 과제
- 샌프란시스코 범죄 데이터에서 범죄 설명을 탐지하는 코드 작성

스마트시티가 필요한 이유는?

UN이 제공하는 데이터(`https://population.un.org/wup/DataQuery/`)에 따르면, 2050년 말에 세계 인구는 97억 명이 된다고 한다. 이 인구의 70% 정도가 도시에 거주할 것으로 추정되며, 1000만 명 이상의 주민이 거주하는 도시가 많아질 것으로 추정한다. 이는 상당한 숫자로, 그 수가 증가함에 따라 새로운 기회를 얻게 될 뿐만 아니라 수많은 독특한 도전에 직면하게 된다.

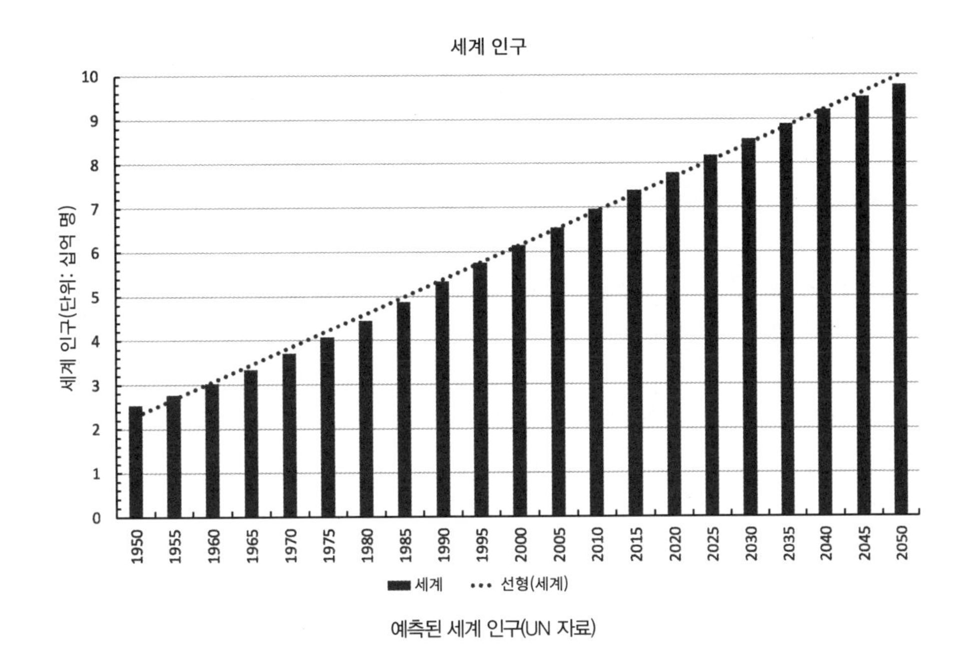

예측된 세계 인구(UN 자료)

가장 어려운 과제는 모든 주민들이 자원과 에너지를 이용할 수 있게 하는 동시에 환경 악화를 피하는 것이다. 현재 도시는 세계 자원과 에너지의 75%를 소비하고 온실 가스의 80%를 생성한다. 친환경 에너지로 가자는 추세가 있지만, 식량이나 물과 같은 지구의 자원이 제한돼 있음을 모두 알고 있다. 또 다른 중요한 과제는 행정과 관리다. 인구가 증가함에 따라 위생 문제를 예방하고 교통 체증을 완화하며 범죄를 예방하기 위한 전략이 필요할 것이다.

이러한 문제의 상당수는 인공지능 기반 사물인터넷을 사용해 조정할 수 있다. 도시 주민에 대한 새로운 경험을 촉진하고 일상 생활을 더욱 편안하고 안전하게 유지하기 위해 기술 발전을 활용할 수 있다. 이로 인해 스마트시티라는 개념이 창출되었다.

테크노피디아(`https://www.techopedia.com/definition/31494/smart-city`)에 따르면, **스마트시티(smart city)**란 정보통신 기술을 활용해 자원 소비나 낭비를 줄이거나 총 비용을 줄일 수 있게 도시 서비스(에너지, 교통 등)의 품질과 성능을 높이는 도시를 말한다. 디킨(Deakin)과 에이아이웨어(AI Waer)는 스마트시티의 정의에 기여하는 네 가지 요소를 다음과 같이 밝혔다.

- 도시 기반 시설에 광범위한 전자 기술과 디지털 기술을 사용한다.
- **정보통신기술**(ICT)을 도입해 생활 환경과 근무 환경을 변화시킨다.
- 정부 시스템에 정보통신기술을 도입한다.
- 혁신을 촉진하고 지식을 늘리기 위해 사람과 정보통신기술을 엮는 관행과 정책을 구현한다.

따라서 스마트시티는 정보통신기술을 소유할 뿐만 아니라 주민들에게 긍정적인 영향을 미치는 방식으로 기술을 사용하는 도시가 될 것이다.

디킨과 에아아이웨어가 발표한 논문은 스마트시티를 정의하고 필요한 전환에 중점을 둔다.

Deakin, M., and Al Waer, H. (2011). 「From intelligent to smart cities. Intelligent Buildings International」, 3(3), 140–152.

인공지능(artificial intelligence, AI)은 사물인터넷과 더불어 과도한 도시 인구로 야기되는 주요 문제를 해결할 잠재력이 있다. 인공지능과 사물인터넷은 교통 관리, 건강 관리, 에너지 위기 및 기타 많은 문제를 해결하는 데 도움이 될 수 있다. 사물인터넷 데이터 및 인공지능 기술은 스마트시티에 거주하는 시민과 기업의 삶을 개선할 수 있다.

스마트시티의 구성요소

스마트시티는 더욱 건강한 환경을 유지하는 일로부터 공공 교통 및 안전을 높이는 일에 이르기까지 인공지능 기반 사물인터넷 가능 기술에 대한 많은 사용 사례를 가지고 있다. 다음 그림에서 스마트시티에 대한 몇 가지 사용 사례를 볼 수 있다.

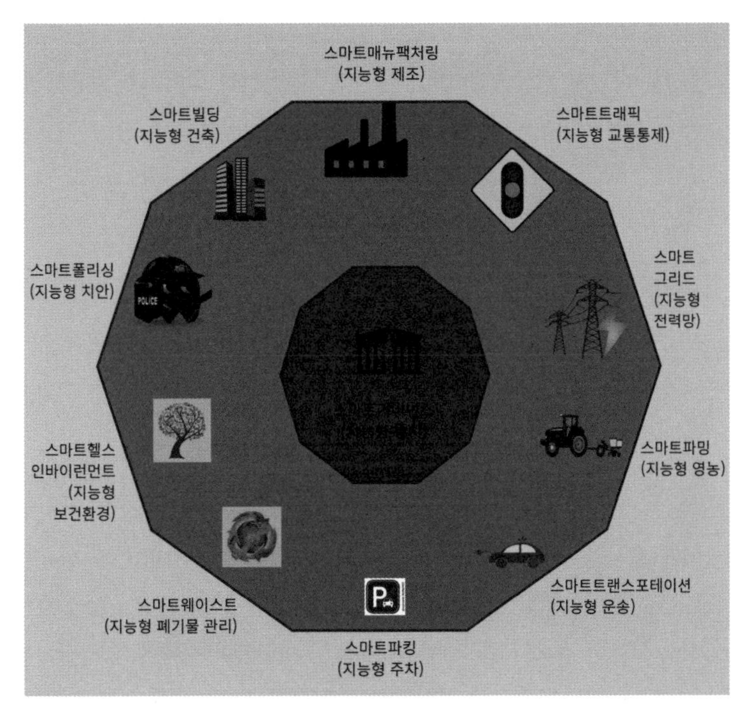

스마트시티 구성요소

이번 절에서는 가장 인기 있는 사용 사례를 간략히 설명한다. 이 사례 중 일부는 이미 전 세계 스마트시티에서 구현됐다.

스마트트래픽

인공지능과 사물인터넷은 스마트시티의 주민들이 도시의 한 장소에서 다른 장소로 가능한 한 안전하고 효율적으로 도착할 수 있게 스마트트래픽 솔루션을 구현할 수 있다.

세계에서 가장 혼잡한 도시 중 하나인 로스앤젤레스는 교통 흐름을 제어하는 스마트트래픽(smart traffic, 지능형 교통통제) 솔루션을 구현했다. 이 도시는 중앙 교통 관리 시스템에 교통 흐름을 실시간으로 갱신해 보여주는 노면 센서와 폐쇄 회로 텔레비전 카메라를 설치했다. 센서와 카메라에서 공급되는 데이터를 분석해 사용자에게 혼잡 및 교통 신호 오작동을 알린다. 2018년 7월, 각 교차로에 **ATC(Advanced Transportation Controller)** 캐비닛을 추가로 설치했다. **V2I(Vehicle-to-Infrastructure)** 통신 및 5G 연결 기능을 통해 아우디 A4나 아우디 Q7처럼 신호 정보 처리 기능이 있는 차량과 통신할 수 있다. 웹 사이트(`https://dpw.lacounty.gov/TNL/ITS/`)에서 로스앤젤레스 스마트트래픽 시스템을 자세히 알아볼 수 있다.

센서가 내장된 자율 주행 차량이 출시되면서 차량의 위치와 속도를 알 수 있게 되었다. 이런 차량은 지능형 신호등과 직접 통신을 하면서 혼잡을 방지할 수 있다. 또한 이력 데이터를 사용해 향후 교통 흐름을 예측함으로써 가능한 한 교통을 혼잡하지 않게 하는 데 사용할 수 있다.

스마트파킹

도시에 사는 사람이라면 특히 휴가 기간에 주차 장소를 찾는 데 어려움을 겪었을 것이다. 스마트파킹(smart parking, 지능형 주차)이 그 문제를 완화할 수 있다. 주차면의 지상에 내장된 노면 센서를 사용하면 스마트파킹 솔루션을 통해 주차 공간이 무료인지 또는 점령됐는지를 파악하고 실시간 주차 지도를 만들 수 있다.

애들레이드 시는 2018년 2월에 스마트파킹 시스템을 설치했으며, 모바일 앱도 출시했다. 애들레이드 공원에서는 사용자에게 실시간으로 정확한 주차 정보를 제공한다. 이 앱을 통해 사용자는 원격으로 주차 세션을 찾고 비용을 지불하고 연장할 수 있다. 또한 주차 공간이 만료될 때 사용 가능한 주차 공간에 대한 정보 및 주차 제어에 대한 정보와 경고에 대한 지침을 제공한다. 애들레이드 시의 스마트파킹 시스템은 교통 흐름을 개선하고 교통 체증을 줄이며 탄소 배출량을 줄이는 것을 목표로 한다. 스마트파킹 시스템에 대한 자세한 내용은 애들레이드 시 홈페이지(https://www.cityofadelaide.com.au/city-business/why-adelaide/adelaide-smart-city/smart-parking)에서 확인할 수 있다.

샌프란시스코 시 교통국(http://sfpark.org)은 스마트파킹 시스템을 구현했다. 그들은 무선 센서를 사용해 측정된 공간에서 실시간 주차 공간 점유율을 감지한다. 2013년에 출시된 에스에프파크(SFpark)는 평일 온실 가스 배출량을 25% 줄였고, 이에 따라 교통량은 감소하고 운전자가 주차장을 찾느라 허비하는 시간도 50% 감소했다. 샌프란시스코 시 교통국이 보고한 또 다른 이점은 사람들이 주차장 비용을 쉽게 지불할 수 있게 함으로써 파손된 주차 요금 정산기로 인한 손실이 줄어들고 주차 관련 수익이 약 190만 달러만큼 늘어났다는 점이다.

런던의 경우, 웨스트민스터 시(https://iotuk.org.uk/smart-parking/#1463069773359-c0d6f90f-4dca)는 2014년 마치나 리서치 사(https://machinaresearch.com/login/?next=/forecasts/usecase/)와 연계해 스마트파킹 시스템을 구축했다. 이전에는 운전자가 주차하려면 평균 12분을 기다려야 해서 혼잡과 공해가 발생했지만 스마트파킹 시스템을 설치한 이후로는 기다릴 필요가 없어졌다. 운전자는 휴대전화를 사용해 주차할 수 있는 곳을 찾을 수 있다. 이럼으로써 혼잡과 오염을 줄일 수 있을 뿐만 아니라 주차장 운영 수익을 늘릴 수 있다.

스마트웨이스트

쓰레기를 수거하고 적절하게 관리하며 처리하는 일은 필수적인 도시 서비스다. 도시 인구가 증가하면 쓰레기 관리를 위한 더 나은 현명한 방법이 채택돼야 한다. 스마트시티는 폐기물 관리를 총체적으로 처리해야 한다. 스마트리사이클링(smart recycling, 지능형 재활용) 및 스마트웨이스트매니지먼트(smart waste management, 지능형 폐기물 관리)를 위해 인공지능을 채택하면 지속 가능한 폐기물 관리 시스템을 제공할 수 있다. 2011년에 젠로보틱스(https://zenrobotics.com/)라는 핀란드 회사는 이동식 컨베이어 벨트에서 재활용 재료를 분류하고 선택하는 데 컴퓨터 비전 및 인공지능(로봇)을 어떻게 훈련할 수 있는지 보여줬다. 그 후로 먼 길을 걸어왔으며, 많은 회사들이 스마트웨이스트매니지먼트 솔루션을 제공하고 도시와 건물들이 그것들을 채택하게 됐다. 지도자들과 지역사회 구축자들은 스마트시티 인프라 구축으로 인해 잠재적인 이익을 얻을 수 있을 것이라는 생각을 점점 더 많이 하게 됐다.

바르셀로나의 폐기물 관리 시스템(http://ajuntament.barcelona.cat/ecologiaurbana/en/services/the-city-works/maintenance-of-public-areas/waste-management-and-cleaning-services/household-waste-collection)이 그 좋은 사례 연구 대상이다. 바르셀로나 시는 쓰레기통에 센서와 장치를 장착했는데, 이 장치는 당국이 쓰레기 수거 트럭을 채우기 전에 쓰레기통이 곧 가득 찬다는 경고를 미리 보낼 수 있다. 바르셀로나에서는 모든 지역에서 종이 · 플라스틱 · 유리 및 음식물 쓰레기를 분리 보관한다. 바르셀로나 당국은 쓰레기를 빨아들여 처리 장치에 남겨둘 수 있는 지하 진공관과 연결된 쓰레기 포집 망을 구축했다. 이렇게 하면 쓰레기 트럭이 쓰레기를 수거하지 않아도 된다.

또 다른 좋은 사례 연구는 스마트빈(SmartBin)이 제공하는 폐기물 관리 방식(https://www.smartbin.com/tdc-denmark-cisco-showcase-the-future-of-smart-city-waste-collection/)이다. 덴마크 최대 통신 서비스 업체인 시스코 티디시(Cisco TDC)와 협력하여 스마트빈은 다양한 범위의 쓰레기 포집 장치에 센서를 설치했으며, 이 센서는 도시 디지털 플랫폼과 통합돼 있다. 또한 가로등과 신호등에도 센서를 달아서 설치함으로써 시청에 자리 잡은 제어 콘솔로 데이터를 보낼 수 있게 했다. 이러한 센서에서 얻은 실시간 데이터는 청소부들이 쓰레기 수거 경로를 더욱 효율적으로 계획할 수 있도록 도와줘 비워야 할 쓰레기가 있는 곳으로 바로 갈 수 있게 해 준다.

아랍에미리트연합의 샤르자 시에는 와이파이 장치를 갖춘 태양열 쓰레기통 10개가 설치돼 있는데, 이것들을 빅벨리(Bigbelly)라고 부르며, 시는 지속 가능성이라는 목표를 달성하기 위해 조만간 수백 개의 지능형 쓰레기통을 배치할 계획이다.

스마트폴리싱

범죄는 유감스럽게도 어디서나 일어난다. 모든 도시에는 범인을 붙잡고 범죄율을 줄이려는 경찰력이 있다. 스마트시티에는 치안 관리도 필요하다. 스마트폴리싱(smart policing, 지능형 치안)은 법 집행 기관이 효과적이고 효율적이며 경제적인 증거 기반 데이터 중심 전략을 채택하는 곳이다. 스마트폴리싱의 개념은 2009년에 어느 곳에서인가 출현했다. 주로 예산에 제약을 받던 곳이었다. 스마트폴리싱 개념을 주도하는 근본적인 아이디어를 위스콘신 대학교 소속의 헤르만 골드스타인(Herman Goldstein)이 1979년에 내놓았다. 그는 경찰이 범죄 사건을 고립된 사건으로만 보아서는 안 되고, 오히려 범죄 연원(범죄의 역사)과 향후 관련 범죄 발생 가능성(범죄의 미래)이 명백하게 존재하는 일종의 문제 시스템으로 간주해야 한다고 주장했다.

미국에서는 **사법지원국(Bureau of Justice Assistance, BJA)**이 다양한 **스마트폴리싱 구상(Smart Policing Initiatives, SPI)**에 자금을 지원했으며, 이로 인한 노력의 결과로 폭력 범죄가 크게 줄었다. SPI는 경찰-연구 협업에 중점을 두며, 연구 단체는 데이터를 지속적으로 수집해서 분석한 결과를 제공하고 데이터를 살펴보며 솔루션 개발에 참여하고 그 영향을 평가한다. 이러한 주도적 행위로 인해 경찰은 다음과 같은 것들을 식별하는 데 도움을 받을 수 있었다.

- 우범지대
- 증가하는 범죄자

또한 싱가폴은 스마트 국가 전략을 시작했다. 도시의 거의 모든 후미진 곳에 카메라와 센서망이 설치됐다. 이렇게 제공받은 데이터를 이용해 금연구역에서 흡연하거나 고층 주택 주변을 어슬렁거리는 사람을 파악한다. 이 카메라를 통해 당국은 군중 밀도, 공공 장소의 청결 상태를 살펴볼 수 있고, 등록된 모든 차량의 정확한 움직임을 추적할 수 있다. 카메라로 수집한 이와 같은 데이터는 **버추얼 싱가폴(Virtual Singapore)**이라는 온라인 플랫폼으로 공급되어 도시 운영 상황을 실시간으로 파악할 수 있게 한다.

스마트라이팅

가로등은 꼭 필요하지만, 에너지를 많이 소비한다. 스마트라이팅(smart righting, 지능형 조명) 시스템은 가로등의 에너지 효율을 높일 수 있다. 이 외에도 가로등을 센서를 추가하는 시설로 이용하거나 와이파이 망의 핫스팟(중계기) 역할을 하게 할 수 있다.

어느 도시에나 스마트라이팅을 설치하는 데 도움을 줄 수 있는 그러한 발명품의 하나로 시티센스(https://www.tvilight.com/citysense/)가 있다. 이것은 수상 경력이 있는 가로등 동작 센서로, 무선으로 조명을 제어할 수 있다. 혹독한 외부 환경에서도 작동할 수 있게 설계된 시티센스는 사용자 지정 방식의 적응형 조명을 제공한다. 보행자나 자전거를 타는 사람 또는 자동차의 존재 유무에 따라 전구의 밝기를 조정할 수 있다. 시티센스는 실시간 그물형 통신망(real-time mesh network)을 이용해 환경 조명을 켬으로써 탑승자 주변에 안전한 빛의 원을 만든다. 또한 작은 동물이나 움직이는 나무로 인한 간섭을 걸러낼 수 있는 지능형 필터가 들어 있다. 시스템은 전구가 나갔는지 여부를 모두 자동으로 감지하고 정비를 요청할 수 있다. 네덜란드의 반 고흐 빌리지(Van Gogh Village)에서는 스마트 가로등 시스템으로 시티센스를 채택했다.

바르셀로나의 조명 종합계획 구상(lighting master plan initiative)에 대해서도 언급할 가치가 있다. 이것으로 가로등의 전력 소비를 크게 감소시킨 것으로 보고됐기 때문이다. 2014년경에 이 도시의 가로등 중 대다수에 LED 조명이 장착됐으며 사물인터넷 방식으로 된 전원 센서가 설치됐다. 거리가 비어 있을 때 센서가 자동으로 조명을 어둡게 해 에너지 소비를 줄이는 데 도움이 된다. 또한 이 가로등 기둥은 와이파이 통신망의 핫스팟으로도 사용되며 대기 질을 감시하는 센서도 장착돼 있다.

스마트거버넌스

스마트시티의 주요 목적은 거주자들에게 편안하고 편리한 생활을 제공하는 것이다. 따라서 스마트시티 인프라는 스마트거버넌스 없이는 완벽하지 않다. 스마트거버넌스(smart governance, 지능형 통치)란 정부와 시민을 비롯한 다양한 이해 관계자 간의 더 효과적인 협력을 통해 의사 결정을 향상시키기 위해 정보 기술과 통신 기술을 지능적으로 사용하는 것을 의미한다. 스마트거버넌스는 현명하고 개방적인, 시민 참여 정부의 기반으로 볼 수 있다. 이것은 새로운 관계, 새로운 업무 처리 과정, 새로운 정부 구조를 포함하는 새로운 통치 모델을 구성하기 위한 새로운 기술을 탐색하게 할 뿐만 아니라 정부 · 시민 및 기타 사회적 행위자의 역할을 재조정할 필요를 만든다. 스마트거버넌스에서는 의사 결정을 잘 할 수 있게 데이터와 증거 및 기타 자료원을 사용할 수 있으며, 시민의 요구를 충족시키는 결과를 제공할 수 있다. 이는 의사 결정 과정을 향상시키고 공공 서비스의 질을 향상시킨다.

스마트시티에 사물인터넷을 응용하기 위해 필요한 단계

스마트시티를 구축하는 일은 하루만에 끝낼 수 있는 게 아니며, 한 사람이나 1개 조직만으로 될 일도 아니다. 이 일에는 많은 전략적 협력자와 지도자가 필요하고 심지어 시민들의 협력도 필요하다. 이러한 공동 작업에 필요한 역학을 탐구하는 일은 이 책의 범위를 벗어나지만, 이 책은 인공지능 애호가와 엔지니어를 위한 책이므로 인공지능 커뮤니티가 수행할 수 있는 것이 무엇이 있고, 직업 정식이나 기업가 정신을 발휘할 기회를 제공하는 분야는 무엇인지 알아보자. 모든 사물인터넷 플랫폼에는 반드시 다음과 같은 것들이 필요하다.

- 데이터를 수집하기 위한 지능형 사물(smart things)인 센서 · 카메라 · 액추에이터 등으로 이뤄진 망
- 저전력 사물인터넷 장치에서 데이터를 수집해 저장하고 클라우드로 안전하게 전달할 수 있는 필드 게이트웨이(field gateway, 즉 '현장 관문' 또는 '클라우드 게이트웨이').
- 수많은 데이터 스트림을 모아 데이터레이크와 제어 애플리케이션으로 배포하는 스트리밍 데이터 프로세서
- 모든 원시 데이터(심지어 가치가 없는 것까지 포함)를 저장하기 위한 데이터레이크(data lake)
- 수집된 데이터를 정리하고 구조화할 수 있는 데이터웨어하우스(data warehouse)
- 센서가 수집한 데이터를 분석하고 가시화하기 위한 도구
- 장기 데이터 분석을 기반으로 도시 서비스를 자동화하고 제어 애플리케이션의 성능을 높이는 방법을 찾는 인공지능 알고리즘 및 기술
- 사물인터넷에 연결된 액추에이터에 명령을 보내기 위한 제어 애플리케이션
- 지능형 사물과 시민을 연결하는 사용자용 애플리케이션

이 외에도 보안 및 개인 정보 보호와 관련된 문제가 있을 것이며, 서비스 제공 업체는 이러한 스마트서비스(smart service, 지능형 서비스)가 시민 복지에 위협이 되지 않게 보장해야 한다. 서비스 자체는 사용하기 쉽고 시민이 수용할 수 있게 도입해야 한다.

보다시피, 이는 인공지능 엔지니어에게는 다양한 취업 기회가 된다. 사물인터넷으로 생성된 데이터를 처리해야 하며 실제로 이를 활용하려면 모니터링 및 기본 분석을 넘어서야 한다. 인공지능 도구는 센서 데이터에서 패턴과 숨겨진 상관관계를 식별해야 한다. 머신러닝/인공지능 도구를 사용해 과거의 센서 데이터를 분석하면 추세를 파악할 수 있으므로 이를 기반으로 예측 모델을 만들 수 있다. 그런 다음에 사물인터넷 장치의 액추에이터에 명령을 보내는 제어 애플리케이션에서 이 모델을 사용할 수 있다.

스마트시티를 구축하는 과정은, 반복할 때마다 더 많은 처리와 분석이 추가되는, 반복과정이 될 것이다. 지능형 신호등의 경우를 예로 들어 가며 반복적으로 개선할 수 있는 방법을 살펴보자.

전통적인 교통 신호등과 비교할 때 지능형 신호등은 교통량에 따라 신호 시간을 조정한다. 교통량 이력 데이터를 사용해 모델을 훈련해 교통 패턴을 밝혀내고 신호 시간을 조정해 평균 차량 속도를 최대화함으로써 정체를 피할 수 있다. 그런 식으로 고립되어 동작하는 지능형 신호등도 좋지만, 이것만으로 충분하지는 않다. 한 지역에 교통 체증이 벌어졌다고 가정하면 도로의 운전자에게 그 경로를 피하도록 통보하면 좋을 것이다. 이제 이 작업을 수행하기 위해 추가 처리 시스템을 보탤 수 있을 것이다. 신호등의 센서 데이터를 사용해 교통혼잡을 확인하고 차량 또는 운전자의 스마트폰에서 GPS를 사용해 정체 지역 근처의 운전자에게 그 경로를 피하도록 알린다.

다음 단계로 신호등에 대기 질을 모니터링할 수 있는 센서와 같은 더 많은 센서를 추가한 다음, 모델을 훈련해 심각한 대기 질에 도달하기 전에 경고를 내보내게 할 수 있다.

공개 데이터가 있는 도시들

지난 10년 동안 전 세계 여러 도시에서 공공 데이터 포털을 구축했다. 이러한 공공 데이터 포털은 시민들에게 정보를 제공하는 데 도움이 될 뿐만 아니라 인공지능 프로그램을 짜는 사람에게 도움이 된다. 인공지능은 데이터로 구동되기 때문이다. 다양한 흥미로운 데이터 포털과 그들이 제공하는 데이터를 살펴보자.

포브스에 실린 다음 기사에서는 공개 데이터가 있는 90개의 미국 도시들을 열거하고 있다. https://www.forbes.com/sites/metabrown/2018/04/29/city-governments-making-public-data-easier-to-get-90-municipal-open-data-portals/#4542e6f95a0d

애틀란타 시의 애틀란타 광역권 고속 교통국 자료

애틀랜타 광역시 고속 교통국(Metropolitan Atlanta Rapid Transport Authority, MARTA)은 개발자들에게 맞춤형 웹 및 모바일 애플리케이션을 개발할 수 있는 기회를 제공하기 위해 실시간 대중교통 데이터를 공개한다. MARTA 플랫폼은 개발자들이 애플리케이션(https://www.itsmarta.com/app-developer-resources.aspx)을 개발하는 데 필요한 데이터에 접근해 사용할 수 있게 허용한다.

데이터를 제공하기 위해 **대중교통정보 제공 규격(General Transit Feed Specification, GTFS)**이라는 형식을 사용한다. GTFS는 대중 교통 일정 및 지리 정보를 위한 표준 형식이다. 이 파일은 일련의 텍스트 파일로 구성돼 있으며 각 파일은 대중 교통 정보의 특정 측면, 즉 정류장 · 노선 · 여행 및 유사한 예약된 데이터를 모형화한다.

MARTA는 또한 RESTful API를 통해 데이터를 제공한다. API에 액세스하려면 MARTA 실시간 API에 액세스하기 위해 파이썬 라이브러리인 MARTA-Python을 설치해야 한다. pip를 사용해 파이썬 라이브러리를 설치할 수 있다.

```
pip install tox
```

API를 사용하기 전에 회원으로 가입해 API 키(https://www.itsmarta.com/developer-reg-rtt.aspx)를 등록해야 한다. API 키는 MARTA_API_KEY 환경 변수에 저장된다. MARTA_API_KEY를 설정하려면 다음을 사용하면 된다.

윈도우의 경우에 다음을 사용하자.

```
set MARTA_API_KEY=<여기에 여러분의 API 키를 기입한다.>
```

리눅스/맥의 경우에 다음을 사용하자.

```
export MARTA_API_KEY=< 여기에 여러분의 API 키를 기입한다.>
```

get_buses()와 get_trains()의 두 가지 기본 래퍼 함수를 제공하며, 두 함수는 키워드 인수를 사용해 결과를 필터링한다.

```
from marta.api import get_buses, get_trains

# 모든 버스 목록을 얻기.
all_buses = get_buses()

# 노선별 버스 목록을 얻기.
buses_route = get_buses(route=1)

# 모든 전철 목록을 얻기.
trains = get_trains()
```

```
# 노선별 전철 목록을 얻기.
trains_red = get_trains(line='red')

# 정차역별 전철 목록을 얻기.
trains_station = get_trains(station='Midtown Station')

# 도착역(종착역)별 전철 목록을 얻기.
trains_doraville = get_trains(station='Doraville')

# 노선별, 정차역별, 도착역별 전철 목록을 얻기
trains_all = get_trains(line='blue', station='Five Points Station', destination='Indian Creek')
```

get_buses()와 get_trains() 함수는 각각 Bus 및 Train이라는 사전 객체를 반환한다.

시카고의 AoT 데이터

2016년에 시작된 AoT(Array of Things, 사물 배열) 프로젝트는 가벼운 기둥 위에 센서 상자 망(sensor box network)을 설치하는 작업들로 이뤄져 있다. 이 센서들은 환경 및 도시 활동에 대한 실시간 데이터를 수집한다. 생성된 데이터는 대량 다운로드 및 API를 통해 개발자와 애호가에게 제공된다.

센서들은 지리적으로 여러 지역에 걸쳐 배치돼 있으며, 각 배치 지역을 **프로젝트(projects)**라고 부르며, 시카고 시에서 가장 큰 규모로 배치가 이뤄진 프로젝트의 이름도 시카고(Chicago)다.

배포되는 물리적 장치를 **노드(node, 마디)**라고 하며, 각 노드는 고유한 일련 번호인 VSN으로 식별된다. 이 노드를 서로 연결해 망을 구성한다. 노드에는 센서가 포함되어 있으며 이러한 센서는 온도 · 습도 · 광도 및 미립자 물질과 같은 환경의 다양한 측면을 관찰한다. 센서가 기록한 정보를 **관측치(observations)**라고 한다.

관측치는 중복될 수 있으며 API를 통해 가공하지 않은 형식(row form)으로 사용할 수 있다. 노드와 관측치 간, 그리고 센서와 관측치 간에는 일대다 관계가 있다. 프로젝트, 노드 및 센서 간에는 다대다 관계가 있다. AoT 프로젝트의 전체 데이터와 세부 정보를 시카고 도시 공개 데이터 포털(https://data.cityofchicago.org/)에서 찾을 수 있다.

샌프란시스코 범죄 데이터를 사용해 범죄 탐지하기

샌프란시스코도 온라인상에서 서로 다른 부서의 데이터를 제공하는 공개 데이터 포털 (https://datasf.org/opendata/)을 개설했다. 이번 절에서는 샌프란시스코의 모든 지역에서 발생한 약 12년(2003년 1월 ~2015년 5월)에 걸친 범죄 보고서를 제공하는 데이터셋을 가져와서 발생한 범죄 범주를 예측하는 모델을 훈련한다. 39개의 이산적인 범죄 범주가 있으므로 다중 분류 문제에 해당한다.

아파치의 PySpark를 사용하고 이 데이터셋에 사용하기 쉬운 텍스트 처리 기능을 사용한다. 첫 번째 단계는 스파크 세션을 만드는 것이다.

1. 첫 번째 단계는 필요한 모듈을 가져와서 스파크 세션을 만드는 것이다.

```
from pyspark.ml.classification import LogisticRegression as LR
from pyspark.ml.feature import RegexTokenizer as RT
from pyspark.ml.feature import StopWordsRemover as SWR
from pyspark.ml.feature import CountVectorizer
from pyspark.ml.feature import OneHotEncoder, StringIndexer, VectorAssembler
from pyspark.ml import Pipeline
from pyspark.sql.functions import col
from pyspark.sql import SparkSession

spark = SparkSession.builder \
            .appName("Crime Category Prediction") \
            .config("spark.executor.memory", "70g") \
            .config("spark.driver.memory", "50g") \
            .config("spark.memory.offHeap.enabled", True) \
            .config("spark.memory.offHeap.size","16g") \
            .getOrCreate()
```

2. csv 파일에서 사용할 수 있는 데이터셋을 적재한다.

```
data = spark.read.format("csv")\
           .options(header="true", inferschema="true")\
           .load("sf_crime_dataset.csv")

data.columns
```

```
Out[3]: ['Dates',
         'Category',
         'Descript',
         'DayOfWeek',
         'PdDistrict',
         'Resolution',
         'Address',
         'X',
         'Y']
```

3. 데이터에는 [Dates, Category, Descript, DayOfWeek, PdDistrict, Resolution, Address, X, Y]라는 9개의 열이 있는데, 이 중에서 훈련용 데이터셋과 테스트용 데이터셋에 쓸 열은 Category 필드와 Descript 필드뿐이다.

```
drop_data = ['Dates', 'DayOfWeek', 'PdDistrict', 'Resolution', 'Address', 'X', 'Y']
data = data.select([column for column in data.columns if column not in drop_data])

data.show(5)
```

```
+--------------+--------------------+
|      Category|            Descript|
+--------------+--------------------+
|      WARRANTS|      WARRANT ARREST|
|OTHER OFFENSES|TRAFFIC VIOLATION...|
|OTHER OFFENSES|TRAFFIC VIOLATION...|
| LARCENY/THEFT|GRAND THEFT FROM ...|
| LARCENY/THEFT|GRAND THEFT FROM ...|
+--------------+--------------------+
only showing top 5 rows
```

4. 이제 우리가 가지고 있는 데이터셋에 텍스트 데이터가 있으므로 텍스트 처리를 수행해야 한다. 세 가지 중요한 텍스트 처리 단계는 데이터 토큰화, 불용어 제거, 단어 벡터화다. RegexTokenizer를 사용해 문장을 단어 목록으로 토큰화할 것이다. 구두점이나 특수문자는 의미에 아무것도 추가하지 않기 때문에 영숫자 내용을 포함하는 단어만 유지한다. 이 텍스트에는 아주 흔하게 표시되지만 문맥에 별 의미를 보태지 않는 몇 가지 단어가 있다. 내장된 **StopWordsRemover** 클래스를 사용해 이러한 단어(**불용어**라고도 함)를 제거할 수 있다. 표준 불용어 ["http", "https", "amp", "rt", "t", "c", "the"]를 사용한다. 그리고 마지막으로 CountVectorizer를 사용해 단어를 숫자 벡터(즉, 특징들)로 변환한다. 이는 모델을 훈련하기 위해 입력으로 사용될 숫자형 특징이다. 데이터에 대한 출력은 범주 열이지만 36개의 범주로 이루어진 텍스트이기도 하므로 원핫 인코딩(one-hot encoding, 1개 활성 부호화) 처리를 한 벡터로 변환해야 한다. 이 작업에는 PySpark의 StringIndexer가 흔히 사용된다. 이러한 모든 변환을 데이터 파이프라인에 추가한다.

```
# 정규 표현식 토큰화기
re_Tokenizer = RT(inputCol="Descript", outputCol="words", pattern="\\W")

# 불용어(stop words)
stop_words = ["http","https","amp","rt","t","c","the"]
stop_words_remover = SWR(inputCol="words", outputCol="filtered")\
                             .setStopWords(stop_words)
```

```
# 단어 주머니(bag of words)를 센다.
count_vectors = CountVectorizer(inputCol="filtered", outputCol="features",
                                vocabSize=10000, minDF=5)

# 레이블을 원핫 인코딩 방식으로 처리한다.
label_string_Idx = StringIndexer(inputCol = "Category", outputCol = "label")

# 파이프라인을 생성한다.
pipeline = Pipeline(stages=[re_Tokenizer, stop_words_remover,
                            count_vectors, label_string_Idx])

# 파이프라인을 데이터에 적합(fit)시킨다.
pipeline_fit = pipeline.fit(data)
dataset = pipeline_fit.transform(data)

dataset.show(5)
```

```
+--------------+--------------------+--------------------+--------------------+--------------------+-----+
|      Category|            Descript|               words|            filtered|            features|label|
+--------------+--------------------+--------------------+--------------------+--------------------+-----+
|      WARRANTS|      WARRANT ARREST|   [warrant, arrest]|   [warrant, arrest]|(809,[17,32],[1.0...|  7.0|
|OTHER OFFENSES|TRAFFIC VIOLATION...|[traffic, violati...|[traffic, violati...|(809,[11,17,35],[...|  1.0|
|OTHER OFFENSES|TRAFFIC VIOLATION...|[traffic, violati...|[traffic, violati...|(809,[11,17,35],[...|  1.0|
| LARCENY/THEFT|GRAND THEFT FROM ...|[grand, theft, fr...|[grand, theft, fr...|(809,[0,2,3,4,6],...|  0.0|
| LARCENY/THEFT|GRAND THEFT FROM ...|[grand, theft, fr...|[grand, theft, fr...|(809,[0,2,3,4,6],...|  0.0|
+--------------+--------------------+--------------------+--------------------+--------------------+-----+
only showing top 5 rows
```

5. 이제 데이터를 준비했으므로 데이터셋을 훈련용 데이터셋과 테스트용 데이터셋으로 분할한다.

```
# 데이터를 훈련용 데이터 집합과 테스트용 데이터 집합으로 분할한 곳에
# 무작위로 집어넣는다.
(trainingData, testData) = dataset.randomSplit([0.7, 0.3], seed = 100)
print("Training Dataset Size: " + str(trainingData.count()))
print("Test Dataset Size: " + str(testData.count()))
```

6. 간단한 로지스틱회귀모형을 사용해 테스트용 데이터셋에 적합시켜 보자. 테스트 데이터셋에서는 97%의 정확도를 제공한다. 멋지다!

```
# 모델을 빌드한다.
logistic_regrssor = LR(maxIter=20, regParam=0.3, elasticNetParam=0)
# 훈련용 데이터셋을 가지고 모델을 훈련한다.
model = logistic_regrssor.fit(trainingData)
```

```
# 테스트용 데이터를 가지고 예측을 한다.
predictions = model.transform(testData)

# 테스트용 데이터 집합상에서 모델을 평가한다.
evaluator = MulticlassClassificationEvaluator(predictionCol="prediction")
evaluator.evaluate(predictions)
```

전체 코드를 깃허브 저장소에 있는 주피터 노트북(Chapter11/SF_crime_category_detection.ipynb)에서 볼 수 있다.

도전과 이득

인공지능은 도시가 조명 · 교통 · 연결 · 보건 서비스에 이르는 공공 편의 시설을 운영하고 제공하고 유지하는 방법을 변화시키고 있다. 그러나 함께 효율적으로 작동하지 않거나 다른 도시 서비스와 통합되지 않는 기술을 선택하면 채택이 어려워질 수 있다. 따라서 개조된 솔루션을 생각하는 것이 중요한다.

또 다른 중요한 일은 공동 작업이다. 스마트시티가 제공하는 잠재력으로 인한 이익을 진정으로 도시가 얻으려면 사고 방식을 변경해야 한다. 업무 담당 부서는 더 멀리 보면서 여러 부서 간에 협력할 수 있도록 계획해야 한다. 모든 기술자 · 지방정부 · 기업 · 환경론자 · 대중은 도시가 성공적으로 스마트시티로 변모할 수 있게 협력해야 한다.

예산이 큰 문제일 수 있지만, 세계 여러 도시에서 스마트시티 구성요소를 성공적으로 구현한 결과, 스마트시티는 적절하게 구현할 수만 있다면 경제적인 것으로 나타났다. 스마트시티로 변화하는 동안에 일자리를 창출할 뿐만 아니라 환경을 보존하고 에너지 소비를 줄이며 더 많은 수익을 창출하는 데 도움이 된다. 바르셀로나 시는 그 대표적인 예다. 사물인터넷 시스템의 구현을 통해 약 4만 7000개의 일자리를 창출해 4250만 유로 상당의 물을 절약했으며, 스마트파킹을 통해 연간 3650만 유로의 수익을 추가로 창출했다. 이로써 도시가 인공지능 구동 사물인터넷 솔루션을 활용하는 기술적 진보로부터 엄청난 이익을 얻을 수 있음을 쉽게 알 수 있다.

요약

인공지능 기반 사물인터넷 솔루션은 도시를 연결하고 여러 인프라와 공공 서비스를 관리하는 데 도움이 될 수 있다. 이번 장에서는 스마트라이팅과 스마트트래픽으로부터 시작하여 대중 교통 연계와 폐기물 관리까지 이르는 스마트시티 사용 사례를 다양하게 다뤘다. 성공적인 사례 연구를 통해 스마트시티가 에너지 비용 절감, 자연 자원의 최적화된 사용, 안전한 도시, 건강한 환경으로 이어질 수 있음을 알게 됐다. 이번 장에서는 공개 도시 데이터 포털과 여기에서 사용할 수 있는 정보를 나열했다. 이 책에서 배운 도구를 사용해 12년에 걸쳐 기록된 샌프란시스코 범죄 보고서 데이터를 분류했다. 그리고 마지막으로 스마트시티 건설과 관련된 몇 가지 문제점과 이점을 논의했다.

12

종합해 보기

이제 여러 가지 **인공지능/머신러닝** 알고리즘을 이해하고 구현해 봤으니 이것들을 모두 결합해 보면서, 각 알고리즘에 가장 적합한 데이터 형식을 이해하는 동시에, 각 데이터 형식에 필요한 기본 전처리를 이해할 시간이다. 이번 장에서는 다음 내용을 다룬다.

- 모델에 공급할 수 있는 다양한 유형의 데이터
- 시계열 데이터 처리 방법
- 텍스트 데이터 전처리
- 이미지 데이터에 수행할 수 있는 다양한 변환
- 비디오 파일 처리 방법
- 음성 데이터 처리 방법
- 클라우드 컴퓨팅 옵션

다양한 데이터 형식 처리

데이터는 트위터, 일일 주가, 분당 심박수, 카메라 사진, CCTV에서 입수한 비디오, 오디오 녹음 등 거의 모든 모양과 크기로 사용할 수 있다. 각 모델에는 정보가 포함돼 있으며 올바른 모델을 적절하게 처리해 사용하면 데이터를 분석하고 기본 패턴에 대한 고급 정보를 얻을 수 있다. 이번 절에서는 특정 모델에 데이터를 공급하기 전에 데이터 형식별로 해야 할 기본 전처리 과정을 설명하고, 다양한 데이터를 사용할 수 있는 모델들을 설명한다.

시계열 모형화

시간은 흥미로울 뿐만 아니라 다양한 인간 행동의 기초가 되므로 인공지능 구동 사물인터넷 시스템은 시간 종속적인 데이터를 다루는 방법을 알고 있어야 한다. 시간은 명시적으로 나타낼 수 있다. 예를 들어, 시간 소인(time stamp)이 데이터의 일부인 경우 일정한 간격으로 데이터를 포착하거나 음성 또는 서면에 적힌 글과 같이 함축적인 데이터를 파악하는 것이다. 시간 종속적인 데이터에서 고유 패턴을 파악할 수 있는 방법을 **시계열 모형화(time series modeling)**라고 한다.

일정한 간격으로 포착되는 데이터는 시계열 데이터다(예: 주가 데이터). 애플의 주가 데이터를 살펴보자. 이 데이터는 나스닥(NASDAQ) 사이트(`https://www.nasdaq.com/symbol/aapl/historical`)에서 내려받을 수 있다. 또는 `pandas_datareader` 모듈을 사용해 데이터 출처를 지정해 데이터를 직접 내려받을 수 있다. 작업 환경에 `pandas_datareader`를 설치하려면 다음을 사용하자.

```
pip install pandas_datareader
```

1. 다음 코드는 2010년 1월 1일부터 2015년 12월 31일까지에 해당하는 애플 주가를 야후 파이낸스(Yahoo Finance)에서 내려받는다.

```
import datetime
from pandas_datareader import DataReader
%matplotlib inline

Apple = DataReader("AAPL", "yahoo",
                   start=datetime.datetime(2010, 1, 1),
                        end=datetime.datetime(2015,12,31))
Apple.head()
```

2. 내려받은 DataFrame은 거래 일별로 `High`(고가), `Low`(저가), `Open`(시가), `Close`(종가), `Volume`(거래량) 및 `Adj Close`(수정 종가) 값을 제공한다.

Out[2]:

	High	Low	Open	Close	Volume	Adj Close
Date						
2009-12-31	30.478571	30.080000	30.447144	30.104286	88102700.0	20.159719
2010-01-04	30.642857	30.340000	30.490000	30.572857	123432400.0	20.473503
2010-01-05	30.798571	30.464285	30.657143	30.625713	150476200.0	20.508902
2010-01-06	30.747143	30.107143	30.625713	30.138571	138040000.0	20.182680
2010-01-07	30.285715	29.864286	30.250000	30.082857	119282800.0	20.145369

3. 다음과 같이 주가 그래프를 그려 보자.

```
close = Apple['Adj Close']
plt.figure(figsize= (10,10))
close.plot()
plt.ylabel("Apple stocj close price") # 애플 주식의 종가
plt.show()
```

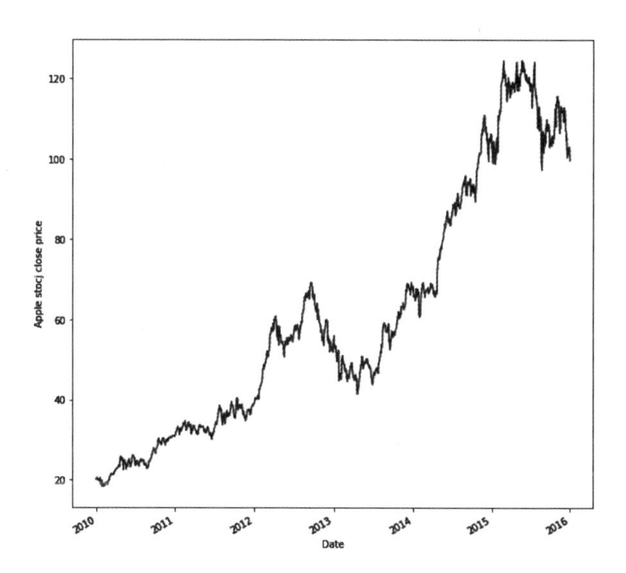

시계열 데이터를 모형화하려면 추세, 계절성, 정상성(즉, 시불변성) 같은 몇 가지 사항을 식별해야 한다.

4. **추세(trend)**란 평균적으로 시간이 지남에 따라 측정치가 감소(또는 증가)하는지 여부를 찾는 것을 의미한다. 추세를 찾는 가장 일반적인 방법은 다음과 같이 이동 평균을 그리는 것이다.

```
moving_average = close.rolling(window=20).mean()

plt.figure(figsize= (10,10))
close.plot(label='Adj Close') # 수정 종가
moving_average.plot(label='Moving Average Window 20') # 이동평균의 계산 범위(즉, 창 크기)는 20
plt.legend(loc='best')
plt.show()
```

5. 20일 창을 통해 상향 추세 및 하향 추세를 볼 수 있다. 시계열 모형화를 하려면 데이터를 파악해야 한다. 원래 신호에서 추세(이동 평균)를 빼어 추세 제거(detrending)를 할 수 있다. 또 다른 인기 있는 방법은 1차 차분 방법을 사용하는 것이다. 이 방법에서는 연속적인 데이터 점 간의 차이를 사용한다.

```
fod = close.diff()
plt.figure(figsize= (10,10))
fod.plot(label='First order difference') # 1차 차분
fod.rolling(window=40).mean().plot(label='Rolling Average') # 이동 평균
plt.legend(loc='best')
plt.show()
```

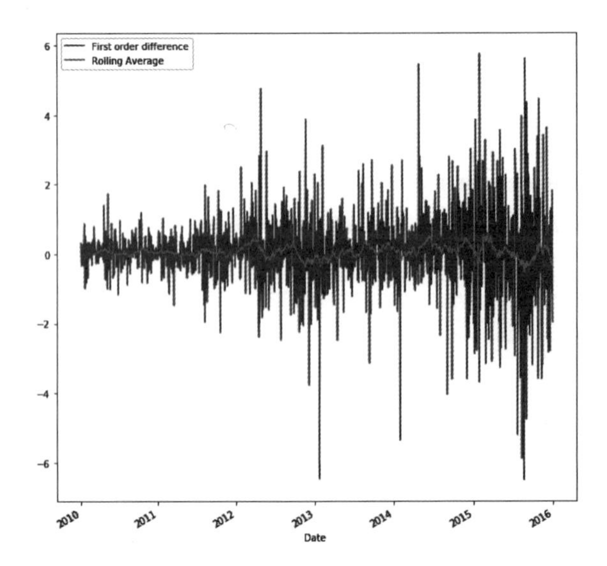

6. **계절성(seasonality)**은 시간과 관련해 주기적으로 반복되는 상승 패턴 및 하향 패턴(예: 사인 수열)의 존재다. 가장 쉬운 방법은 데이터에서 자기상관을 찾는 것이다. 계절성을 찾으면 계절 길이에 해당하는 시차(time lag)에 맞춰 데이터를 차분(differencing)해 제거할 수 있다.

```
# 자기상관(autocorrelation)
plt.figure(figsize= (10,10))
fod.plot(label='First order difference')
fod.rolling(window=40).mean().plot(label='Rolling  Average')
fod.rolling(window=40).corr(fod.shift(5)).plot(label='Auto correlation')
plt.legend(loc='best')
plt.show()
```

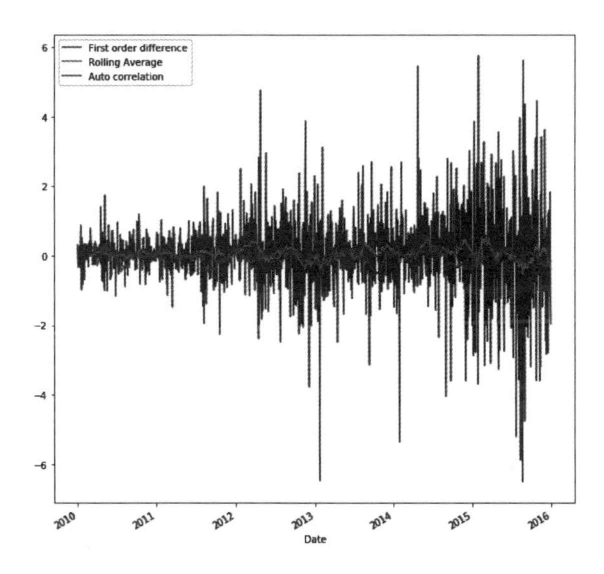

7. 마지막으로 수열(series)이 **정상성(stationarity, 시불변성)**을 띠는지, 즉 수열의 평균이 더이상 시간의 함수가 아닌지 확인한다. 데이터의 정상성은 시계열 모형화에 필수적이다. 데이터 내에 존재하는 추세나 계절성을 제거함으로써 정상성을 얻을 수 있다. 데이터가 정상성을 띠게 되면 회귀 기법으로 데이터를 모형화할 수 있다.

전통적으로 시계열 데이터는 ARMA나 ARIMA와 같은 자기회귀 기반 모델이나 이동 평균 기반 모델을 사용해 모형화됐다. 시계열 모형화에 대한 자세한 내용을 다음 책을 참조하면 된다.

- Pandit, S. M., and Wu, S. M. (1983). 「Time Series and System Analysis with Applications」(Vol. 3). New York: Wiley.
- Brockwell, P. J., Davis, R. A., and Calder, M. V. (2002). 「Introduction to Time Series and Forecasting」(Vol. 2). New York: Springer.

정상성은 전통적인 시계열 모형화나 딥러닝 모델을 사용하는 모든 시계열 데이터에 중요한 속성이다. 이것은 수열(series)이 정상성을 띄게 된다면(심지어 정상성이 약한 경우라고 할지라도) 데이터가 시간을 관통하여(즉, 시간대가 서로 다르더라도) 동일한 분포를 가지게 되므로 시기가 달라지더라도 추정해 볼 수 있기 때문이다. RNN이나 LSTM 같은 딥러닝 모델을 사용하려는 경우에, 시계열의 정상성을 확인한 후에 데이터를 정규화하고 이동 창을 바꿔가며 수열을 입출력 쌍으로 변환해 회귀 처리를 할 수 있게 해야 한다. 사이킷런 라이브러리와 NumPy를 사용하면 이 작업을 아주 쉽게 수행할 수 있다.

1. close라는 데이터프레임을 정규화하자. 정규화는 데이터가 0과 1 사이에 있음을 보장한다. 다음 그림은 앞의 3단계에서 close 데이터프레임의 그림과 동일하지만, 이번에는 y 축 눈금이 다르다는 점에 유의하자.

```
# 정규화
from sklearn.preprocessing import MinMaxScaler
def normalize(data):
    x = data.values.reshape(-1,1)
    pre_process = MinMaxScaler()
    x_normalized = pre_process.fit_transform(x)
    return x_normalized

x_norm = normalize(close)

plt.figure(figsize= (10,10)) # 아래 줄에 나오는 코드로 '정규화한 주가'를 그린다.
pd.DataFrame(x_norm, index = close.index).plot(label="Normalized Stock prices")

plt.legend(loc='best')
plt.show()
```

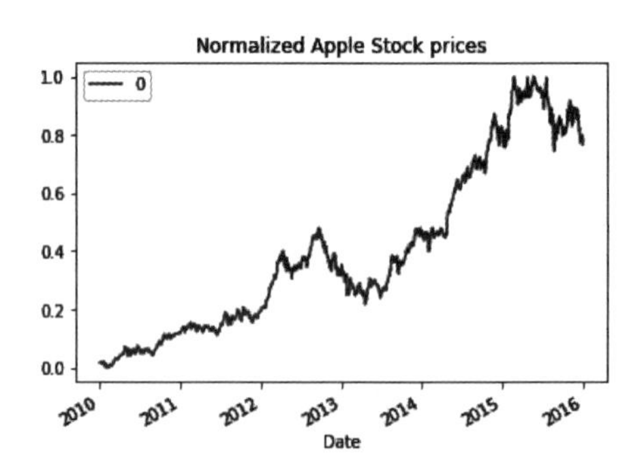

2. window_transform() 함수를 정의한다. 이 함수는 데이터 수열을 일련의 입출력 쌍으로 변환한다. 예를 들어 이전 5개의 값을 출력으로 사용하고 여섯 번째 값을 예측하는 RNN을 생성하려고 한다. 그런 다음에 window_size = 5를 선택한다.

```
# 정규화한 데이터로부터 창을 생성한다.
def window_transform(series, window_size):
    X = []
    y = []

    # 시계열 데이터로부터 시퀀스(수열) 형식으로 된 입출력 쌍을 한 개 생성한다.
    # x= <s1,s2,s3,s4,s5, ... s_n> y = s_n+1 등
    for i in range(len(series) - window_size):
        X.append(series[i:i+window_size])
        y.append(series[i+window_size])

        # 각 모양을 바꾼다.
        X = np.asarray(X)
        X.shape = (np.shape(X)[0:2])
        y = np.asarray(y)
        y.shape = (len(y),1)

        return X, y

window_size = 7
X, y = window_transform(x_norm, window_size = window_size)
```

이번 절에 나오는 코드를 완전히 다 보려면 깃허브 저장소에서 Chapter-12/time_series_data_preprocessing.ipynb를 참조하자.

글로 된 데이터를 전처리하기

언어는 일상 생활에서 매우 중요한 역할을 한다. 사람에게는 기록된 글을 읽는 것이 아주 자연스러운 일이지만, 컴퓨터라면 어떨까? 컴퓨터는 기록된 글(text)을 읽을 수 있을까? 딥러닝 모델이 이전 패턴을 기반으로 새로운 글을 생성하게 할 수 있는가? 예를 들어, "어제 스타벅스에서 ____를 마셨어"라고 말하면, 대부분은 빈 칸에 나올 말이 '커피'라는 것을 짐작할 것이다. 하지만 딥러닝 모델들도 이렇게 할 수 있을까? 대답은 '그렇다'이다. 딥러닝 모델을 훈련해 다음 단어(또는 다음 문자)를 추측하게 할 수 있다. 그러나 딥러닝 모델은 컴퓨터에서 실행되며 컴퓨터는 이진수, 즉 0과 1만 이해한다. 따라서 글로 된 데이터를 처리해 컴퓨터가 처리하기 쉬운 형식으로 변환할 방법이 필요하다. 또한 cat이나 CAT, Cat처럼 ASCII 표현은 서로 다르지만 뜻은 같은 경우에 사람들은 이것들이 서로 같다는 점을 쉽게 알아차릴 수 있지만, 동일한 정보를 모델로 가져오려면 글로 된 데이터를 전처리해야 한다. 이번 절에서는 글로 된 데이터(즉, 텍스트 데이터)에 필요한 전처리 단계를 알아보고, 파이썬으로 전처리를 하는 방법을 배운다.

1. 이번 절에서는 아이작 아시모프(Isaac Asimov)가 가장 좋아하는 공상 과학 소설인 『파운데이션(Foundation)』에 수록된 짧은 글(text, 텍스트)을 살펴보자. 이 텍스트는 foundation.txt 파일에 있다. 첫 번째 단계는 텍스트를 읽는 것이다.

```
f = open('foundation.txt')
text = f.read()
print(text)
```

2. 다음 단계의 텍스트 처리 과정에서는 데이터를 정제해야 한다. 관련성이 있는 텍스트 부분만 유지한다. 대부분의 경우에 문장 부호는 텍스트에 의미를 보태지 않으므로 삭제해도 문제는 없다.

```
# 데이터를 정제한다.
import re
# 구두점을 제거한다.
text = re.sub(r"[a-zA-Z0-9]", " ", text)
print(text)
```

3. 데이터를 정제(cleaning)한 후에는 텍스트를 정규화(normalization)해야 한다. 텍스트 처리에서 텍스트를 정규화한다는 것은 모든 텍스트를 대소문자 중 한 가지인 소문자나 대문자로만 변환해 정리한다는 것을 의미한다. 일반적으로 소문자가 선호되므로 텍스트를 소문자로 변환한다.

```
# 텍스트 정규화
# 소문자로 바꾼다.
text = text.lower()
print(text)
```

4. 텍스트를 정규화했다면 다음 단계는 텍스트를 토큰화하는 것이다. 단어 토큰이나 문장 토큰으로 텍스트를 토큰화할 수 있다. 이렇게 하려면 분할 함수(split function)를 사용하거나 강력한 NLTK 모듈을 사용하면 된다. 시스템에 NLTK가 설치돼 있지 않으면 pip install nltk를 사용해 NLTK를 수행할 수 있다. 다음 코드에서는 NLTK의 단어 토큰화기(tokenizer, 토크나이저)를 사용해 작업을 수행한다.

```
import os import nltk
nltk.download('punkt')
from nltk.tokenize import word_tokenize

# NLTK를 사용해 텍스트를 단어별로 분할한다.
```

```
words_nltk = word_tokenize(text)
print(words_nltk)
```

5. 가지고 있는 텍스트의 형식과 용도에 맞게 불용어(stop words)를 제거해야 한다. 불용어란 거의 모든 글에 들어 있어 글의 내용이나 의미에 어떤 정보를 보태지 않는 단어를 의미한다. 예를 들면 a나 an과 같은 것이 있다. 자신만의 불용어를 정의해서 쓰거나 NLTK에서 제공한 불용어를 사용할 수 있다. 여기서는 글에서 영어의 불용어를 제거해 보겠다.

```
from nltk.corpus import stopwords
nltk.download('stopwords')
# 불용어를 제거한다.
words = [w for w in words if w not in stopwords.words("english")]
```

6. 글로 된 데이터(텍스트 데이터)에서 수행할 수 있는 또 다른 사항은 어간 추출(stemming, 형태소 분석) 및 표제어 추출(lemmatization)이다. 다음 코드는 단어를 표준 형식으로 변환하는 데 사용한다.

```
from nltk.stem.porter import PorterStemmer

# 단어들을 어간(stems)의 꼴로 압축한다.
stemmed = [PorterStemmer().stem(w) for w in words]
print(stemmed)

from nltk.stem.wordnet import WordNetLemmatizer

# 단어들을 어근(roots)의 꼴로 압축한다.
lemmed = [WordNetLemmatizer().lemmatize(w) for w in words] print(lemmed)
```

깃허브 저장소에 있는 코드(`Chapter12/text_processing.ipynb`)에 전체 내용이 들어 있다.

이미지 데이터를 확대하기

파이썬에는 이미지를 아주 잘 지원하는 OpenCV가 있다 Conda 채널과 PyPi에서 모두 OpenCV를 내려받아 설치할 수 있다. OpenCV의 `imread()` 함수를 사용해 이미지를 읽으면 이미지가 배열로 표시된다. 이미지가 채색돼 있는 경우에 채널은 BGR 순서로 저장된다. 배열을 이루는 각 원소는 해당 픽셀 값의 강도를 나타낸다(값은 0에서 255 사이의 값임).

공을 인식하는 모델을 훈련했다고 가정해 보자. 테니스 공을 제공할 때 모델은 그것을 공으로 인식한다. 다음으로 제시하는 공의 이미지를 키워서 찍은 것이라고 할 때, 예제 모델은 여전히 이 이미지를 인식할까? 훈련된 데이터셋이 얼마나 다양하냐에 따라서 모델의 성능도 달라진다. 따라서 모델에서 훈련된 이미지의 크기가 다양할수록 모델은 크게 늘린 공을 쉽게 식별할 수 있다. 이처럼 다양한 이미지를 데이터셋에 포함하는 한 가지 방법을 제시하자면, 암시적으로 이미지를 변형할 수 있게 이미지를 배열의 꼴로 표시하면 된다. 그렇게 하면 수학적 변환 과정을 거쳐 이미지의 크기를 늘리거나 줄이거나 뒤집거나 돌리거나 농도를 바꾸는 일을 할 수 있다. 새로운 이미지를 생성하기 위해 기존의 훈련 이미지에서 이러한 변환을 수행하는 과정을 **데이터 확대(data augmentation)**[38]라고 한다. 데이터 확대 기능을 이용하면 훈련 데이터셋의 크기를 늘릴 수 있다는 이점을 얻는다(데이터 생성기와 함께 사용하면 이미지 수를 얼마든지 늘릴 수 있다).

대부분의 딥러닝 라이브러리에는 데이터 확대를 수행하는 표준 API가 있다. 케라스(`https://keras.io/preprocessing/image/`)에는 `ImageDataGenerator`가 있고 텐서플로의 TfLearn에는 `ImageAugmentation`이 있다. 텐서플로는 또한 이미지 변환과 이미지 변형을 수행하는 Ops(`https://www.tensorflow.org/api_guides/python/image`)를 운영한다. 여기에서는 데이터 확대를 위해 OpenCV의 강력한 라이브러리를 사용하고 자체 데이터 생성기를 만드는 방법을 살펴본다.

1. 필요한 모듈을 가져온다. 이미지를 읽고 처리하기 위한 OpenCV, 행렬 조작을 위해 NumPy, 이미지를 시각화하기 위한 Matplotlib, 데이터를 무작위로 섞기 위해 쓰는 사이킷런의 `shuffle`, 디렉터리 내의 파일을 찾기 위한 Glob가 이에 해당한다.

```
import cv2 # 이미지를 읽고 처리하는 데 필요하다.
import numpy as np
from glob import glob
import matplotlib.pyplot as plt
from sklearn.utils import shuffle
%matplotlib inline
```

2. 필요한 파일을 읽었다. 예제를 위해 전 미국 대통령인 버락 오바마의 일부 이미지를 구글 이미지 검색에서 내려받았다.

```
img_files = np.array(glob("Obama/*"))
```

38 (옮긴이) 데이터 확대를 데이터 증식, 데이터 증가, 데이터 확장, 데이터 보강, 데이터 증강 등으로 다양하게 번역해 부르고 있는 실정이다. 인공지능/머신러닝/딥러닝의 기초 학문이라고 할 수 있는 통계학에 비춰 볼 때 가장 정확한 번역 용어는 '확대'로 여겨진다. 그 다음으로 개념에 근접한 용어는 '확장'이나 '보강'이라고 할 만하고 그 다음은 '증식'이라는 말을 내세울 수 있다. 그냥 보강이나 확장이라고 하면 다른 데이터를 덧붙인다는 뜻이 있어 문제가 되는데, '확대'라는 개념 속에는 기존 데이터(즉, 이미 준비해 둔 데이터)를 변형만 해서 늘린다는 뜻이 내포되어 있기 때문이다. 이런 내포된 뜻에 비춰 보면 '증식'이라는 말도 적합하기는 하지만, 여기에는 또 데이터를 복사하는 개념이 내포되어 있어 문제가 된다. 참고로 '그림을 확대한다'고 할 때는 '크기를 키운다'는 뜻이지만, 여기서의 확대는 '수를 늘린다'는 개념을 나타낸다. 그러므로 '이미지 확대'와 '데이터 확대'는 전혀 다른 개념이다. 혼동하지 말기 바란다.

3. 이미지를 임의로 0~50도 범위에서 회전하거나, 빛의 세기를 임의로 변경하거나, 영상을 수평과 수직으로 최대 50픽셀까지 임의로 이동하거나, 이미지를 임의로 뒤집어 보는 식으로 이미지를 임의로 왜곡하는 함수를 만들 수 있다.

```
def distort_image(img, rot = 50, shift_px = 40):
    """
    무작위한 왜곡(밝게 하기, 뒤집기, 회전하기, 이동하기)을 도입하기 위한 함수
    """
    rows, cols,_ = img.shape
    choice = np.random.randint(5)
    #print(choice)
    if choice == 0: # 0~50도 범위 내에서 무작위로 회전
        degreee rot *= np.random.random()
        M = cv2.getRotationMatrix2D((cols/2, rows/2), rot, 1)
        dst = cv2.warpAffine(img, M, (cols, rows))
    elif choice == 1: # 빛의 세기를 무작위로 변경
        hsv = cv2.cvtColor(img, cv2.COLOR_RGB2HSV)
        ratio = 1.0 + 0.4 * (np.random.rand() - 0.5)
        hsv[:, :, 2] = hsv[:, :, 2] * ratio
        dst = cv2.cvtColor(hsv, cv2.COLOR_HSV2RGB)

    elif choice == 2: # 이미지를 수평 방향이나 수직 방향으로 무작위로 변형
        x_shift, y_shift = np.random.randint(-shift_px, shift_px,2)
        M = np.float32([[1,0, x_shift], [0, 1, y_shift]])
        dst = cv2.warpAffine(img, M, (cols, rows))
    elif choice == 3: # 무작위로 이미지를 뒤집기
        dst = np.fliplr(img)
    else:
       dst = img return dst
```

4. 다음 이미지에서는 데이터셋에서 임의로 선택한 이미지에 대한 이전 기능의 결과를 볼 수 있다.

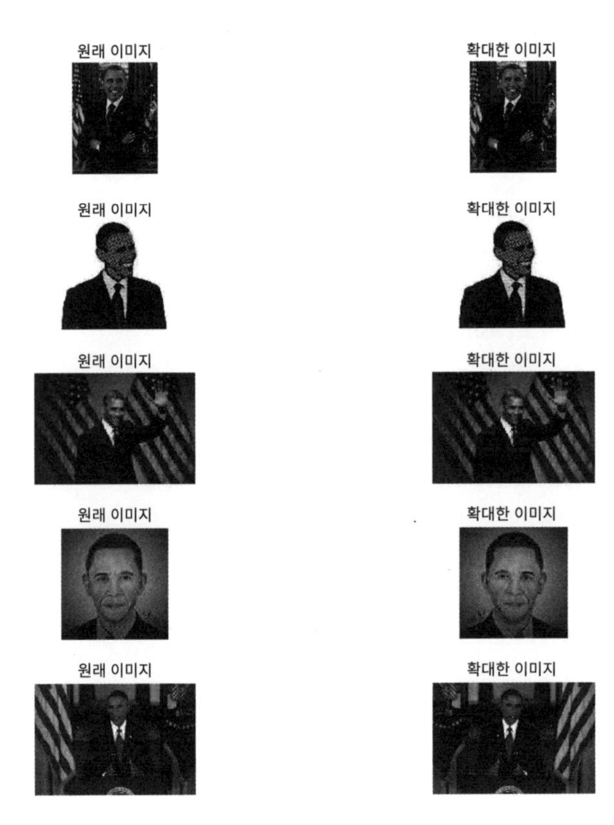

5. 마지막으로 파이썬의 yield를 사용해 원하는 수의 이미지를 생성하는 데이터 생성기(data generator)를 만들 수 있다.

```
# 데이터 생성기
def data_generator(samples, batch_size=32, validation_flag = False):
    """
    이미지 파일을 읽어 낸 후에 임의의 왜곡을 수행해 최종적으로
    일련의 훈련 데이터 또는 검증 데이터를 생성해 반환하는 함수.
    """
    num_samples = len(samples)
    while True: # 무한 루프를 돌아서 생성기가 종료되는 일이 없다.
        shuffle(samples)
        for offset in range(0, num_samples, batch_size):
            batch_samples = samples[offset:offset+batch_size]
            images = []

            for batch_sample in batch_samples:
                if validation_flag:
```

```
                    # 검증용 데이터는 왜곡이 없는
                    # 가운데 이미지만으로 구성한다.
                    image = cv2.imread(batch_sample)
                    images.append(image)
                    continue
                else:
                    # 훈련 데이터셋에 들어 있는 데이터들을 왜곡해
                    # 데이터의 수를 늘림으로써 성능을 개선한다.
                    image = cv2.imread(batch_sample)
                    # 과적합을 줄이기 위해 훈련용 데이터셋을
                    # 무작위로 확대한다.
                    image = distort_image(image)
                    images.append(image)

            # 데이터를 넘파이 배열로 바꾼다.
            X_train = np.array(images)

            yield X_train

train_generator = data_generator(img_files, batch_size=32)
```

6. Chapter12/data_augmentation.ipynb 파일에는 이번 절의 코드가 들어 있다.

비디오 파일 다루기

비디오는 스틸 이미지(프레임)들의 모음이라고 볼 수 있으므로 비디오에서 이미지를 추출할 수만 있다면 신뢰할 수 있는 CNN 망을 동일하게 적용할 수 있다. 이렇게 하려면 비디오를 여러 프레임으로 변환해야 한다.

1. 여기서는 필요한 모듈을 맨 먼저 가져온다. OpenCV를 통해 비디오를 읽고 프레임으로 변환해야 한다. 기본 수학 연산을 위한 수학 모듈과 프레임을 시각화하기 위한 Matplotlib도 필요하다.

```
import cv2 # 비디오를 가져오는 데 필요
import math # 수학적 연산에 필요
import matplotlib.pyplot as plt # 이미지를 그리는 데 필요
%matplotlib inline
```

2. OpenCV 함수를 사용해 비디오 파일을 읽고 속성 식별자, 5를 사용해 프레임 속도를 얻는다(https://docs.opencv.org/2.4/modules/highgui/doc/reading_and_writing_images_and_video.html#videocapture-get).

```
videoFile = "video.avi" # 비디오 파일의 경로 전체를 지정
cap = cv2.VideoCapture(videoFile) # 주어진 경로에서 비디오를 가져옴
frameRate = cap.get(5) # 프레임 속도
```

3. read() 함수를 사용해 비디오의 모든 프레임을 순차적으로 반복한다. 여기서는 한 번에 하나의 프레임만 읽어 들이지만, 매초의 첫 번째 프레임만 저장한다. 이렇게 하면 전체 비디오를 포함하면서도 데이터 크기를 줄일 수 있다.

```
count = 0
while(cap.isOpened()):
    frameId = cap.get(1) # 현재 프레임 번호
    ret, frame = cap.read()
    if (ret != True):
        break
    if (frameId % math.floor(frameRate) == 0):
        filename ="frame%d.jpg" % count
        count += 1
        cv2.imwrite(filename, frame)
cap.release()
print ("Finished!")
```

4. 우리가 구한 다섯 번째 프레임을 시각화하자.

```
img = plt.imread('frame5.jpg') # 이미지 이름으로 이미지를 읽기
plt.imshow(img)
```

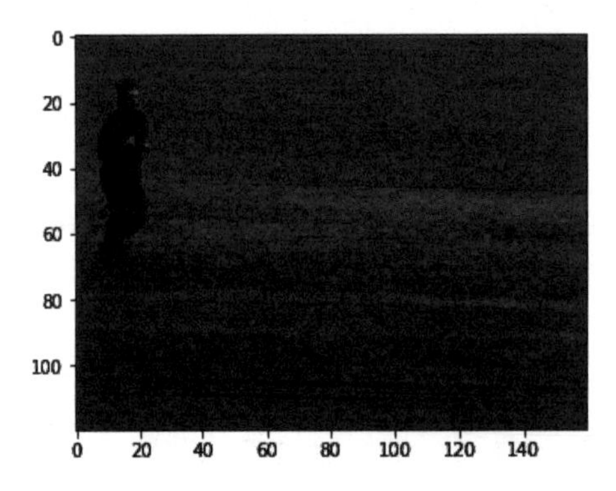

이 코드의 비디오 파일은 이반 랍테프와 바바라 카푸토가 관리하는 사이트에서 가져왔다(http://www.nada.kth.se/cvap/actions/). 코드는 깃허브의 Chapter12/Video_to_frames.ipynb를 참고하자.

비디오를 분류하기 위해 CNN을 사용하는 최고의 논문 중 하나는 안드레이 카사시 등의 「Large-scale Video Classification with Convolutional Neural Networks」(합성곱 신경망을 사용해 대규모 동영상을 분류하기)다. https://www.cv-foundation.org/openaccess/content_cvpr_2014/html/Karpathy_Large-scale_Video_Classification_2014_CVPR_paper.html에서 볼 수 있다.

오디오 파일이 입력 데이터인 경우

또 다른 재미있는 데이터 형식은 오디오 파일이다. 음성(스피치)을 글(텍스트)로 변환하거나 오디오 사운드를 분류하는 모델은 오디오 파일을 입력으로 사용한다. 오디오 파일로 작업하려면 librosa 모듈이 필요하다. 오디오 파일을 취급하는 방법은 여러 가지가 있다. 그것을 시계열로 변환하고 재귀 망(RNN)을 사용할 수 있다. 좋은 결과를 얻는 또 다른 방법은 오디오 파일을 1차원 패턴이나 2차원 패턴으로 여겨 CNN을 사용해 분류하는 것이다. 이 방법을 채택한 좋은 논문은 다음과 같다.

- Hershey, S., Chaudhuri, S., Ellis, D. P., Gemmeke, J. F., Jansen, A., Moore, R. C., and Slaney, M.(2017, March). 「CNN architectures for large-scale audio classification」. In Acoustics, Speech, and Signal Processing (ICASSP), 2017 IEEE International Conference on (pp. 131–135). IEEE.
- Palaz, D., Magimai-Doss, M., and Collobert, R.(2015). 「Analysis of CNN-based speech recognition system using raw speech as input」. In Sixteenth Annual Conference of the International Speech Communication Association.
- Zhang, H., McLoughlin, I., and Song, Y.(2015, April). 「Robust sound event recognition using convolutional neural networks」. In Acoustics, Speech, and Signal Processing (ICASSP), 2015 IEEE International Conference on (pp. 559–563). IEEE.
- Costa, Y. M., Oliveira, L. S., and Silla Jr, C. N.(2017). 「An evaluation of convolutional neural networks for music classification using spectrograms」. Applied soft computing, 52, 28 – 38.

librosa 모듈을 사용해 오디오 파일을 읽고 이를 1차원 사운드 패턴과 2차원 분광상(spectrogram)으로 변환한다. 다음을 사용해 아나콘다 환경에 librosa를 설치할 수 있다.

```
pip install librosa
```

1. 여기서는 numpy, matplotlib 및 librosa를 가져올 것이다. librosa 데이터셋에서 예제 오디오 파일을 가져온다.

```
import librosa
import numpy as np
import matplotlib.pyplot as plt
%matplotlib inline
# 포함된 오디오 예제 파일 경로를 가져온다.
filename = librosa.util.example_audio_file()
```

2. librosa라는 적재 함수는 오디오 데이터를 1차원 NumPy 부동 소수점 배열로 표현된 시계열로 반환한다. 그것들을 시계열 또는 CNN을 위한 1차원 패턴으로도 사용할 수 있다.

```
input_length=16000*4
def audio_norm(data):
    # 정규화하기 위한 함수
    max_data = np.max(data)
    min_data = np.min(data)
    data = (data-min_data)/(max_data-min_data)
    return data

def load_audio_file(file_path, input_length=input_length):
    # 오디오 파일을 적재(load)한 다음에 1차원 numpy 배열로
    # 반환하는 함수
    data, sr = librosa.load(file_path, sr=None)

    max_offset = abs(len(data)-input_length)
    offset = np.random.randint(max_offset)
    if len(data)>input_length:
        data = data[offset:(input_length+offset)]
    else:
        data = np.pad(data, (offset, input_size - len(data) - offset), "constant")

    data = audio_norm(data)
    return data
```

3. 다음 코드에서 정규화된 1차원 오디오 파형 패턴을 볼 수 있다.

```
data_base = load_audio_file(filename)
fig = plt.figure(figsize=(14, 8))
plt.title('Raw wave ')  # 원래 파형
plt.ylabel('Amplitude') # 진폭
```

```
plt.plot(np.linspace(0, 1, input_length), data_base)
plt.show()
```

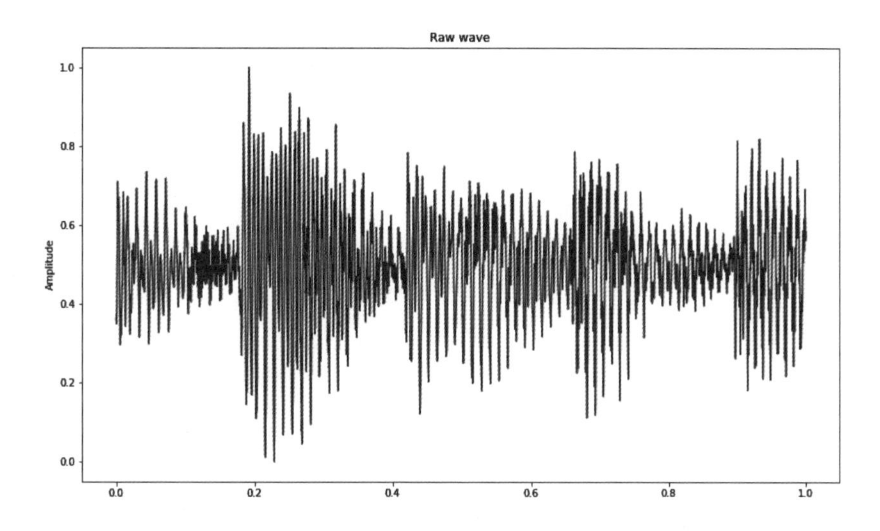

4. 또한 librosa에는 멜 분광상을 형성하는 데 사용할 수 있는 melspectrogram 함수도 있다. 이것을 CNN용 2차원 이미지로 사용할 수 있다.

```
def preprocess_audio_mel_T(audio, sample_rate=16000, window_size=20,
                                              step_size=10, eps=1e-10): #로그 스펙트럼

    mel_spec = librosa.feature.melspectrogram(y=audio, sr=sample_rate, n_mels= 256)
    mel_db = (librosa.power_to_db(mel_spec, ref=np.max) + 40)/40

    return mel_db.T

def load_audio_file2(file_path, input_length=input_length):
    # 오디오 파일을 적재하기 위함 함수
    data, sr = librosa.load(file_path, sr=None)

    max_offset = abs(len(data)-input_length)
    offset = np.random.randint(max_offset)
    if len(data)>input_length:
        data = data[offset:(input_length+offset)]
    else:
        data = np.pad(data, (offset, input_size - len(data) - offset), "constant")

    data = preprocess_audio_mel_T(data, sr)
    return data
```

5. 다음은 동일한 오디오 신호의 멜 분광상(mel spectrogram)이다.

```
data_base = load_audio_file2(filename)
print(data_base.shape)
fig = plt.figure(figsize=(14, 8))
plt.imshow(data_base)
```

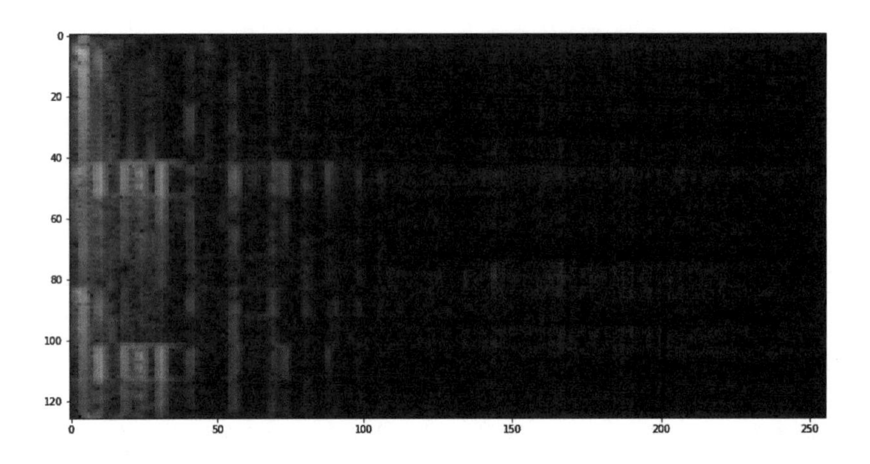

예제 코드 파일은 깃허브 저장소의 chapter12/audio_processing.ipynb에서 찾을 수 있다.

클라우드 컴퓨팅

사물인터넷에서 생성되는 데이터에 인공지능 알고리즘을 적용하려면 전산 자원이 필요하다. 경쟁력 있는 가격으로 서비스를 제공하는 다수의 클라우드 플랫폼이 생기면서 클라우드 컴퓨팅은 가성비 좋은 솔루션이 되었다. 현재 사용 가능한 많은 클라우드 플랫폼 중에서 시장 점유율의 대부분을 차지하는 세 가지 주요 클라우드 플랫폼 공급자인 **아마존 웹 서비스**, **구글 클라우드 플랫폼**, **마이크로소프트 애저**에 관해 논해 보자.

아마존 웹 서비스

아마존은 클라우드의 거의 모든 기능, 즉 클라우드 데이터베이스와 클라우드 컴퓨팅 리소스 및 심지어 클라우드 분석 기능까지 제공한다. 심지어 안전한 데이터레이크를 구축하기 위한 공간도 제공한다. IoT 코어를 통해 사용자는 장치를 클라우드에 연결할 수 있다. 서명한 서비스를 제어하는 데 사용할 수 있는 단일 대시 보드를 제공한다. 아마존에서는 서비스에 대해 시간당 요금을 부과한다. 아마존은 거의 15년 동안 이러한 서비스들을 제공해 왔다. 아마존은 지속적으로 서비스를 개선함으로써 더 나은 사용자 경험을 제공한다. https://aws.amazon.com/에서 AWS에 관해 더 자세히 알아볼 수 있다.

신규 사용자는 1년 동안 무료로 많은 서비스를 이용할 수 있다.

구글 클라우드 플랫폼

구글 클라우드 플랫폼(https://cloud.google.com/)도 수많은 서비스를 제공한다. 클라우드 컴퓨팅, 데이터 분석, 데이터 저장, 클라우드 인공지능 제품까지도 사용자에게 맞춤형 모델을 생성하기 위한 사전 훈련된 모델 및 서비스를 제공한다. 분당 사용료를 기준으로 플랫폼을 사용할 수 있다. 이 플랫폼은 엔터프라이즈급 보안 서비스를 제공한다. 구글 클라우드 콘솔은 모든 구글 클라우드 플랫폼(GCP) 서비스에 액세스해 제어할 수 있는 유일한 장소다. GCP는 1년 동안 300달러의 크레딧을 제공하므로 무료로 모든 서비스에 액세스할 수 있다.

마이크로소프트 애저

마이크로소프트 애저(Microsoft Azure) 역시 다양한 클라우드 서비스를 제공한다. 마이크로소프트 클라우드 서비스(https://azure.microsoft.com/en-in/)의 가장 중요한 부분은 사용 편의성이다. 사용 가능한 마이크로소프트 도구로 쉽게 통합할 수 있다. AWS에 비해 비용이 다섯 배 더 저렴하다. 아마존 웹 서비스 및 구글 클라우드 플랫폼과 마찬가지로 애저도 200달러에 상응하는 1년 무료 평가판을 제공한다.

이러한 클라우드 서비스를 사용해 애플리케이션을 개발, 테스트 및 배포할 수 있다.

요약

이번 장에서는 다양한 유형의 데이터를 다루는 도구와 딥러닝 모델을 준비하는 방법을 독자에게 제공하는 데 중점을 뒀다. 우리는 먼저 시계열 데이터로 시작했다. 그런 다음에, 텍스트 데이터를 전처리하는 방법을 자세히 설명했다. 또한 이미지 분류 및 물체 검출에 중요한 기술인 데이터 확대를 수행하는 방법을 설명했다. 다음으로 영상 처리에 관해 알아봤다. 비디오에서 이미지 프레임을 형성하는 방법을 보여줬다. 그런 다음에, 오디오 파일을 다뤘다. 오디오 파일에서 시계열과 멜 분광상을 만들었다. 마지막으로 클라우드 플랫폼으로 주제를 바꿔 3대 클라우드 서비스 제공 업체가 제공하는 기능 및 서비스를 논의했다.

기호

A – C

D – G

H – L

M – Q

R – T

ㄹ – ㅅ

ㅇ – ㅈ

ㅊ – ㅎ